Ulrich Kurz | Herbert Wittel

Böttcher/Forberg Technisches Zeichnen

Ulrich Kurz | Herbert Wittel

Böttcher/Forberg Technisches Zeichnen

Grundlagen, Normung, Darstellende Geometrie und Übungen

Mit 1.173 Abbildungen, 98 Tabellen, zahlreichen Beispielen und Projektaufgaben

25., überarbeitete und erweiterte Auflage

STUDIUM

VIEWEG+
TEUBNER

Bibliografische Information der Deutschen Nationalbibliothek
Die Deutsche Nationalbibliothek verzeichnet diese Publikation in der
Deutschen Nationalbibliografie; detaillierte bibliografische Daten sind im Internet über
<http://dnb.d-nb.de> abrufbar.

Dipl.-Ing. Ulrich Kurz, StD, unterrichtet an der Fachschule für Technik in Esslingen Konstruktionslehre und Fertigungstechnik.

Dipl.-Ing. (FH) Herbert Wittel, OStR a. D., unterrichtete an der Fachschule für Technik in Reutlingen Konstruktionslehre und Maschinenelemente.

1. Auflage 1940
.
.
.
23. Auflage 1998
24. Auflage 2009
25., überarbeitete und erweiterte Auflage 2010

Alle Rechte vorbehalten
© Vieweg+Teubner Verlag | Springer Fachmedien Wiesbaden GmbH 2010

Lektorat: Thomas Zipsner | Ellen Klabunde

Vieweg+Teubner Verlag ist eine Marke von Springer Fachmedien.
Springer Fachmedien ist Teil der Fachverlagsgruppe Springer Science+Business Media.
www.viewegteubner.de

Umschlaggestaltung: KünkelLopka Medienentwicklung, Heidelberg
Technische Redaktion: Stefan Kreickenbaum, Wiesbaden
Druck und buchbinderische Verarbeitung: STRAUSS GMBH, Mörlenbach
Gedruckt auf säurefreiem und chlorfrei gebleichtem Papier.
Printed in Germany

ISBN 978-3-8348-0973-5

Vorwort

Die technische Zeichnung ist nach wie vor eine besondere Form der Kommunikation. Mit Hilfe von Bildern, Zeichen und Symbolen werden technische Sachverhalte allgemeinverständlich dargestellt.

Das bewährte Lehr- und Arbeitsbuch stellt Grundkenntnisse zum normgerechten Technischen Zeichnen dar – die notwendige Voraussetzung für den erfolgreichen Einstieg bei der Arbeit mit CAD-Systemen. Es stellt allen, die mit der Technischen Produktdokumentation zu tun haben, ein leicht verständliches Lernmittel bereit.

Es wendet sich an Technische Zeichner in der beruflichen Bildung, aber auch an Schüler an weiterführenden technischen Oberschulen. Auch Studierende der Ingenieurwissenschaften an Fachschulen sowie Hochschulen wird eine kompetente Zusammenstellung wichtigen Grundlagenwissens an die Hand gegeben.

Die 25., überarbeitete und erweiterte Auflage entspricht dem aktuellen Stand der Technik. Hinweise auf DIN-Normen in diesem Werk entsprechen dem Stand der Normung bei Abschluss des Manuskriptes. Maßgebend sind die jeweils neuesten Ausgaben der DIN-Norm.

Völlig neu in der vorliegenden Auflage sind verschiedene Projektaufgaben aus dem Maschinenbau, die das Verständnis vertiefen und den Stoff festigen. Die beigelegte CD enthält Baugruppen und Einzelteilzeichnungen, die mit gängigen 3D-CAD-Systemen bearbeitet werden können. Es ist aber auch möglich, die Zeichnungen auf Papier auszudrucken und herkömmlich zu bearbeiten. Dazu ist nur ein Rechner mit Drucker erforderlich. Die CD enthält außerdem die ausführlichen Lösungen aller im Buch gestellten Aufgaben.

Bedanken möchten wir uns bei all denen, die uns auch für diese Auflage wieder konstruktive Anregungen und Hinweise zur Erweiterung und zur Gestaltung des Buches gegeben haben. Diese werden von den Autoren gern entgegengenommen und, wann immer es möglich ist, auch umgesetzt.

Unser Dank gilt auch dem Lektorat Maschinenbau des Vieweg+Teubner Verlags für die jederzeit kompetente und professionelle Unterstützung.

Weinstadt / Reutlingen, Juli 2010

Ulrich Kurz
Herbert Wittel

Inhaltsverzeichnis

1 Grundlagen der technischen Kommunikation

1.1 Technisches Zeichnen

Durch Zeichnen können Formen und Gedanken bildlich dargestellt werden. Die Zeichnung wird entweder freihändig entworfen oder mit besonderen Werkzeugen und Geräten unter Einhaltung bestimmter Regeln angefertigt. Entsprechend unterscheidet man zwischen dem freien künstlerischen Zeichnen und dem gebundenen technischen Zeichnen, dessen Regeln in Normen festgelegt sind.

Die technische Zeichnung dient der Verständigung zwischen Entwicklung, Konstruktion, Fertigung, Instandhaltung um nur einige Bereiche eines Unternehmens zu nennen und dem Kunden. Aus ihren Darstellungen sind in Verbindung mit dem Schriftfeld und der Stückliste alle erforderlichen Angaben z. B. zur Herstellung und Prüfung eines Erzeugnisses zu entnehmen. Das betrifft sowohl Formen und Maße des Werkstücks als auch seinen Werkstoff und das Fertigungsverfahren. Die Aussage einer technischen Zeichnung muss dem Zweck entsprechend vollständig, eindeutig und für jeden Techniker verständlich sein. Die gemeinsame Sprache basiert auf Zeichenregeln, die in DIN-Normen festgelegt sind.

1.2 Normung

Durch die Normung werden u. a. Form, Größe und Ausführung von Erzeugnissen und Verfahren sinnvoll geordnet und vereinheitlicht.

Die in Zusammenarbeit zwischen Wissenschaft und Praxis erarbeiteten Normen bieten zeitlich begrenzte Bestlösungen für immer wiederkehrende Aufgaben. Genormte Teile lassen sich austauschen und sind zueinander kompatibel. Normen fördern die Rationalisierung und stellen eine gleich bleibende Qualität sicher. Sie berücksichtigen zugleich die Sicherheit von Menschen und Sachen. Erst die Normung ermöglichte die Arbeitsteilung sowie die problemlose Serien- und Massenfertigung.

DIN Deutsches Institut für Normung e.V. Die zentrale, nationale Organisation zum Erarbeiten von Normen wurde 1917 gegründet. Zu dieser Zeit wurde auch der für die Normung im Zeichnungswesen zuständige Normenausschuss (heute: Fachbereich im Normenausschuss Technische Grundlagen [NATG]) gebildet.

Das Verbandszeichen **DIN** ist im Warenzeichenregister des Deutschen Patentamts eingetragen. Die Ergebnisse der Normungsarbeit des DIN sind „Deutsche Normen" kurz DIN-Normen, die unter dem Verbandszeichen **DIN** vom DIN herausgegeben werden und das „Deutsche Normenwerk" bilden.

Wesen der DIN-Normen. DIN-Normen haben den Charakter von Empfehlungen mit einer technisch-normativen Wirkung. Die Beachtung und Anwendung von DIN-Normen steht jedermann frei. Aus sich heraus haben sie keine rechtliche Verbindlichkeit. Wer sich nach DIN-Normen richtet, verhält sich im Regelfall ordnungsgemäß.

Art und Inhalt von DIN-Normen

Die DIN 820 teilt die DIN-Normen nach ihrem Inhalt in elf Arten ein.

Tabelle 1.1 Normenarten und deren Inhalt

Normenart	Normeninhalt
Dienstleistungsnorm	Technische Grundlagen für Dienstleistungen
Gebrauchstauglichkeitsnorm	objektiv feststellbare Eigenschaften in Bezug auf die Gebrauchstauglichkeit eines Gegenstands
Liefernorm	technische Grundlagen und Bedingungen für Lieferungen
Maßnorm	Maße und Toleranzen von materiellen Gegenständen
Planungsnorm	Planungsgrundsätze und Grundlagen für Entwurf, Berechnung, Aufbau, Ausführung und Funktion von Anlagen, Bauwerken und Erzeugnissen
Prüfnorm	Untersuchungs-, Prüf- und Messverfahren für technische und wissenschaftliche Zwecke zum Nachweis zugesicherter und/oder erwarteter (geforderter) Eigenschaften von Stoffen und/oder von technischen Erzeugnissen oder Verfahren
Qualitätsnorm	die für die Anwendung eines materiellen Gegenstands wesentlichen Eigenschaften und objektiven Beurteilungskriterien
Sicherheitsnorm	Festlegungen zur Abwendung von Gefahren für Menschen, Tiere und Sachen (Anlagen, Bauwerke, Erzeugnisse u. a.)
Stoffnorm	physikalische, chemische und technologische Eigenschaften von Stoffen
Verfahrensnorm	Verfahren zum Herstellen, Behandeln und Handhaben von Erzeugnissen
Verständigungsnorm	Zeichen oder Systeme zur eindeutigen und rationellen Verständigung; terminologische Sachverhalte

Normungsgegenstand ist der materielle oder immaterielle Gegenstand, auf den sich die Festlegungen in der Norm beziehen. Auf Grund ihres Inhalts kann eine Norm zu mehreren der vorstehenden Arten gehören.

Das Ergebnis der Normungsarbeit liegt zunächst entweder als DIN-Norm-Entwurf oder DIN-Vornorm und endgültig als DIN-Norm vor.

Das Titelfeld einer DIN-Norm enthält den Titel der Norm und rechts daneben im Nummernfeld die DIN-Nummer, die aus dem Verbandszeichen **DIN** und einer nicht klassifizierenden Zählnummer sowie gegebenenfalls erforderlichen Zusätzen Teil-Nr., Beiblatt usw. z. B. Teil-Nr., Beiblatt besteht siehe **1.1**. Seit 1994 klassifiziert das DIN seine Normen und Kataloge mit dem von der ISO speziell für Normen entwickelten, weltweit einheitlichen Klassifikationssystem ICS (International Classification for Standards). Die ICS-Nummer steht links unter dem Titelfeld. Über der Fußleiste der Norm-Titelseite ist der zuständige Normenausschuss Träger der Norm aufgeführt.

		April 2001
	Wärmebehandlung von Eisenwerkstoffen Darstellung und Angaben wärmebehandelter Teile in Zeichnungen	**DIN** 6773
ICS 01.100.10; 77.080.01 Heat treatment of ferrous metals — Heat treated parts, presentation and indications on drawings Traitement thermique de matériaux ferreux — Pièces traitées, représentation et indications sur les dessins		Ersatz für DIN 6773-2:1977-05, DIN 6773-3:1976-11, DIN 6773-4:1977-05 und DIN 6773-5:1977-05

1.1 Kopfleiste einer Norm mit Titelfeld, Nummernfeld, ICS-Nummer usw.

Veröffentlichungen. Wichtig ist es, sich gründlich und laufend über den aktuellen Stand der Normung zu unterrichten. Gelegenheit dazu bieten folgende Veröffentlichungen des DIN:

– Der DIN-Katalog für technische Regeln[1]. Band 1 enthält die bibliografischen Angaben aller DIN-Normen und Norm-Entwürfe sowie Daten von mehr als 200 weiteren technischen Regelwerken, die in Deutschland Gültigkeit haben. Insgesamt werden etwa 57000 Dokumente nachgewiesen. Auskünfte über internationale und ausgewählte nationale Regelwerke anderer Länder gibt Band 2, über Übersetzungen von DIN-Normen Band 3 (Band 1 liegt ebenfalls als Disketten- und CD-Version (Windows) vor).

– Das Buch „Klein, Einführung in die DIN-Normen"[2] behandelt u. a. zahlreiche DIN-Normen aus dem Bereich des Maschinenbaus und der Elektrotechnik.

– Das Buch „DIN-Normen in der Verfahrenstechnik"[3] behandelt DIN-Normen und sonstige technische Regeln, die für die Planung, den Bau und Betrieb von verfahrenstechnischen Anlagen oder Anlagenteilen angewendet werden.

Weitergehende Informationen bietet das Deutsche Informationszentrum für technische Regeln (DITR) im DIN an.

Internationale Normung. Da es weder sinnvoll noch wirtschaftlich wäre, die Normung allein auf die Bedürfnisse eines Landes abzustellen, wurde 1926 die „International Federation of the National Standardizing Associations (ISA)" gegründet. Ihre Nachfolgerin, die ISO (International Organization for Standardization) „Internationale Organisation für Normung", entstand 1947. Für die elektrotechnische Normung ist die IEC (International Electrotechnical Commission), für alle anderen Normungsarbeiten die ISO zuständig. Beide Organisationen haben ihren Sitz in Genf.

Zweck der Organisationen ist die Förderung der Normung in der Welt und besonders die Erarbeitung von Internationalen Normen, um durch die Beseitigung technischer Handelshemmnisse den Austausch von Gütern und Dienstleistungen zu unterstützen und die gegenseitige Zusammenarbeit im Bereich des geistigen, wissenschaftlichen, technischen und wirtschaftlichen Schaffens zu entwickeln.

Eine Internationale Norm der ISO oder IEC, der das DIN zugestimmt hat, wird nach Entscheidung des zuständigen Normenausschusses in der Regel ohne Überarbeitung als DIN-ISO- bzw. DIN-IEC-Norm übernommen. Voraussetzung für die Übernahme ohne Überarbeitung ist, dass die Internationale Norm vorher demselben Einspruchsverfahren unterworfen wurde wie eine DIN-Norm. ISO/IEC arbeiten eng mit den europäischen Normungsinstitutionen CEN/CENELEC zusammen.

Europäische Normung[4]. Die für die europäische Normung zuständigen Institutionen CEN/CENELEC haben ihren Sitz in Brüssel. Ihre Gründung 1961 steht nicht zufällig im zeitlichen Zusammenhang mit der EWG-Gründung. Eine deutsche Beteiligung ist nur über das DIN (bei CENELEC vertreten durch die DKE) möglich.

Hauptziel der europäischen Normungsarbeit ist es, ein umfassendes europäisches Normenwerk zu erstellen, die bestehenden nationalen Normen zu harmonisieren und so den europäischen Binnenmarkt zu unterstützen. Anders als bei den Internationalen Normen von ISO/IEC ist

---

1) Beuth Verlag GmbH, Berlin, Wien, Zürich

2) Klein, Einführung in die DIN-Normen, B.G.Teubner, Stuttgart, Beuth Verlag GmbH, Berlin, Wien, Zürich

3) DIN-Normen in der Verfahrenstechnik, B.G.Teubner, Stuttgart, Beuth Verlag GmbH, Berlin, Wien, Zürich

4) Europäische Normung; Ein Leitfaden des DIN. DIN Dtsch. Inst, für Normung (Hrsg.); 1996

jedes Mitglied verpflichtet, die Europäischen Normen unverändert ins nationale Normenwerk zu übernehmen. Dabei wird in das Nummernfeld die EN-Nummer übernommen (DIN-EN-Norm). Etwaige andere, entgegenstehende nationale Normen zu demselben Thema sind zurückzuziehen. In enger Abstimmung mit CEN/CENELEC erarbeitet das Europäische Institut für Telekommunikationsnormen, **ETSI**, europaweite Normen zur Integration der Telekommunikations-Infrastruktur.

Normnummerung

Bei DIN-Nummern, die aus mehreren Teilen, siehe **1.1** bestehen, werden die Teilnummern nur nach mit einem Bindestreit angehängt, der Zusatz „Teil" entfällt.

Das neue Benummerungssystem soll am Beispiel Zylinderstift, gehärtet (alt DIN 6325) gezeigt werden:

international: ISO 8734
europäisch: EN ISO 8734
national: DIN EN ISO 8734

Normzahlen sind Vorzugszahlen, die sich bei der Abstufung von Kenngrößen technischer Gebilde z. B. Hauptabmessungen, Leistung, Drehzahlen, Durchflussmengen usw. bewährt haben.

In der DIN 323-1 sind die Hauptwerte der vier dezimalgeometrischen Grundreihen R5, R10, R20 und R40 festgelegt.

Die Reihen mit den groben Stufensprüngen sind zu bevorzugen, d. h. zuerst nach R5, dann nach R10, R20 oder R40 stufen.

Normzahlen über 10 werden durch Multiplikation der Werte in der Tabelle 1.2 mit 10, 100 usw., Normzahlen unter 1 werden durch Division der Hauptwerte durch 10, 100 usw. gebildet.

Tabelle 1.2 Normzahlen und Normzahlreihen nach DIN 323-1

Stufensprung			
$q_5 = \sqrt[5]{10} = 1,6$	$q_{10} = \sqrt[10]{10} = 1,25$	$q_{20} = \sqrt[20]{10} = 1,12$	$q_{40} = \sqrt[40]{10} = 1,06$
Grundreihen			
R5	**R10**	**R20**	**R40**
1,00	1,00	1,00	1,00
			1,06
		1,12	1,12
			1,18
	1,25	1,25	1,25
			1,32
		1,40	1,40
			1,50
1,60	1,60	1,60	1,60
			1,70
		1,80	1,80
			1,90

Fortsetzung s. nächste Seite.

Tabelle 1.2 Fortsetzung

Stufensprung			
$q_5 = \sqrt[5]{10} = 1,6$	$q_{10} = \sqrt[10]{10} = 1,25$	$q_{20} = \sqrt[20]{10} = 1,12$	$q_{40} = \sqrt[40]{10} = 1,06$
Grundreihen			
R5	**R10**	**R20**	**R40**
	2,00	2,00	2,00
			2,12
		2,24	2,24
			2,36
2,50	2,50	2,50	2,50
			2,65
		2,80	2,80
			3,00
	3,15	3,15	3,15
			3,35
		3,55	3,55
			3,75
4,00	4,00	4,00	4,00
			4,25
		4,50	4,50
			4,75
	5,00	5,00	5,00
			5,30
		5,60	5,60
			6,00
6,30	6,30	6,30	6,30
			6,70
		7,10	7,10
			7,50
	8,00	8,00	8,00
			8,50
		9,00	9,00
			9,50
10,00	10,00	10,00	10,00

1.3 Zeichnungsarten

Zeichnungen werden nach Art der Darstellung und Anfertigung sowie nach Inhalt und Zweck verschieden benannt.

Angaben über Aufbau, Anwendung und Ausführung von Zeichnungen, CAD-Modellen und Stücklisten sind in der DIN199-1 bis DIN199-5 enthalten.

In der Tabelle 1.3 sind die wichtigsten Begriffe in alphabetischer Reihenfolge zusammengestellt.

Tabelle 1.3 Begriffe im Zeichnungs- und Stücklistenwesen nach DIN 199-1 und -3

Begriff	Erläuterung
Anordnungsplan	stellt Gegenstände in ihrer räumlichen Lage zueinander dar
Ausschnittszeichnung	technische Zeichnung, die ein Teil nur ausschnittsweise darstellt
CAD-Modell	CAD-Datenbestand, der entsprechend den physischen Teilen der dargestellten Objekte strukturiert ist
CAD-Plot	ist die Ausgabe einer CAD-Zeichnung oder eines Zeichnungsteils auf einem Zeichnungsträger
CAD-Zeichnung	ist eine durch ein Rechnerprogramm erzeugte Zeichnung, die auf einem Ausgabegerät (Plotter oder Drucker) gedruckt oder am Bildschirm gezeigt wird
Computer Aided Design (CAD)	ist ein rechnerunterstütztes Konstruieren oder Entwerfen von Bauteilen
Diagramm	stellt Zahlenwerte oder funktionale Zusammenhänge in einem Koordinatensystem dar
Einzelteilzeichnung	Zeichnung, die ein Einzelteil ohne die räumliche Zuordnung zu anderen Teilen darstellt
Ergänzungszeichnung	stellt Einzelheiten von Gegenständen dar auf die in anderen Zeichnungen Bezug genommen wird
Fertigungszeichnung	Zeichnung, die alle für die Fertigung des Gegenstandes notwendigen Informationen enthält
Fotozeichnung	Zeichnung, die als wesentlichen Bestandteil fotografische Abbildungen enthält
Gruppenzeichnung	Zeichnung, die eine Gruppe von Teilen, z. B. Montageeinheit oder aber ein Gerät, eine Maschine, Anlage vollständig darstellt
Hauptzeichnung/ Gesamtzeichnung	Darstellung eines Produktes in seiner obersten Strukturstufe
Konstruktionszeichnung	ist eine technische Zeichnung, die einen Gegenstand in seinem vorgesehenen Endzustand darstellt
Maßzeichnung	enthält für ein Einzelteil nur die für den jeweiligen Anwendungsfall wesentlichen Maße und Informationen
Originalzeichnung	ist eine dauerhaft gespeicherte Zeichnung, deren Informationsinhalt verbindlich ist
Patentzeichnung	eine technische Zeichnung, die in ihrem formalen Aufbau und ihrer zeichnerischen Darstellung den Vorschriften der „Verordnung über die Anwendung von Patenten" entspricht

Fortsetzung s. nächste Seite.

Tabelle 1.3 Fortsetzung

Begriff	Erläuterung
Skizze	ist eine nicht unbedingt maßstäbliche, vorwiegend freihändig erstellte Zeichnung
Standardzeichnung	ist eine Zeichnung, die durch Hinzufügen oder Verändern bestimmter vorgesehener Daten dem jeweiligen Anwendungsfall angepasst werden muss
Technische Zeichnung	ist eine Zeichnung in der für technische Zwecke erforderlichen Art und Vollständigkeit
Vordruckzeichnung	Zeichnungsunterlage, die nur eine reproduzierte Standardzeichnung enthält
Zeichnung	ist eine aus Linien bestehende bildliche Darstellung
Zeichnungssatz	ist die Gesamtheit aller für einen bestimmten Zweck zusammengestellten Zeichnungsunterlagen
Zusammenbauzeichnung	technische Zeichnung zur Erläuterung von Zusammenbauvorgängen
Begriffe für Stücklisten	
Baukasten-Stückliste	ist eine Stückliste, in der alle Teile und Gruppen der nächsttieferen Stufe aufgeführt sind
Bereitstellungs-Liste	ist eine Liste der Gegenstände, die zur Verfügung stehen müssen, mit der Mengenangabe sowie der liefernden und empfangenden Stelle
Betriebsstoff	Stoff, der bei der Herstellung eines Gegenstandes notwendig, aber in diesem nicht enthalten ist, z. B. Reinigungsmittel, Kühlschmierstoff, Lötfett
Einzelteil	ist ein Teil, das nicht zerstörungsfrei zerlegt werden kann
Ersatzteil-Liste	ist eine Liste, die Informationen über Ersatzteile für einen Gegenstand enthält
Fertigteil	ist ein Teil in funktions- oder einbaufertigem Zustand
Fertigungs-Stückliste	ist eine Stückliste, die in ihrem Aufbau und Inhalt der Fertigung dient
Grund-Stückliste	diese Stückliste wird für die Grundausführung eines Gegenstandes erstellt
Kalkulations-Stückliste	ist eine Stückliste, die zusätzliche Angaben zur Kostenermittlung enthält

Fortsetzung s. nächste Seite.

Tabelle 1.3 Fortsetzung

Begriff	Erläuterung
Konstruktions-Stückliste	ist eine Stückliste, die im Konstruktionsbereich in Zusammenhang mit den zugehörenden Zeichnungen erstellt wird
Positionsnummer	ist die Verbindung zwischen der Stückliste und der Zeichnung. Diese Nummer ordnet die in der Stückliste aufgeführten Gegenstände den dargestellten in der Zeichnung zu
Struktur-Stückliste	diese Stückliste stellt die Erzeugnisstruktur mit allen Gruppen und Teilen dar, wobei jede Gruppe jeweils bis zur niedrigsten Stufe gegliedert ist.
Stückliste	stellt ein für den jeweiligen Zweck vollständig formal aufgebautes Verzeichnis dar
Varianten-Stückliste	ist eine Stückliste die auf einem Vordruck mehrere Stücklisten von verschiedenen Gegenständen zusammenfasst, die einen hohen Anteil identischer Bauteile aufweisen

Die Zeichnungserstellung führt im Regelfall von Skizzen über Einzelteil- und Gruppenzeichnungen zu Zeichnungen, in denen Erzeugnisse in ihrer obersten Strukturstufe als Hauptzeichnungen, früher Gesamtzeichnungen dargestellt sind.

Die technische Zeichnung als Kommunikationsmittel enthält im Allgemeinen Informationen und Daten, die man den folgenden Bereichen zuordnen kann.

Geometrieinformationen

Die Werkstückgestalt wird durch normgerechte Linienarten, notwendige Ansichten, Schnitte um Innenkonturen zu zeigen und Formelemente z. B. Freistiche, Zentrierbohrungen, Schraubensenkungen dargestellt.

Bemaßungsinformationen

Die Bemaßung legt das gezeichnete Werkstück in seinen Abmessungen und Toleranzen fest. Sie ist die Grundlage für die Fertigung und Prüfung.

Technologieinformationen

Die Angaben zum Werkstoff, zur Oberflächenbeschaffenheit bzw. Kennzeichnung der Oberflächenbereiche die für eine Beschichtung oder Wärmebehandlung vorgesehen sind, aber auch Werkstückkanten gehören zu diesem Informationsbereich.

Organisationsinformationen

Die Informationen zum betrieblichen Ablauf stehen im Schriftfeld der Zeichnung.
Dazu gehören Zeichnungsname, Sachnummer, Ersteller und Zeichnungsfreigabe z. B. nach einer Normenprüfung.

Skizzen sind freihändig erstellte Zeichnungen, für die kein Maßstab vorgesehen ist. Damit die Geometrie des Werkstückes in etwa verhältnisgleich abgebildet wird, sollte ungefähr maßstäblich skizziert werden.

Um technische Sachverhalte zu verdeutlichen, muss der Skizzenersteller die Regeln des technischen Zeichnens kennen, aber auch Übung im Freihandzeichnen und in der Darstellung von Gegenständen haben.

Technische Zeichnungen für die Produktdokumentation oder die Fertigung werden heute überwiegend mit CAD-Systemen erstellt, deshalb ist es besonders wichtig vor dem Modellieren im 3D-CAD-System sich in Skizzen über die Grobgestaltung des zu konstruierenden Gegenstandes klar zu werden.

Das Freihandzeichnen bekommt damit einen neuen Stellenwert.

Bei der Erstellung einer Skizze für ein defektes Bauteil, z. B. ein gebrochener Schneidplatteneinsatz **1.2**, von dem keine Zeichnung vorhanden ist, sind folgende Arbeitsschritte bei der Skizzenerstellung hilfreich.

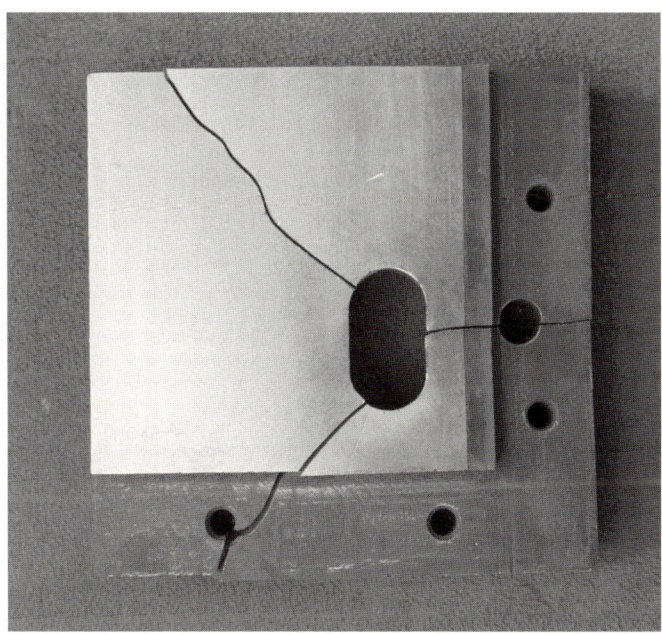

1.2 Gebrochener Schneidplatteneinsatz

Arbeitsschritte:

1. Vorzeichnen des Grundkörpers
   Festlegen der notwendigen Ansichten, damit das Bauteil eindeutig erfasst wird. Dies geschieht mit schmalen Volllinien.

2. Ausziehen der Konturen
   Körperkanten mit breiten Volllinien nachziehen. Die Linien sollten möglichst ohne Absetzen in einem durchgezogen werden. Bei Kreisen hilft die in **1.4** dargestellte Methode.

3. Festlegen des Schnittverlaufes, Schraffieren

4. Eintragen der Maße
   Dabei sollten an einem Formelement alle Maßlinien, Maßhilfslinien und wenn notwendig die Form- und Lagetoleranzen eingetragen werden, bevor man zum nächsten Formelement weitergeht. Zum Schluss werden die Maße, Abmaße und die allgemeinen Fertigungsangaben wie z. B. Werkstoff, Wärmebehandlung, Oberflächen usw. eingetragen.

Diese Skizze kann direkt als Fertigungsvorlage verwendet werden.

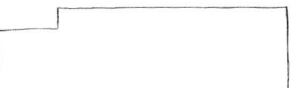

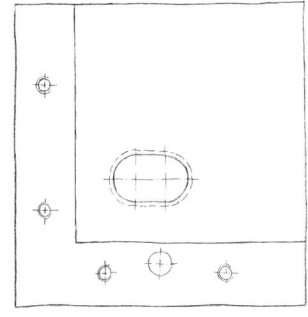

1. Vorzeichnen des Grundkörpers

2. Ausziehen der Konturen

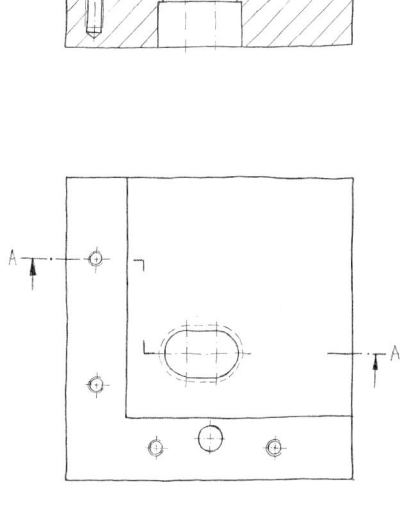

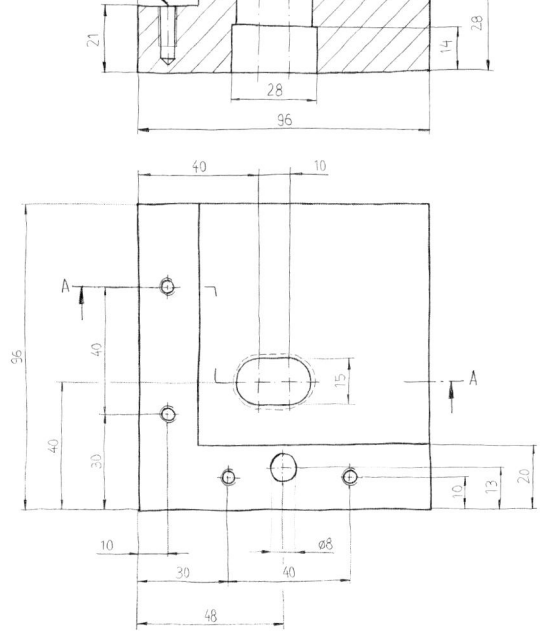

3. Festlegen des Schnittverlaufs, Schraffieren

4. Eintragen der Maße

1.3 Arbeitsschritte bei der Skizzenerstellung

1.4 Entstehung eines freihändig zu ziehenden Kreises

Macht das freihändige Zeichnen der Kreise anfänglich Schwierigkeiten, legt man die Radien auf einem Papierstreifen fest und trägt vom Kreismittelpunkt aus nach mehreren Seiten ab. Durch die Markierungspunkte werden kurze Kreisbögen gezogen und zu dem gewünschten Kreis vereinigt.

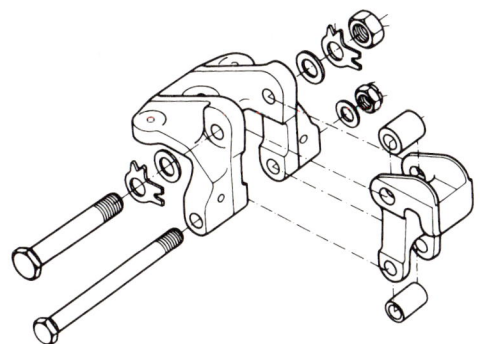

Explosionsdarstellungen sind axonometrische Darstellungen von Gruppen, bei denen die Einzelteile einer Gruppe in Richtung der Koordinatenachsen auseinander gezogen angeordnet sind. Sie vermitteln einen dreidimensionalen Eindruck und erleichtern das Verständnis für das Zusammenwirken der einzelnen Teile.

1.5 Explosionsdarstellung

Einzelteilzeichnungen

Rohteilzeichnungen geben die Gestalt, Maße und den Werkstoff spanlos vorgeformter Werkstücke an. Diese Rohteile werden durch die Fertigungsverfahren Gießen, Pressen und Gesenkschmieden hergestellt.

Fertigungszeichnungen enthalten alle für die Herstellung oder Fertigbearbeitung des Werkstückes notwendige Informationen.

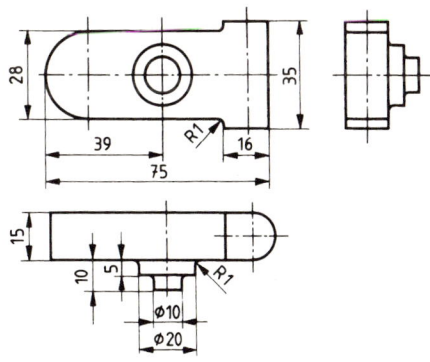

1.6 Rohteilzeichnung

1.7 Fertigungszeichnung

Dazu gehören die komplette Darstellung mit vollständiger Bemaßung, die einzuhaltenden Toleranzen, der Werkstoff, die Oberflächenangaben und der Kantenzustand.

An Stelle einer Rohteilzeichnung kann die Bearbeitungszugabe bei einfachen Rohteilgeometrien in der Fertigungszeichnung durch Strich-Zweipunktlinien, Linienart 05.1, angegeben werden. **2.14** zeigt ein Beispiel.

Die Rohteilzeichnung trägt gewöhnlich die gleiche Nummer mit einem zusätzlichen Schlüssel für die Rohteilkennung und dieselbe Benennung wie die Fertigteilzeichnung. Hinter der Werkstückbezeichnung steht außerdem in Klammern ein entsprechender Vermerk z. B. „Rohteil", „Pressteil".

In die Fertigteilzeichnung werden, sofern eine Rohteilzeichnung vorhanden ist, nur die für die Bearbeitung des Rohteils nötigen Maße eingesetzt. Empfehlenswert ist ein Vermerk, dass die fehlenden Maße in der Rohteilzeichnung enthalten sind.

Für genormte Teile wie Schrauben, Muttern, Scheiben, Splinte sind Einzelteilzeichnungen selten erforderlich, da sie am Lager sind oder von auswärts bezogen, im eigenen Betrieb also nicht nach Zeichnung hergestellt werden. Die Aufnahme der genormten Bezeichnungen bzw. Sachnummern in die Stückliste genügt. Der Zusammenhang aller Zeichnungen untereinander bleibt durch Eintragen der auf den Teilzeichnungen eingeschriebenen Werkstück- bzw. Sachnummern in die Stückliste gewahrt. In Mappen oder Heftern werden die Vervielfältigungen aller Zeichnungen des Geräts geordnet und geschlossen aufbewahrt.

Gruppenzeichnungen. Bestehen Schwierigkeiten, die gesamte Darstellung mit sehr vielen Teilen auf einem Zeichnungsträger unterzubringen, fasst man die Werkstücke zunächst gruppenweise in Gruppenzeichnungen zusammen. Dann hat die Hauptzeichnung nur die Anordnung und Wirksamkeit der einzelnen Gruppen untereinander zu zeigen.

Hauptzeichnungen. Der Zusammenbau mehrerer Teile zu einem Gerät oder zu einer Maschine wird in Hauptzeichnungen zum Ausdruck gebracht. Es kommt hier besonders auf die Anordnung der Teile, auf ihre Abhängigkeit voneinander und auf das gegenseitige Zusammenwirken an – nicht auf die Wiedergabe aller Einzelheiten der Werkstücke, dazu sind die Einzelteilzeichnungen da. Hauptzeichnungen enthalten meist einige Hauptmaße und wenn nötig, Angaben für Zusammenbau und Wirkungsweise der Teile.

Hauptzeichnungen wurden früher Gesamtzeichnung genannt.

Positionsnummern. In der Hauptzeichnung erhält jedes Werkstück üblicherweise eine nicht umrandete laufende Positionsnummer in etwa doppelter Größe der Maßzahl. Mindestens aber von 5 mm Schriftgröße. Diese Positionsnummern, deren Reihenfolge möglichst dem Zusammenbau oder der Uhrzeigerbewegung entsprechen soll, stehen übersichtlich neben der Darstellung in Leserichtung waagerecht oder/und senkrecht in Reihen angeordnet.

Bei einigen CAD-Systemen erfolgt ein Umkreisen der Positionsnummern mit einer schmalen Volllinie, die Hinweislinie zeigt dabei auf den Kreismittelpunkt.

Die Hinweislinien zu den Positionsnummern sind schmal wie Maßlinien und geradlinig so zu ziehen, dass sie nicht mit benachbarten Linien verwechselt werden können und nicht stören. Das in der Darstellung liegende Ende der Hinweislinie erhält einen Punkt.

Positionsnummern von zusammengehörenden Teilen z. B. Schraube, Mutter und Sicherungselement dürfen nebeneinander, durch einen Bindestrich getrennt, an derselben Hinweislinie eingetragen werden. Die Positionsnummer ist die Verbindung zwischen der Zeichnung und der Stückliste.

Weitere Angaben zu Positionsnummern in technischen Unterlagen sind in der DIN ISO 6433 enthalten.

Manuell erstellte Zeichnung. Die Linien müssen scharf umrissen, tiefschwarz, unverwischbar sein und sollen, von der Seite gesehen, glänzen. Dies wird durch Anwendung im Handel erhältlicher Zeichenmittel, die aufeinander abgestimmt für die Anfertigung von technischen Zeichnungen geeignet sind, ermöglicht.

Auch in Bleistiftzeichnungen sind die Linienbreiten abzustufen.

Tuschezeichnungen. Wurde auf Transparentpapier vorgezeichnet, kann die Tuschezeichnung auf demselben Bogen entstehen. Man kann auch einen Bogen transparentes Papier über den Zeichnungsentwurf spannen und darauf ausziehen.

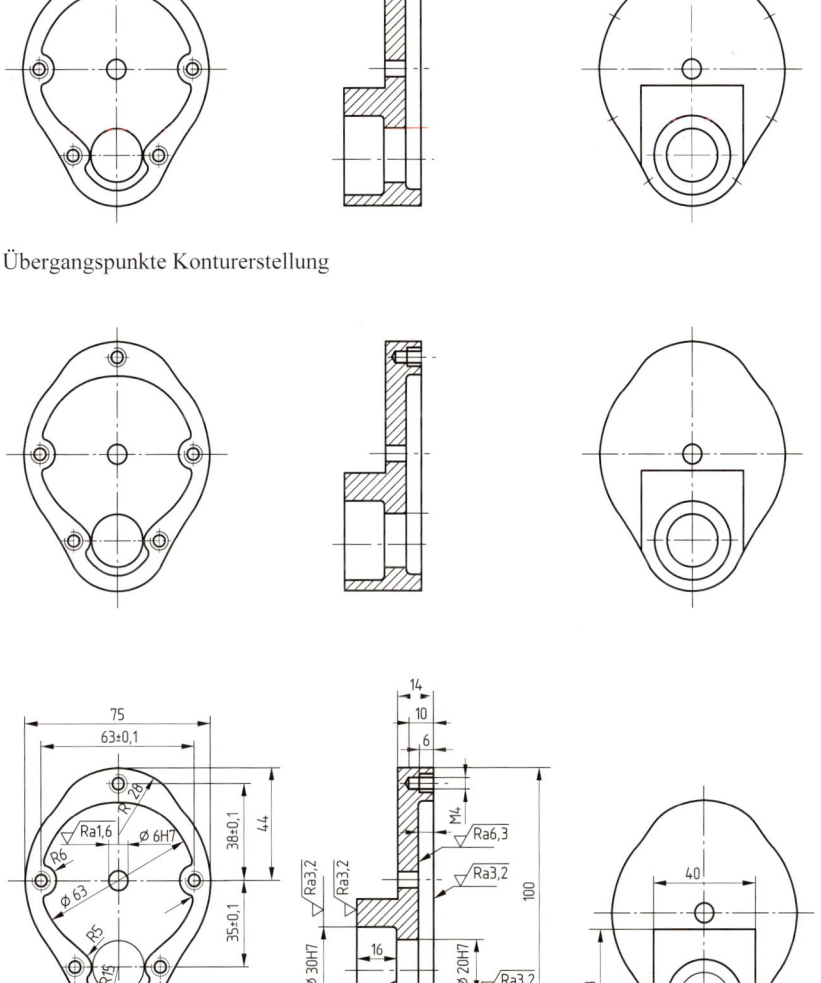

Übergangspunkte Konturerstellung

1.8 Manuelle Erstellung einer Fertigungszeichnung

Zuerst werden die Mittellinien und danach, mit den kleinen beginnend, alle Kreise und Bogen einer Linienbreite nachgezogen.

Die Übergangspunkte der Kreisbögen werden zweckmäßig mit einen weichen Zeichenstift markiert wie **1.8** zeigt. Die Konstruktion der Kreisanschlüsse ist im Abschnitt 3.3 beschrieben.

Nach den Kreisbögen sind alle waagerechten Linien, oben links auf dem Zeichenblatt beginnend, zu ziehen. Es folgen die senkrechten Linien, die man an dem auf der Zeichenschiene aufgesetzten Zeichendreieck nachzieht, wenn damit gearbeitet wird. Die Zeichenschiene soll, wo immer möglich, angewendet werden.

Mit der Eintragung der Bemaßung, Toleranzen, Oberflächenangaben, und wenn notwendig des Kantenzustandes, wird die Zeichnung fertiggestellt. Zum Schluss füllt man das Schriftfeld aus.

1.4 Ändern von technischen Dokumenten

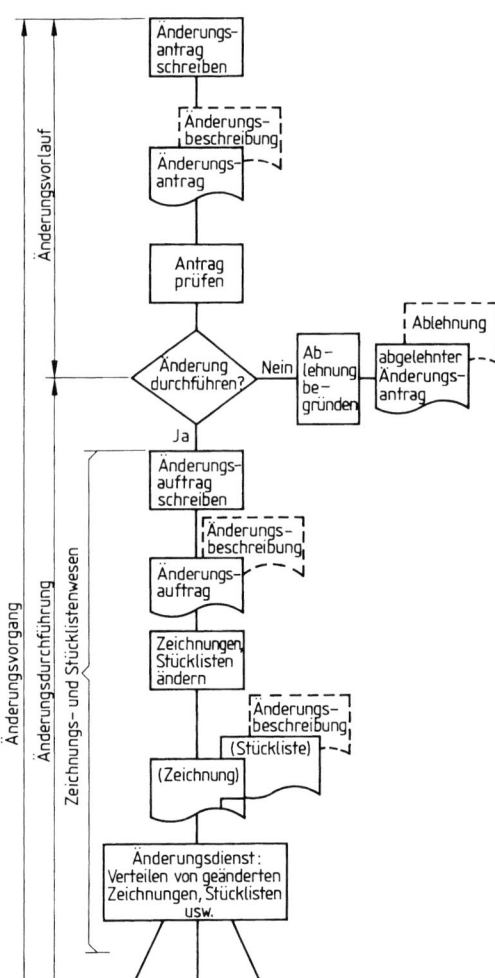

1.9 Beispiel eines Änderungsablaufschemas

Begriffe und allgemeine Anforderungen für Änderungen sind in der DIN 199-4 und DIN 6789-3 erläutert. Korrekturen oder Anpassungen, die während eines Entwicklungs- oder Konstruktionsablaufes auftreten, werden hier nicht behandelt, sie sind nicht dem Wortsinn „Änderung" zuzuordnen.

Der hier zu Grunde gelegte Wortsinn „Änderung" bezieht sich auf die für bestimmte organisatorische Abläufe freizugebenden Dokumente.

Gründe für eine Änderung können sein:
– Kundenwünsche
– Forderungen der Fertigung
– Berichtigungen technischer Fehler
– Lieferschwierigkeiten bei Rohteilen, Halbzeugen u. Ä.

Je nach Ursache hat die Änderung eines technischen Dokumentes auch die Änderung anderer Dokumente zur Folge, z. B. der Stückliste. Darüber hinaus beeinflusst jede Änderung von Dokumenten im Allgemeinen auch das Werkstück selbst.

Änderungsvorgang

Im Änderungsantrag ist die gewünschte oder erforderliche Änderung zu beschreiben und zu begründen.

Nach Prüfung des Änderungsantrags wird entschieden, welche Maßnahmen im Einzelfall getroffen werden sollen.

Im Änderungsauftrag wird die Änderungsdurchführung festgelegt.

Ändern aller erforderlichen Dokumente und Erstellen einer Änderungsbeschreibung.

Alle Tätigkeiten im Zusammenhang mit einer Änderung, d. h. Verwalten und Verteilen der jeweils erforderlichen Unterlagen an die veranlassenden oder betroffenen Stellen werden in einem Unternehmen vom Änderungsdienst betreut.

Geänderte Dokumente werden zweckmäßig zusammen mit einem Änderungsauftrag bzw. einer Änderungsbeschreibung freigegeben, in denen nähere Angaben über die veranlassende Stelle und Anweisungen enthalten sind, die sich z. B. auf den Austausch von Dokumenten und Teilen beziehen.

Jede Änderung muss in geeigneter Weise auf dem technischen Dokument festgehalten werden, z. B. in einer Änderungstabelle neben dem Schriftfeld, siehe **1.10**.

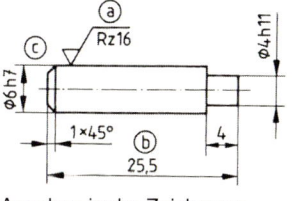

Angaben in der Zeichnung

Zu-stand	Änderung	Datum	Name
c	h7 statt h11	7.8.85	Ṽ
b	25,5 statt 25	7.8.85	Ṽ
a	Rz16 statt Rz63	3.7.85	Ṽ

Angaben in einer Änderungstabelle

1.10 Zeichnungsänderungen

Beim Berichtigen einer Maßeintragung wird die bisher gültige durch die neue ersetzt und in der Nähe der Berichtigung ein Änderungsindex z. B. Kleinbuchstabe in einem Kreis gesetzt.

Änderungstabelle

In der Spalte „Zustand" des Änderungsfelds ist der Änderungsindex – d. h. die Kennung, die im Zusammenhang mit der Sachnummer, Zeichnungsnummer einen bestimmten Konstruktionsstand angibt – einzutragen.

In der Spalte „Änderung" ist als Änderungsvermerk entweder eine Kurzbeschreibung der Änderung oder die Änderungsnummer der zugehörigen Änderungsunterlage, z. B. der Änderungsbeschreibung bzw. des Änderungsauftrages einzutragen. Der Änderungsvermerk oder die Änderungsunterlage soll den Zustand vor und nach der Änderung erkennen lassen. Es heißt z. B. „25,5 statt 25" und nicht „Neues Maß 25,5".

In die Spalten „Datum" und „Name" werden das Datum, an dem die Zeichnung geändert wurde, und der Name der ausführenden Person eingetragen. Das angegebene Datum hat keinen Einfluss auf den Änderungseinsatztermin; dieser ist dem Änderungsauftrag zu entnehmen.

Wenn umfangreiche, erhebliche Änderungen eine neue Zeichnung erfordern, muss in der neuen Zeichnung auf die Ursprungsunterlage im Schriftfeld hingewiesen werden. Wird die bisherige Unterlage ungültig, erhält sie einen entsprechenden Ersatzvermerk „Ersetzt durch ..." mit Hinweis auf die neue Zeichnungsnummer im Schriftfeld, die neue Zeichnung den Vermerk „Ersatz für ..." unter Angabe der Ursprungsnummer. Auch die Stücklisten sind entsprechend zu berichtigen.

Für eine lückenlose Dokumentation aller Änderungsstände einer Unterlage ist es notwendig, entweder alte und neue Angaben in geeigneter Weise in die geänderte Unterlage einzutragen oder aber eine gesonderte Änderungsdokumentation zu führen, die z. B. im Fall von Produkthaftungsfragen alle notwendigen Angaben enthält. Eine gesonderte Änderungsdokumentation ist dann zweckmäßig, wenn z. B. die Unterlagen mit Hilfe von CAD-Systemen erstellt werden und bei Änderungen z. B. der Maßzahlen gleichzeitig alle weiteren, hiervon abhängigen Daten angepasst werden.

1.5 Grafische Darstellungen

Grafische Darstellungen sind Schaubilder zum schnelleren Erkennen und Beurteilen funktioneller Zusammenhänge zwischen kontinuierlichen Veränderlichen z. B. für Veröffentlichungen aus Naturwissenschaft, Technik und Wirtschaft. Je nachdem, ob aus der grafischen Darstellung Zahlenwerte abgelesen werden sollen oder nicht, unterscheidet man zwischen quantitativen, wie z. B. **1.13** zeigt und qualitativen Darstellungen z. B. **1.16**. Als Diagramme werden grafische Darstellungen in Koordinatensystemen, **1.11** sowie in Form von Flächendiagrammen bezeichnet, siehe **1.17**.

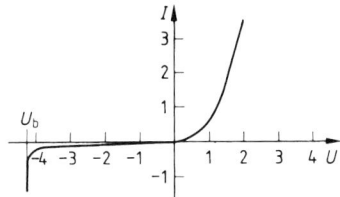

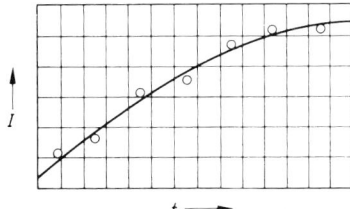

1.11 Koordinatensystem　　　　　　　　　　　**1.12** Verlauf einer Kennlinie

Im ebenen rechtwinkligen kartesischen Koordinatensystem teilt man die beiden Achsen maßstäblich, wobei die zunehmenden Werte der Veränderlichen vom Schnittpunkt der beiden Achsen aus vorzugsweise nach rechts und nach oben, abnehmende nach links und nach unten eingetragen werden, **1.11**. Die waagerechte Achse heißt Abszissenachse, die senkrechte Ordinatenachse. Gemäß den maßstäblich festgelegten Teilungen werden die Zahlenwerte punktweise eingetragen und dann durch eine Kurve annäherungsweise miteinander verbunden.

1.12 zeigt, wie die Kennlinie zu ziehen ist. Die aus Versuchen, Statistiken usw. gewonnenen Zahlenwerte werden im Liniennetz durch kleine Markierungen z. B. ○ ● □ ■ △ ▲ + × eingetragen. Diese Markierungen verbindet man durch eine zügige Kurve miteinander. Je mehr Zahlenwerte vorhanden sind und je genauer sie abgetragen wurden, desto besser legt sich der Kurvenzug an die eingetragenen Kennlinienwerte an.

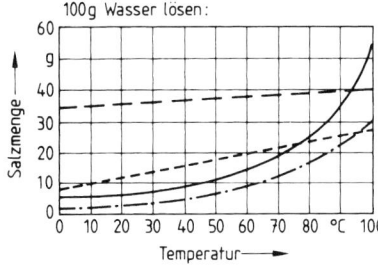

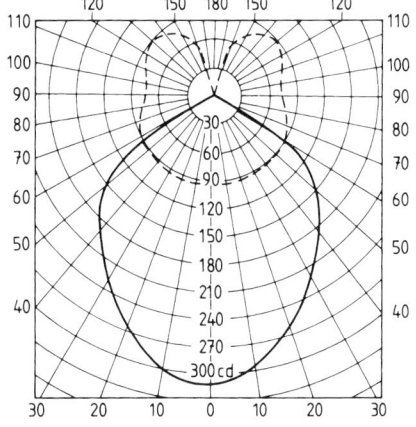

1.13 Löslichkeit von Salzen in Wasser
——　　HGCl$_2$ = Quecksilberchlorid (Sublimat)
– – –　NaCl = Natriumchlorid (Kochsalz)
—·—　H$_3$BO$_3$ = Borsäure
------　K$_2$SO$_4$ = Kaliumsulfat

1.14 Lichtverteilungskurve für eine tiefstrahlende Leuchte

Sind mehrere Kennlinien in einem Diagramm unterzubringen, kann man – wenn es die Übersichtlichkeit zulässt – bei allen Kurven die gleiche Linienart anwenden. Günstiger ist es, unterschiedliche Linienarten wie **1.13** zeigt oder verschiedene Markierungen zu verwenden. Bei verschiedenen Linienarten bzw. Markierungen ist deren Bedeutung zu erläutern, am besten in der Bildunterschrift, **1.13**.

1.5.1 Grafische Darstellungen im Koordinatensystem nach DIN 461

Pfeilspitzen an den Enden der Koordinatenachsen zeigen an, in welcher Richtung die Koordinate wächst. Die Formelzeichen der Größen stehen unter der waagerechten Pfeilspitze und links neben der senkrechten Pfeilspitze, **1.11**. Die Pfeile dürfen auch parallel zu den Achsen angebracht werden. Formelzeichen oder Benennungen stehen dabei am Pfeilanfang, **1.12**.

Formelzeichen und Benennungen sollen möglichst ohne Drehen des Bildes lesbar sein. Ist dies nicht möglich, sollen sie von rechts lesbar sein.

Detaillierte Festlegungen über qualitative und quantitative Darstellungen, Skalen, Zahlenwertangaben, Teilungen der Achsen und zeichentechnische Hinweise wie Linienbreiten, Beschriftung sind in DIN 461 enthalten.

Im Polarkoordinatensystem wird meist die waagerechte Achse dem Winkel Null zugeordnet. Der Winkel wird positiv entgegen dem Uhrzeigersinn und negativ im Uhrzeigersinn. Der Radius nimmt meist vom Nullpunkt (Pol) nach außen hin zu. Polkoordinatensysteme veranschaulichen z. B. Ausstrahlungen von Licht- und anderen Wellen, **1.14**.

1.5.2 Grafische Darstellungen in Form von Flächendiagrammen

Säulendiagramme zeigen **1.15** und **1.16**.

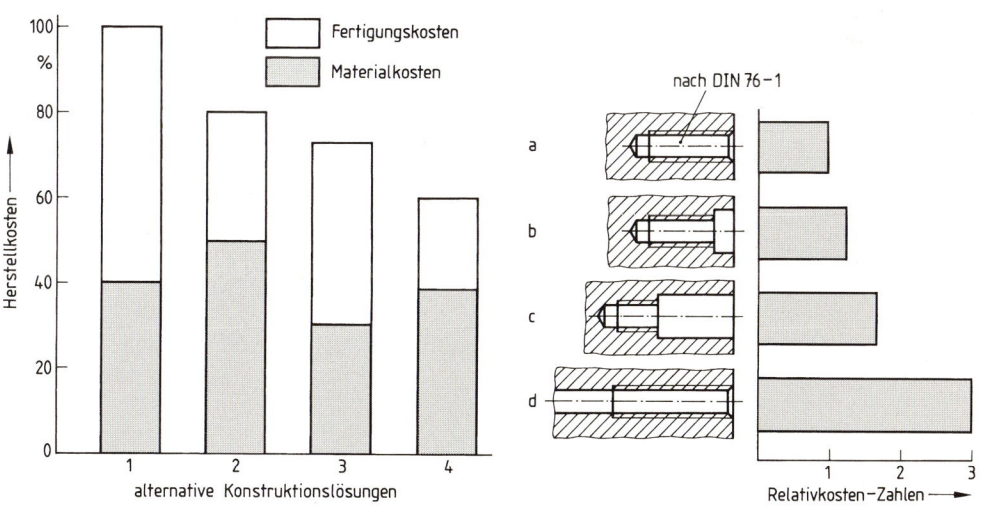

1.15 Kostenstruktur für alternative Konstruktionslösungen

1.16 Relativkosten-Zahlen für Gestaltzonen

Kreisflächendiagramme werden vielfach zur Veranschaulichung von Prozentwerten benutzt. Die Aufteilung der Kreisfläche in Sektoren geschieht auf dem Umfang. Der Kreisumfang ent-

1

spricht dem Prozentwert 100. Die Prozentwerte können auch als Winkel abgetragen werden, wobei 100 % dem Winkel von 360 ° entsprechen.

Beispiel   28 % Elektrotechnische Erzeugnisse erfordern einen Winkel von $\dfrac{360° \cdot 28\%}{100\%} = 100{,}8°$

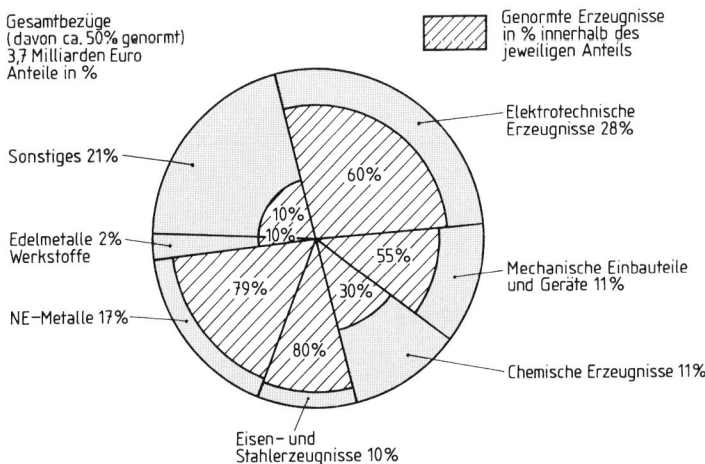

1.17 Anteil genormter Erzeugnisse an den Fremdbezügen eines weltweiten Konzerns

Sankeydiagramme dienen zur Darstellung der im Verlauf eines Prozesses umgesetzten Mengen z. B. an Wärme, Energie, Kosten, Zeiten. Ausgehend von einer Gesamtmenge, dargestellt als breiter Strom, werden die im Prozessverlauf umgesetzten Teilmengen als seitlich abzweigende bzw. einmündende Ab- oder Zuflüsse dargestellt. Die Breite der verschiedenen Ströme ist ein relatives Maß für die durch sie repräsentierten Mengen bzw. Teilmengen.

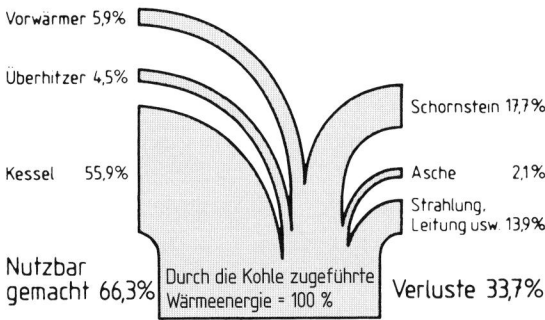

1.18 Wärmestrom in einem Zweiflammrohrkessel

1.6 Rechnerunterstütztes Zeichnen

1.6.1 Begriffe CAD-Systeme

Die traditionelle manuelle Erstellung von technischen Zeichnungen hat stark an Bedeutung verloren. Das rechnerunterstützte Konstruieren ist in der modernen Produktion üblich und geht weit über das Anfertigen einer technischen Zeichnung hinaus.

Digitale Daten der Entwicklungs- und Konstruktionsabteilung CAD gehen direkt in die Arbeitsplanung CAP, in die Fertigung und Montage CAM und zur Qualitätssicherung CAQ.

Eine technische Zeichnung zum Informationsaustausch zwischen Konstruktion und Fertigung ist eigentlich nicht mehr notwendig.

Begriffe

CAD – Computer Aided Drafting/Design

bezeichnet das rechnerunterstützte Zeichnen/Konstruieren mit den Bereichen:

- Entwicklung
- Konstruktion
- Technische Berechnung
- Zeichnungserstellung

CAP – Computer Aided Planning

bezeichnet die Rechnerunterstützung bei der Arbeitsplanung und beinhaltet die Bereiche:

- Arbeitsplanerstellung
- Betriebsmittelauswahl
- Fertigungs- und Montageanweisungen

CAM – Computer Aided Manufacturing

bezeichnet die Rechnerunterstützung bei der direkten Steuerung von Werkzeugmaschinen und die Überwachung von Betriebsmitteln im Fertigungsprozess und beinhaltet den Bereich:

- CNC-Programmierung

CAQ – Computer Aided Quality Assurance

bedeutet die Rechnerunterstützung bei der Planung und Durchführung der Qualitätssicherung mit den Bereichen:

- Prüfmerkmale
- Prüfvorschriften und -plänen
- Prüfprogramme für Mess- und Prüfverfahren

Eingesetzt werden heute zweidimensionale, in zunehmendem Maße aber dreidimensionale CAD-Systeme.

Die 2D-CAD-Systeme, man unterscheidet dabei linienorientiertes und flächenorientiertes Arbeiten bilden die einzelnen Ansichten unabhängig voneinander ab, jede Ansicht stellt ein eigenes Modell dar. Bei diesem *zeichnungsorientierten Prinzip* besteht keine automatische Anpassung in der Vorderansicht wenn z. B. in der Drauf- oder Seitenansicht die Geometrie verändert wird.

Die 2D-Systeme sind nicht assoziativ und die entstehende Zeichnung ist vergleichbar mit der Vorgehensweise bei einer konventionell hergestellten Zeichnung.

1

Beim flächenorientierten, zweidimensionalen CAD-System spielt die Ebenen- oder Folien-technik eine wichtige Rolle. Verschiedene graphische Elemente wie zum Beispiel die Geometrie eines Bauteils, die Schraffur oder die Bemaßung werden jeweils einer einzelnen Ebene oder Folie zugewiesen. Diese Ebenen können dann einzeln ein- oder ausgeblendet, verschoben und/oder gedreht werden. Die technische Zeichnung entsteht durch Übereinanderlegen der einzelnen Ebenen, die Bemaßung wird wie bei der manuell erstellten technischen Zeichnung zum Schluss hinzugefügt.

Eine wesentliche Erleichterung gegenüber der manuellen Zeichnungserstellung ergibt sich aus der Makro- und Variantentechnik.

2D-CAD-Systeme sind heutzutage noch bei einigen wenigen Anwendungsbereichen üblich:

– Bei der Zeichnungserstellung für Bauteile und/oder Baugruppen, die nur nach Zeichnung gefertigt werden, ohne weitere Nutzung der CAD-Dateien
– Bei Aufstellungsplänen für spezielle Anlagen und Ausstellungen die nur einmal verwendet werden
– Bei Schaltplänen für die Pneumatik, Hydraulik und Elektrotechnik
– Für Flussdiagramme

3D-CAD-Systeme ermöglichen eine rechnerische Beschreibung eines dreidimensionalen Modells bei dem die Werkstückform eindeutig und vollständig ist.

Bei diesem *werkstückorientierten Prinzip* können aus dem 3D-Modell alle notwendigen Informationen für die Produktentwicklung und -fertigung entnommen werden.

Vorteile eines 3D-CAD-Systems:

– Das Bauteil kann wegen der automatischen Generierung aus beliebigen Blickwinkeln betrachtet werden
– Die frühzeitige Fehlererkennung bei Bauteilen und Baugruppen nach Bewegungssimulationen und Belastungsanalysen ist noch in der Entwicklungsphase möglich
– Die Explosionsdarstellung von Baugruppen ermöglicht eine einfache Beschreibung der Montage und Demontageschritte
– Die Zeichnungs- und Stücklistenerstellung kann unmittelbar abgeleitet werden.
– Die Produktpräsentation und Dokumentation kann einfach erstellt werden
– Die Herstellung eines Modells oder Prototyps nach der Rapid-Prototyping-Technologie kann in der Entwicklungsphase ebenfalls hilfreich sein, weil der Konstrukteur ein reales Bauteil erhält.

Ausstattung eines CAD-Arbeitsplatzes

Ein CAD-Arbeitsplatz besteht aus einem Rechner mit mindestens 1024 MB Arbeitsspeicher und einer schnellen Grafikkarte.

Als Eingabegeräte wird die Tastatur zur alphanummerischen Eingabe und für die Bewegung des Cursors eine „3D-Tasten-Maus mit Rollrad" verwendet. Eine komfortablere Lösung stellt eine „Spacemouse" dar. Diese ermöglicht über eine zusätzliche Tastenbelegung von häufig verwendeten Befehlen die schnellere Bedienbarkeit von CAD-Programmen.

Als Ausgabegeräte wird ein großformatiger Bildschirm mit Bildschirmdiagonale 20" und einer Auflösung von mindestens 1600x1200 Pixel und einer hohen Bildwiederholfrequenz z. B. 70 Hz empfohlen. Zur Dokumentation der CAD-Daten auf Papier werden Plotter und Drucker verwendet.

Nach der Bauart werden Trommel- und Flachbettplotter unterschieden, wobei Trommelplotter bei großen Formaten wegen des geringen Platzbedarfs wesentlich günstiger sind.

Um die erstellte Datenmenge in den Betrieben fachgerecht verwalten zu können, ist die Nutzung von Datenmanagementsystemen unerlässlich geworden. Bei den Datenmanagementsystemen wird bei vernetzten Rechnern z. B. die Zugangs- und Abänderungsberechtigung zu Modell- und Zeichnungdateien festgelegt oder es wird durch automatisiert konfigurierte Löschvorgänge die Aktualität der Daten gepflegt und bei Entwicklungsprozessen entstandener Datenmüll beseitigt.

Die Archivierung erfolgt auf zentralen Plattensystemen oder Magnetbändern.

CAD-System		
Hardware		**Software**
leistungsfähiger Rechner		**Betriebssystem**
Eingabegerät:	**Ausgabegerät:**	CAD-Basissoftware
Tastatur:	Bildschirm:	
Maus:	Plotter:	CAD-Anwendersoftware CAD-Anwendungsmodule
3D-Maus:	Drucker:	

1.19 Komponenten eines CAD-Systems

1.6.2 CAD-Arbeitstechniken

Grundlagen zur Benutzeroberfläche

Die wesentlichen Grundlagen eines 3D-CAD-Systems werden am Leitbeispiel Maltesergetriebe, die in der taktgebundenen Fördertechnik eingesetzt werden, beschrieben, **1.31**. An der Antriebswelle (Pos. 3) mit dem Bolzen (Pos. 6) sind sechs Umdrehungen notwendig damit das Malteserrad (Pos. 5) auf der Abtriebswelle (Pos. 4) eine Umdrehung ausführt. Die meisten Benutzeroberflächen von 3D-CAD Programmherstellern sind ähnliche aufgebaut. Die grundsätzliche Struktur einer Benutzeroberfläche soll exemplarisch an dem 3D-Programm „Inventor" von der Firma Autodesk beschrieben werden und ist auf andere Softwarehersteller übertragbar.

1

Dem Anwender wird auf der Benutzeroberfläche ein Werkzeugkasten mit den erforderlichen Werkzeugen („tools") zur Verfügung gestellt. Diese Werkzeuge stellen Befehle und Funktionalitäten dar, die für das Erstellen von Skizzen, Modellen, Baugruppen, Präsentationen, Zeichnungsableitungen sowie zur Nachbearbeitung von Zeichnungen benötigt werden.

Hier gibt es bei den CAD-Softwareherstellern viele Ähnlichkeiten.

Neben dem Werkzeugkasten gibt es einen Browser, **1.20**, in dem die Entstehungsgeschichte des Bauteils, der Baugruppe oder der Zeichnung aufgezeichnet wird. Über den Browser lässt sich die Vorgehensweise beim Modellieren eines Bauteils rekonstruieren. Außerdem lassen sich über den Browser an bestehenden Skizzen und am bestehenden Modell Änderungen vornehmen.

Konstruktionsmethodik

Bei der Erstellung einer Baugruppe wie das Maltesergetriebe gibt es zwei unterschiedliche Vorgehensweisen in der Konstruktionstechnik.

– Bei der **Bottom-Up-Methode** werden beim Erstellen einer Baugruppe und der Zeichnungen zunächst einmal die Einzelteilmodelle z. B. Gehäuse, Antriebswelle und Malteserrad erstellt. Bei diesem Anwendungsfall sind die Abmessungen und Formen der Einzelteile bekannt. Anschließend erstellt man von den vorhandenen Einzelteilmodellen das Baugruppenmodell sowie die Zeichnungsansichten der Einzelteilzeichnungen und der Baugruppe nach der Projektionsmethode 1. Notwendige Zeichnungsnachbearbeitungen bei den Einzelteilzeichnungen sind Schnittdarstellungen, Bemaßung, Oberflächeneintragungen und Wortangaben.
Bei abgeleiteten Baugruppenzeichnungen werden Zeichnungsnachbearbeitungen in der Schnittdarstellung, Positionsnummernvergabe und das generieren von dazugehörigen Stücklisten erforderlich.

– Bei der **Top-Down-Methode** sind die Abmessungen und die Form der Einzelteile des Maltesergetriebes noch nicht bekannt. Bei diesem Anwendungsfall würde für die zu konzipierende Baugruppe Maltesergetriebe eine bereits bestehende Baugruppe von einer Förderanlage vorliegen. Der Konstrukteur erhält den Arbeitsauftrag ein solches Maltesergetriebe an die bereits bestehende Förderanlage anzupassen. Die Maße und die Form der Einzelteilmodelle z. B. Durchmesser der Abtriebswelle oder Antriebswelle für das Maltesergetriebe werden am Bildschirm an der bestehenden Baugruppe Förderanlage abgenommen.
Aufgezeigt wird die Vorgehensweise dieser Methode an der Baugruppe Maltesergetriebe an der Abnahme der äußeren Maße für das Einzelteil Gehäusedeckel. Einzelteilmodelle, die nach dieser Methode hergestellt werden, sind adaptiv.

1.6.3 Erstellung von Einzelteilmodellen

Die Erstellung von Einzelteilmodellen erfolgt über einen Wechsel beim Bearbeiten vom **Skizziermodus** in den **Modelliermodus**.

Skizziermodus

Im ersten Schritt erstellt man eine Skizze auf einer 2D-Ebene. Jeder Skizzierpunkt im dreidimensionalen Raum lässt sich über ein kartesisches Koordinatensystem mit den Achsen x, y und z bezogen auf den gemeinsamen Schnittpunkt der Achsen zum CAD-Koordinatenursprung definieren. Außerdem lassen sich an diesen kartesischen Achsen drei Ebenen (x,y), (y,z) und (x,z) aufspannen.

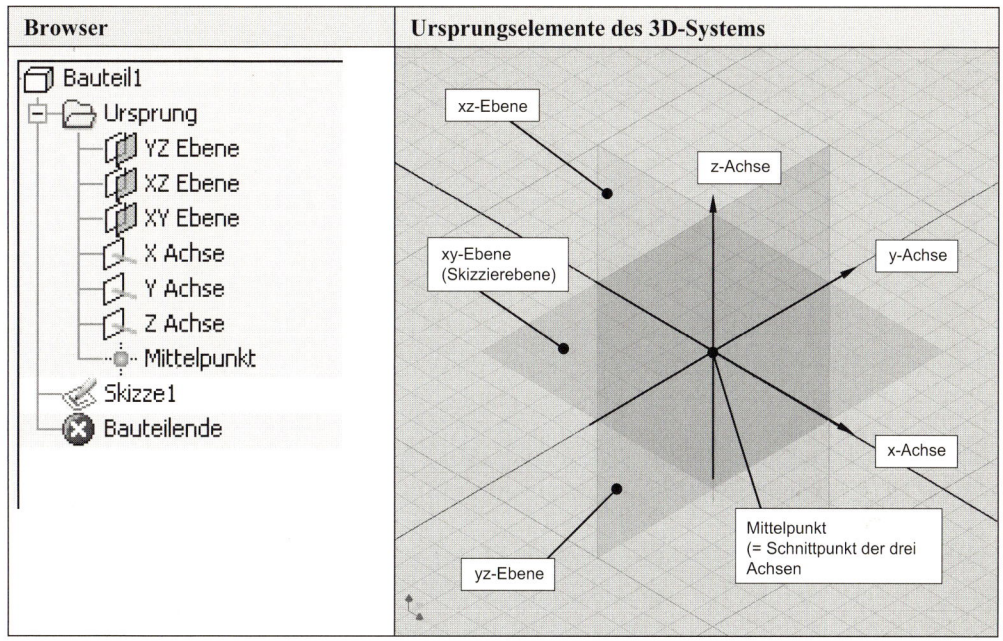

Browser	Ursprungselemente des 3D-Systems

1.20 Ursprungselemente des 3D-Systems

Über den Browser lassen sich Ursprungspunkt sowie die Achsen und Ebenen sichtbar machen.

Beim Erstellen der ersten Skizze steht zunächst die x,y Ebene mit der x- und y-Achse und dem Ursprung zur Verfügung.

Für die späteren Beschreibungen soll erwähnt werden, dass die Skizzierebene x,y in 4 Quadranten aufgeteilt wird, **1.21**.

1.21 xy-Skizzierebene in 4 Quadranten

Skizzierbefehle

Bei einem 3D-Programm spricht man deshalb vom Skizzieren, weil zunächst nur die Konturform ohne Maßangaben erstellt wird. Die Konturformen werden als Rechtecke, Kreise oder Mehrkante ausgeführt oder lassen sich mit Hilfe der Skizzierbefehle, „Rechteck", „Kreis", „Mehrkant" und „Linien" zur Kontur zusammensetzen, **1.22**.

Daher sind im Werkzeugkasten einer Vorlagedatei zur Konturerstellung von Einzelteilen die beschriebenen Skizzierbefehle unbedingt erforderlich.

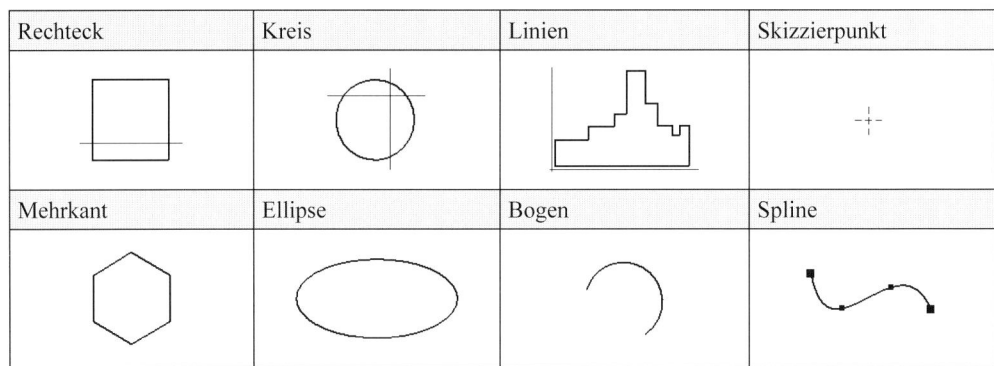

Rechteck	Kreis	Linien	Skizzierpunkt
Mehrkant	Ellipse	Bogen	Spline

1.22 Skizzierbefehle

Das Modellieren einer Bohrung ist allerdings erst dann möglich, wenn zuvor ein Volumenmodell erstellt wurde. Ellipse, Bogen (definiert über drei Punkte) und Spline (Freihandlinie) seien hier nur der Vollständigkeit wegen genannt.

Der Spline ist für Sonderfälle, wie das Anpassen einer Freiformfläche an eine andere von Bedeutung bzw. als Skizzierbefehl bei einer späteren Teilschnitterstellung bei Zeichnungen wichtig. Eine Freihandlinie wird über das Setzen von mehreren Stützpunkten definiert. Ansonsten kommt diesem Konturbefehl eher eine geringe Bedeutung zu.

Bearbeitungsbefehle

Da sich Bauteilkonturen aus den beschrieben Konturbefehlen zusammensetzen ist es unerlässlich, dass Linien gestutzt oder gedehnt werden können. Diese elementaren Bearbeitungsbefehle (Abänderungsbefehle) wie Stutzen und Dehnen dürfen daher bei einem CAD-System nicht

Begriff	Erklärung	Vorher	Nachher
Stutzen	Konturlinie zwischen zwei Schnittstellen zu einer anderen Konturlinie stutzen		
Dehnen	Konturlinie zwischen zwei Schnittstellen zu einer anderen Konturlinie dehnen		
Drehen	Eine Kontur um einen definierten Winkel drehen		
Versatz	Eine bereits bestehende Konturlinie nicht erneut zeichnen, sondern um ein Maß versetzen		

1.23 Bearbeitungsbefehle

fehlen und sollen hier am Beispiel Erstellung einer Passfeder bzw. Passfedernut erklärt werden. Die Bearbeitungsbefehle Drehen und Versatz sind an einem Formteil dargestellt, **1.23**.

Im Skizziermodus gibt es noch weitere elementare Bearbeitungsbefehle bzw. Abänderungsbefehle von bestehenden Konturen, wie z. B. Abrunden, Fasen, Spiegeln, Rechteckige Anordnung und Runde Anordnung.

Abhängigkeitsbefehle

Nach dem Skizzieren lässt sich durch die Vergabe von Abhängigkeitsbefehlen die Kontur genauer in ihrer Lage zum Koordinatensystem oder der Skizzierelemente zueinander definieren.

Zum einen ist es zu empfehlen, dass vor allem symmetrische und rotationssymmetrische Bauteile an das CAD-Koordinatensystem mit Hilfe von Abhängigkeitsbefehlen angebunden werden. Für spätere Modellierschritte oder für das Einfügen der Einzelmodelle in einem Baugruppenmodell lassen sich so jederzeit die Ebenen, Achsen und der Ursprung einblenden und nutzen.

Damit kann mit Hilfe von Abhängigkeitsbefehlen die Kontur eines Bauteils genauer definiert werden.

In **1.24** sind die zur Verfügung stehenden Abhängigkeitsbefehle zusammengestellt.

Außerdem soll anhand der Skizzierelemente einer Passfeder bzw. Passfedernut die Entstehung und Anbindung an den Koordinatenursprung vollständig aufgezeigt werden.

Abhängigkeit	Erklärung	Vorher	Nachher
	Lotrecht Linien rechtwinklig (orthogonal) zueinander angeordnet		
	Parallel Linien parallel zueinander angeordnet		
	Konzentrisch Kreise werden über die Auswahl der Umfangskanten so angeordnet, dass der gleiche Mittelpunkt vorliegt.		

Fortsetzung s. nächste Seite.

1

Abhängigkeit	Erklärung	Vorher	Nachher
	Koinzident Ein Punkt von einer Kontur auf einen anderen Konturpunkt oder -linie legen. Kreis wird an die x- und y-Achse angebunden.		
	Symmetrisch Konturlinien erhalten bezogen auf eine Achse den gleichen Abstand. Rechteck wird symmetrisch zur x- und y-Achse ausgerichtet.		
	Kollinear Eine Konturlinie wird auf eine andere Konturlinie gelegt. Bei der Antriebswelle (Pos. 3) wird die Konturhälfte an die x-Achse und die yz-Ebene angebunden.		
	Gleich Zwei Kontureelemente (Kreise) erhalten die gleiche Größe.		
	Horizontal oder Vertikal Konturen lassen sich so ausrichten, dass diese zueinander horizontal liegen.		
	Tangential Im Beispiel wird die Konturlinie eines gezeichneten Rechteckes tangential zum Kreis vergeben.		

1.24 Abhängigkeitsbefehle

Erklärung	Vorher	Nachher
Abhängigkeitsbefehl: Koinzident		
Bearbeitungsbefehl: Stutzen der überflüssigen Kanten		
Abhängigkeitsbefehl: Koinzident um die Passfeder an den Ursprung anzubinden		

1.25 Nutzung von Abhängigkeitsbefehl und Bearbeitungsbefehl

Bemaßung der erstellten Skizze

Nach dem die Kontur über Abhängigkeitsbefehle in der Lage zum Koordinatensystem und der Zeichenelemente zueinander definiert wurden folgt das Bemaßen der Kontur.

Erst bei diesem Schritt wird nun die skizzierte Kontur mit den entsprechenden Maßen in die entsprechende Größe gezogen. Bei 2D-Programmen wird die Kontur mit den entsprechenden Längenangaben gezeichnet.

Bei 3D-Programmen spricht man im Gegensatz zu 2D-Programmen von einer parametrischen Bemaßung, das heißt, dass jeder vorgenommenen Maßeintragung ein Parameter z. B. d0, d1, d2, ... zugeordnet wird. Die Zuordnung von Parameter und Maß lässt sich in einer Parameterliste einsehen.

1.26 zeigt die Vorgehensweise bei der Bemaßung am Beispiel eines prismatischen Bauteils und eines Drehteils.

Bauteil	Erklärungen der Ausgangssituation	Vorher	Nachher
Prismatische Bauteile Passfeder (Pos. 10)	Die Kontur der Passfeder bzw. der Passfedernut ist mit Hilfe der Abhängigkeitsbefehle vollständig bestimmt.		
Drehteile Antriebswelle (Pos. 3)	Die Kontur der Antriebswelle ist mit Hilfe der Abhängigkeitsbefehle an den Ursprung angebunden.		

1.26 Bemaßungsbeispiele im Skizziermodus auf der xy-Ebene

1

Zusammenfassend lässt sich das Erstellen von Skizzen an einem 3D-System in vier Arbeitsschritte unterteilen:

1. Skizzieren und Bearbeiten (Abändern) einer Kontur auf einer Ebene die von 2 Achsen des kartesischen Koordinatensystems aufgespannt wird
2. Über Abhängigkeiten die Kontur an den Ursprung anbinden bzw. die Skizzierelemente einer Kontur zueinander festlegen
3. Kontur vollständig bemaßen
4. Wechsel zum Modelliermodus durch Beenden des Skizziermodus

Modelliermodus

Nachdem die skizzierte Kontur in der Form, der Lage und im Maß eindeutig festgelegt ist, wird vom Skizziermodus zum Modelliermodus gewechselt. Im Modelliermodus geht es darum aus der erstellten 2D-Kontur nun einen räumlichen Körper zu generieren. Für ein erfolgreiches Modellieren eines Volumenkörpers ist eine geschlossene Kontur aus dem Skizziermodus erforderlich.

Es gibt zwei Modellierbefehle. Beim ersten der Modelliergrundbefehle geht es darum, einer auf der xy-Fläche skizzierten Kontur eine Höhe zu geben, man bezeichnet dies als „extrudieren".

Beim zweiten wird die zur Hälfte auf der xy-Fläche gezeichnete Außenkontur um die Längsachse gedreht. Dieses Vorgehen wird als „Rotation" oder auch „Drehung" einer 2D-Kontur bezeichnet.

Beide Modelliergrundbefehle sind in **1.27** dargestellt.

Bauteil	Vorher Wechsel vom Skizziermodus zum Modelliermodus	Nachher Modellieren mit typischen Modellierbefehlen im Modelliermodus
Extrusion Gehäuse (Pos. 1)		
Drehung bzw. Rotation Antriebswelle (Pos. 3)		

1.27 Modelliergrundbefehle

Bearbeitungsbefehle (Manipulationsfunktionen) im Modelliermodus

Weitere Modellierbefehle die häufig vorkommen, sind Bohrungen, Grundlochbohrungen, zylindrische oder konische Senkungsbohrungen, Gewindegrundlochbohrungen und Gewindedurchgangsbohrungen. Die Erstellung von Bohrungen soll am Gehäuse (Pos. 1) und Gehäusedeckel (Pos. 2) gezeigt werden.

Voraussetzungen für den Modelliermodus ist es, dass im Skizziermodus die Lage der Bohrungsachsenkreuze genau festgelegt wurde. Zu der Darstellung von Gewindebohrungen sei erwähnt, dass diese nur in Form einer fotografischen Tapete (Fläche) auf die Bohrungswand gelegt wird. Das heißt Gewindegänge werden nicht reell herausmodelliert.

Regelmäßig wiederholende Konturen, die rund oder rechteckig angeordnet sind, können über entsprechende Bearbeitungsbefehle zeitsparend modelliert werden. Die Bearbeitungsbefehle rechteckige Anordnung und Spiegeln werden am Gehäuse (Pos. 1) aufgezeigt, **1.28**.

Modellier-Befehle	Vorher	Nachher
Bohrung Senkung für Zylinderschraube am Gehäusedeckel (Pos. 2)		
Rechteckige Anordnung Erste Gewindebohrung mit Skizzierpunkt und Modellierbefehl Bohrung erstellt. Weitere Gewindebohrungen durch rechteckige Anordnungen		
Spiegeln Gewindebohrungen auf der anderen Gehäuseseite durch Spiegeln an der Mittelebene des Gehäuses (Pos. 1)		

1.28 Weitere Bearbeitungsbefehle im Modelliermodus

Darstellungsarten von Modellen

Die erzeugten Modelle lassen sich in drei verschiedene Arten darstellen:

Volumenmodell	Flächenmodell	Kantenmodell bzw. Draht-modell
Das Modell entsteht durch Zu-sammenfügen einzelner Körper.	Das Modell wird durch Mantel-, Grund- und Deckfläche beschrieben.	Das Modell wird durch Körper-kanten definiert.

1.29 Darstellungsarten der Antriebswelle (Pos. 3)

Dem Volumenmodell kommt in der Praxis die größte Bedeutung zu.

Zusätzliche Arbeitsebenen

Bei der Erstellung der Passfedernut am Drehteil Antriebswelle (Pos. 3) ist es notwendig eine zusätzliche Arbeitsebene auf dem Kreisumfang als Skizzierebene zu definieren.

Diese Arbeitsebene wurde parallel im Bezug auf die xy-Ursprungsskizzierebene mit dem Versatz des Radienmaßes am Wellenabschnitt aufgespannt.

Grundsätzlich gibt es noch weitere Mög-lichkeiten Arbeitsebenen im Raum zu definieren, z. B. kann man Arbeitsebenen zwischen 3 Punkten oder 2 Achsen auf-spannen.

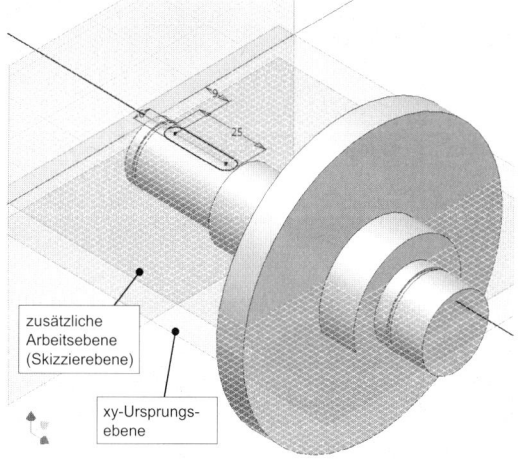

zusätzliche Arbeitsebene (Skizzierebene)

xy-Ursprungs-ebene

1.30 Antriebswelle mit Passfedernut

Features-Technologie

Für häufig verwendete Modellkonturen wie z. B. Passfedernuten, spezielle Lochbilder, Sen-kungen oder Freistiche empfiehlt es sich eine eigene Bibliothek anzulegen.

Die Bereitstellung häufig verwendeter Modelle vereinfacht und beschleunigt die Geometrie-modellierung.

Außer Formfeatures sind auch Fertigungsfeatures üblich. Diese beinhalten Informationen zu den Fertigungsschritten, z. B. Nutfräsen, Bohren, Senken usw.

1.6.4 Erstellung von Baugruppenmodellen

Eine Baugruppe lässt sich unter der entsprechenden Vorlagedatei mit entsprechenden Werkzeugen aus den erstellten Einzelmodellen und Normteilmodellen zusammenbauen. Normteilmodelle von Wälzlagern (Pos. 9), Radialwellendichtring (Pos. 14), Sicherungsringe (Pos. 12), Zylinderschrauben mit Innnensechskant (Pos. 13) und Passfedern (Pos. 10) können über eine Normteilbibliothek der CAD-Programme aufgerufen und eingesetzt werden. Andere Zukaufteile von Normalienherstellern wie z. B. Norelem oder Hasco werden im entsprechenden CAD-Dateiformat zur Verfügung gestellt.

Die Einzelteilmodelle müssen dazu als Einzelkomponenten in der Baugruppenvorlage aufgerufen werden. Die zuerst aufgerufene Einzelteilkomponente wird als fixiertes Modell im Raum abgelegt. Ein weiteres Einzelteilmodell wird ebenfalls in der Baugruppenvorlage aufgerufen. Dieses Einzelteilmodell muss nun in seinen Bewegungsmöglichkeiten in Bezug zu dem im Raum fixierten Bauteilmodell eingeschränkt werden.

Es gilt dabei folgenden 6 Bewegungsmöglichkeiten (Freiheitsgrade) im 3D-Raum einzuschränken:

- Insgesamt 3 lineare Bewegungsmöglichkeiten, jeweils in x-, y-, z-Richtung
- Insgesamt 3 Drehbewegungen, jeweils um die x-, y- und z-Achse

Dazu gibt es spezielle Abhängigkeitsbefehle, um diese Bewegungsmöglichkeiten vollständig einzuschränken. Offene Freiheitsgrade (Bewegungsmöglichkeiten) lassen sich zur Kontrolle anzeigen. Außerdem lassen sich die Bauteile in Bezug auf das andere Bauteil noch reell bewegen.

Am Beispiel des kompletten Zusammenbaus einer einfachen Plattenverbindung mit Schraube soll die Vorgehensweise bei der Einschränkung der Freiheitsgrade dargestellt werden. Diese Beschreibung lässt sich auf die Vorgehensweise beim Zusammenbau der gesamten Baugruppe übertragen.

Aufgabenstellung	Abhängig- keitsbefehl	Vorher	Nachher
Die Deckplatte mit Senkung für Zylinderschraube soll zur Grundplatte mit Gewindebohrung in allen Freiheitsgraden eingeschränkt werden.	**Passend** Grundfläche Deckplatte zur Deckfläche Grundplatte ausrichten.		

Fortsetzung s. nächste Seite.

1

Aufgabenstellung	Abhängig-keitsbefehl	Vorher	Nachher
	Passend Mittelebene der Deckplatte zur Mittelebene Grundplatte ausrichten		
	Passend Weitere Mittelebene der Deckplatte zur Mittelebene Grundplatte ausrichten		
Die Zylinderschraube soll in der Lage eindeutig zu der erstellten Baugruppe Deckplatte und Grundplatte definiert werden.	**Einfügen** Zylinderschraube zur Senkung für Zylinderschraube festlegen		
	Winkel Arbeitsebene Schraube zur Mittelebene Baugruppe ausrichten.		

1.31 Befehle um Bewegungsmöglichkeiten einzuschränken am Beispiel einer einfachen Schraubenverbindung

Die Befehle *Passend*, *Einfügen*, *Winkel* und Tangential stehen zur Verfügung. Wie am Beispiel gezeigt, lassen sich zwischen 2 Bauteilen alle 6 Freiheitsgrade nur über mehrere Abhängigkeitsbefehle einschränken. Zwischen Grundplatte und Deckplatte sind zur eindeutigen Lagebestimmung bei der Anwendung des Befehls *Passend* zwischen 2 Flächen 3 Schritte erforderlich.

Zwischen der Schraube und der nun räumlichen fixierten Baugruppe Deckplatte und Grundplatte ist zur eindeutigen Lagebestimmung über den Befehl *Einfügen* von der Kreiskontur Schraube zur Kreiskontur Durchgangsbohrung nur noch der Befehl *Winkel* erforderlich.

1.6.5 Baugruppen-, Einzelteilzeichnung

Bei Zeichnungsableitungen sind häufig folgende Nachbearbeitungen erforderlich:

– Arbeitsblattformate auswählen
– Symmetrielinien setzen
– Schnittdarstellungen erzeugen
– über Skizzierbefehle abgeleitete Zeichnungen abändern

– Bemaßung anbringen
– Positionsnummern eintragen
– Stücklisten generieren und anpassen

1	2	3	4	5	6
Pos.	Menge	Einh.	Benennung	Sachnummer/ Norm - Kurzbezeichnung	Bemerkung
1	1	Stk	Gehäuse		EN-GJS-350-22
2	1	Stk	Gehäusedeckel		EN-GJS-350-22
3	1	Stk	Antriebswelle		S275JR
4	1	Stk	Abtriebswelle		S275JR
5	1	Stk	Malteserrad		CuSn8
6	1	Stk	Bolzen		34CrMo4
7	1	Stk	Scheibe		CuSn8
8	1	Stk	Walze		34CrMo4
9	4	Stk	Rillenkugellager	DIN 625 - 6005 - 25 x 47 x 12	
10	1	Stk	Passfeder	DIN 6885 - A - 8 x 7 x 25	
11	1	Stk	Sicherungsring	DIN 471 - 8 x0,8	
12	1	Stk	Sicherungsring	DIN 471 - 25 x 1,2	
13	10	Stk	Zylinderschraube	ISO 4762 - M5 x 12	8.8
14	1	Stk	RWDR	DIN 3760 - AS - 25 x 40 x 7	NBR

Verantwortl Abtlg.	Technische Referenz	Erstellt durch	Genehmigt von		
		Dokumentenart **Stückliste**		Dokumentenstatus	
		Titel, Zusätzlicher Titel **Maltesergetriebe (Taktgetriebe)**		Änd. Ausgabedatum Spr. Blatt	

1.32 Stückliste Maltesergetriebe

1

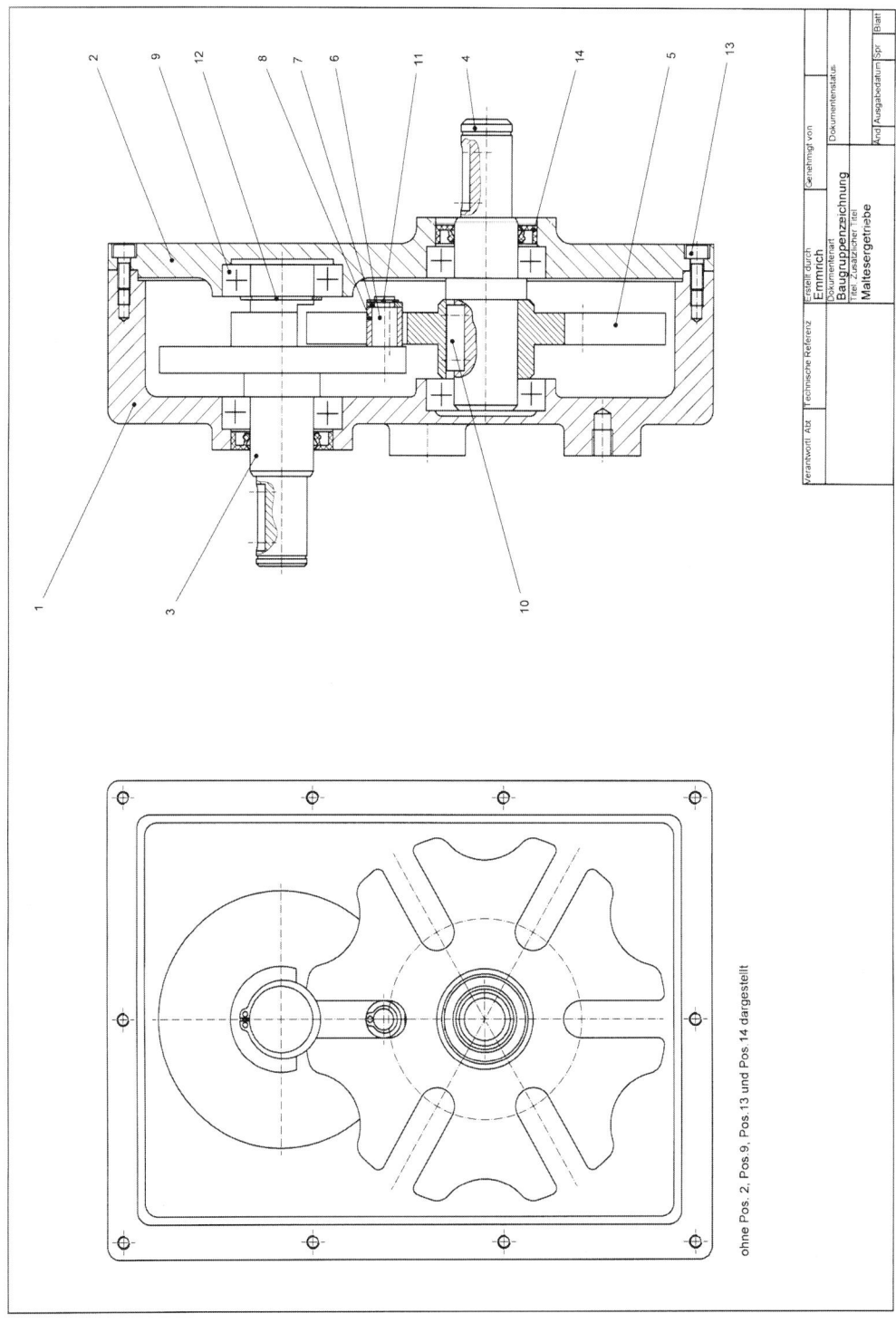

1.33 Abgeleitete Baugruppe Maltesergetriebe

Explosionsdarstellung

Explosionsdarstellungen von Baugruppen erleichtern das Verständnis für das Zusammenwirken der einzelnen Bauteile. Sie bilden die Grundlage für Montage- und Demontagebeschreibungen. Explosionsdarstellungen werden zunächst in einer Modellvorlage erstellt, bei der die Reihenfolge der Montage- bzw. Demontageschritte in Simulationssequenzen festgelegt wird.

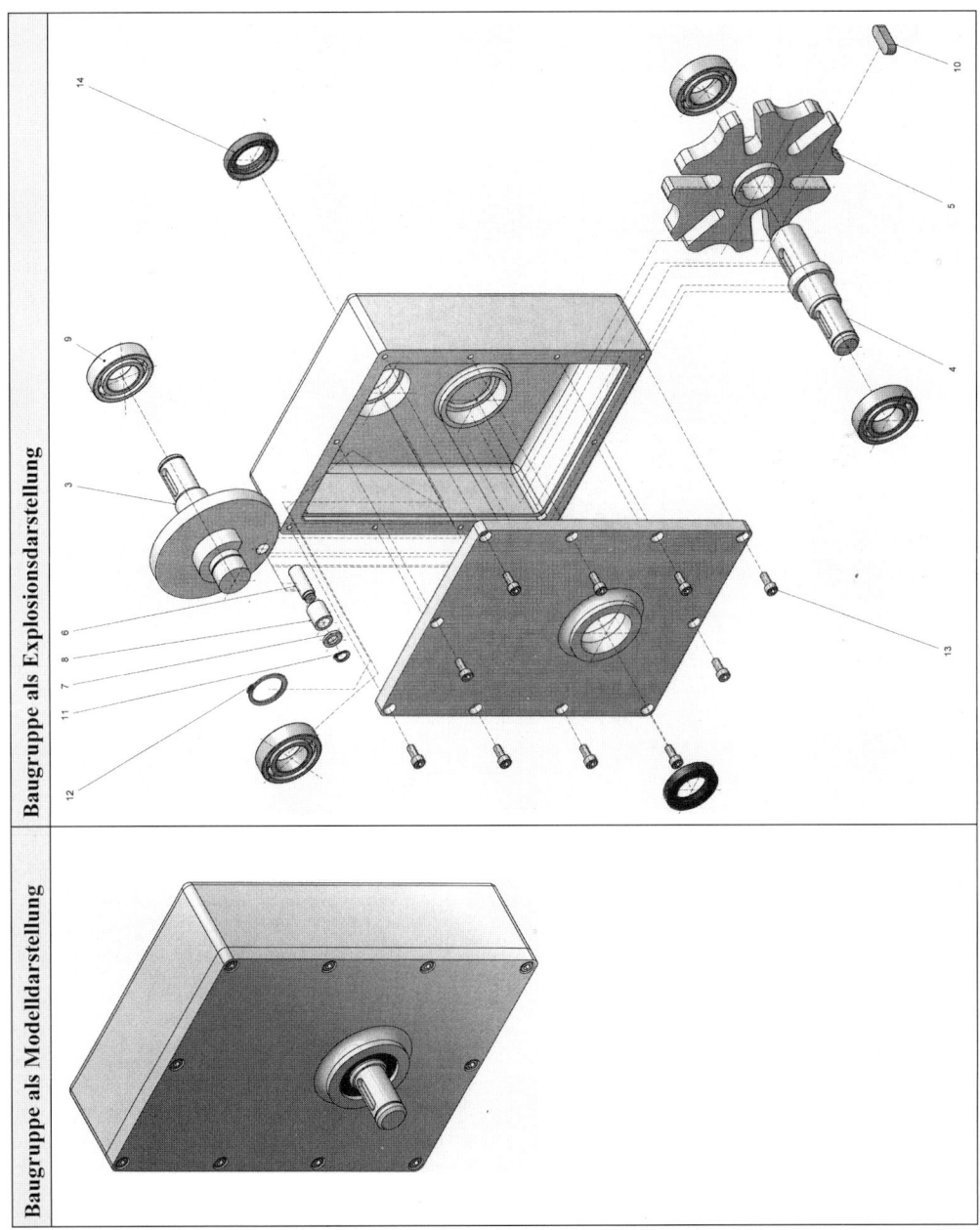

1.34 Modell- und Explosionsdarstellung

1

Modellerstellung und Zeichnungsableitung

Am Beispiel Malteserrad (Pos. 5) soll die Vorgehensweise bei der Modellerstellung und der Zeichnungsableitung aufgezeigt werden.

In **1.35** ist die Modellerstellung durch die Browseraufzeichnung dokumentiert.

Bei der angelegten Pfadstruktur im Browser ist ersichtlich, dass am Anfang jedem *Extrusionsschritt* ein *Skizzierschritt* untergeordnet wurde.

Bei dem Bearbeitungsschritt *Runde Anordnung* wurde die angewählte Extrusion untergeordnet. Bei den Bearbeitungsbefehlen *Rundung* und *Fase* ist im Browser keine Skizze zugeordnet, da diese ohne Skizziermodus direkt im Modelliermodus erstellt werden kann.

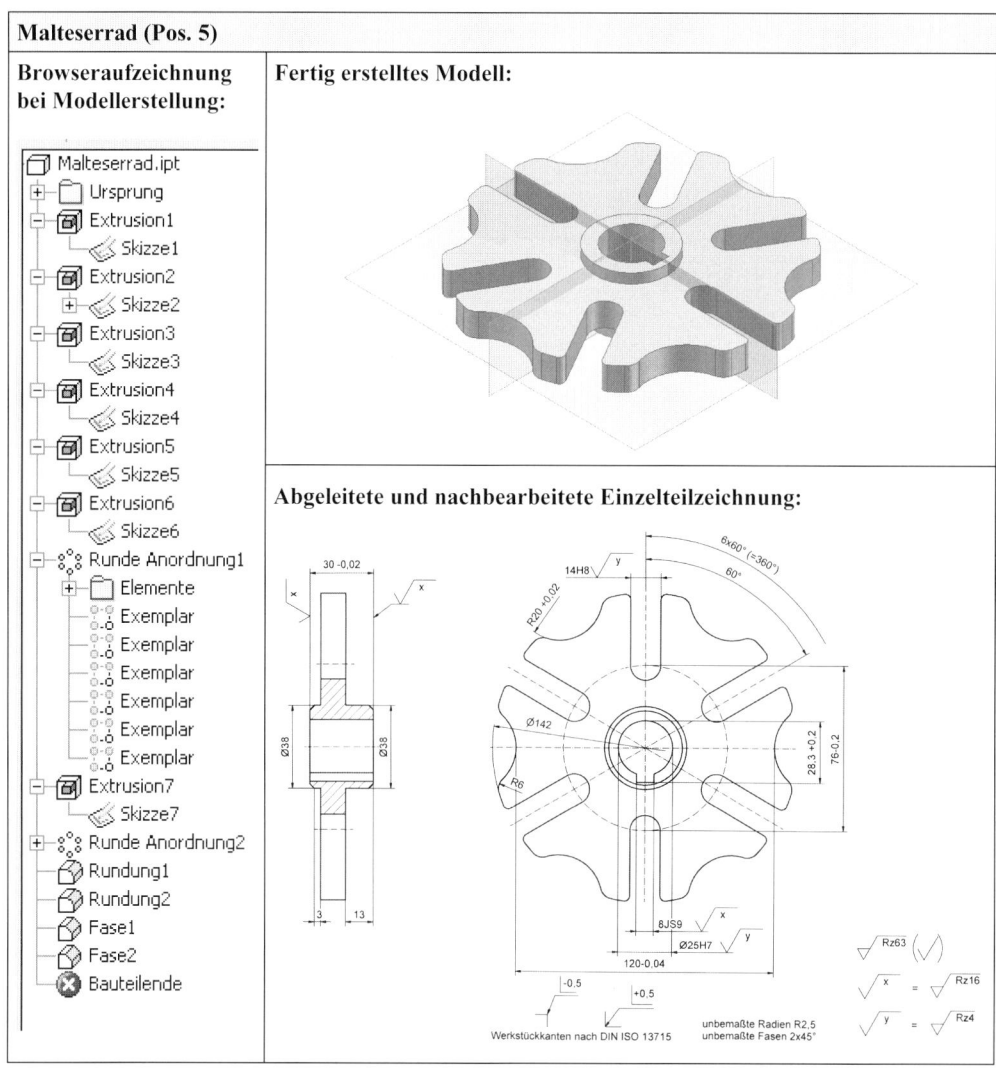

1.35 Modellerstellung und Zeichnungsableitung

Beschreibung	Bildliche Darstellung
Schritt 1 bis 4: Skizziermodus: Kreisbefehl, Bezug zum CAD-Ursprung Alternative: Modellerstellung mit Befehl „Drehung" (Extrusion 1–4)	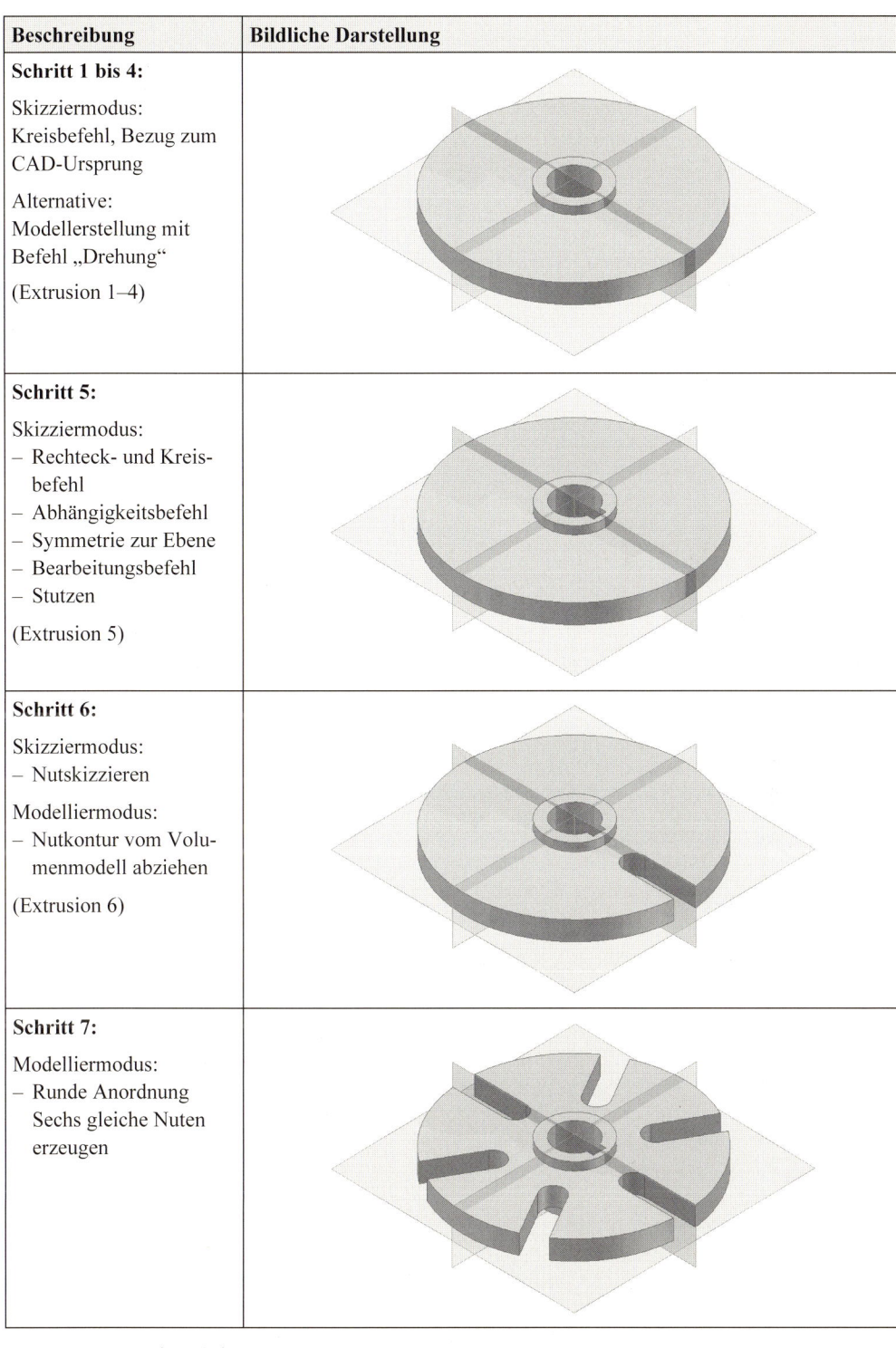
Schritt 5: Skizziermodus: – Rechteck- und Kreis- befehl – Abhängigkeitsbefehl – Symmetrie zur Ebene – Bearbeitungsbefehl – Stutzen (Extrusion 5)	
Schritt 6: Skizziermodus: – Nutskizzieren Modelliermodus: – Nutkontur vom Volu- menmodell abziehen (Extrusion 6)	

Schritt 7:
 	
Modelliermodus:
– Runde Anordnung
  Sechs gleiche Nuten
  erzeugen	

Fortsetzung s. nächste Seite.

1

Beschreibung	Bildliche Darstellung
Schritt 8 und 9: Bei der Ausrundung am Umfang analoge Vorgehensweise wie im Schritt 6 und 7	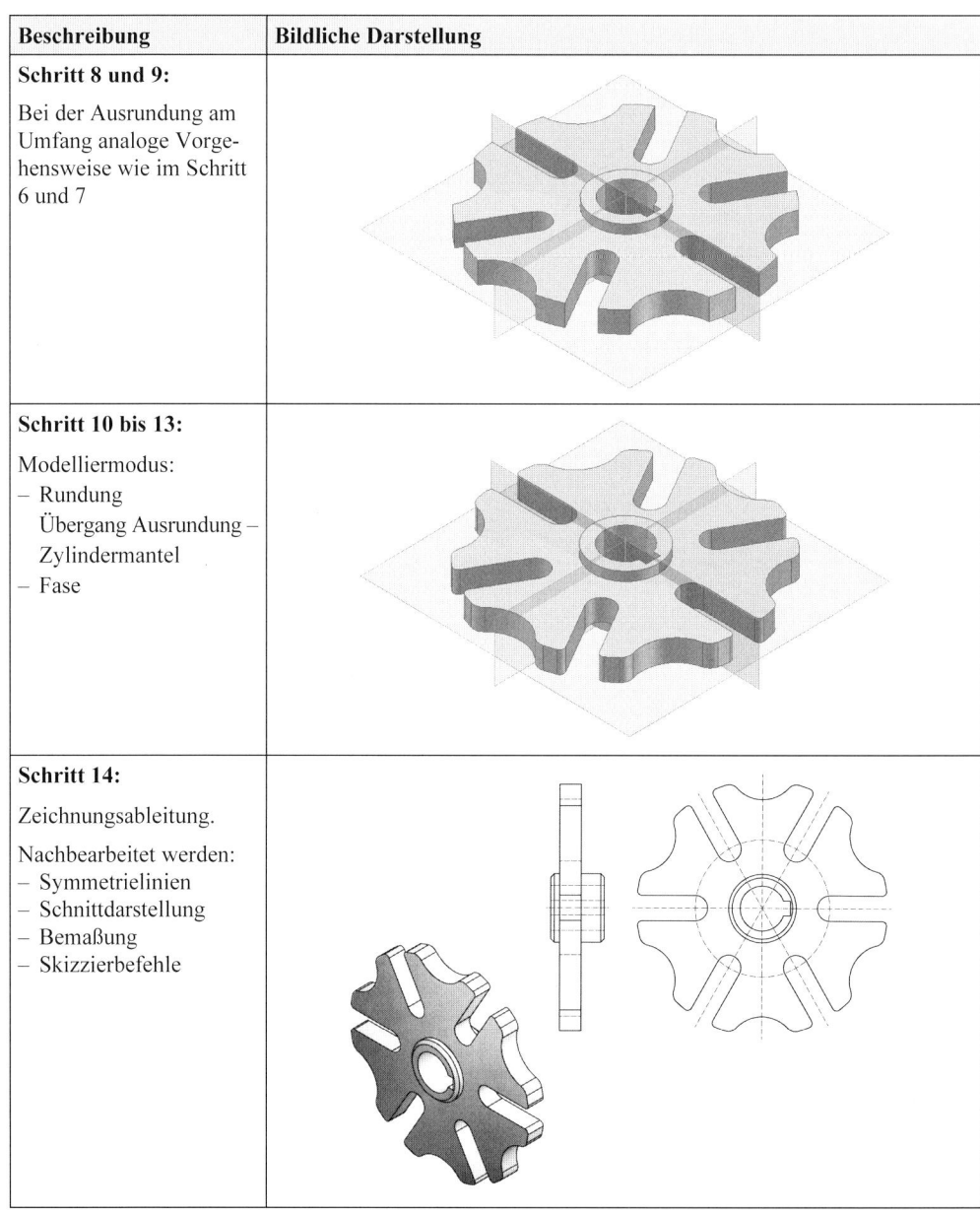

Schritt 10 bis 13:
 	
Modelliermodus:
– Rundung
   Übergang Ausrundung –
   Zylindermantel
– Fase	

Schritt 14: Zeichnungsableitung. Nachbearbeitet werden: – Symmetrielinien – Schnittdarstellung – Bemaßung – Skizzierbefehle	

1.36 Beispielhafte Modellerstellung und Zeichnungsableitung

2 Zeichentechnische Grundlagen

Technische Zeichnungen sind Unterlagen und Darstellungen für Planung, Fertigung und Aufbau bzw. Montage technischer Anlagen.

Um allgemein verständlich zu sein, müssen Rahmenbedingungen und Symbole beachtet werden, die in einer Vielzahl von Normen beschrieben bzw. festgelegt sind.

2.1 Zeichnungsformate, Zeichnungsvordrucke

Die DIN EN ISO 216 legt die Papier-Endformate für technische Zeichnungen fest.

Ziel ist es, die Zeichnungsformate auf eine sinnvolle Auswahl zu begrenzen, dies geschieht durch folgende Grundsätze:

1. Metrische Formatanordnung

   Das Ausgangsformat A0 ist ein Rechteck mit der Fläche

   $A = X \cdot Y = 1 \ m^2$

2. Formatentwicklung durch Halbieren

   Durch Halbieren der langen Seite des Ausgangformats A0 entsteht die nächstkleinere Blattgröße A1.

   Die Flächen zweier aufeinander folgender Formate verhalten sich wie 2 : 1.

3. Ähnlichkeit der Formate

   Die Seiten X und Y der Formate verhalten sich zu einander wie die Seite eines Quadrates zu dessen Diagonale.

Für die Seiten eines Formates ergibt sich die Gleichung $X : Y = 1 : \sqrt{2}$.

Mit dieser Gleichung erhält man die Seitenlängen des Ausgangsformates A0 zu X = 841 mm und Y = 1189 mm.

Tabelle 2.1 Zeichnungsformate

Bezeichnung	beschnitten		Zeichenfläche		unbeschnitten	
A0	841	1189	821	1159	880	1230
A1	594	841	574	811	625	880
A2	420	594	400	564	450	625
A3	297	420	277	390	330	450
A4	210	297	180	277	240	330

Technische Zeichnungen werden hauptsächlich in den Formaten der Reihe A erstellt.

In den Formaten des Zusatzreihen B und C werden Briefumschläge, Aktendeckel, Mappen usw. hergestellt also Erzeugnisse zur Aufnahme von Formaten des Reihe A.

Zeichnungsvordrucke

In der DIN EN ISO 5457 sind die Zeichnungsvordrucke nach Formaten und Gestaltung für manuell und rechnerunterstützt erstellte Zeichnungen festgelegt.

Das Format A4 wird hauptsächlich als Hochformat, alle anderen Formate im Querformat verwendet.

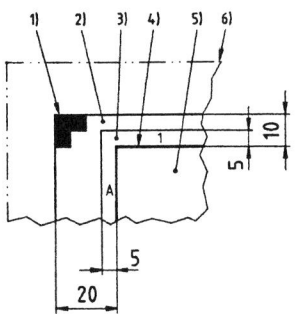

1) Schneide-Kennzeichen
2) beschnittenes Format
3) Feldeingangs-Rahmen
4) Rahmen der Zeichenfläche
5) Zeichenfläche
6) unbeschnittenes Format

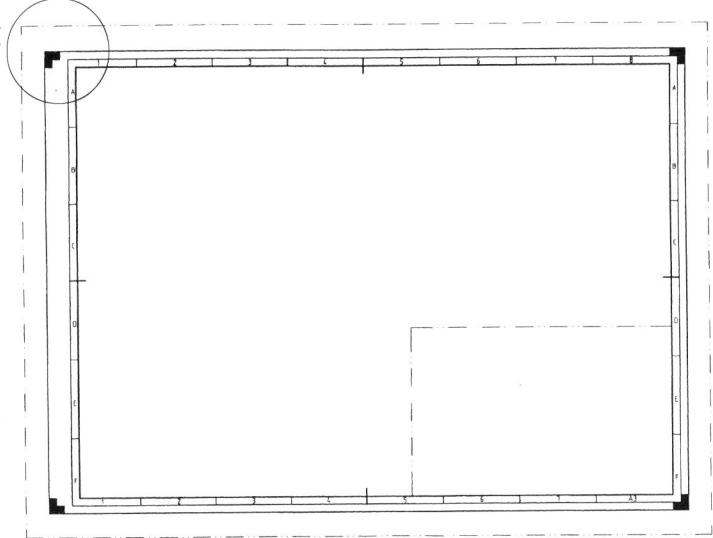

2.1 Zeichnungsvordruck A3 unbeschnitten, Bezeichnung der Ränder

Ein Zeichenblatt besteht aus der Zeichenfläche, einem Schriftfeld und dem Blattrand.

2.2 Schriftfeld, Stücklisten

Die DIN EN ISO 7200 enthält alle Gestaltungsangaben für ein Schriftfeld. In festgelegten Feldern, unterschiedlicher Größe werden organisatorische Daten eingetragen.

Das Schriftfeld enthält Angaben wie Zeichnungseigentümer, Zeichnungsname, Sachnummer, Ausgabedatum, Ersteller und Prüfer.

Zeichnungsspezifische Angaben wie z. B. Maßstab, Projektionssymbol, Toleranzen und Oberflächenangaben werden neben dem Schriftfeld auf dem Zeichnungsvordruck angegeben.

Die Gesamtbreite des Schriftfeldes beträgt 180 mm, die Höhe 36 mm.

Verantwortl. Abtlg. MB 235 ⑪	Technische Referenz Klaus Müller ⑫	Erstellt durch Ralph Emmrich ⑬		Genehmigt von Fritz Schulz ⑭		⑮	
Maier AG ① Esslingen		Dokumentenart Zusammenbauzeichnung ⑨		Dokumentenstatus freigegeben ⑩			
		Titel, Zusätzlicher Titel		A 229-05500-009 ④			
		② ③ Maltesergetriebe		Änd. ⑤ A	Ausgabedatum ⑥ 2007-10-29	Spr. ⑦ de	Blatt ⑧ 1/3

2.2 Beispiel für ein Schriftfeld

Feld-Nr.	Feldname	Höchstzahl der Zeichen	Feldbezeichnung		Feldmaße (mm)	
			erforderlich	optional	Breite	Höhe
①	Eigentümer der Zeichnung	nicht festgelegt	ja	–	69	27
②	Titel	25	ja	ja	60	18
③	Zusätzlicher Titel	25	–	–	60	
④	Sachnummer	16	ja	ja	51	
⑤	Änderungsindex	2	ja	–	7	
⑥	Ausgabedatum der Zeichnung	10	–	–	25	
⑦	Sprachenzeichen (de = deutsch)	4	–	ja	10	
⑧	Blatt-Nummer und Anzahl der Blätter	4	–	ja	9	
⑨	Dokumentenart	30	ja	–	60	9
⑩	Dokumentenstatus	20	–	ja	51	
⑪	Verantwortliche Abteilung	10	–	ja	25	
⑫	Technische Referenz	20	–	ja	43	
⑬	Zeichnungsersteller	20	ja	–	43	
⑭	Genehmigende Person	20	ja	–	43	
⑮	Klassifikation/Schlüsselwörter	nicht festgelegt	–	ja	19	

2.3 Erläuterungen und mögliche Feldmaße

Stücklisten

In der Stückliste sind die Einzelteile einer Baugruppe oder eines ganzen Erzeugnisses zusammengestellt.

Stücklisten können direkt über dem Schriftfeld auf der Zeichnung oder aber als lose Stückliste auf DIN A4-Format erstellt werden.

Die separate Stückliste wird heute, bedingt durch die Datenverarbeitung, häufiger eingesetzt.

Nach DIN 6771-2 unterscheidet man zwei Stücklistenformen.

Beide Stücklistenfelder sind über dem Schriftfeld nach DIN EN ISO 7200 angeordnet, die Form A in A4-Querformat nach DIN 476 und die Form B in A4-Querformat nach DIN EN ISO 216.

Die Ausführung der Form B ist um die Spalten (6) Werkstoff und (7) Gewicht kg/Einheit erweitert.

Die Feldmaße betragen a = 4,25 mm, b = 2,6 mm.

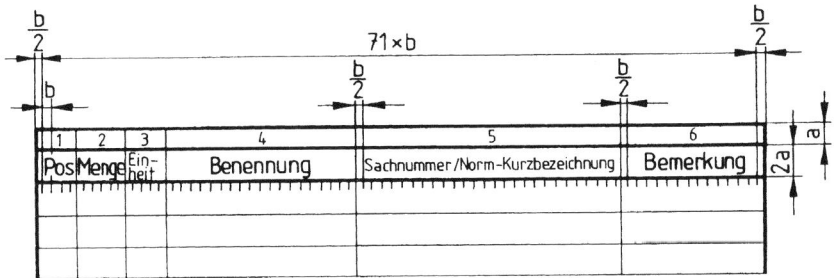

2.4 Stückliste Form A

In der Stückliste erhält jede Eintragung eine Positionsnummer, Normteile werden am Schluss angegeben.

Die Stückzahl der Teile ergibt sich aus der zugehörenden Zeichnung, in der Spalte „Einheit" wird im Allgemeinen „Stück" eingetragen.

Die Benennung der Teile wird immer in der Einzahl angegeben, die Spalte „Bemerkungen" ist für ergänzende Angaben vorgesehen. In der Spalte „Sach-Nr./Norm-Kurzbezeichnung" wird eine identifizierende Bezeichnung eines Teils z. B. Zeichnungsnummer oder Abmessung eingetragen.

Die DIN 199-1 gibt einen Überblick über die Begriffe für Stücklisten, für Listen aus Stücklisten und für den Stücklisteninhalt, siehe Tabelle 1.3.

Faltung auf DIN-Format A4

Zum Transport bzw. zur Aufbewahrung in Mappen, Aktendeckel und Heften werden Zeichnungen nach DIN 824 auf das Format A4 gefaltet.

Das Falten größerer Formate als A1 sollte vermieden werden.

Format	Faltungsschema	Erst längs falten, dann quer falten	
A1 594 × 841	105 2 1 5 4 3 297 297 210 190 190 Zwischenfalte		
A2 420 × 594	105 2 1 3 297 210 192 192	20 210	
A3 297 × 420	2 297 125 105 190	20 210	

2.5 Faltung auf Format A4, Form A

2.3 Zeichengeräte

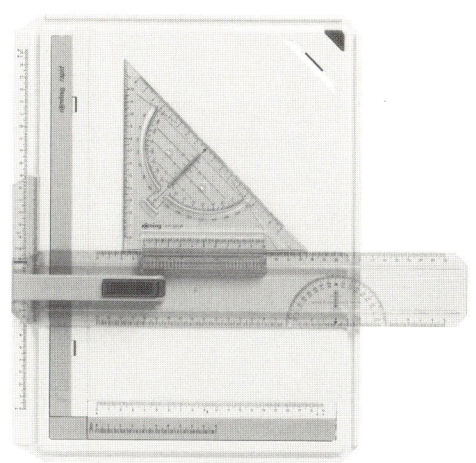

Für das manuelle Zeichnen werden Zeichenplatten im Format A4 und A3 als Unterlage und Spannmöglichkeit für die Zeichenformate benutzt.

2.6 zeigt eine Zeichenplatte A4 mit Parallel-Zeichenschiene und Zeichenkopf mit Winkeleinstellung.

2.6 Zeichenplatte

2.7 Füllstift

Bei Füllstiften entsprechen die Durchmesser der Minen den Linienbreiten, die unterschiedliche Schwärzung der Linien wird über verschiedene Härtegrade erreicht.

Die DIN ISO 9177-2 teilt die steigenden Härten von 6B bis 9H und die steigenden Linienkontraste von 9H bis 6B ein. Bei dem Härtegrad HB handelt es sich um eine mittelharte Mine.

Röhrchen-Tuschefüller zum Zeichnen und Beschriften in den Liniengruppen 0,25 bis 2.

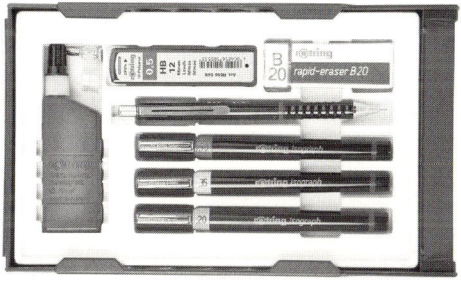

2.8 Tuschefüller

Schnellverstellzirkel nach DIN 58556 mit Aufnahmeeinsatz für Röhrchen-Tuschefüller und Verlängerungsstange.

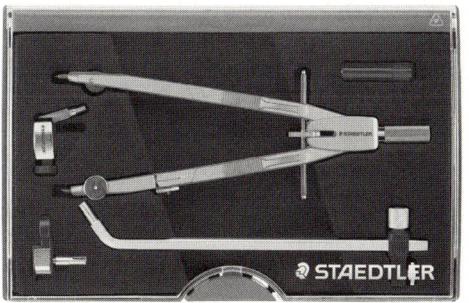

2.9 Zirkel

 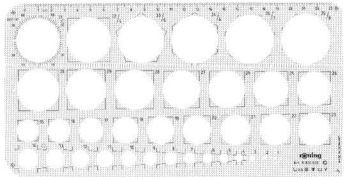 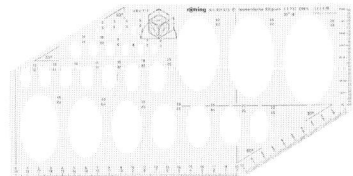

2.10 Schablonen

Radienschablone mit Symbolen für Oberflächenangaben, Kreis- und Ellipsenschablone erleichtern das manuelle Zeichnen.

Schriftschablone in der häufig verwendeten Schriftform B vertikal nach DIN EN ISO 3098-2.

2.11 Schriftschablone

2.4 Linienarten

In Technischen Zeichnungen wird vielfach von Symbolen in Form von Linien, Zeichen u. Ä. Gebrauch gemacht, deren Aussagen in Normen allgemeinverbindlich festgelegt sind. Diese Symbole ersparen wortreiche Erklärungen und sind auch im fremdsprachlichen Gebrauch verständlich.

Wichtiges Symbol sind die Linien.

Eine Linie ist nach DIN EN ISO 128-20 ein geometrisches Gestaltungselement mit eine Länge > 0,5 x Linienbreite, das einen Anfangspunkt mit einem Endpunkt gerade oder kreisförmig mit oder ohne Unterbrechung verbindet.

Tabelle 2.2 Grundarten nach DIN EN ISO 128-20

Nr.	Darstellung	Benennung
01	———————————————————	Volllinie
02	– – – – – – – – – – – – – – – –	Strichlinie
03	– – – – – – – – –	Strich-Abstandlinie
04	— · — · — · — · — · — · — · — ·	Strich-Punktlinie (langer Strich)
05	— ·· — ·· — ·· — ·· — ·· —	Strich-Zweipunktlinie (langer Strich)
06	— ··· — ··· — ··· — ··· —	Strich-Dreipunktlinie (langer Strich)
07	··	Punktlinie
08	— – — – — – — – — – — – — –	Strich-Strichlinie
09	— – – — – – — – – — – – —	Strich-Zweistrichlinie
10	–·–·–·–·–·–·–·–·–·–·–	Strich-Punktlinie
11	–··–··–··–··–··–··–	Zweistrich-Punktlinie
12	–··–··–··–··–··–··–	Strich-Zweipunktlinie
13	–··–··–··–··–··–··–	Zweistrich-Zweipunktlinie
14	–···–···–···–···–···–	Strich-Dreipunktlinie
15	–···–···–···–···–···–	Zweistrich-Dreipunktlinie

Bei einer kreisförmigen Linie ist der Anfangs- und Endpunkt deckungsgleich.

Bei manueller Zeichnungserstellung sind die Längen der Linienelemente entsprechend der Tabelle 2.3 zu wählen.

Tabelle 2.3 Konfiguration der Linien

Linienelement	Linienart-Nr.	Länge
Punkte	04 bis 07 und 10 bis 15	$\leq 0,5$ d
Lücken	02 und 04 bis 15	3 d
kurze Striche	08 und 09	6 d
Striche	02, 03 und 10 bis 15	12 d
lange Striche	04 bis 06	24 d
Abstände	03	18 d

Allen Linienarten ist eine Linienbreite d zugeordnet, die abhängig von der Art und Größe der Zeichnung aus einer Reihe auszuwählen ist.

Hierzu legt DIN EN ISO 128-20 folgende Reihe fest:

0,13 mm; 0,18 mm; 0,25 mm; 0,35 mm; 0,5 mm; 0,7 mm; 1 mm; 1,4 mm; 2 mm.

Die Reihe ist im Verhältnis $1 : \sqrt{2}$ gestuft. Das Verhältnis der Breite von sehr breiten, breiten und schmalen Linien ist 4: 2 :1.

Die Linienbreiten sind nach DIN ISO 128-24 in Liniengruppen entsprechend Tabelle 2.4 eingeteilt.

Tabelle 2.4 Linienbreiten und Liniengruppen

Liniengruppe	Linienbreiten für die Linien mit den Kennzahlen	
	01.2-02.2-04.2	01.1-02.1-04.1-05.1
0,25	0,25	0,13
0,35	0,35	0,18
0,5[1]	0,5	0,25
0,7[1]	0,7	0,35
1	1	0,5
1,4	1,4	0,7
2	2	1

1) Vorzugs-Liniengruppe

Vorzugsliniengruppen sind:

– Liniengruppe 0,5: Linien, breit mit d = 0,5 mm; Linien, schmal mit d = 0,25 mm; Maßzahlen und grafische Symbole mit d = 0,35 mm.
  Für Zeichnungsformate A4–A2

– Liniengruppe 0,7: Linien, breit mit d = 0,7 mm; Linien, schmal mit d = 0,35 mm; Maßzahlen und grafische Symbole mit d = 0,5 mm.
  Für Zeichnungsformate A1 und größer

Das Zeichnen von Linien sollte so erfolgen, dass eine eindeutige Darstellung möglich ist.

Anmerkungen:

Der Mindestabstand paralleler Linien sollte 0,7 mm betragen.

Kreuzungen und Anschlussstellen von Linien sind so auszuführen, dass sich Strichlinien und Strich-Punktlinien kreuzen, siehe **2.12** und berühren wie **2.13** zeigt.

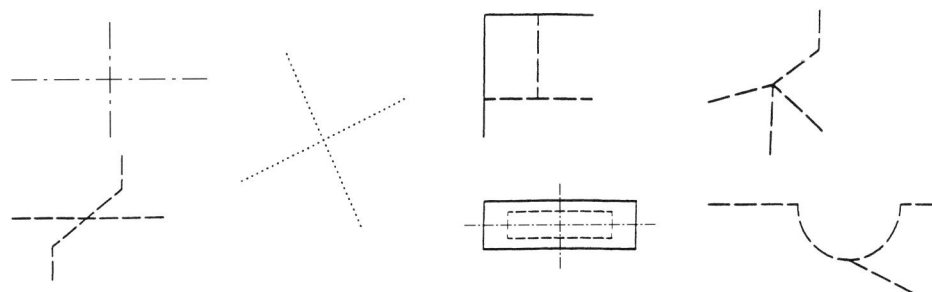

2.12 Kreuzung mit Strichen bzw. Punkten   **2.13** Anschlussstellen

Die in Zeichnungen der mechanischen Technik verwendeten Linienarten und ihre Anwendung zeigt Tabelle 2.5.

Tabelle 2.5 Linienarten und ihre Anwendungen nach DIN ISO 128-24

Nr.	Benennung Darstellung	Anwendungsbeispiele
01.1	Volllinie, schmal	.1 Lichtkanten bei Durchdringungen
	———	.2 Maßlinien
		.3 Maßhilfslinien
		.4 Hinweis- und Bezugslinien
		.5 Schraffuren
		.6 Umrisse eingeklappter Schnitte
		.7 Kurze Mittellinien
		.8 Gewindegrund
		.9 Maßlinienbegrenzungen
		.10 Diagonalkreuze zur Kennzeichnung ebener Flächen
		.11 Biegelinien an Roh- und bearbeiteten Teilen
		.12 Umrahmungen von Einzelteilen
		.13 Kennzeichnung sich wiederholender Einzelheiten
		.14 Zuordnungslinien an konischen Formelementen
		.15 Lagerichtung von Schichtungen
		.16 Projektionslinien
		.17 Rasterlinien

Fortsetzung s. nächste Seite.

Tabelle 2.5 Fortsetzung

Nr.	Benennung Darstellung	Anwendungsbeispiele
	Freihandlinie, schmal	.18 Vorzugsweise manuell dargestellte Begrenzung von Teil- oder unterbrochenen Ansichten und Schnitten, wenn die Begrenzung keine Symmetrie oder Mittellinie ist
	Zickzacklinie, schmal	.19 Vorzugsweise mit Zeichenautomaten dargestellte Begrenzung von Teil- oder unterbrochenen Ansichten und Schnitten, wenn die Begrenzung keine Symmetrie- oder Mittellinie ist
01.2	Volllinie, breit	.1 Sichtbare Kanten
		.2 Sichtbare Umrisse
		.3 Gewindespitzen
		.4 Grenze der nutzbaren Gewindelänge
		.5 Hauptdarstellungen in Diagrammen, Karten, Fließbildern
		.6 Systemlinien (Metallbau-Konstruktionen)
		.7 Formteilungslinien in Ansichten
02.1	Strichlinie, schmal	.1 Verdeckte Kanten
		.2 Verdeckte Umrisse
02.2	Strichlinie, breit	.1 Kennzeichnung zulässiger Oberflächenbehandlung
04.1	Strich-Punktlinie (langer Strich), schmal	.1 Mittellinien
		.2 Symmetrielinien
		.3 Teilkreise von Verzahnungen
		.4 Teilkreise für Löcher
04.2	Strich-Punktlinie (langer Strich), breit	.1 Kennzeichnung begrenzter Bereiche, z. B. der Wärmebehandlung
		.2 Kennzeichnungen von Schnittebenen
05.1	Strich-Zweipunktlinie (langer Strich), schmal	.1 Umrisse benachbarter Teile
		.2 Endstellungen beweglicher Teile
		.3 Schwerlinie
		.4 Umrisse vor der Formgebung
		.5 Teile vor der Schnittebene
		.6 Umrisse alternativer Ausführungen
		.7 Umrisse von Fertigteilen in Rohteilen
		.8 Umrahmung besonderer Bereiche oder Felder
		.9 Projizierte Toleranzzone

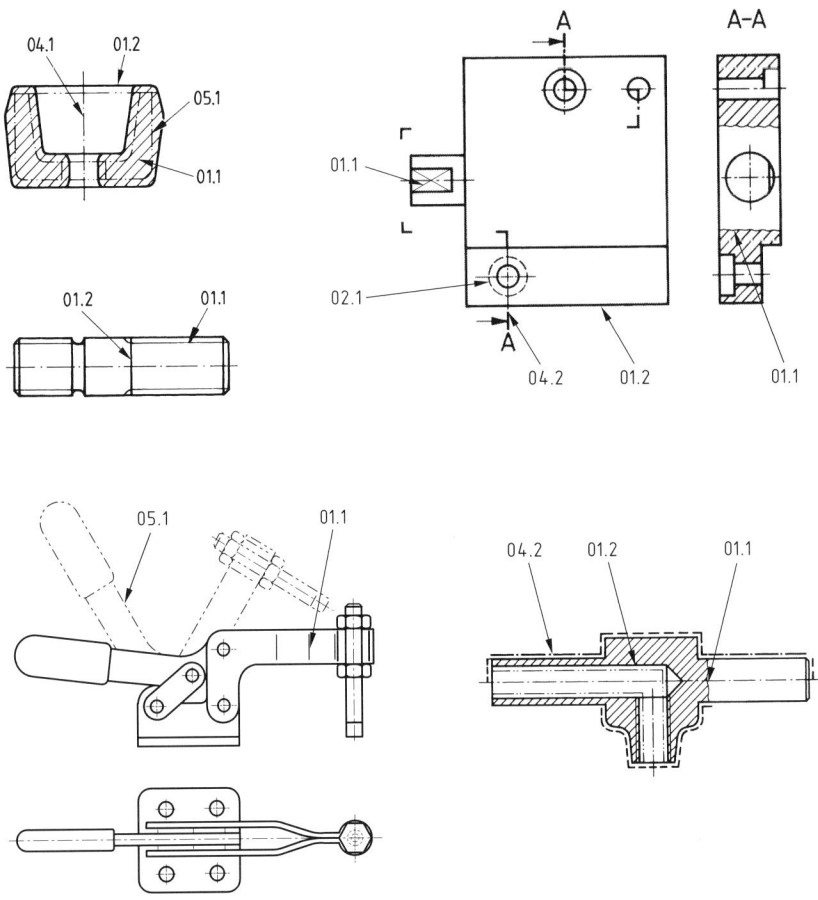

2.14 Anwendungsbeispiele für Linienarten mit Kennzahlen nach DIN ISO 128-24

2.5 Schriften in technischen Zeichnungen

In DIN EN ISO 3098-0 ist die Ausführung von Schriften in technischen Zeichnungen geregelt.

Durch die Norm wird sichergestellt, dass die Beschriftung lesbar und einheitlich ist und sich für die üblichen Vervielfältigungsverfahren und numerisch gesteuerte Zeichensysteme eignet.

Die Nenngröße der Schriftzeichen ist mit der Höhe h des Großbuchstaben festgelegt und im Verhältnis $\sqrt{2}$ abgestuft.

Da die Zeichnungsformate ebenfalls die Stufung $\sqrt{2}$ haben, ändert sich bei der Vergrößerung bzw. Verkleinerung von Zeichnungen die Schrift und Grafik in gleicher Weise.

Die Schriftgröße, der Mindestabstand zwischen den Schriftzeichen bzw. Wörtern und die Linienbreite können aus der Tabelle 2.6 entnommen werden.

Tabelle 2.6 Schriftform B, vertikal nach DIN EN ISO 3098-0

$d = h/10$

Beschriftungsmerkmal		Verhältnis	Maße						
Schriftgröße									
Höhe der Großbuchstaben	h	10/10) h	2,5	3,5	5	7	10	14	20
Höhe der Kleinbuchstaben	c	(7/10) h	1,75	2,5	3,5	5	7	10	14
(ohne Ober- oder Unterlängen)									
Mindestabstand									
zwischen Schriftzeichen	a	(2/10) h	0,5	0,7	1	1,4	2	2,8	4
Mindestabstand									
zwischen Grundlinien	b	(15/10) h	3,75	5,25	7,5	10,5	15	21	30
Mindestabstand									
zwischen Wörtern	e	(6/10) h	1,5	2,1	3	4,2	6	8,4	12
Linienbreite	d	(1/10) h	0,25	0,35	0,5	0,7	1	1,4	2

2.15 Schriftform B, vertikal nach
DIN EN ISO 3098-2

2.16 Griechische Schriftzeichen, Schriftform B,
vertikal nach DIN EN ISO 3098-3

Genormt sind die Schriftform A mit der Linienbreite $d = {}^h/_{14}$ und die Schriftform B mit der Linienbreite $d = {}^h/_{10}$.

Beide Schriftformen können unter einen Winkel von 15° nach rechts geneigt, kursiv oder vertikal geschrieben werden.

Die Schriftform B vertikal nach DIN EN ISO 3098-2 wird sehr häufig angewendet.

Griechische Schriftzeichen nach DIN EN ISO 3098-3 werden als Formelzeichen und bei Winkelangaben verwendet.

2.6 Maßstäbe

In vielen Fällen ist es notwendig, abweichend vom natürlichen Maßstab 1 : 1, Gegenstände verkleinert oder vergrößert darzustellen.

Der Maßstab sollte so gewählt werden, dass eine eindeutige Darstellung des Gegenstandes möglich ist.

Ein Vergrößerungsmaßstab wird notwendig, wenn der Gegenstand größer oder aber eine Einheit deutlicher dargestellt werden muss.

Ein Verkleinerungsmaßstab ist nötig, wenn der Gegenstand für eine natürliche Abbildung zu groß ist.

Die vollständige Angabe eines Maßstabes in der Zeichnung besteht aus dem Wort „SCALE", in Deutschland aus dem Wort „Maßstab" sowie aus dem Maßstabsverhältnis.

Die Eintragung des Hauptmaßstabes erfolgt bei den zeichnungsspezifischen Angaben wie z. B. Toleranzen und Oberflächenangaben neben dem Schriftfeld.

Werden weitere Maßstäbe benötigt, sind diese in der Nähe der entsprechenden Darstellung anzugeben.

Bei einer Einzelheit z. B. Z (5:1) oder bei einem Schnittverlauf z. B. A-B (2:1).

Das Wort Maßstab wird dabei nicht angegeben.

In der nachfolgenden Tabelle sind die nach DIN ISO 5455 empfohlenen Maßstäbe zusammengefasst.

Tabelle 2.7 Maßstäbe nach DIN ISO 5455

Kategorie	Empfohlene Maßstäbe		
Vergrößerungsmaßstäbe	50 : 1 5 : 1	20 : 1 2 : 1	10 : 1
Natürlicher Maßstab			1 : 1
Verkleinerungsmaßstäbe	1 : 2 1 : 20 1 : 200 1 : 2000	1 : 5 1 : 50 1 : 500 1 : 5000	1 : 10 1 : 100 1 : 1000 1 : 10000

3 Geometrische Grundkonstruktionen

3.1 Strecke, Winkel

Halbieren einer Strecke, Errichten einer Mittelsenkrechten

Die Kreisbögen um A und B mit $r > \frac{1}{2}\overline{AB}$ schneiden sich in C und D.

Die Verbindungslinie zwischen C und D ist die Mittelsenkrechte.

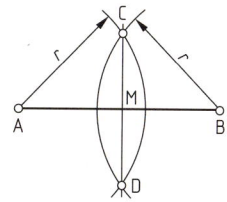

3.1 Halbieren einer Strecke

Errichten einer Senkrechten im Endpunkt P

Der Kreisbogen um den Endpunkt P mit dem Radius r schneidet die Strecke $\overline{AP}$ in B.

Ein Kreisbogen mit dem gleichen Radius um B ergibt den Schnittpunkt C.

Ein weiterer Kreisbogen um C mit dem gleichen Radius schneidet die Verlängerung der Geraden BC in D.

Die Verbindungslinie DP steht senkrecht auf AP.

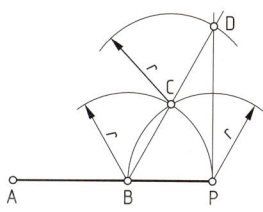

3.2 Errichten einer Senkrechten

Fällen eines Lotes

Ein beliebiger Kreisbogen um P schneidet die Gerade in A und B.

Kreisbögen um A und B mit $r > \frac{1}{2}\overline{AB}$ schneiden sich in C.

Die Verbindungslinie des Schnittpunktes C mit P ist das gesuchte Lot.

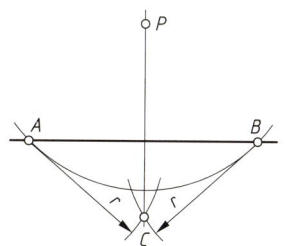

3.3 Fällen eines Lotes

Teilen einer Strecke

Durch den Punkt A einer z. B. in 5 gleiche Teile zu teilenden Strecke $\overline{AB}$, wird unter einem beliebigen Winkel eine Gerade gezogen.

Auf der Geraden sind mit dem Zirkel 5 beliebige, aber gleich große Teilstrecken abzutragen.

Parallelen zu der Verbindungslinie BC ergeben die anderen Teilpunkte.

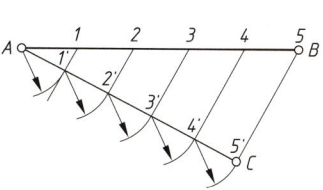

3.4 Teilen einer Strecke

Halbieren eines Winkels

Ein beliebiger Kreisbogen um den Scheitel S schneidet die Schenkel in A und B.

Kreisbögen mit $r > \dfrac{1}{2}\overline{AB}$ um A und B schneiden sich in C.

Die Verbindungslinie des Punktes C mit dem Scheitel S halbiert den Winkel.

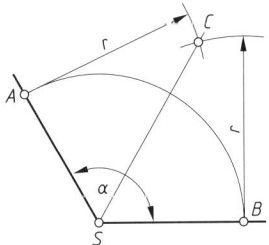

3.5 Halbieren eines Winkels

3.2 Dreiecke, Kreis, Tangente

Umkreis eines Dreiecks

Die auf zwei Dreieckseiten errichteten Mittelsenkrechten schneiden sich in M.

Der Schnittpunkt ist der Mittelpunkt des Umkreises.

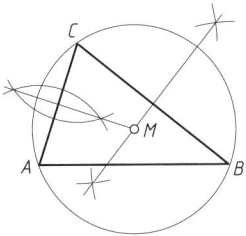

3.6 Umkreis eines Dreiecks

Inkreis eines Dreiecks

Die Winkelhalbierenden von zwei Dreieckwinkeln schneiden sich im Mittelpunkt M des Inkreises.

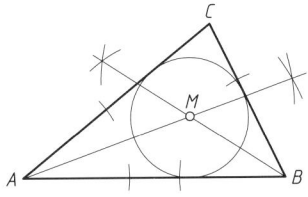

3.7 Inkreis eines Dreiecks

Tangente durch Kreispunkt P

Ein Kreisbogen um P schneidet die Verlängerung der Geraden PM in B, die Gerade PM in A. Kreisbögen um A und B mit dem gleichen Radius ergeben die Schnittpunkte C und D.

Die Verbindungslinie CD ist die Tangente.

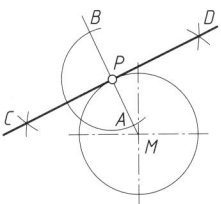

3.8 Tangente durch Kreispunkt P

Tangente von Punkt P an Kreis

Der Halbkreis (Thaleskreis) über der Strecke $\overline{MP}$ schneidet den Kreis in T.

Die Verbindung von P mit T ergibt die Tangente.

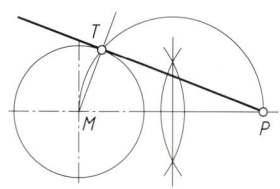

3.9 Tangente von Punkt P an Kreis

3.3 Kreisanschlüsse

Kreise und Kreisteile mit definiertem Mittelpunkt werden mit den entsprechenden Zirkeln oder Loch- bzw. Radienschablonen gezeichnet. Teilweise stellt sich dabei die Radiusgröße erst ein, **3.10**. Sind die Mittelpunkte nicht definiert, handelt es sich meist um kreisförmige Übergänge bzw. Anschlüsse mit konstruktiv bedingten Radiusgrößen. Diese werden mithilfe der Radienschablonen gezeichnet. Dabei ergibt sich die Lage der Mittelpunkte, die markiert werden können, wenn z. B. das Radiusmaß eingetragen werden soll, **3.11**. Die Mittelpunkte lassen sich auch konstruktiv ermitteln und die Kreisteile mit dem Zirkel zeichnen.

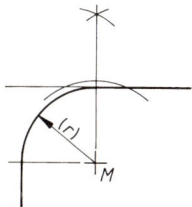

3.10 Kreisförmiger Übergang bei gegebenem Mittelpunkt

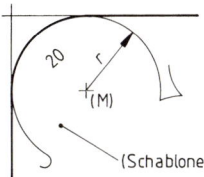

3.11 Kreisförmiger Übergang bei gegebenem Radius

Kreisanschluss an Winkel

Im Abstand des Radius r werden Parallelen zu den Schenkeln gezeichnet.

Der Schnittpunkt ist der Mittelpunkt M des Kreisbogens.

Die Übergangspunkte A und B erhält man durch die Senkrechten von M auf die Schenkel.

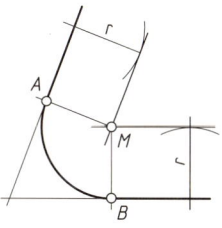

3.12 Kreisanschluss an Winkel

Kreisanschluss an Gerade und Punkt

Der Kreisbogen mit dem Radius r um den Punkt P schneidet sich mit der Parallelen zur Geraden g im Abstand Radius r.

Der Schnittpunkt ist der Mittelpunkt M des gesuchten Kreisbogens. Eine Senkrechte von M auf die Gerade ergibt den Übergangspunkt A.

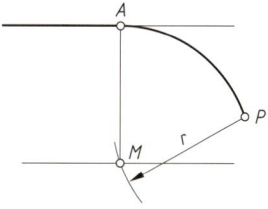

3.13 Kreisanschluss an Gerade und Punkt

Kreisanschluss an Kreis und Punkt

Der Kreisbogen mit dem Radius r um den Punkt P schneidet den Kreisbogen mit dem Radius $R + r$ um den Mittelpunkt M_1 des gegebenen Kreises in M_2, dem Mittelpunkt des Anschlusskreisbogens.

Die Verbindungslinie von M_1 mit M_2 ergibt den Übergangspunkt A.

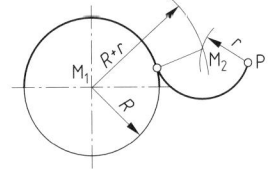

3.14 Kreisanschluss an Kreis und Punkt

Kreisanschluss an Kreise

Außenberührung:

Um die Mittelpunkte M_1 und M_2 zweier gegebener Kreise zieht man Kreisbögen mit den Radien $R_1 + r$ bzw. $R_2 + r$.

Der Schnittpunkt der beiden Kreisbögen ist der Mittelpunkt M des Anschlusskreises.

Die Verbindungslinien von M mit M_1 und M mit M_2 ergibt die Übergangspunkte A und B.

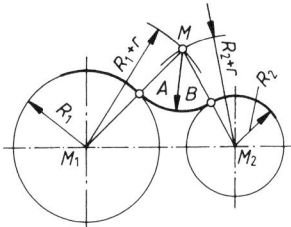

3.15 Außenberührung

Innenberührung:

Um die Mittelpunkte M_1 und M_2 zweier gegebener Kreise zieht man Kreisbögen mit den Radien $r - R_1$ bzw. $r - R_2$.

Die weitere Konstruktion entspricht der Außenberührung.

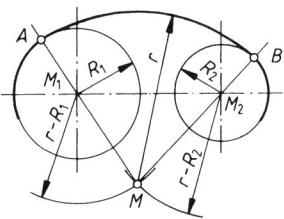

3.16 Innenberührung

Beim rechnerunterstützten Zeichnen existiert meist das Untermenü „Abrundung" mit mehreren entsprechenden Befehlen, z. B. auch „Kreis an 2 Linien mit definiertem Radius".

In diesem wie in ähnlich gelagerten Fällen übernimmt der Rechner die konstruktiven, mathematisch begründeten Arbeiten des manuellen Zeichnens.

Durch die große Rechengeschwindigkeit ergeben sich Zeitvorteile, die sich im Falle einer Fehlkonstruktion durch falsche Angaben mit Löschbefehl und Wiederaufbau noch steigern lassen. Beim Beispiel „Außenkreis eines Dreiecks zeichnen" müssen manuell Mittelsenkrechte auf zwei Dreieckseiten konstruiert werden, die sich im Mittelpunkt des Kreises schneiden. Die Strecke Mittelpunkt – Dreieckspunkt entspricht dem Radius. Rechnerunterstützt müssen nur die 3 Punkte des Dreiecks angeklickt werden, wenn der Befehl „Kreis durch 3 Punkte" (oder ähnlich) angewählt wurde.

3.4 Technische Kurven

Als technische Kurven gelten neben dem Kreis alle mathematisch definierten Kurvenformen wie Ellipse, Parabel und Hyperbel, Rollkurven, Wendel und Spirale.

Ellipsen, Parabeln und Hyperbeln treten als Schnittkurven an Zylindern und Kegeln auf, Zahnflanken entsprechen bestimmten Rollkurven, Wendeln sind bei den Gewinden und den Spannuten der Bohrer zu finden, Spiralen treten als Federungselemente auf.

3.4.1 Ellipsenkonstruktionen

Während der Kreis durch den Mittelpunkt und einen Punkt in der Ebene (Abstand = Radius) bestimmt ist, wird die **Ellipse** durch zwei Brennpunkte und einen Punkt in der Ebene definiert.

Für alle Punkte der Ellipse ist die Summe der Abstände von den Brennpunkten F_1 und F_2 gleich der großen Achse $\overline{X_1 X_2}$

$$\overline{F_1 A} + \overline{F_2 A} = \overline{F_1 B} + \overline{F_2 B} = \overline{X_1 X_2}$$

Nach dem Zeichnen des großen ($\overline{X_1 X_2}$) und der kleinen ($\overline{Y_1 Y_2}$) Ellipsenachse teilt man die große Achse in zwei Strecken auf, z. B. r_1 und r_2, und zieht dann einen Kreisbogen um den Brennpunkt F_1 mit dem Radius r_2 und um F_2 mit r_1 und umgekehrt.

Die Schnittpunkte der Kreisbögen sind die Ellipsenpunkte. Durch Verändern der Radien r_1 und r_2, wobei die Summe immer $\overline{X_1 X_2}$ sein muss, erhält man weitere Ellipsenpunkte, **3.17**.

Bei der Ellipsenkonstruktion mit zwei konzentrischen Kreisen zieht man mehrere Strahlen durch den Mittelpunkt. Diese schneiden beide Kreise.

Von den Schnittpunkten zeichnet man dann Parallelen zu den beiden Achsen $\overline{X_1 X_2}$ und $\overline{Y_1 Y_2}$

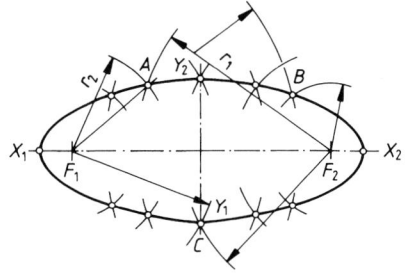

3.17 Ellipsenkonstruktion mittels der beiden Achsen

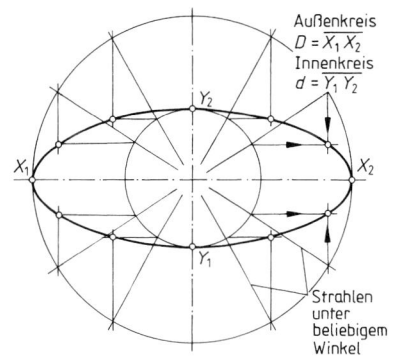

3.18 Ellipsenkonstruktion mittels zweier Kreise

3.4.2 Parabelkonstruktion

Die **Parabel** ist eine Linie, deren Punkte gleich weite Abstände zum Brennpunkt F und einer Leitlinie L haben.

Der Scheitelpunkt S liegt auf einer Senkrechten zur Leitlinie durch den Brennpunkt F im Abstand

$$\overline{SL} = \frac{1}{2}\,\overline{FL}$$

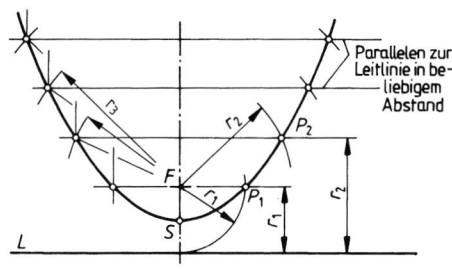

3.19 Parabelkonstruktion

Die Parabelpunkte sind Schnittpunkte der Kreisbögen r_1, r_2 um F mit den jeweilig zugehörigen Parallelen zur Leitlinie.

Die Besonderheit der Parabel besteht darin, dass alle vom Brennpunkt ausgehenden Strahlen an der Parabellinie umgelenkt werden und dann parallel verlaufen (Scheinwerfer), bzw. dass auftreffende parallele Strahlen im Brennpunkt gebündelt werden (Parabolantennen).

3.4.3 Hyperbelkonstruktion

Die **Hyperbel** ist eine Linie, die sich an zwei Grenzlinien (Asymptoten) anlegt, diese jedoch nicht berührt. Die Asymptoten können in beliebigen Winkeln zueinander stehen. Meistens kennt man deren Verlauf (Koordinatenachsen, Kegelwinkel) und auch einen Punkt (P) auf der Linie.

In den Schnittpunkten der Strahlen mit den Parallelen zu den Asymptoten errichtet man die Senkrechten.

Die Schnittpunkte der Senkrechten sind Punkte der Hyperbel.

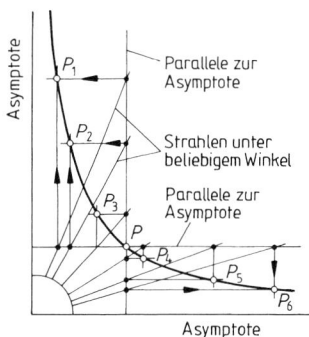

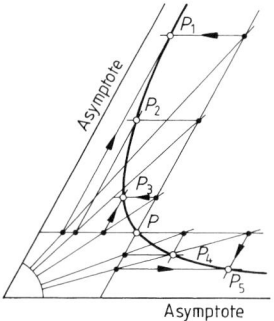

3.20 Hyperbelkonstruktion, rechtwinklige Asymptoten

3.21 Hyperbelkonstruktion, allgemein

3.4.4 Evolventenkonstruktion

Rollkurven sind Linien, die durch das Abrollen einer Geraden oder eines Kreises auf gerader oder kreisförmiger Leitlinie entstehen (Beobachtung eines Punktes).

Die **Evolvente** wird durch das Abrollen einer Geraden auf einem Kreis erzeugt. Die Gerade ist in jedem Punkt Tangente des Kreises. Der beobachtete Punkt entfernt sich vom Kreis und zeichnet die Evolvente, tangentialer Abstand gleich Rollweg, **3.22**.

Nach dem Einteilen des Kreises in z. B. 12 gleiche Teile, zieht man Tangenten durch die Teilungspunkte an den Kreis.

Auf den Tangenten trägt man nun die Länge des jeweils abgewickelten Kreisumfangs ab.

Durch Verbinden der Endpunkte erhält man die Evolvente.

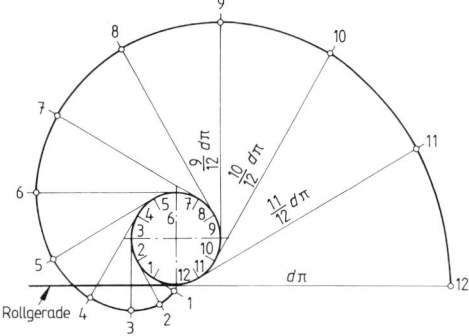

3.22 Evolventenkonstruktion

3.4.5 Zykloidenkonstruktion

Beim Abrollen eines Kreises auf einer geraden Linie beschreibt ein Punkt auf dem Kreis eine Zykloide (Radlinie).

Den Rollkreis teilt man z. B. in 12 gleiche Teile ein, diese Teilung wird auch auf die Leitlinie, Umfang des Rollkreises, übertragen, **3.23**.

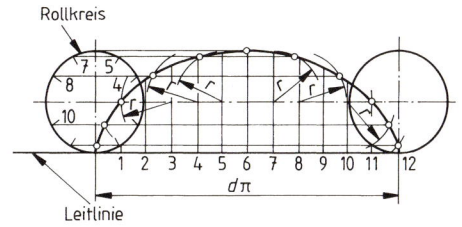

3.23 Zykloide

Die in den Teilungspunkten auf der Leitlinie errichteten Senkrechten ergeben mit der verlängerten Mittelachse des Rollkreises die Mittelpunkte M_1 ... M_{12} der Hilfskreise. Kreisbögen mit dem Radius r des Rollkreises schneiden die Parallelen in den Zykloidenpunkte.

Eine Epizykloide (Aufradlinie) entsteht, wenn ein Punkt eines Kreises auf dem Kreisbogen des Leitkreises abrollt.

An den Leitkreis mit dem Durchmesser D zeichnet man den Rollkreis in seiner Anfangsstellung.

Den Rollkreis teilt man z. B. in 12 gleiche Teile ein, gleich viele Teile in der gleichen Größe trägt man dann auf dem Leitkreis von der Anfangsstellung des Rollkreises aus ab, **3.24**.

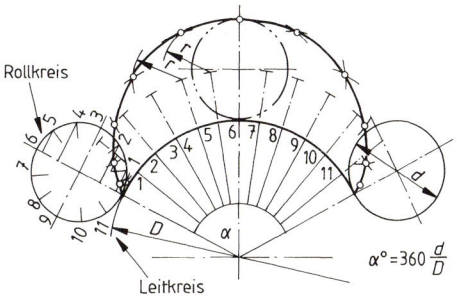

3.24 Epizykloide

Die Länge der Rollbahn auf dem Leitkreis entspricht dem Umfang des Rollkreises.

Die Konstruktion der Epizikloidenpunkte ist sinngemäß die gleiche wie bei der oben beschriebenen Zykloide.

Eine Hypozykloide (Inradlinie) entsteht, wenn ein Punkt eines Kreises innen in dem Kreisbogen des Leitkreises abrollt.

Die Konstruktion der Hypozykloidenpunkte ist sinngemäß die gleiche wie bei der Epizykloide und der Zykloide.

3.4.6 Schraubenlinienkonstruktion

Eine Schraubenlinie entsteht, wenn ein Punkt auf einem sich gleichmäßig drehenden Zylinder in der Längsachse mit konstanter Geschwindigkeit bewegt wird.

Zur Konstruktion der Schraubenlinie teilt man den Zylinderumfang und die Steigung, das ist die Entfernung zwischen Anfangs- und Endpunkt bei einer Umdrehung (Windung), in 12 gleiche Teile, **3.25**.

Die Schnittpunkte gleich nummerierter waagrechter und senkrechter Mantellinien sind Punkte der Schraubenlinie.

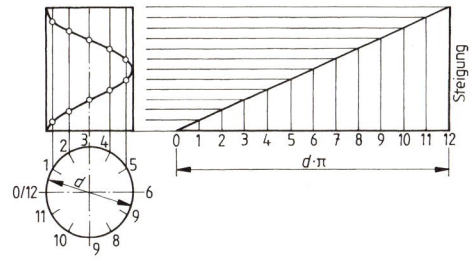

3.25 Schraubenlinie

Rechnerunterstützt werden diese Kurven, wenn sie überhaupt in technischen Zeichnungen dargestellt werden müssen, von Programmen ermittelt, die die mathematischen Daten (Funktion, Brennpunkt, Scheitelpunkt, Asymptoten) benutzen.

Sind einzelne Punkte der Kurven bekannt, lassen sich diese auch über Verknüpfungsbefehle wie „geschlossene Kurve" oder „verkettete Bögen" zeichnen. Verfügt das CAD-Programm über eine 3D-Version, so lassen sich die Kurven über das Volumenmodell (s. Abschn. 1.6) aus entsprechenden Darstellungen entwickeln.

3.5 Übungen

Die Aufgaben 1 bis 11 sind nur mit dem Lineal, ohne Verwendung der Skaleneinteilung, und dem Zirkel auszuführen.

1. Im Punkt P einer Geraden ist eine Senkrechte zu errichten. Teilen Sie den entstehenden rechten Winkel in drei gleich große Winkel.
2. Errichten Sie auf einer Stecke $\overline{AB}$ die Mittelsenkrechte.
3. Halbieren Sie einen beliebigen Winkel.
4. Übertragen Sie einen Winkel α ($0 < \alpha < 45°$) an eine Gerade g im gewählten Scheitelpunkt S.
5. Zeichnen Sie in einem beliebigen Dreieck die Mittelsenkrechte der Seiten. Diese schneiden sich in einem Punkt, dem Mittelpunkt des Umkreises. Zeichnen Sie diesen Umkreis.
6. Zeichnen Sie in einem beliebigen Dreieck die Winkelhalbierenden. Diese schneiden sich in einem Punkt, dem Mittelpunkt des Inkreises. Zeichnen Sie diesen Inkreis.
7. Zeichnen Sie durch den Punkt P auf dem Kreisbogen mit dem Radius R die Kreistangente. *(Hinweis:* Die Tangente steht senkrecht auf dem zugehörigen Radius).
8. Zeichnen Sie von einem Punkt außerhalb des Kreises mit dem Radius R die beiden möglichen Tangenten. (*Hinweis:* Jeder Winkel über dem Durchmesser eines Halbkreises ist ein Rechter)
9. Gegeben sind ein Kreis mit dem Radius R und ein Punkt P außerhalb des Kreises. Verbinden Sie Kreis (tangentialer Anschluss) und Punkt durch einen Bogen mit dem Radius r.

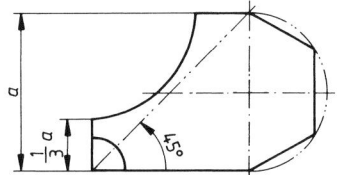

10. Zeichnen Sie ohne weitere Hilfsmittel (s. o.) die skizzierte Figur, **3.26**. Der rechte Abschluss entspricht einem Teil des regelmäßigen Sechsecks.

3.26 Bild zu Übung 10

11. Zeichnen Sie nur mit den geometrischen Grundkonstruktionen die Aufnahme **3.27** und die Anreißschablone **3.28**, und ermitteln Sie die entsprechenden Kontrollmaße.

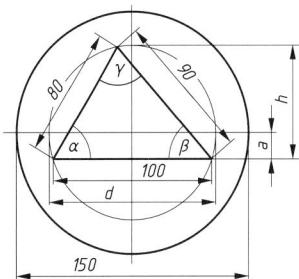

3.27 Aufnahme

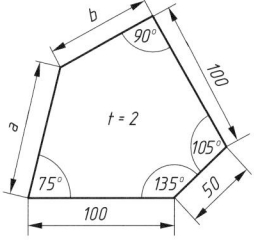

3.28 Anreißschablone

12. Konstruieren Sie auf je einem Blatt A4 hoch

12.1 eine Ellipse (gegeben $\overline{X_1X_2}$ und $\overline{Y_1Y_2}$

12.2 eine Parabel (gegeben Brennpunkt und Scheitelpunkt),

12.3 eine Hyperbel (gegeben Asymptoten und ein Punkt P)

13. Konstruieren Sie auf je einem Blatt A4 quer

13.1 eine Evolvente (Kreisdurchmesser $d = 40$ mm)

13.2 eine Zykloide (Kreisdurchmesser $d = 60$ mm)

13.3 eine Schraubenlinie mit der Steigung 80 mm an einem Zylinder mit dem Durchmesser $d = 50$ mm.

14. Nennen Sie Anwendungsbeispiele für die verschiedenen geometrischen Kurven in der Technik.

15. Zeichnen Sie die dargestellten Bauteile **3.29** bis **3.34**, und bestimmen Sie die Übergangspunkte für die Kreisanschlüsse.

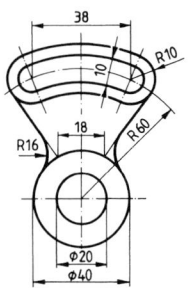

3.29 Stellhebel

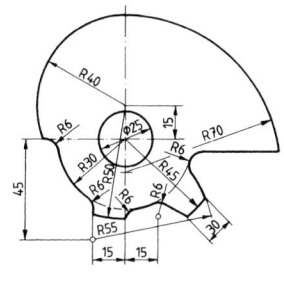

3.30 Kurvenscheibe

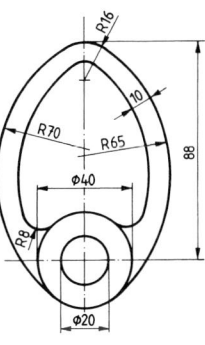

3.31 Nocken

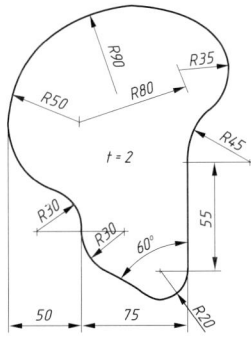

3.32 Schablone

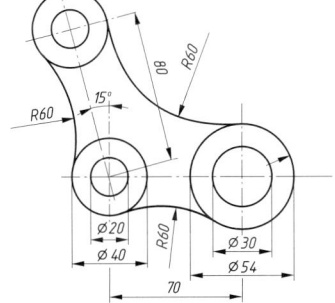

3.33 Lasche

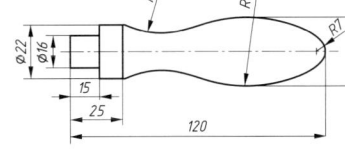

3.34 Griff

4 Projektionszeichnen

Beim Projektionszeichen werden Punkte, Strecken, Flächen und Körper auf einer Ebene abgebildet.

Dabei unterscheidet man die Projektionsverfahren **Zentralprojektion** und **Parallelprojektion**.

Aus der darstellenden Kunst kennen wir das **perspektivische Zeichnen** und Malen. Dabei wird versucht, die Wahrnehmungen unseres Auges nachzuvollziehen. Diese Darstellungen wirken anschaulich, sind aber als Grundlage für die Erstellung einer technischen Zeichnung wenig geeignet.

Die **Zentralprojektion, 4.1** hat ihre Hauptanwendung im Bereich der technischen Illustrationen.

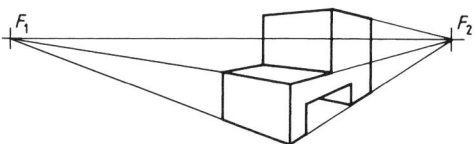

Eine Angleichung dieser Perspektive an das technische Zeichnen, bei dem parallele Linien auch parallel gezeichnet werden, ist die **axonometrische Projektion, 4.2**.

4.1 Zentralprojektion

Diese Parallelprojektion soll einen räumlichen Eindruck hervorrufen, verzerrt das perspektivische Bild aber ebenfalls.

Vorteilhaft ist, dass man die Kantenlängen in den drei Hauptebenen messen und damit auch bemaßen kann.

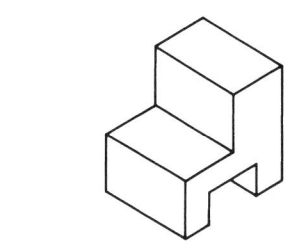

4.2 Axonometrische Projektion

Bei der **Normalprojektion** (orthogonale Projektion) treffen alle Projektionslinien im rechten Winkel auf die Projektionsebene.

Deshalb muss der Körper (Werkstück, Bauteil, Baugruppe) in vielen Fällen von mehreren Seiten aus betrachtet werden, d. h. es sind mehrere Ansichten darzustellen.

4.3 Normalprojektion

4.1 Zentralprojektion

Von allen „räumlichen" Darstellungen wirken die der Zentralprojektion am natürlichsten, obwohl auch diese konstruiert sind. Während bei der axonometrischen Projektion parallele Körperkanten parallel bleiben, laufen bei der Zentralprojektion die Kanten der Hauptebenen auf zentrale Punkte (Fluchtpunkte) zu. Man unterscheidet dabei:

Einpunktmethode

Die Fläche (Hauptansicht) liegt parallel zur Projektionsebene.

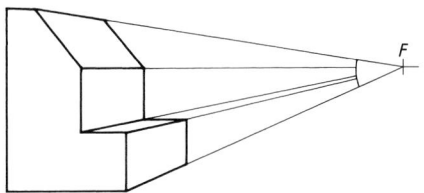

4.4 Einpunktmethode

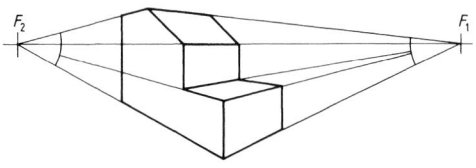

4.5 Zweipunktmethode

Zweipunktmethode

Die vertikalen Kanten verlaufen parallel zur Projektionsebene.

Dreipunktmethode

Die Projektionsebene ist geneigt.

Unterschiedliche Eindrücke von einem Bauteil lassen sich durch die Lage der Fluchtpunkte erzielen.

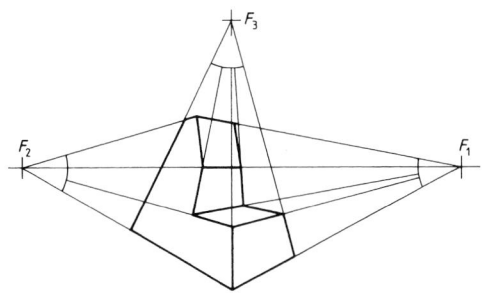

4.6 Dreipunktmethode

Bei der Vogelperspektive, **4.7** schaut man von oben, bei der Froschperspektive, **4.8** von unten auf eine horizontale Projektionsebene.

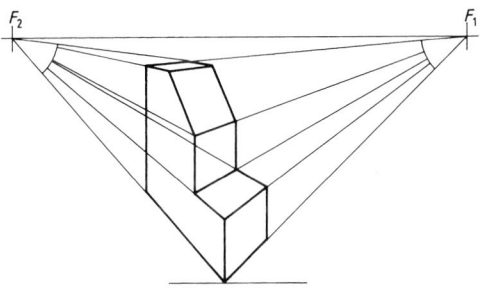

4.7 Vogelperspektive

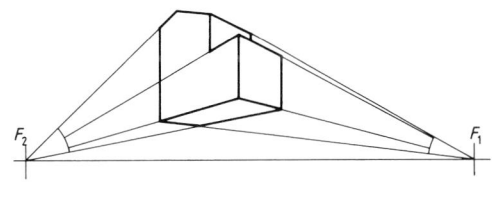

4.8 Froschperspektive

4.2 Axonometrische Projektion

4.2.1 Rechtwinklige axonometrische Projektion

Bei der Normalprojektion wird mindestens eine der Körperhauptebenen des Gegenstands in der Hauptansicht parallel zur Bildebene gelegt. Dadurch werden die anderen senkrecht dazu stehenden Ebenen zu Linien, **4.9**. Dies gilt im übertragenen Sinne auch für zylindrische Körper. Bei der axonometrischen Projektion werden die Körper (Werkstücke, Bauteile u. a.) so gedreht und gekippt, dass in einer Ansicht die drei Körperhauptebenen sichtbar werden, wenn auch in verzerrter Form. In die Darstellungen lassen sich dadurch auch die 3 Koordinatenachsen eintragen und bezeichnen (Großbuchstaben X, Y, Z), wobei die Z-Achse stets die vertikale ist. Bei der rechtwinklig axonometrischen Projektion verlaufen dabei die Projektionslinien (entsprechend der Blickrichtung) senkrecht zur Projektions-(Bild-)ebene. Grundsätzlich können diese Dreh- und Kippwinkel beliebig gewählt werden, beim rechnerunterstützten Darstellen macht man im Bauwesen gerne davon Gebrauch. Es haben sich jedoch zwei Darstellungen als sinnvoll erwiesen, die in DIN ISO 5456-3 genormt sind.

4

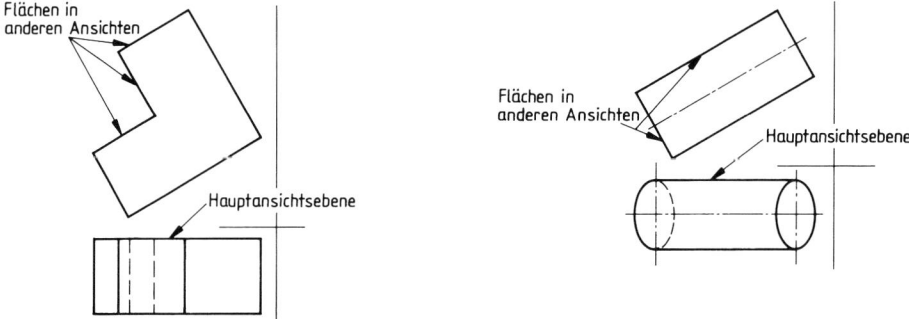

4.9 Lage des Gegenstands in der Normalprojektion

Isometrische Projektion. Wird ein Körper nach Bild **4.10** gedreht und gekippt, so entsteht in der Seitenansicht ein Abbild mit den folgenden Eigenschaften:

- Die 3 Hauptebenen sind als Flächen formverzerrt dargestellt.
- Die senkrechten Kanten des Körpers verlaufen weiterhin senkrecht.
- Die rechtwinklig zu den senkrechten Kanten liegenden Körperkanten verlaufen unter 30° gegen die Horizontale.
- Die genannten Kanten (Höhe, Länge, Breite) sind in ihren Maßen verhältnisgleich abgebildet (isometrisch – in den Hauptachsen „gleichmaßig").

Man wählt als Maße die realen Kantenlängen, obwohl durch die Schräglage des Körpers diese verkürzt werden, **4.11**.

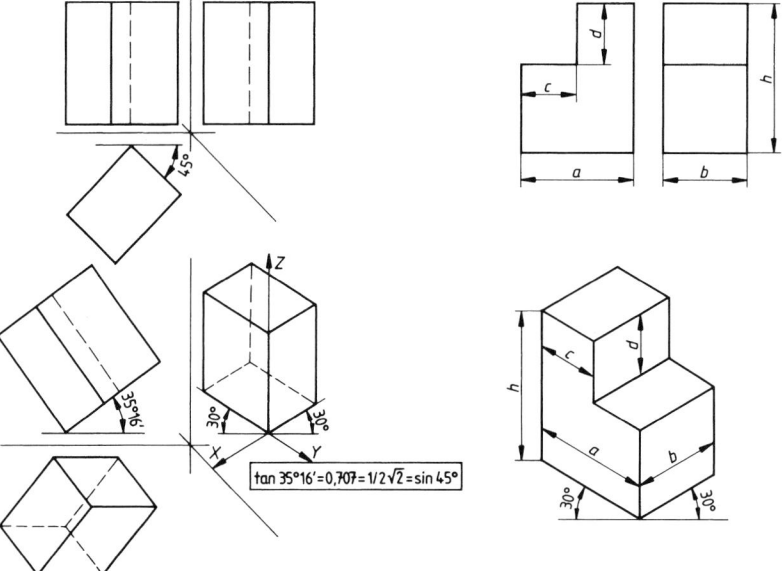

$\tan 35°16' = 0{,}707 = 1/2\sqrt{2} = \sin 45°$

4.10 Isometrische Projektion   **4.11** Maße der techn. axonometrischen Projektion

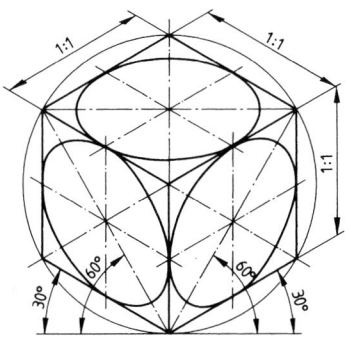 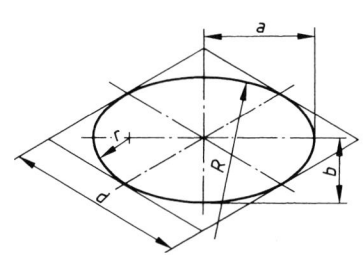

4.12 a) Kreise in isometrischer Stellung,   b) Abmessungen einer Ellipse

Die Maße gelten für einen Kreis mit d = 100 mm. Für andere Durchmesser ist eine entsprechende Umrechnung nötig; z. B. gilt für den Durchmesser 60 mm der Faktor 0,6 für die gegebenen Zahlen (r = 0,6 × 20,5 = 12,3 mm).

Kreis in isometrischer Projektion, **4.12**

- die halbe große Achse $a \approx$ 61,2 mm
- die halbe kleine Achse $b \approx$ 35,4 mm
- der große Halbmesser $R \approx$ 105,8 mm
- der kleine Halbmesser $r \approx$ 20,5 mm

Dimetrische Projektion. Wird ein Körper nach Bild **4.13** gedreht und gekippt, so entsteht in der Seitenansicht ein Abbild mit den folgenden Eigenschaften:

> - Die 3 Hauptebenen sind als Flächen formverzerrt dargestellt.
> - Die senkrechten Kanten des Körpers verlaufen weiterhin senkrecht.
> - Die rechtwinklig zu den senkrechten Kanten liegenden Körperkanten verlaufen unter ca. 7 ° und ca. 42 ° gegen die Horizontale.
> - Die senkrechten Kanten und die unter 7 ° verlaufenden sind in ihren Maßen verhältnisgleich, die unter 42 ° verlaufenden ca. 1 : 2 verkürzt abgebildet (dimetrisch – in den Hauptachsen zwei Maße).

Man wählt für die senkrechten und die unter 7 ° verlaufenden Kanten als Maße die realen Kantenlängen und verkürzt die unter 42 ° verlaufenden Kanten 1 : 2, wie **4.14** zeigt.

In der rechtwinklig axonometrischen Projektion werden Kreise (zylindrische Werkstücke) zu Ellipsen. Diese Ellipsen werden im Allgemeinen mit entsprechenden Schablonen gezeichnet, sie können aber auch nach folgenden Angaben konstruiert werden:

4

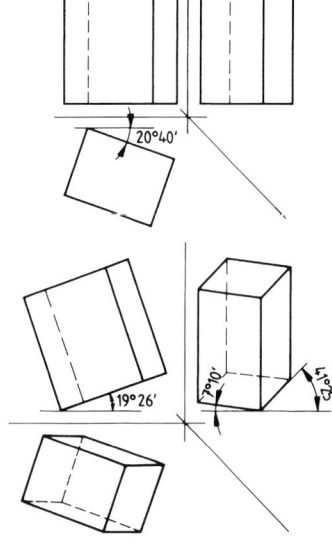

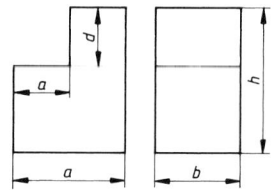

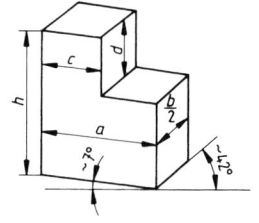

4.13 Dimetrische Projektion

4.14 Maße der technischen axonometrischen Projektion

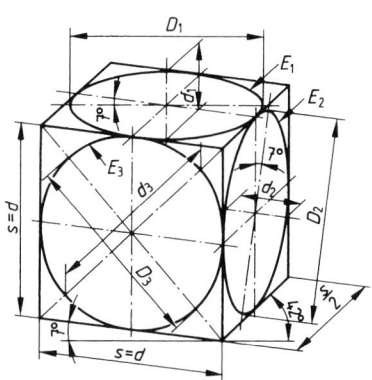

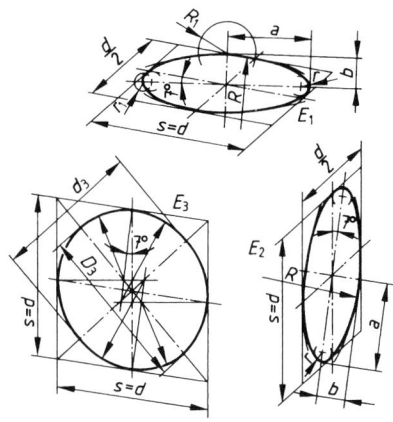

4.15 a) Kreise in dimetrischer Stellung,   b) Behelfskonstruktion der Ellipsen

Die Maße gelten für einen Kreis mit $d = 100$ mm. Für andere Durchmesser ist eine entsprechende Umrechnung nötig; z. B. gilt für den Durchmesser 60 mm der Faktor 0,6 für die gegebenen Zahlen ($R_1 = 0,6 \times 20 = 12$ mm).

Kreis in dimetrischer Projektion, **4.15**

- die halbe große Achse $a \approx$ 53,0 mm
- die halbe kleine Achse $b \approx$ 17,7 mm
- der große Halbmesser $R \approx$ 159,0 mm
- der kleine Halbmesser $r \approx$ 5,9 mm
- der Halbmesser $R_1 \approx$ 20,0 mm
- der Halbmesser $r_1 \approx$ 5,0 mm

4.2.2 Schiefwinklige axonometrische Projektion

Statt den Körper zu drehen und zu kippen und dann rechtwinklig zur Bildebene zu projizieren, kann man die Lage des Körpers in der „Normalposition" auch beibehalten und die Projektionslinien, die Blickrichtung, schiefwinklig zur Bildebene verlaufen lassen, **4.16**. Auch dann werden die drei Körperhauptebenen in einer Ansicht abgebildet. Die Winkelgröße, mit der die Projektionslinien auf die Bildebene treffen, ist beliebig. Zwei Winkelgrößen 45° und 60° haben sich als günstig herausgestellt. Die axonometrischen Darstellungen sind in der DIN ISO 5456-3 genormt.

4

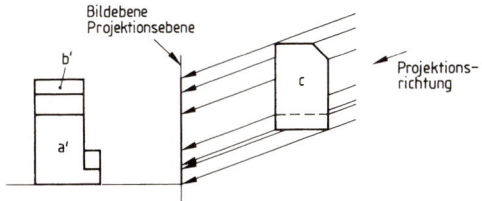

4.16 Schiefwinklige axonometrische Projektion, Gegenstand parallel zur Bildebene

Der Körper wird in allen drei Koordinatenrichtungen in seinen wahren Längen abgebildet, **4.17**.

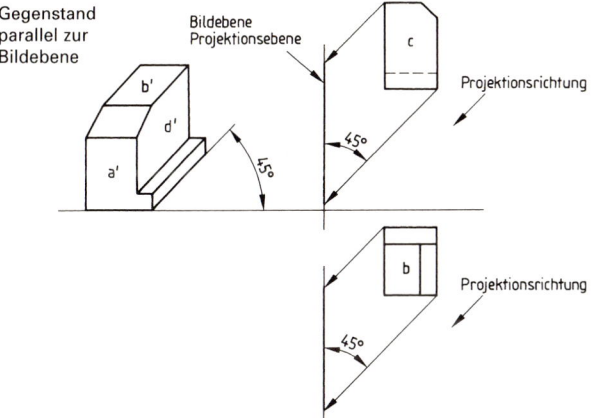

4.17 Kavalierprojektion

Der Körper wird ein einer Koordinatenrichtung um die Hälfte verkürzt, **4.18**.

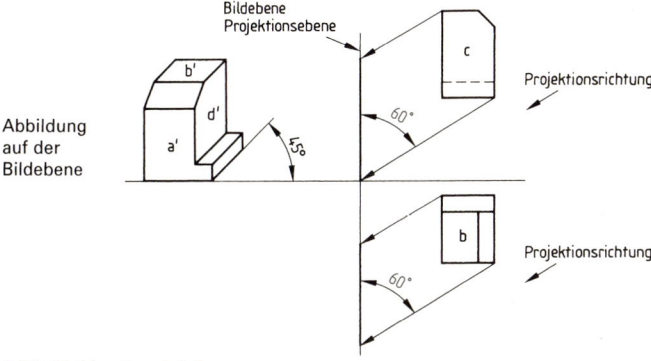

4.18 Kabinettprojektion

In beiden Fällen verlaufen die Senkrechten weiterhin senkrecht, die anderen Hauptrichtungen liegen unter 0 ° und 45 ° gegen die Horizontale. Ein Vorteil der schiefwinkligen Projektion ist, dass alle Formen in einer Ebene unverzerrt erscheinen, d. h. auch Kreise behalten ihre Form, siehe **4.19**.

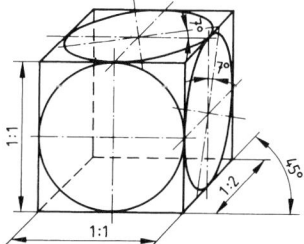 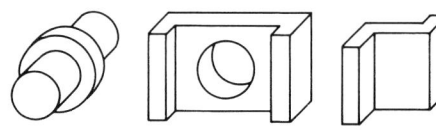

4.19 a) Würfel in Kabinettprojektion   b) Darstellungsbeispiele

Für die Darstellung und Bemaßung axonometrischer Projektionen empfiehlt die Norm:

– Symmetrieachsen und verdeckte Kanten sind vorzugsweise nicht darzustellen.
– Maßeintragungen sind zu vermeiden.

Wenn Maßeintragungen notwendig werden, sind die Regeln wie für orthogonale Projektionen anzuwenden.

4.3 Normalprojektion (Orthogonale Darstellung)

Bei der Normalprojektion nach DIN ISO 128-30 treffen alle Projektionslinien rechtwinklig auf die Projektionsebene; es entsteht eine form- und maßgetreue Abbildung.

Diese Projektionsmethode ist deshalb die am häufigsten angewandte Methode für Darstellungen in allen Bereichen des Technischen Zeichnens.

In technischen Zeichnungen wird die aussagefähigste Ansicht eines Werkstücks als Vorderansicht (Hauptansicht) gewählt.

Dies ist häufig die Ansicht, welche das Werkstück in der Fertigungslage oder in der Gebrauchslage zeigt.

Weitere Ansichten oder Schnitte werden nur gezeichnet, wenn dies für die eindeutige Darstellung und Bemaßung notwendig ist.

4.3.1 Benennung der Ansichten und Anordnung

Vorderansicht	A
Draufsicht	B
Seitenansicht von links	C
Seitenansicht von rechts	D
Untersicht	E
Rückansicht	F

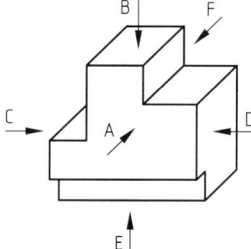

4.20 Werkstück

4.3.2 Projektionsmethode 1

Von der Vorderansicht (A) aus gesehen sind die anderen Ansichten wie folgt anzuordnen:

- die Draufsicht (B) liegt unterhalb
- die Seitenansicht von links (C)liegt rechts
- die Seitenansicht von rechts (D) liegt links
- die Untersicht (E) liegt oberhalb
- die Rückansicht (F) liegt links oder rechts

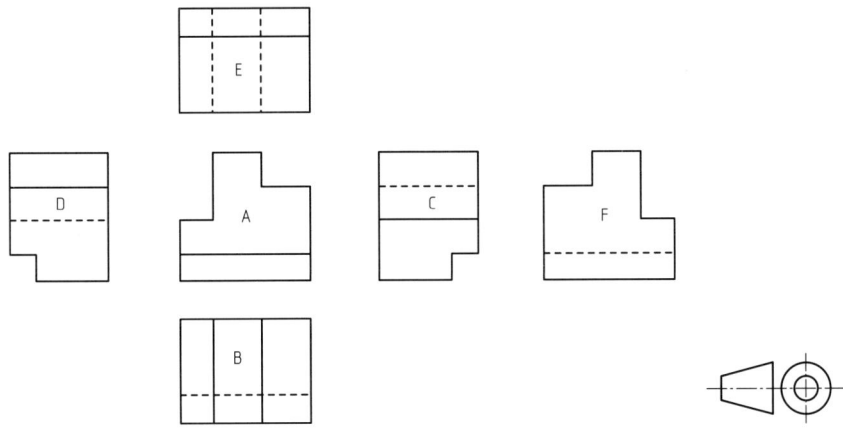

4.21 Anordnung der Ansichten nach der Projektionsmethode 1   **4.22** Symbol

Das Zeichnen aller sechs Ansichten ist nur in sehr wenigen Fällen notwendig, häufig reichen drei Ansichten und weniger aus, um ein Bauteil eindeutig darzustellen.

Grundsätzlich sollten nicht mehr Ansichten gezeichnet werden als notwendig.

4.23 zeigt einen Quader wie er auf drei zueinander senkrecht stehende Ebenen projiziert werden kann.

Die drei Projektionsebenen bilden gemeinsam mit den x-, y- und z-Achsen eine Raumecke, aus der sich anschaulich die Dreitafelprojektion ableiten lässt.

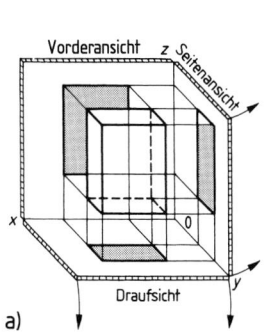

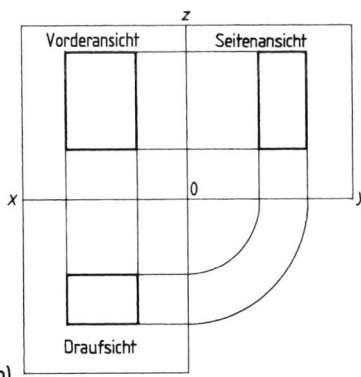

4.23 a) Quader in der Raumecke als
Dreitafelprojektion

b) Quader in den drei aufgeklappten Projektionsebenen

Durch Klappen der Draufsicht um die x-Achse nach unten und der Seitenansicht um die z-Achse nach rechts können beide Projektionsebenen in die Ebene der Vorderansicht gelegt werden.

Die genormte Lage der Ansichten, in der Gegenstände darzustellen sind, erlaubt es, z. B. aus zwei Ansichten die Dritte zu entwickeln. Jeder Punkt im Raum entsteht durch das Schneiden mindestens zweier Linien. Zeichnet man die Projektionslinien eines Punktes, das sind Linien, die parallel zu den Kanten der Raumecke verlaufe, aus zwei gegebenen Ansichten in die Dritte, ergibt sich zwangsläufig dessen Lage dort.

Die Verbindungen der konstruierten Punkte ergibt die Körperform in der dritten Ansicht.

4.24 bis **4.26** zeigen an einfachen Beispielen das entsprechende Vorgehen, wobei die Projektionslinien zwischen der Seitenansicht und der Draufsicht auf drei verschiedene Arten übertragen werden können.

Zu Beginn der Ausbildung empfiehlt es sich, die Eckpunkte in den Ansichten durch Zahlen oder Buchstaben zu kennzeichnen.

Günstig ist es auch wenn die Bezeichnungen der verdeckten Punkte in der entsprechenden Ansicht in Klammer gesetzt werden.

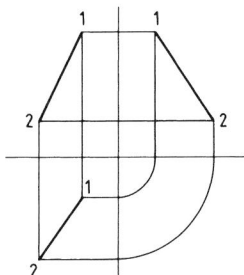

4.24 Projektion einer Linie

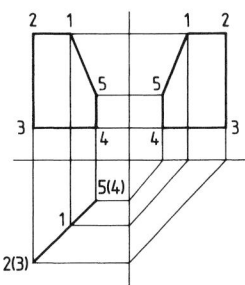

4.25 Projektion einer Fläche

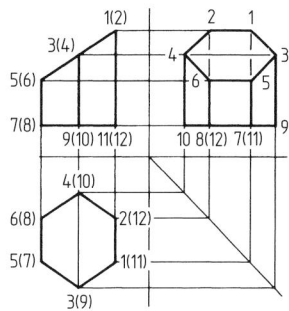

4.26 Projektion eines Körpers

4.3.3 Projektionsmethode 3

Von der Vorderansicht (A) ausgesehen sind die anderen Ansichten wie folgt anzuordnen:

– die Draufsicht (B) liegt oberhalb
– die Seitenansicht von links (C) liegt links
– die Seitenansicht von rechts (D) liegt rechts
– die Untersicht (E) liegt unterhalb
– die Rückansicht (F) liegt links oder rechts

Die Verwendung des graphischen Symbols für die Projektionsmethode 1 oder 3 macht die Darstellung eindeutig.

Eine Eintragung erfolgt im Schriftfeld oder dicht daneben.

Die Maße für das Symbol sind in der ISO 5456-2 zu finden.

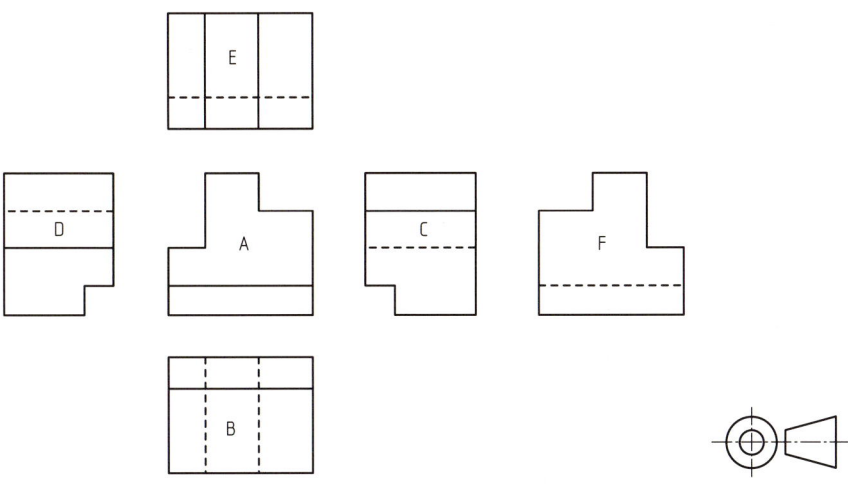

4.27 Anordnung der Ansichten nach der Projektionsmethode 3   **4.28** Symbol

4.3.4 Pfeilmethode

Die Pfeilmethode ermöglicht ein nachträgliches Hinzufügen von Ansichten und besondere Projektionsrichtungen, um z. B. Verkürzungen zu vermeiden.

Jede Ansicht, die Vorderansicht ausgenommen, muss mit einem Großbuchstaben gekennzeichnet sein.

Dieser Buchstabe steht auch bei dem Bezugspfeil, der die Betrachtungsrichtung für die entsprechende Ansicht angibt.

Die gekennzeichneten Ansichten können beliebig zur Vorderansicht angeordnet werden.

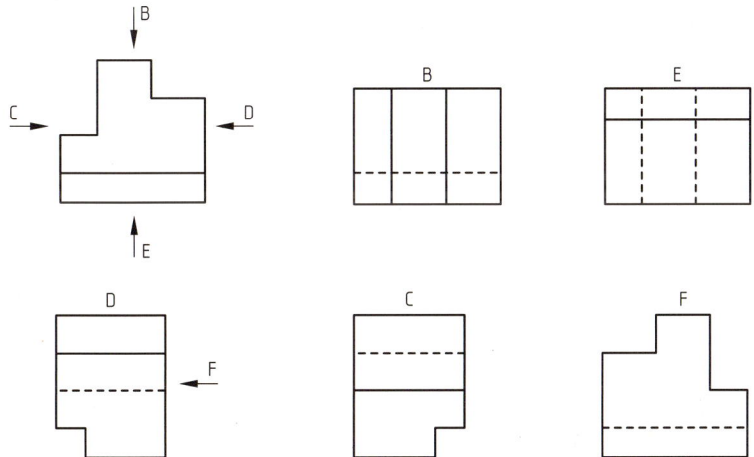

4.29 Beliebige Anordnung der Ansichten nach der Pfeilmethode

Ein graphisches Symbol ist bei der Anwendung dieser Methode nicht notwendig.

4

4.4 Übungen

1. Zentralprojektionen

Zeichnen Sie von den Abbildungen **4.30** bis **4.35** die Körper in der Zentralprojektion jeweils nach der Ein-, Zwei- und Dreipunktmethode.

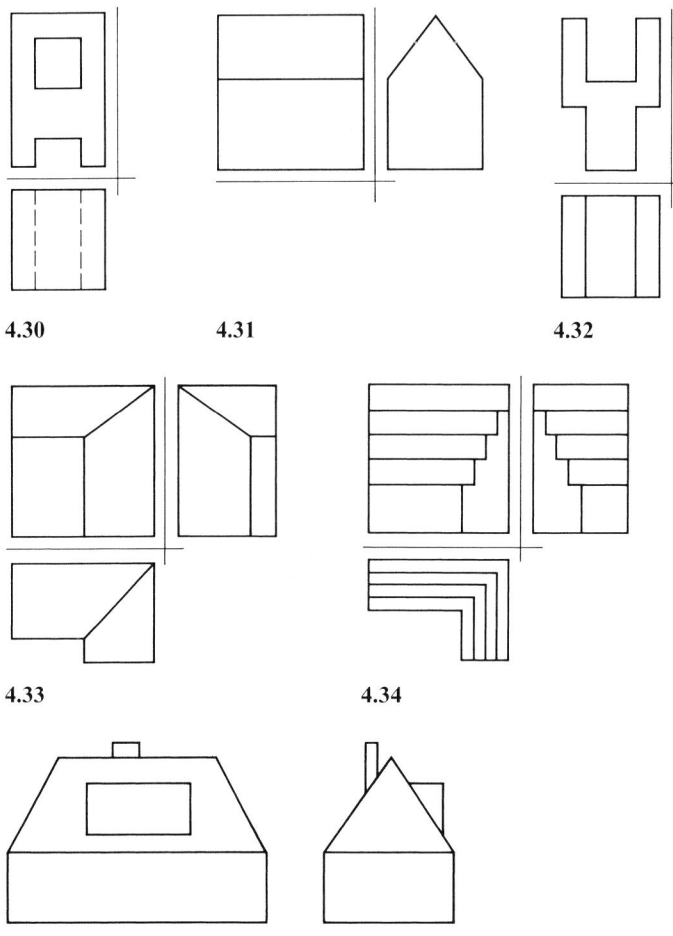

4.30   4.31   4.32

4.33   4.34

4.35

2. Axonometrische Projektionen

Zeichnen Sie die dargestellten Körper **4.36** bis **4.55** in axonometrischer Projektion.

a) Rechtwinklige Projektion in der Isometrie und Dimetrie

b) Schiefwinklige Projektion in der Kavalier- und Kabinett-Darstellung

Wählen Sie für die prismatischen Körper die Grundfläche 60 × 60 mm, für die Zylinder ∅ 60 mm bei einer Höhe von 80 mm.

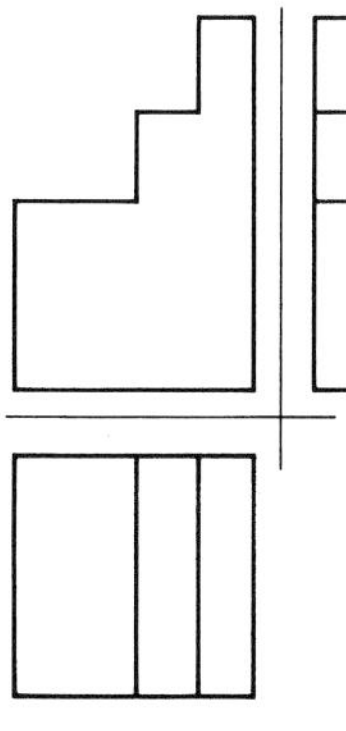

4.36

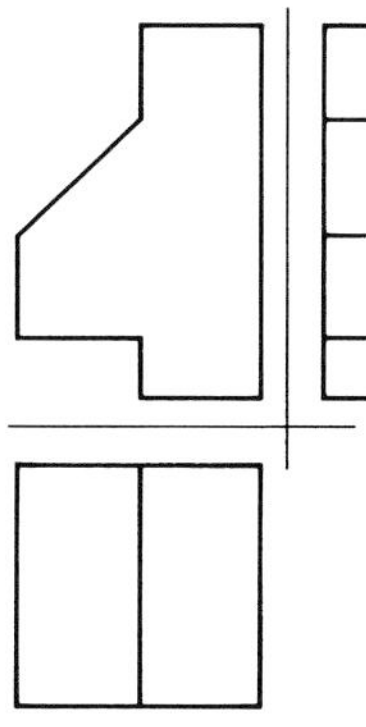

4.37

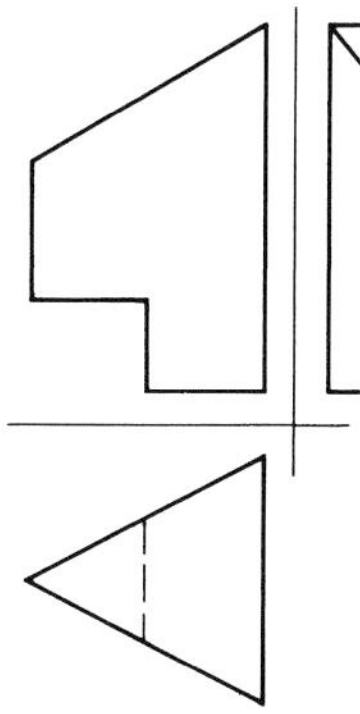

4.38

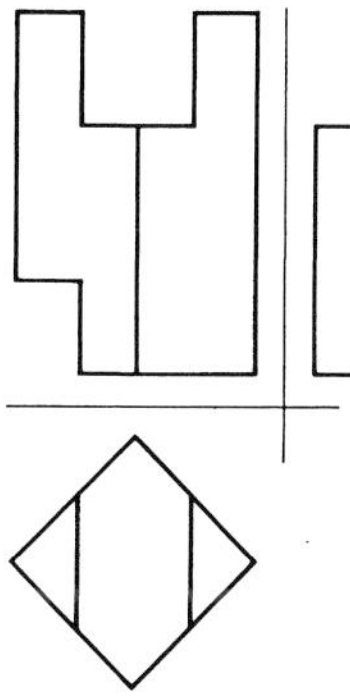

4

4.39

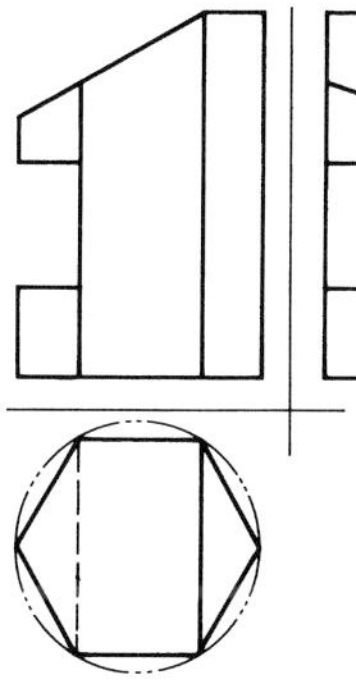

4.40

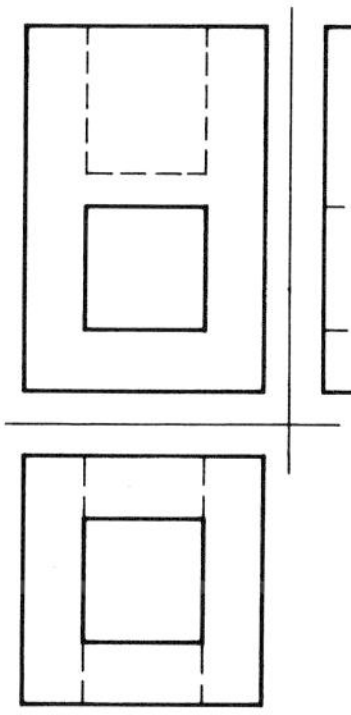

4.41

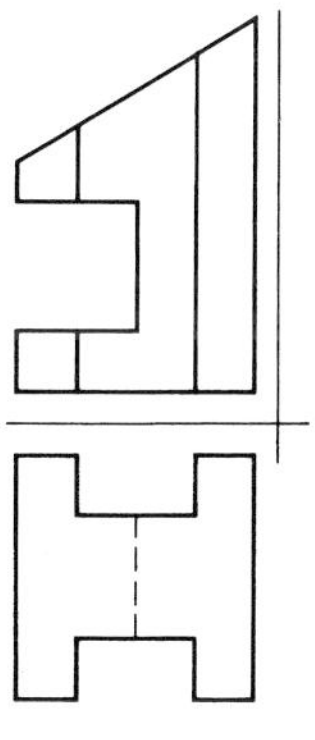

4.42

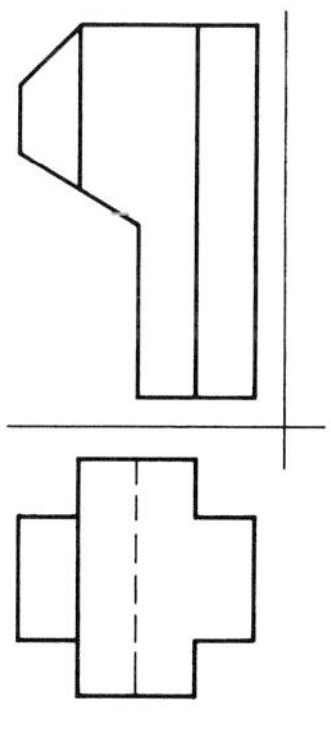

4.43

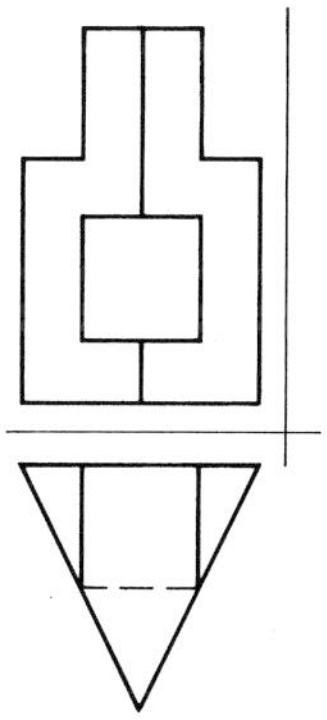

4.44

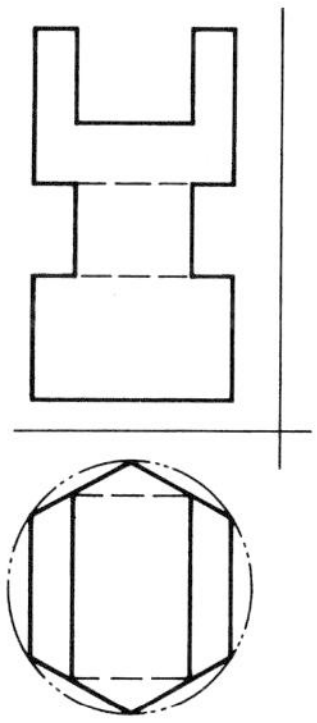

4.45

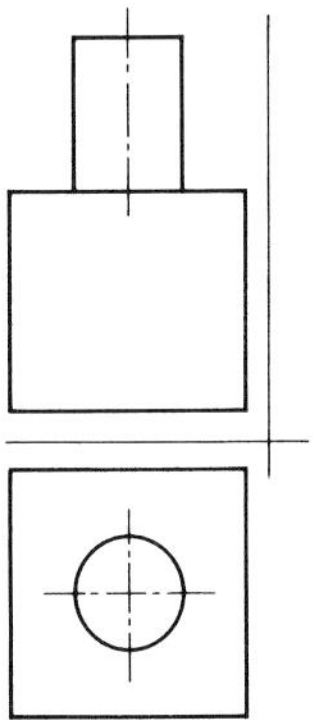

4.49

4.46 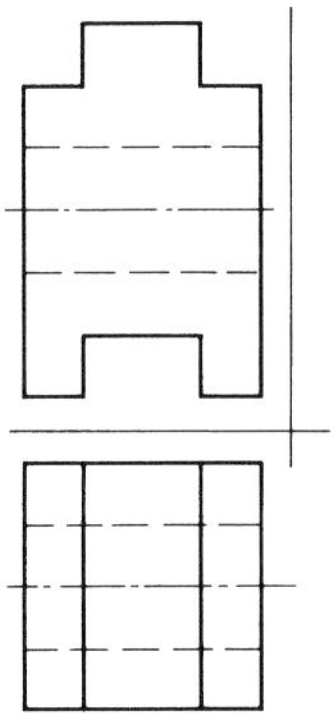   **4.47** 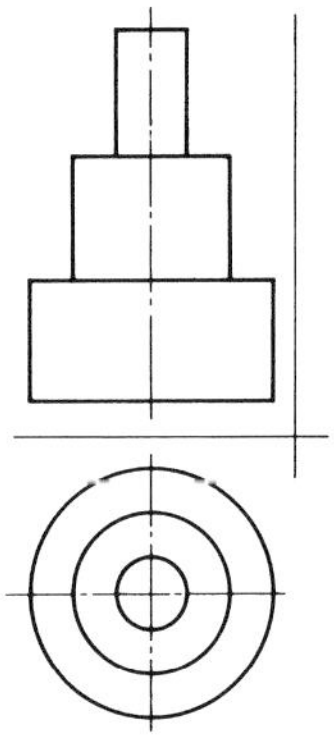   **4.48**   **4.50**

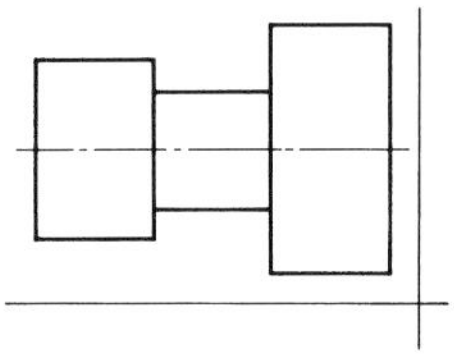

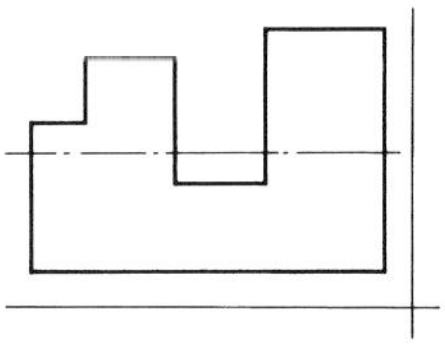

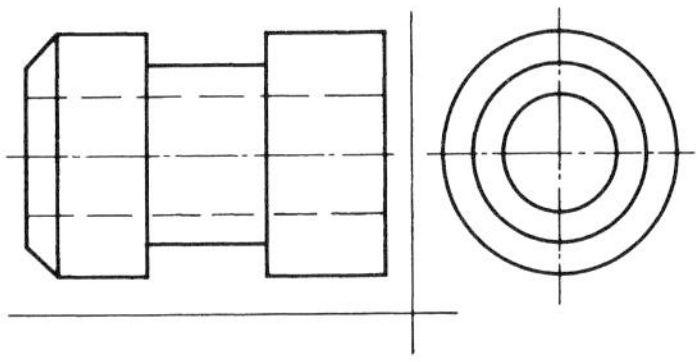

4.51 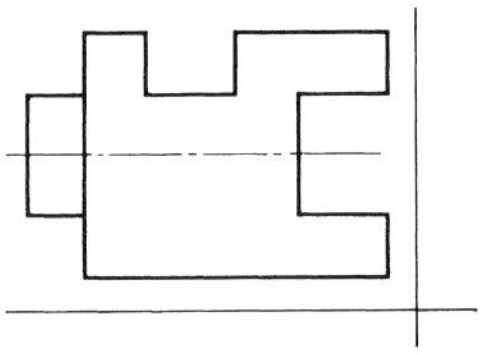   **4.52** 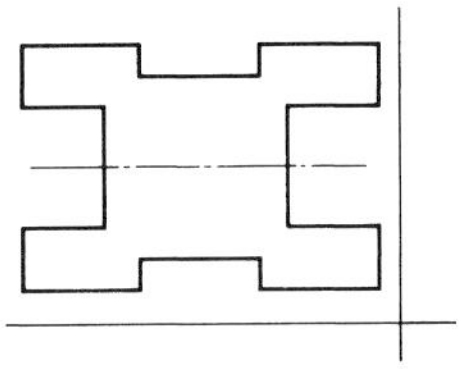   **4.53**

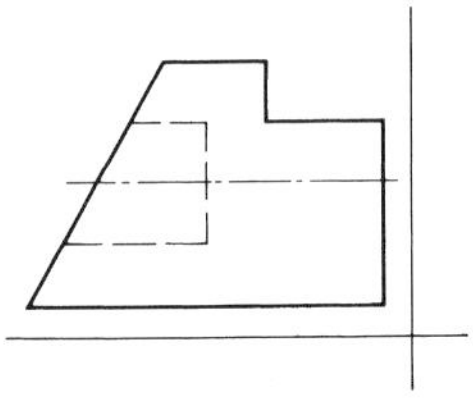

4.54 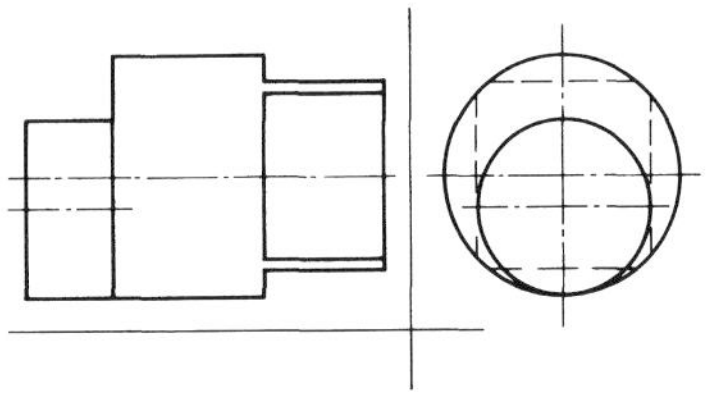   **4.55**

3. Normalprojektionen

Bei den folgenden Übungen sind nur die Formen, nicht die Größen vorgegeben. Als Vorgabe für die Außenmaße sind 40 mm × 40 mm und die Höhe 60 mm vorgesehen.

Ergänzen Sie die fehlenden Ansichten.

Die Projektionslinien sollen stehen bleiben damit die Konstruktionen nachvollziehbar sind.

4.56 bis 4.58 Linien im Raum
4.59 bis 4.61 Flächen im Raum
4.62 bis 4.75 Körper im Raum

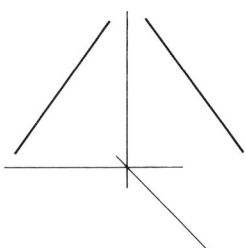

4.56 Linien im Raum
(1. Übung)

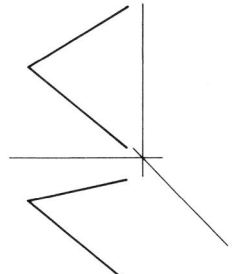

4.57 Linien im Raum
(2. Übung)

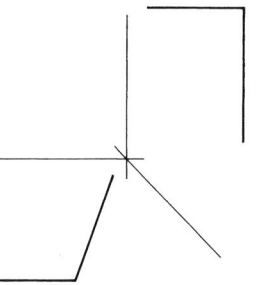

4.58 Linien im Raum
(3. Übung)

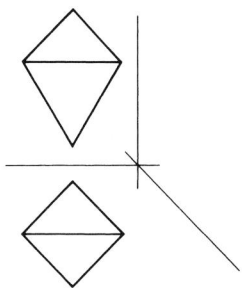

4.59 Fläche im Raum
(1. Übung)

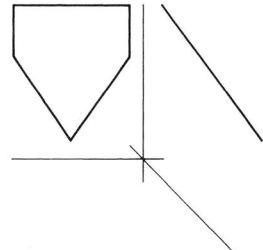

4.60 Fläche im Raum
(2. Übung)

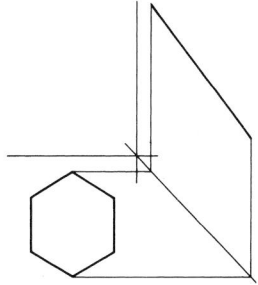

4.61 Fläche im Raum
(3. Übung)

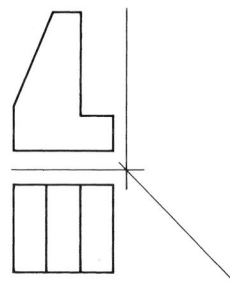

4.62 Körper im Raum
(1. Übung)

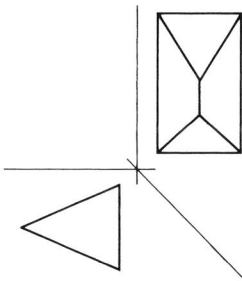

4.63 Körper im Raum
(2. Übung)

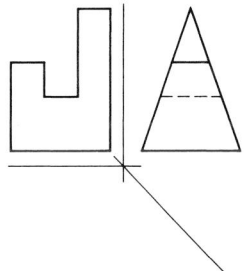

4.64 Körper im Raum
(3. Übung)

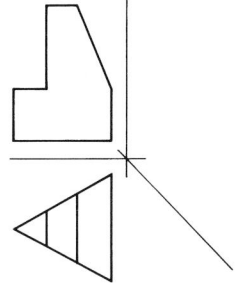

4.65 Körper im Raum
(4. Übung)

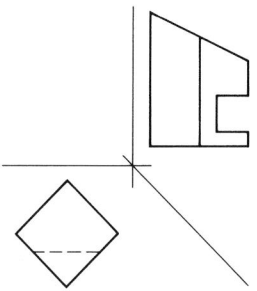

4.66 Körper im Raum
(5. Übung)

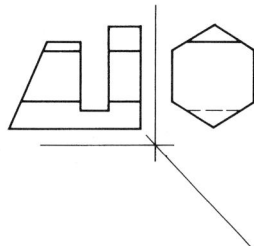

4.67 Körper im Raum
(6. Übung)

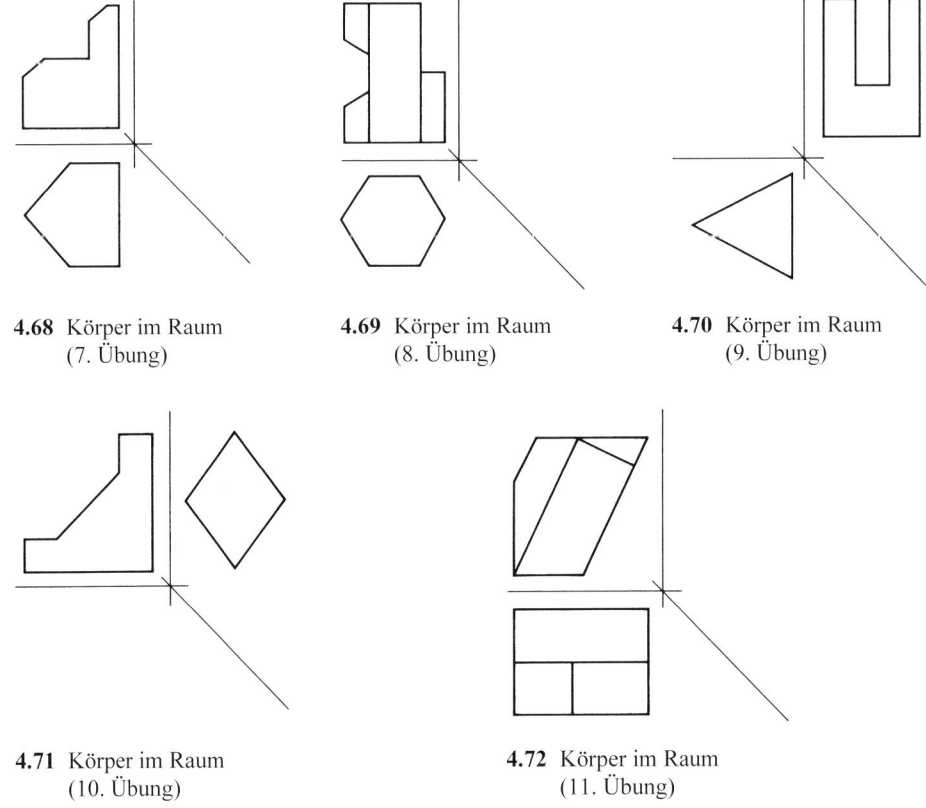

4.68 Körper im Raum
     (7. Übung)

4.69 Körper im Raum
     (8. Übung)

4.70 Körper im Raum
     (9. Übung)

4.71 Körper im Raum
     (10. Übung)

4.72 Körper im Raum
     (11. Übung)

Bei den Darstellungen **4.73** bis **4.75** sind die gegebenen Ansichten mehrdeutig.

Zeichnen Sie jeweils mindestens drei Vorderansichten.

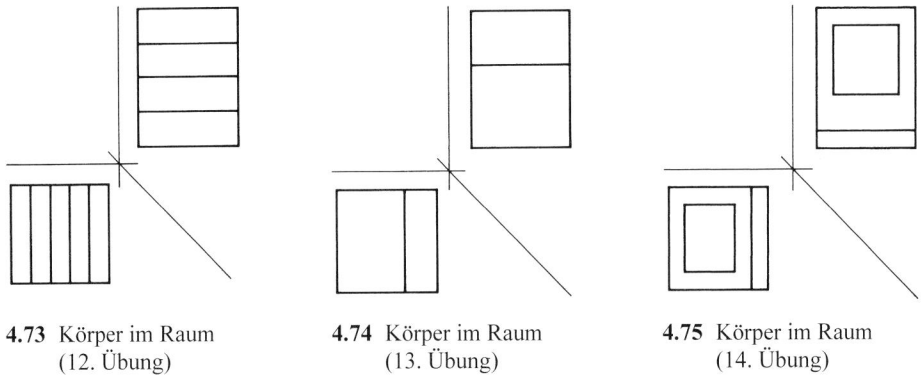

4.73 Körper im Raum
     (12. Übung)

4.74 Körper im Raum
     (13. Übung)

4.75 Körper im Raum
     (14. Übung)

Bei den Übungen **4.76** bis **4.80** handelt es sich um Zuordnungsaufgaben von entsprechenden Körperansichten.

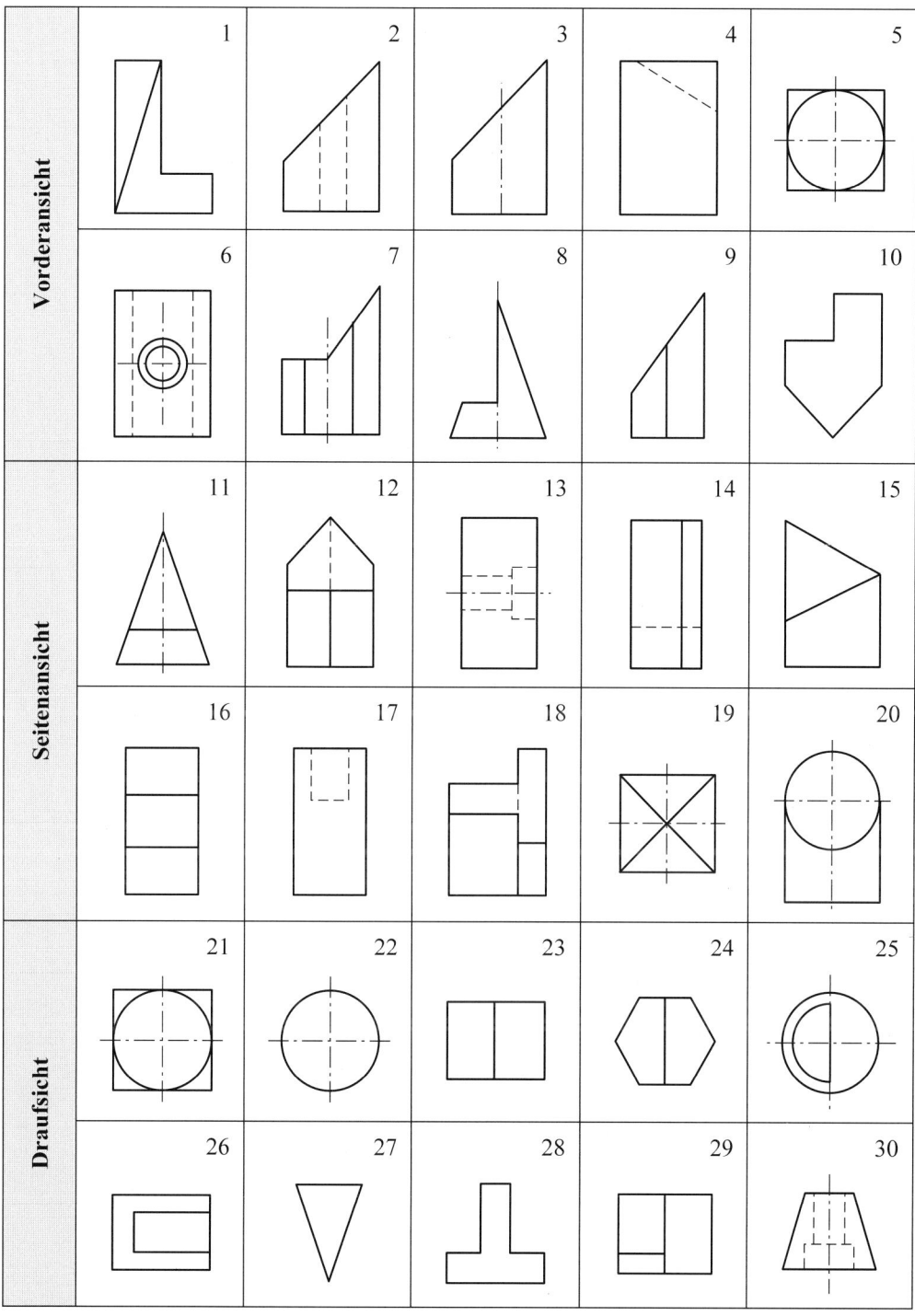

4.76 Räumliches Vorstellen (1. Übung)

4

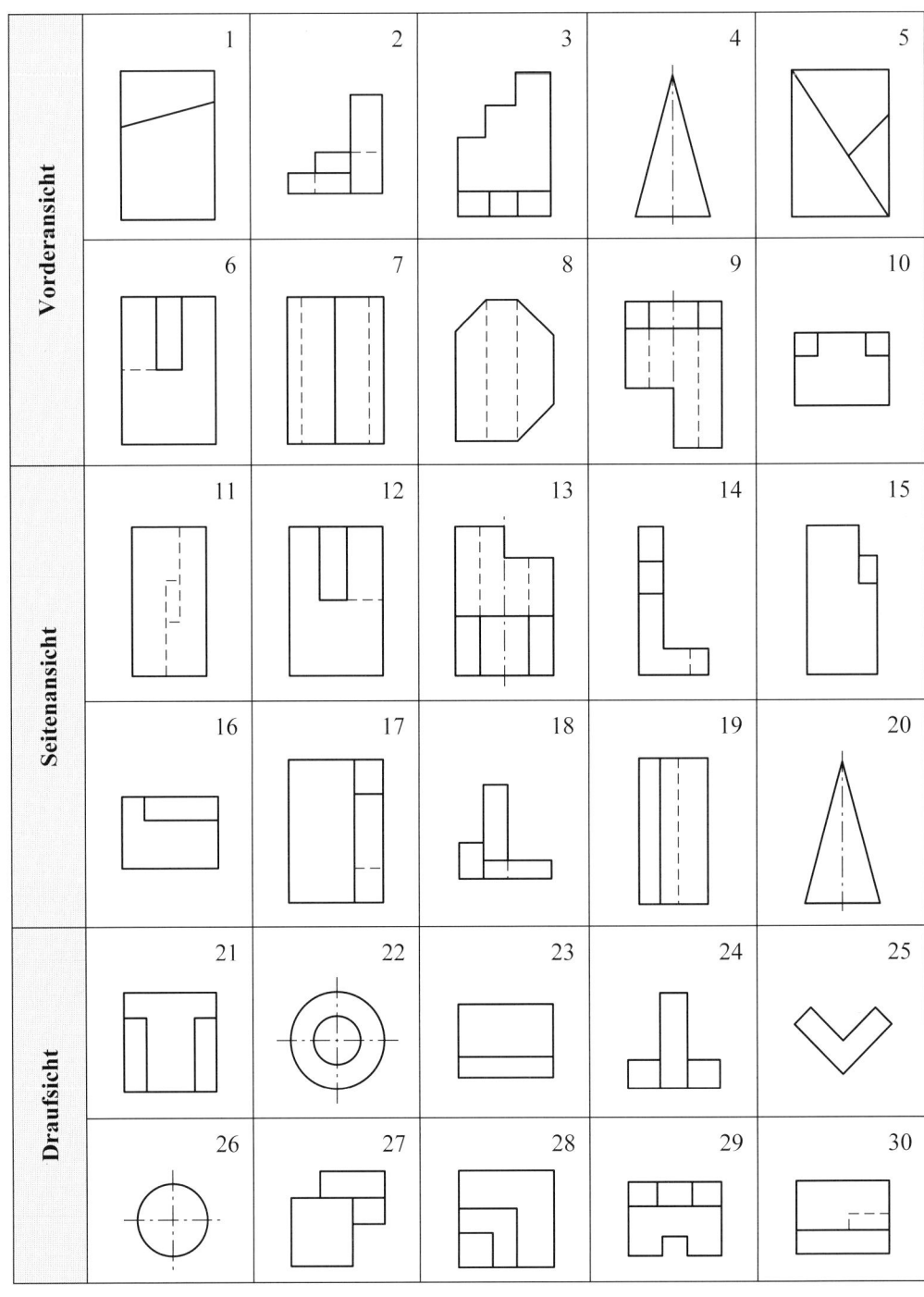

4.77 Räumliches Vorstellen (2. Übung)

4

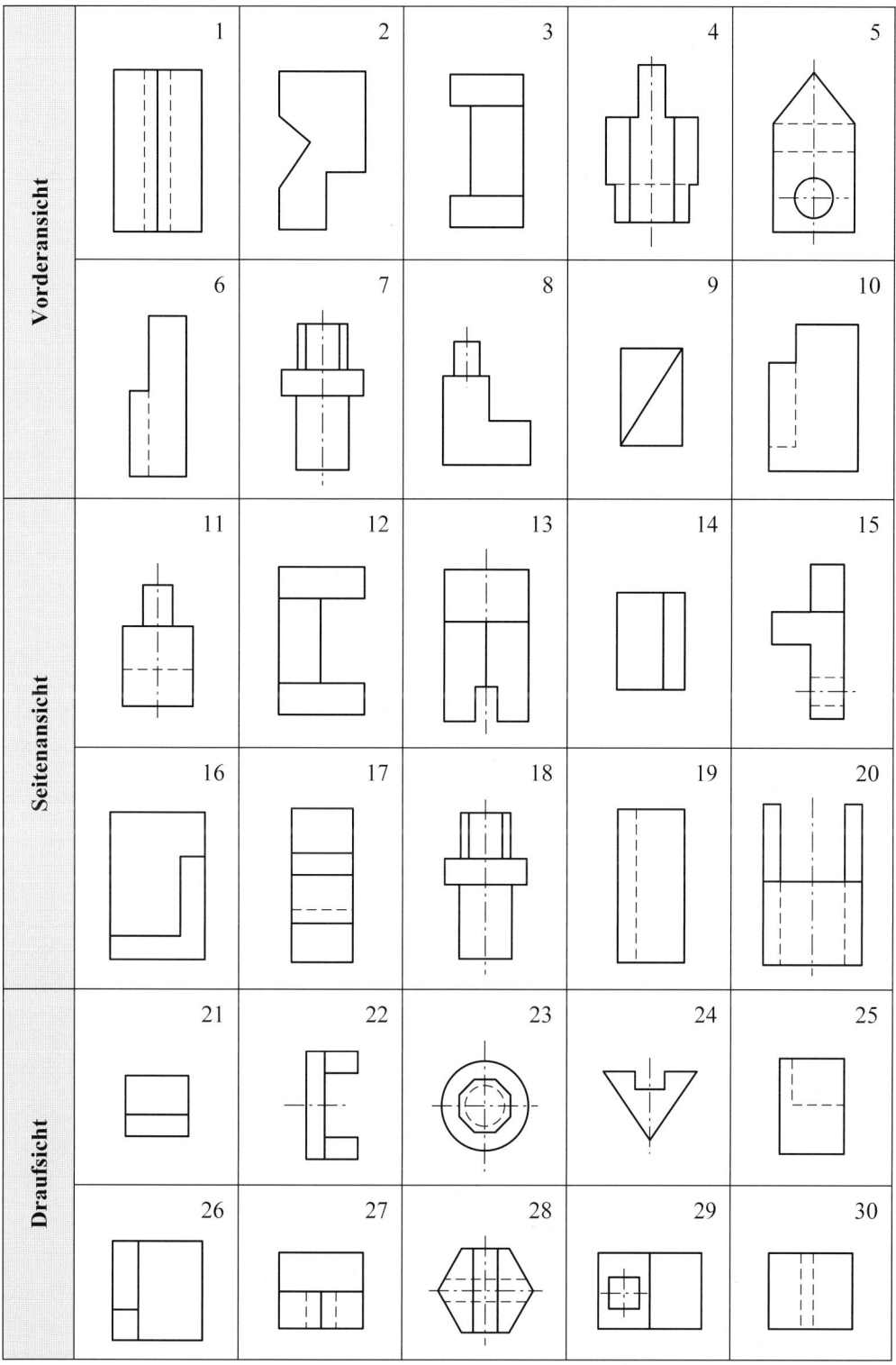

4.78 Räumliches Vorstellen (3. Übung)

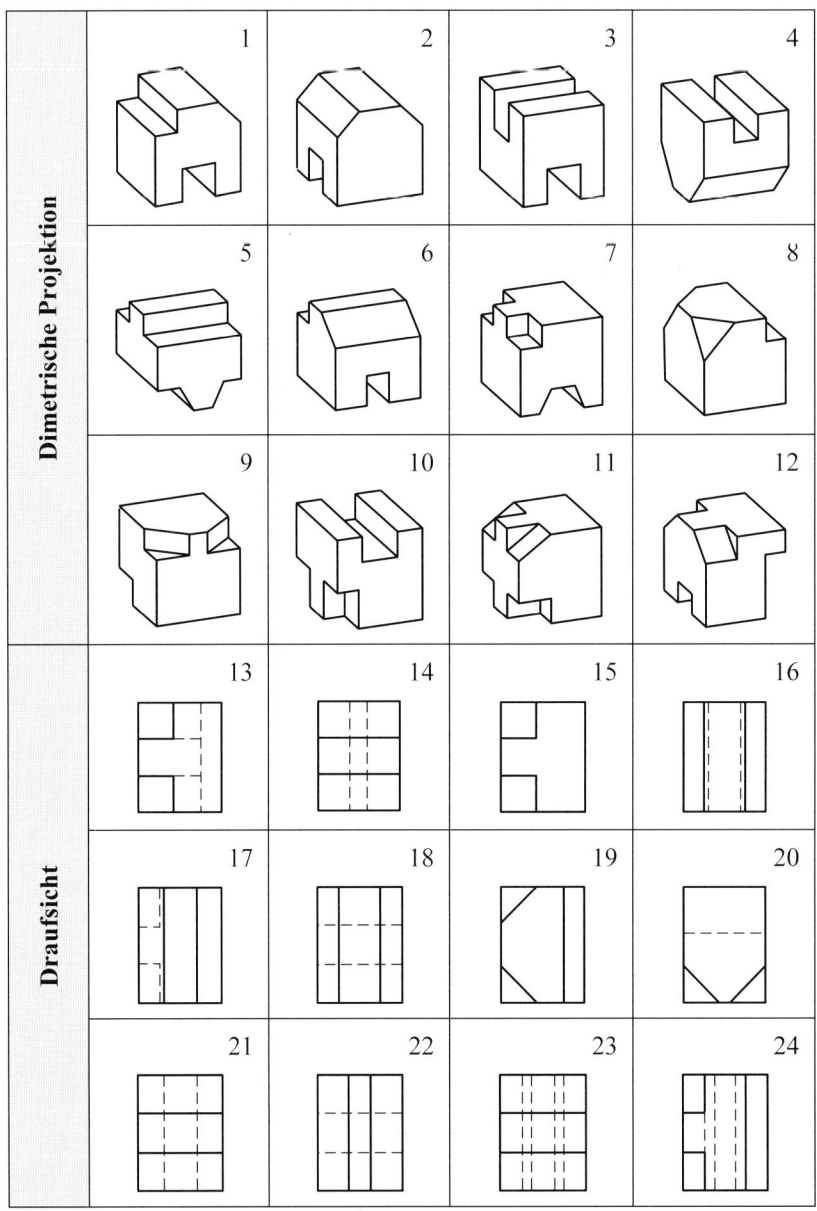

4.79 Räumliches Vorstellen (4. Übung)

5 Darstellende Geometrie

Bei der Darstellenden Geometrie geht es darum, einen räumlichen Gegenstand in einer zwei-dimensionalen Ebene darzustellen. Dabei wendet man hauptsächlich die Zweitafel- und die Dreitafelprojektion an.

5.1 Zweitafelprojektion

Die senkrecht aufeinander stehende Projektionsebenen π_1 und π_2 schneiden sich in der Projektionsachse $_1p_2$.

Bei der Zweitafelprojektion dreht man die erste Bildebene, die Grundrissebene π_1 so um die Projektionsachse $_1p_2$, dass sie in die zweite Bildebene, die Aufrissebene π_2 fällt.

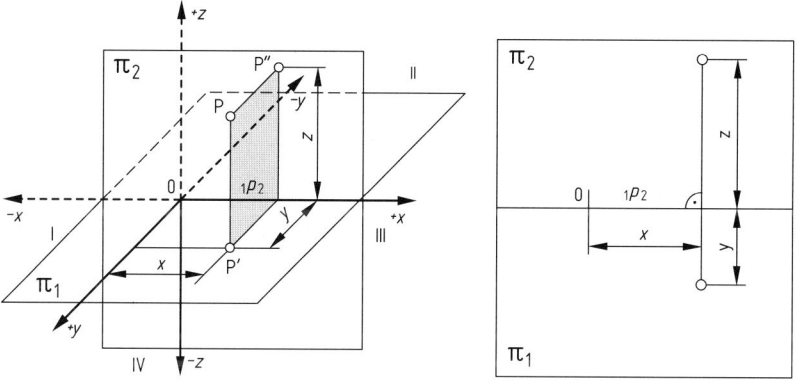

5.1 Raumpunkt im ersten Quadranten   **5.2** Punkt in der Zweitafelprojektion

Die Projektion des Raumpunktes P auf die beiden Bildebenen π_1 und π_2 wird im Grundriss mit P' und im Aufriss mit P'' bezeichnet.

Die Striche bei den Buchstaben erleichtern die Zuordnung zu den Projektionsebenen.

Ein Koordinatensystem **5.2** ermöglicht die Festlegung des Punktes P; dabei wird die Rissachse $_1p_2$ als x- Achse definiert.

Die Koordinaten des Punktes P werden in der Schreibweise P(x/y/z) angegeben.

Bei den folgenden Darstellungen in der Zweitafelprojektion wird die Bildebene nicht mehr durch einen Rahmen begrenzt und die Bildebenenbezeichnung entfällt.

5.1.1 Projektion eines Punktes

Mit den vier Raumquadranten I, II, III und IV können Raumpunkte in allgemeiner Lage **5.3** dargestellt werden.

Dabei liegt der Punkt:

P_1 im I. Quadrant über der Grundrissebene und vor der Aufrissebene,

P_2 im II. Quadrant über der Grundrissebene und hinter der Aufrissebene,

P_3 im III. Quadrant unter der Grundrissebene und hinter der Aufrissebene,

P_4 im IV. Quadrant unter der Grundrissebene und vor der Aufrissebene.

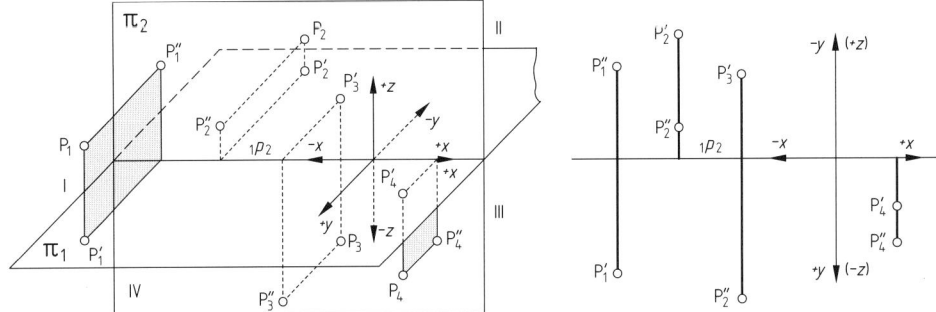

5.3 Lage der Raumpunkte in den Raumquadranten

5.1.2 Projektion einer Geraden

Eine im Raum liegende Strecke wird durch zwei Punkte z. B. A und B festgelegt.

Eine Verlängerung dieser Strecke über beide Endpunkte hinaus führt zur Raumgeraden g, **5.4**.

Diese Raumgerade durchstößt, wenn sie eine allgemeine Lage einnimmt, die beiden Bildebenen π_1 und π_2 und verläuft durch drei Quadranten.

Die Durchstoßpunkte werden als Spurpunkte bezeichnet, wobei der Horizontalspurpunkt H in der π_1-Ebene, der Vertikalspurpunkt V in der π_2-Ebene liegt.

Durch die Projektionen A' und B' erhält man g' in der Grundrissebene und durch A" und B" ist g'' in der Aufrissebene festgelegt.

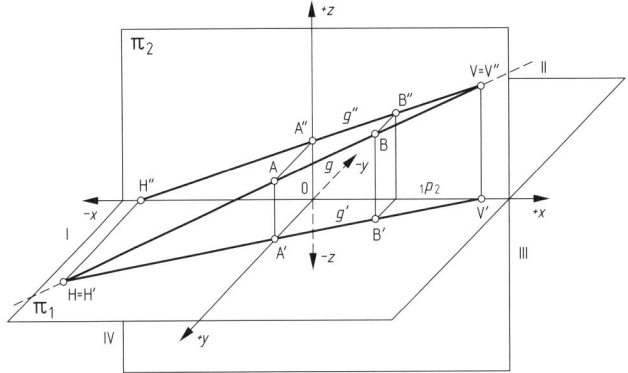

5.4 Projektion einer Geraden

Geradenlage	Erläuterung
π_2 g'' g $_1p_2$ g' π_1 g'' $_1p_2$ $\circ\, g'$	Gerade steht senkrecht auf π_1: Projektion g' ist ein Punkt und g'' steht senkrecht auf $_1p_2$
π_2 $g''\circ$ g $_1p_2$ g' π_1 $g''\circ$ $_1p_2$ g'	Gerade steht senkrecht auf π_2: Projektion g' steht senkrecht auf $_1p_2$ und g'' ist ein Punkt
π_2 g'' g $_1p_2$ g' π_1 g'' $_1p_2$ g'	Gerade liegt parallel zu π_1: Projektion g'' verläuft parallel zu $_1p_2$ Gerade ist eine **Höhenlinie**
π_2 g'' g $_1p_2$ g' π_1 g'' $_1p_2$ g'	Gerade liegt parallel zu π_2: Projektion g' verläuft parallel zu $_1p_2$ Gerade ist eine **Frontlinie**
π_2 g'' g $_1p_2$ g' π_1 g'' $_1p_2$ g'	Gerade liegt parallel zu π_1 und π_2: Projektionen g' und g'' verlaufen parallel zu $_1p_2$ Gerade ist **Höhen- u. Frontlinie**
π_2 g'' g $_1p_2$ g' π_1 g' g'' $_1p_2$ g'	Gerade liegt parallel zu π_3: Projektionen g' und g'' stehen senkrecht auf $_1p_2$

5.5 Sonderlagen von Geraden

Lage zweier Geraden zueinander

Zwei Raumgeraden, die nicht parallel zueinander verlaufen, schneiden oder kreuzen sich.

Die Geraden g_1 und g_2 haben einen Schnittpunkt S, wenn die Schnittpunkte S' und S" aus den Projektionen g_1' mit g_2' und g_1'' mit g_2'' im Grund- bzw. Aufriss auf einer gemeinsamen Senkrechten zur Projektionsachse $_1p_2$ liegen, **5.6**. Die Senkrechte auf die Projektionsachse wird als Ordnungslinie bezeichnet.

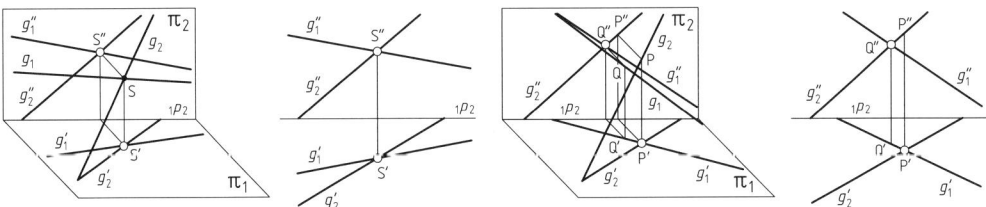

5.6 Zwei sich schneidende Geraden   **5.7** Zwei sich kreuzende Geraden

Die Geraden g_1 und g_2 haben keinen gemeinsamen Schnittpunkt, da der Schnittpunkt P' von g_1' mit g_2' im Grundriss nicht mit dem Schnittpunkt von g_1'' mit g_2'' im Aufriss auf der gleichen Ordnungslinie liegt. Die beiden Geraden kreuzen sich, ohne sich zu berühren, **5.7**.

5.1.3 Projektion einer Ebene

Eine Ebene ε in allgemeiner Raumlage schneidet die Projektionsebenen π_1 und π_2 in einer Geraden, **5.8**. Diese Schnittgeraden werden als Spuren der Ebene bezeichnet.
Die Spuren e_1 und e_2 schneiden sich auf der
Projektionsachse $_1p_2$, dem Knotenpunkt der
Ebene.

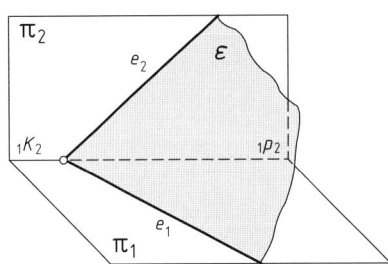

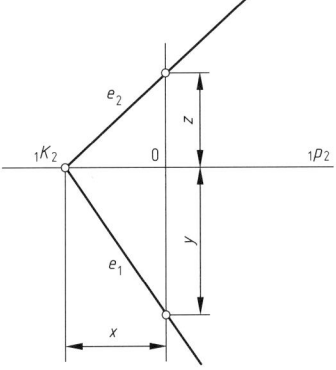

5.8 Ebene in allgemeiner Lage   **5.9** Koordinatenangabe

Mit einem Koordinatensystem, **5.9** kann die Ebene ε in der Schreibweise $\varepsilon\,(x/y/z)$ eindeutig dargestellt werden.

Hauptlinien der Ebene

Sind Geraden in einer Ebene parallel zu einer Projektionsebene π_1 bzw. π_2, so sind sie auch zu der entsprechenden Spur der Ebene parallel. Die Höhenlinie, **5.10** verläuft im Grundriss parallel zur Spur e_1 und im Aufriss parallel zur Projektionsachse $_1p_2$. Strecken, die auf einer Höhenlinie liegen, werden im Grundriss in wahrer Länge abgebildet.

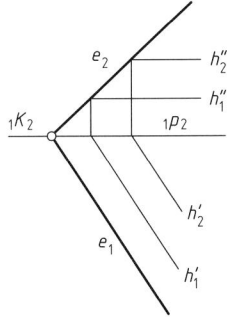

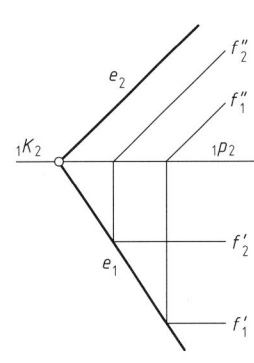

5.10 Höhenlinien   **5.11** Frontlinien

Die Frontlinie, **5.11** verläuft im Grundriss parallel zur Projektionsachse $_1p_2$ und im Aufriss parallel zur Spur e_2.

Strecken, die auf einer Frontlinie liegen, werden im Aufriss in wahrer Länge abgebildet.

Ebenenlage	Erläuterung
	Ebene steht senkrecht auf π_1: Spur e_2 steht senkrecht auf $_1p_2$ **erstprojizierende Ebene**
	Ebene steht senkrecht auf π_2: Spur e_1 steht senkrecht auf $_1p_2$ **zweitprojizierende Ebene**
	Ebene steht senkrecht auf π_1 und π_2 : Spuren e_2 und e_2 stehen senkrecht auf $_1p_2$ **doppeltprojizierende Ebene**
	Ebene liegt parallel zu π_1: Spur e_2 verläuft parallel zu $_1p_2$ **Höhenlinie**
	Ebene liegt parallel zu π_2: Spur e_1 verläuft parallel zu $_1p_2$ **Frontlinie**
	Ebene verläuft parallel zu $_1p_2$: Spuren e_1 und e_2 verlaufen parallel zu $_1p_2$

5.12 Sonderlagen von Ebenen

Punkt in der Ebene

Ein Raumpunkt P liegt in einer durch ihre Spuren e_1 und e_2 vorgegebenen Ebene ε, wenn seine Projektionen P' und P" auf dem Grund- und Aufrissbild derselben Hauptlinie liegen, **5.13**.

Mittels der Höhen- bzw. Frontlinie kann somit einfach geprüft werden, ob ein Punkt in einer Ebene liegt oder nicht.

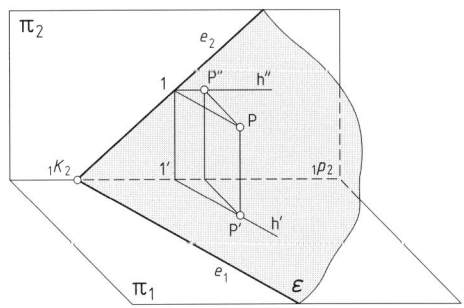

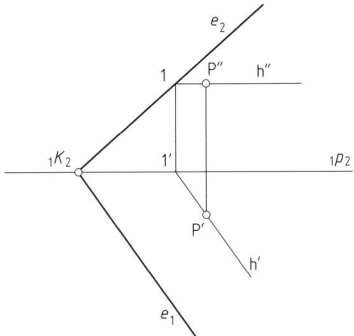

5.13 Punkt in der Ebene

Gerade in der Ebene

Eine Gerade g liegt in einer durch ihre Spuren e_1 und e_2 vorgegebenen Ebene ε, wenn ihr Horizontalspurpunkt H in der Grundrissebene auf die Spur e_1, und der Vertikalspurpunkt V in der Aufrissebene auf die Spur e_2 fällt, **5.14**.

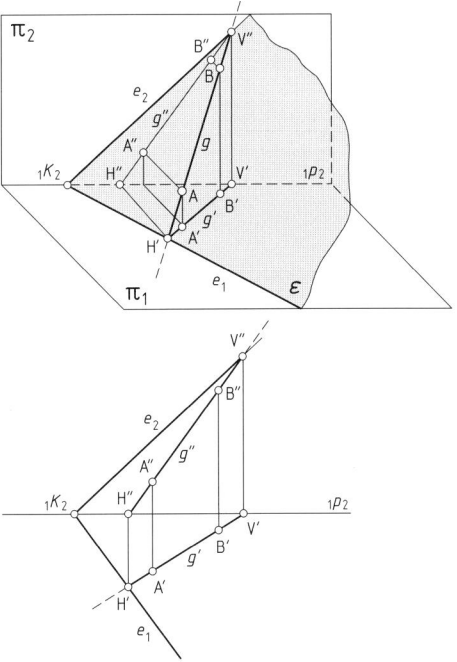

5.14 Gerade in der Ebene

Fläche in der Ebene

Eine Fläche, z. B. Dreiecksfläche, liegt in einer durch ihre Spuren e_1 und e_2 vorgegebenen Ebene ε, wenn die Verlängerungen der drei Begrenzungsgeraden über die Eckpunkte der Fläche hinaus die Projektionsebene π_1 und π_2 auf den Spuren e_1 und e_2 durchstoßen, **5.15**.

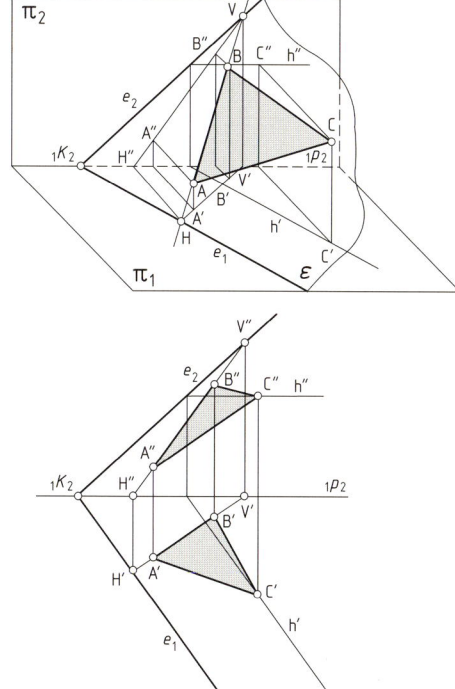

5.15 Fläche in der Ebene

Ermitteln der Spuren einer Ebene

Die Spuren e_1 und e_2 einer Ebene ε erhält man durch Verlängern von zwei Seiten einer Fläche über die Eckpunkte hinaus, **5.16**.

Die Verlängerungen in der Grund- und Aufrissebene schneiden die Projektionsachse $_1p_2$; in den Schnittpunkten H_1'' und H_2'' bzw. V_1' und V_2' werden dann die Senkrechten errichtet.

Die Senkrechten ergeben mit den Verlängerungen aus dem Grundrissbild die Horizontalspurpunkte H_1 und H_2 und damit die Grundrissspur e_1.

Die Vertikalspurpunkte V_1 und V_2 und damit die Aufrissspur e_2 erhält man als Schnittpunkte der Senkrechten mit den Verlängerungen aus dem Aufrissbild.

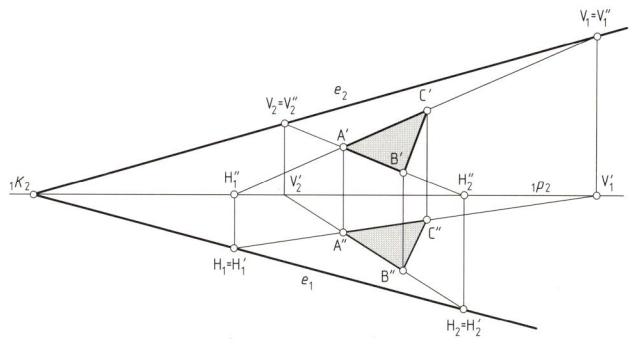

5.16
Ermittlung der Spuren einer Ebene

5.1.4 Durchstoßpunkt der Geraden mit der Ebene

Um den Durchstoßpunkt P der Geraden g durch die Ebene ε zu bestimmen, legt man die Gera
de g in eine senkrecht auf der Grundrissebene π_1 stehende Hilfsebene v mit den Spuren n_1 und
n_2, **5.17**.

Die Spuren e_1 und n_1 schneiden sich in C', e_2 und n_2 in D". Eine Senkrechte auf die Projektionsachse $_1p_2$ durch C' ergibt C". Die Verbindungslinie s" zwischen C" und D" schneidet die
Gerade g" in P", dem Durchstoßpunkt im Aufriss. Der Durchstoßpunkte P' liegt auf der Ordnungslinie durch P".

Die Ermittlung des Durchstoßpunktes P kann auch mit einer zweitprojizierenden Hilfsebene
durchgeführt werden.

Die Konstruktionsschritte sind sinngemäß die gleichen, wie zuvor beschrieben.

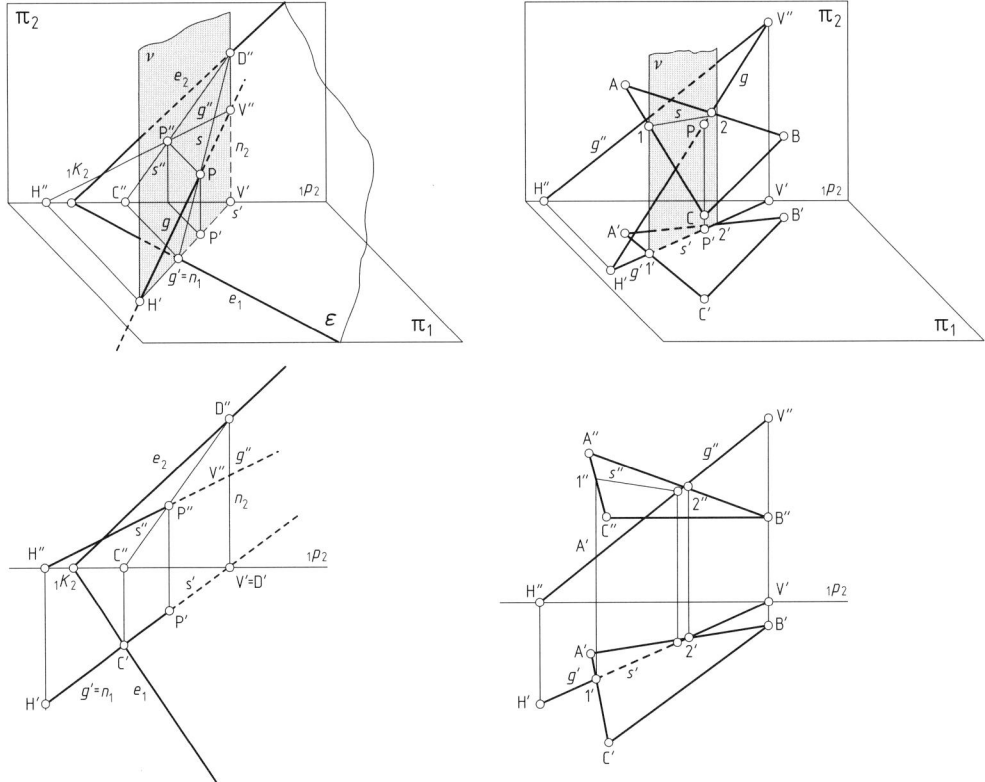

5.17 Durchstoßpunkt der Geraden mit der Ebene   **5.18** Durchstoßpunkt der Geraden mit der Fläche

Durchstoßpunkt der Geraden mit der Fläche

Bei der Bestimmung des Durchstoßpunktes P einer Geraden g durch eine Fläche bedient man
sich ebenfalls einer senkrecht auf π_1 stehenden Hilfsebene v, wobei die Schnittgerade s' auf g'
liegt, **5.18**.

Die in den Schnittpunkt der Geraden g' mit den Seiten $\overline{A'C'}$ und $\overline{A'B'}$ errichteten Ordnungslinien 1' und 2' bilden die Begrenzung der Hilfsebene v im Aufriss.

Die Verbindungslinie s" zwischen 1" und 2" schneidet die Gerade g" im Durchstoßpunkt P".
Der Durchstoßpunkt P' liegt auf der Ordnungslinie durch P".

Die Sichtbarkeit der Geraden wird wie folgt ermittelt:

Die in 1' errichtete Ordnungslinie schneidet in der Aufrissebene zuerst die Gerade g" und dann
die Seite A"C" in 1", das heißt, die Gerade g" liegt unter der Seite A"C"

Im Grundriss ist deshalb die Gerade g' von der Seite A'C' bis zum Durchstoßpunkt P'
verdeckt.

5.1.5 Schnittgerade zweier ebener Flächen

Zwei nicht parallele Flächen durchdringen
sich in einer Schnittgeraden s. Um die
Schnittgerade s zu konstruieren, werden
die Durchstoßpunkte von zwei Geraden
einer Dreieckfläche mit der Fläche des
anderen Dreiecks ermittelt, **5.19**.

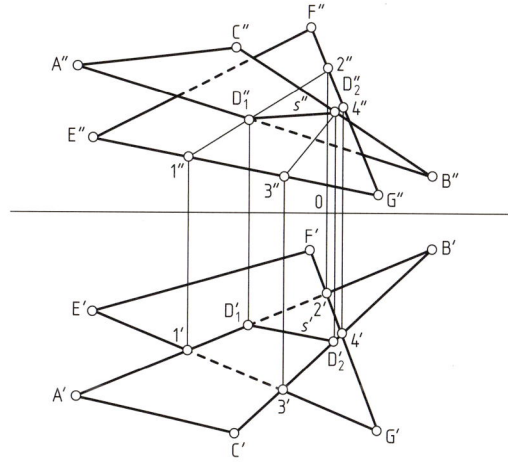

Die Dreieckseite A'B' schneidet E'G'
und F'G' der Fläche E'F'G' in 1' und 2'.
Die in den Schnittpunkten errichteten
Ordnungslinien ergeben im Aufriss auf der
entsprechenden Dreieckseite die Punkte 1"
und 2".

Verbindet man 1" und 2", so erhält man
den Durchstoßpunkt D_1" als Schnittpunkt
mit der Geraden A"B".

5.19 Schnittgerade zweier Ebenen

Die Verbindungslinie zwischen den beiden Durchstoßpunkten D_1" und D_2" ergibt die gesuchte
Schnittgerade s". Das Grundrissbild s' der Schnittgeraden erhält man durch die beiden Ordnungslinien durch D_1" und D_2".

Um die Sichtbarkeit der Flächen festzulegen, betrachtet man die Ordnungslinien in der Aufrissebene.

Die in 1' errichtete Ordnungslinie schneidet zuerst die Seite E"G" und in der Verlängerung
die Seite A"B", das heißt E"G" liegt unter A"B".

Im Grundriss ist deshalb die Seite A'B' bis zum Durchstoßpunkt D_1' sichtbar und die Seite
E'G' zwischen 1' und 3' verdeckt.

5.1.6 Durchstoßpunkte einer Geraden mit einem Körper

Die Durchstoßpunkte einer Geraden mit einem ebenflächigen Körper lassen sich mit einer
projizierenden Hilfsebene oder mit einer Scheitelebene bestimmen.

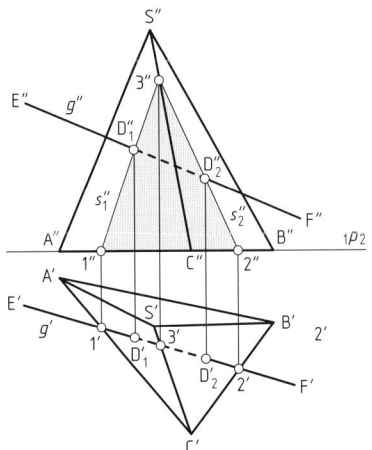

5.20 Erstprojizierende Hilfsebene

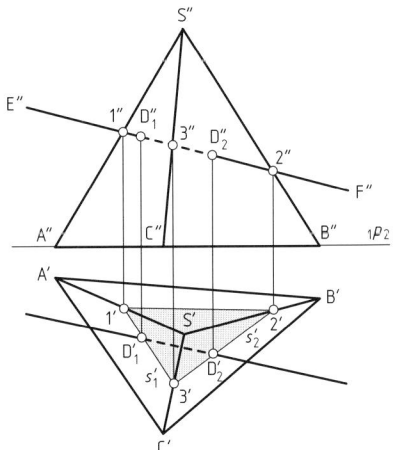

5.21 Zweitprojizierende Hilfsebene

Eine senkrecht auf der Grundrissebene π_1 stehende Hilfsebene, in der auch die Projektion von g' liegt, ergibt im Aufriss der Pyramide die Schnittgerade s_1'' und s_2''. Die Schnittpunkte der Geraden g'' mit den Schnittgeraden sind die Durchstoßpunkte D_1'' und D_2'' im Aufriss. D_1' und D_2' liegen auf Ordnungslinien durch D_1'' und D_2''.

Eine senkrecht auf der Aufrissebene π_2 stehende Hilfsebene, in der auch die Projektion von g'' liegt, ergibt im Grundriss der Pyramide die Schnittgeraden s_1' und s_2'. Die Schnittpunkte der Geraden g' mit den Schnittgeraden sind die Durchstoßpunkte D_1' und D_2' im Grundriss.

D_1'' und D_2'' liegen auf Ordnungslinien durch D_1' und D_2'.

Eine durch die Pyramidenspitze schräg im Raum verlaufende Hilfsebene, in der die Gerade g liegt, wird als Scheitelebene bezeichnet, **5.22**. Die Begrenzungsgeraden e'' und f'' in der Aufrissebene π_2 verlaufen durch die frei gewählten Punkte 1" und 2" auf der Geraden g'' und schneiden die Rissachse $_1p_2$ in G" und H".

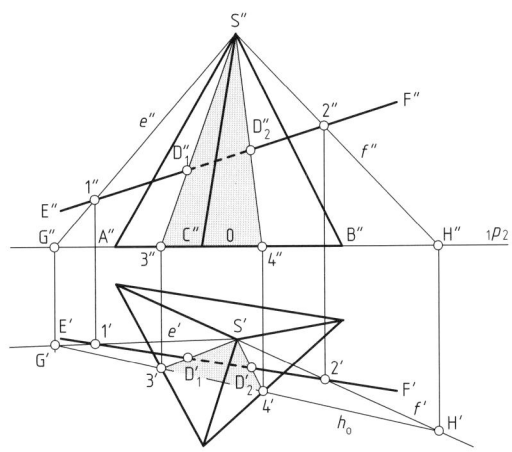

5.22 Scheitelebene

Die Projektion der Begrenzungsgeraden in die Grundrissebene π_1 ergibt die Grundrissspur h_0, diese schneidet die Pyramide in 3' und 4'. Die Schnittpunkte der Verbindungslinie 3's' und 4's' mit der Geraden g' sind die gesuchten Durchstoßpunkte D_1' und D_2'.

Die Ermittlung der Durchstoßpunkte bei krummflächigen Körpern, wie z. B. beim Kegel oder schiefen Kreiszylinder, erfolgt zweckmäßigerweise durch die Scheitelebene.

Eine projizierende Hilfsebene ergibt, je nach Lage der Hilfsebene, zu der Körperkontur des Kegels als Schnittfigur eine Ellipse, Hyperbel oder Parabel.

5.1.7 Wahre Länge einer Strecke

Eine Strecke bzw. Kante einer Fläche wird nur dann in wahrer Länge abgebildet, wenn sie parallel zu einer Bildebene liegt.

Die Bestimmung der wahren Länge einer im Raum liegenden Strecke kann durch Drehen oder Umklappen erfolgen.

Bei der Drehmethode wird eine Strecke so um eine vertikale bzw. horizontale Achse in einem Endpunkt der Strecke gedreht, dass sie zu einer der beiden Bildebenen parallel liegt.

Die Drehung um die vertikale Achse, wie in **5.23** dargestellt, ergibt die wahre Länge in der Aufrissebene π_2.

Die Verlängerung der Waagerechten C'' und B'' über B'' hinaus schneidet die in B_0' errichtete Ordnungslinie in B_0''. Die Verbindung A'' mit B_0'' ist die wahre Länge der Strecke AB.

Dreht man die Strecke AB um die horizontale Achse, wie **5.24** zeigt, entsteht die wahre Länge in der Grundrissebene π_1.

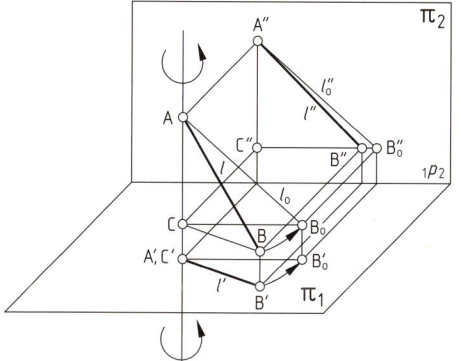
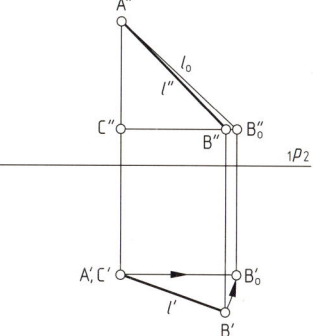

5.23 Drehung um die vertikale Achse

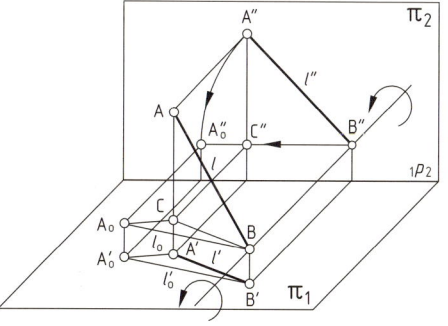
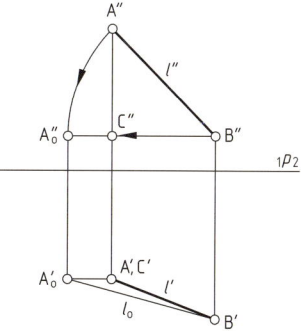

5.24 Drehung um die horizontale Achse

Die Konstruktion ist sinngemäß die Gleiche wie zuvor beschrieben. Die räumliche Strecke AB gibt im Grundriss und Aufriss die verkürzten Projektionen A'B' und A''B''.

Bei der Konstruktion der wahren Länge mittels eines Projektionstrapezes werden die senkrechten Abstände der Punkte A'' und B'' bis zur Projektionsachse $_1p_2$ rechtwinklig an die Projektion A'B' angetragen.

Durch Verbinden der Punkte A_0' mit B_0' erhält man die wahre Länge der Strecke AB, **5.25**.

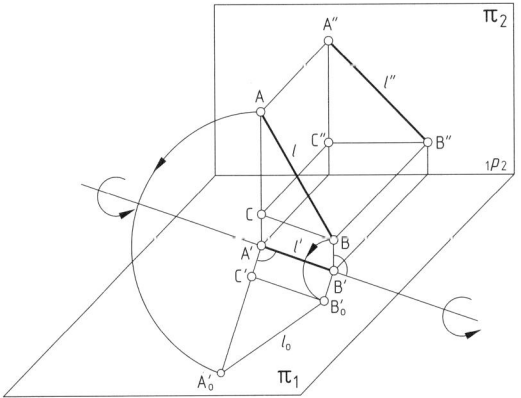

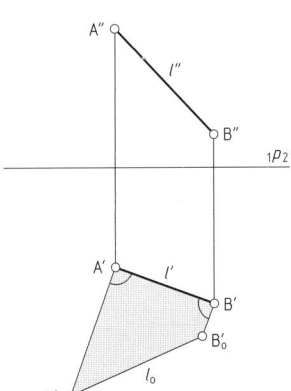

5.25 Umklappen des Projektionstrapezes

5.1.8 Wahre Größe einer Fläche

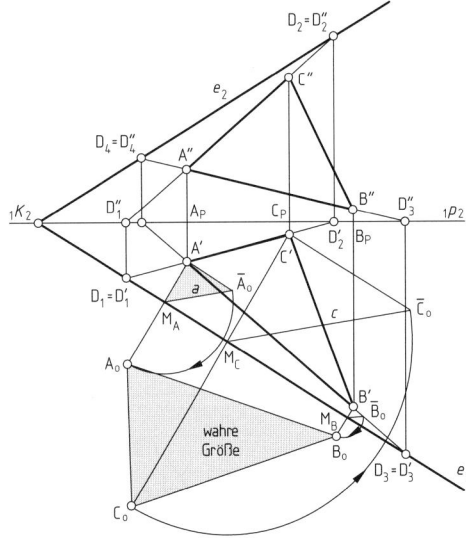

5.26 Wahre Größe einer Dreiecksfläche

Eine in der Ebene ε liegende Fläche kann in wahrer Größe dargestellt werden, wenn diese Ebene um die Grundriss- oder Aufrissspur in die Bildebene π_1 oder π_2 gedreht wird.

Die Konstruktion der wahren Größe einer Dreiecksfläche erfolgt, wie **5.26** zeigt, über Stützdreiecke, die senkrecht auf e_1 und π_1 stehen.

Die senkrechten Abstände der Punkte A", B" und C" auf die Projektionsachse $_1p_2$ werden in A', B' und C' parallel zur Grundrissspur e_1 angetragen und mit $\overline{A}_0$, $\overline{B}_0$ und $\overline{C}_0$ bezeichnet.

Die Senkrechten zur Grundrissspur e_1 durch die Projektionspunkte A', B' und C' ergeben mit den Kreisbögen um M_A, M_B und M_C mit den entsprechenden Radien $M_A\overline{A}_0$, $M_B\overline{B}_0$ und $M_C\overline{C}_0$ die wahre Größe der Dreiecksfläche ABC.

5.2 Dreitafelprojektion

Ein räumlicher Gegenstand der in der Zweitafelprojektion, das heißt in der Grund- und Aufrissebene, nur unzureichend dargestellt werden kann, bildet man in einer weiteren Bildebene, dem Seitenriss ab.

Diese dritte Bildebene π_3 wird, insbesondere bei technischen Zeichnungen so gewählt, dass sie senkrecht zur Grundriss- und auch senkrecht zur Aufrissebene steht.

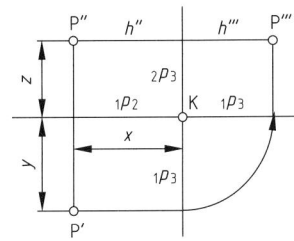

5.27 Punkt in der Dreitafelprojektion

Zur Darstellung in der Zeichenebene dreht man die dritte Bildebene π_3 um die Projektionsachse $_2p_3$ in die zweite Bildebene π_2.

Wie **5.27** zeigt fällt dabei die Rissachse $_1p_3$ mit der Rissachse $_1p_2$ zusammen. Die Projektion des Raumpunktes P auf die Bildebene π_3 wird mit P''' bezeichnet.

Die Projektionen P'' und P''' liegen auf derselben Höhenlinie.

5.2.1 Normalschnitte an Grundkörpern

Eine Schnittebene die senkrecht zu zwei Projektionsebenen oder senkrecht zu einer Projektionsebene und geneigt zu einer anderen steht wird als Normalschnitt bezeichnet.

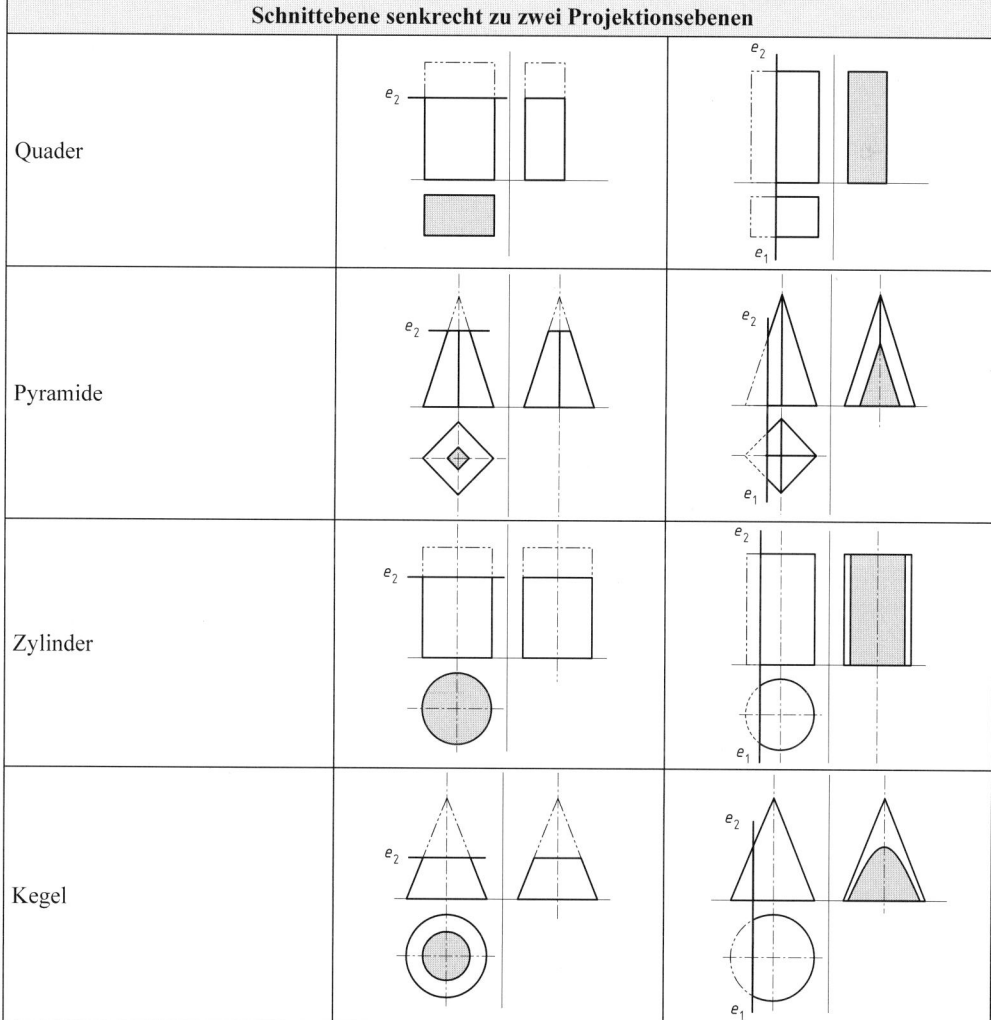

5.28 Normalschnitte an Grundkörpern, senkrecht zu zwei Projektionsebenen

Bei prismatischen oder zylinderförmigen Körpern bleibt die Grundrissabbildung unabhängig davon ob die Schnittebene parallel oder geneigt zur Grundrissebene verläuft.

Normalschnitte parallel zur Grundrissebene verändern bei Pyramiden und Kegeln, wegen der schrägen Anordnung der Körperkanten, die Grundrissabbildung.

Schnittebenen, die senkrecht zur Aufrissebene und geneigt zur Grundrissebene liegen, verändern die Grundriss- und Seitenrissabbildung, wie **5.28** und **5.29** zeigen.

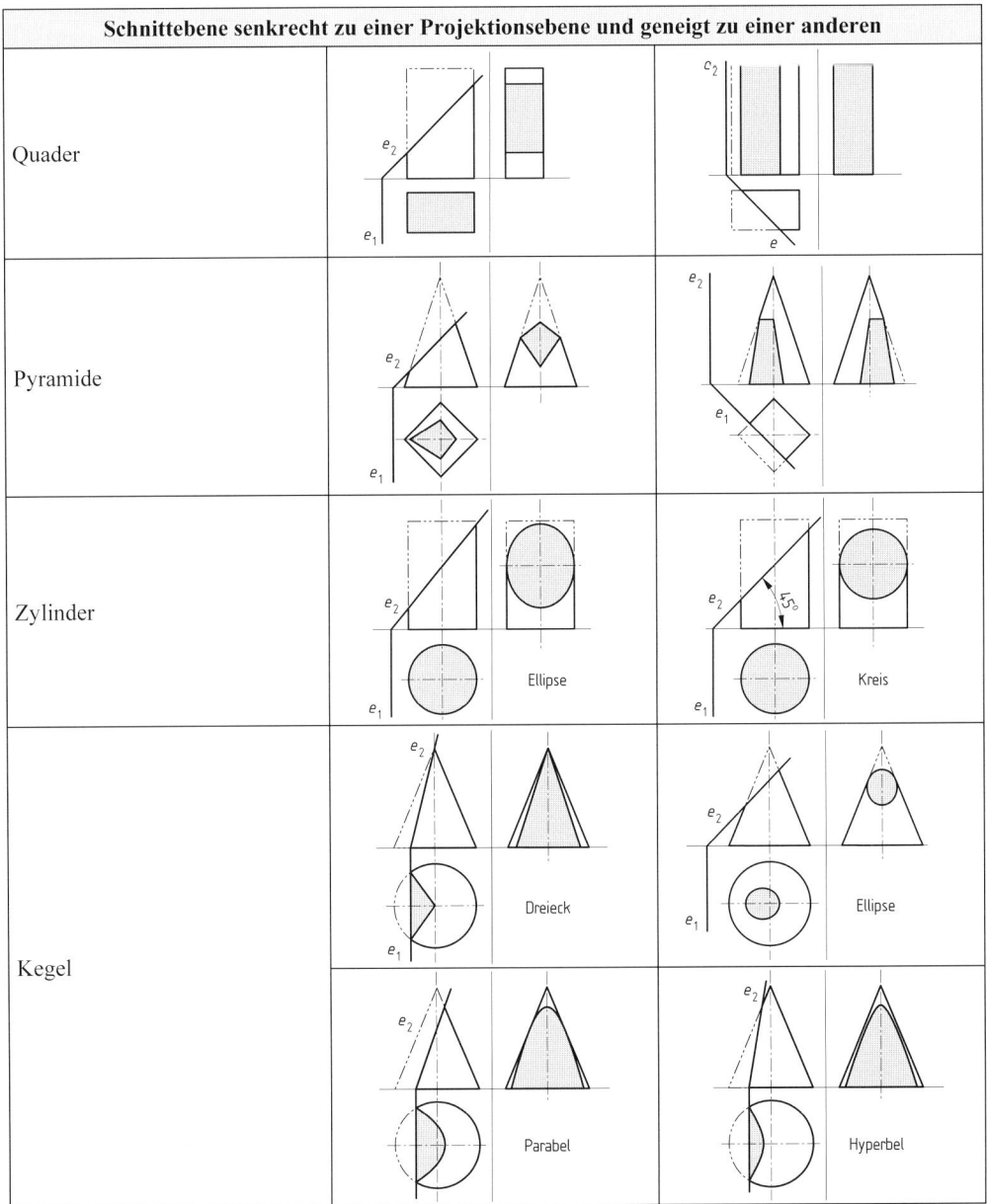

5.29 Normalschnitte an Grundkörpern, senkrecht zu einer Projektionsebene und geneigt zu einer anderen

Bei ebenflächigen Grundkörpern, Prisma, Pyramide bilden sich die Durchstoßpunkte der Körperkanten mit der Schnittebene auf den Spuren e_2 bzw. e_1 ab. Die Übertragung dieser Eckpunkte auf die beiden anderen Bildebenen erfolgt durch Ordnungslinien, dabei entstehen geradlinig begrenzte Schnittflächen.

Da man bei krummflächigen Grundkörpern Zylinder und Kegel nur die äußeren Konturpunkte der Schnittfigur als Durchstoßpunkte der Mantellinien mit der Schnittebene erhält, müssen weitere Punkte der Schnittkurve durch das Hilfsschnittverfahren bzw. Mantellinienverfahren ermittelt werden.

Zylinderschnitte

Wird ein Zylinder von einer Ebene ε geschnitten, die normal zur Aufrissebene steht, dann entsteht als Schnittfläche ein Kreis, eine Ellipse oder ein Rechtecke.

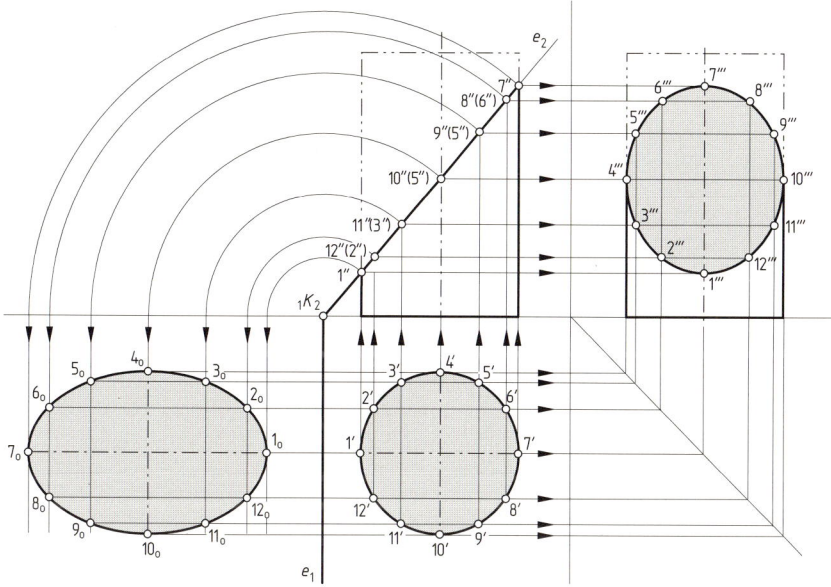

5.30 Zylinderschnitt mit wahrer Größe der Schnittfläche

Mantellinienverfahren

Die Konstruktion der Schnittfläche beginnt mit dem gleichmäßigen Aufteilen, meist eine 12er Teilung, des Zylindermantels in der Grundrissebene. Eine Bezeichnung der Teilung erleichtert das Auffinden der Schnittkurvenpunkte im Seitenriss.

Die Teilungspunkte 1' bis 12' werden nun mittels Ordnungslinien in den Auf- und Seitenriss übertragen. Höhenlinien durch die Schnittpunkte der Ordnungslinien mit der Aufrissspur e_2 ergeben die Schnittkurvenpunkte im Seitenriss.

Durch die Verbindung der Schnittpunkte 1''' bis 12''' erhält man die Schnittfläche in der Projektion.

Zur Bestimmung der wahren Größe der Schnittfläche zieht man Kreisbögen um den Knoten der Schnittebene ε mit den Radien $_1K_21''$ usw., diese schneiden die Ordnungslinien durch die Teilungspunkte 1' bis 12' in den Punkten 1_0 bis 12_0.

Hilfsschnittverfahren

Beliebige Hilfsschnitte parallel zur Grundrissebene schneiden die Aufrissspur e_2 als Höhenlinien. Die Ordnungslinien durch diese Schnittpunkte in die Grundriss- bzw. Seitenrissebene führen zu den gesuchten Schnittkurvenpunkten.

Eine Bezeichnung der Hilfsschnitte erleichtert auch hier die Konstruktion der Schnittkurve.

Kegelschnitte

Wird ein Kegel von einer Ebene ε geschnitten, die normal zur Aufrissebene steht, dann sind folgende Schnittlagen und Schnittflächen möglich:

– parallel zur Grundrissebene: Kreis
– schräg zur Kegelachse: Ellipse
– parallel zu einer Mantellinie: Parabel
– parallel oder geneigt zur Kegelachse: Hyperbel
– durch die Kegelspitze von der Grundrissebene: Dreieck

Die Schnittkurve kann durch das Mantellinienverfahren bzw. durch das Hilfsschnittverfahren konstruiert werden.

Mantellinienverfahren

Die Konstruktion der Schnittfläche beginnt mit dem gleichmäßigen Aufteilen, meist eine 12-er Teilung, des Kegelgrundkreises.

Die Verbindungslinie zwischen zwei gegenüberliegenden Teilungspunkten 1' bis 12' durch den Mittelpunkt des Grundkreises ergeben Schnittgeraden im Grundriss, **5.31**.

Durch Ordnungslinien in den Teilungspunkten erhält man auf der Projektionsachse $_1p_2$ die Projektionspunkte 1" bis 12" und im Seitenriss auf $_1p_3$ die Projektionen 1''' bis 12'''.

In der Aufrissebene verbindet man nun die Punkte 1' bis 12', wobei die verdeckten Punkte 8" bis 12" nicht eingetragen werden, mit der Kegelspitze S".

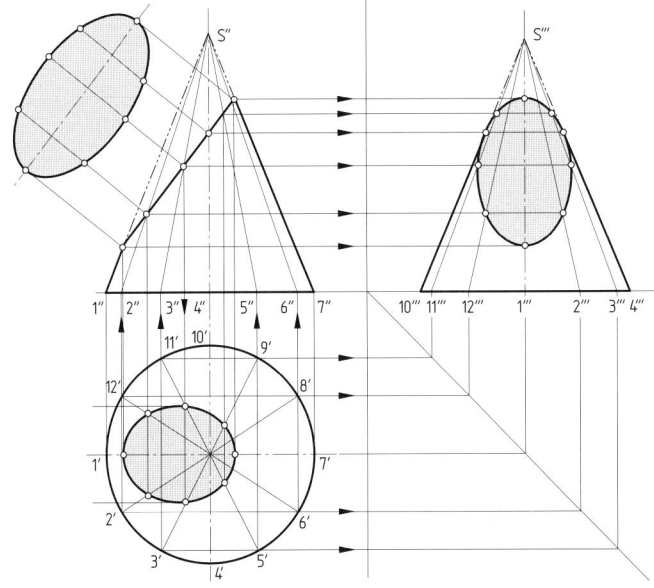

5.31
Kegelschnitt mit wahrer Größe
der Ellipsenschnittfläche

Diese Mantellinien ergeben auf der Aufrissspur e_2 der Schnittebene ε die Schnittkurvenpunkte.

Ordnungslinien durch diese Schnittpunkte schneiden im Grund- und Seitenriss die entsprechenden Mantellinien in den Kurvenpunkten.

Im Grund- und Seitenriss entsteht als Schnittfigur eine Ellipse.

Zur Bestimmung der wahren Größe der Schnittfläche errichtet man auf der Schnittgeraden Ordnungslinien senkrecht zu e_2 und überträgt aus dem Grundriss den Abstand von der Mittelachse zum entsprechenden Kurvenpunkt auf die zugehörige Senkrechte.

Hilfsschnittverfahren

Beliebige Hilfsschnitte parallel zur Grundrissebene schneiden die Aufrissspur e_2 als Höhenlinien. Im Grundriss bilden diese Hilfsschnitte Kreise, wie **5.32** zeigt.

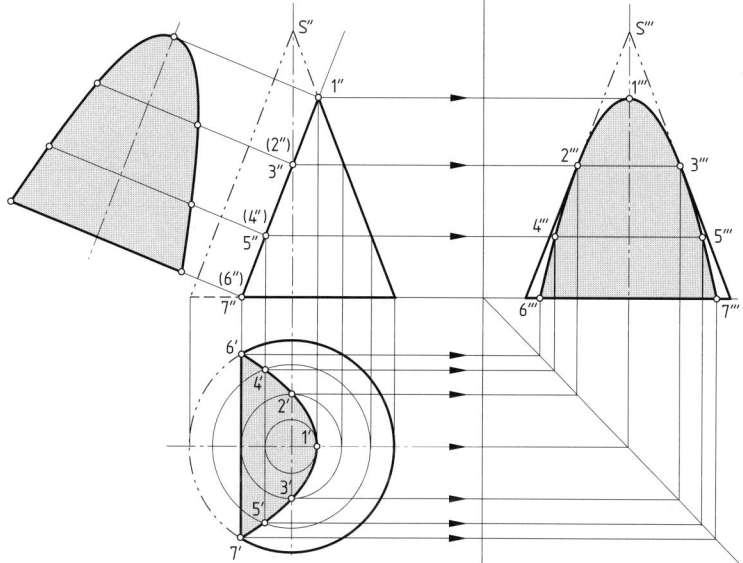

5.32 Kegelschnitt mit wahrer Größe der Parabelschnittfläche

Diese Kreise werden von den im Aufriss in den Schnittpunkten auf der Aufrissspur e_2 errichten Ordnungslinien geschnitten, den gesuchtem Schnittkurvenpunkte der Parabel.

Durch die Projektion der Schnittpunkte 1' bis 7' aus dem Grundriss in den Seitenriss entstehen auf den zugehörigen Höhenlinien die Kurvenpunkte im Seitenriss.

Die Bestimmung der wahren Größe erfolgt wie zuvor beschrieben.

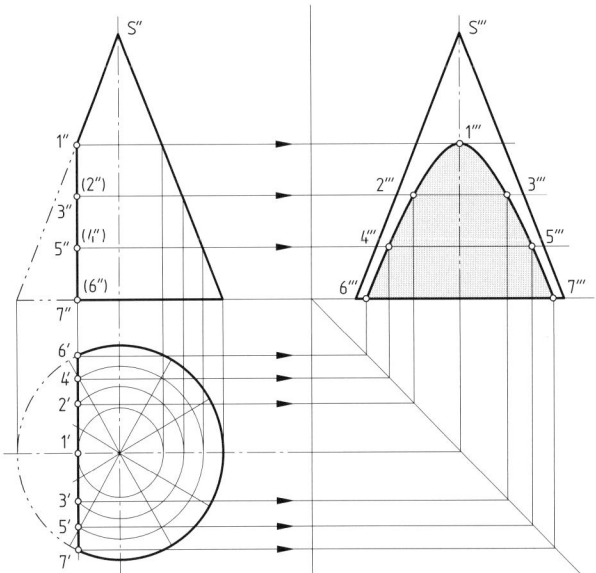

5.33 Kegelschnitt mit Hyperbelschnittfläche

Die Konstruktionsdurchführung beim hyperbolischen Kegelschnitt entspricht der Beschreibung, nach **5.32**.

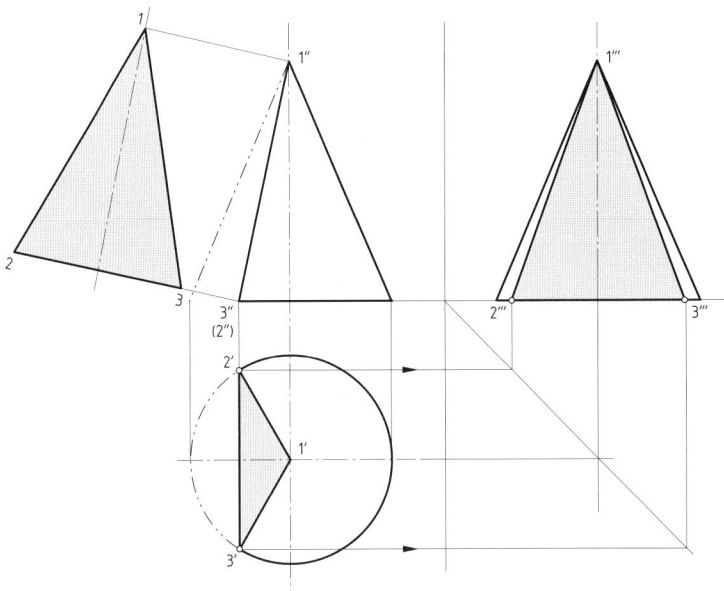

5.34 Kegelschnitt mit wahrer Größe der Dreieckfläche

Kugelschnitt

Beliebige Hilfsschnitte parallel zur Grundrissebene schneiden die Aufrissspur e_2 als Höhenlinien.

Im Grundriss bilden diese Hilfsschnitte Kreise, deren Größe wiederum von der Lage der Höhenlinie abhängt.

Ordnungslinien durch die Schnittpunkte auf der Aufrissspur e_2 schneiden im Grundriss die entsprechenden Kreise in den Kurvenpunkte.

Als Schnittfigur entsteht im Grund- und Seitenriss eine Ellipse.

Die Bestimmung der wahren Größe der Schnittfläche erfolgt wie zuvor beschrieben.

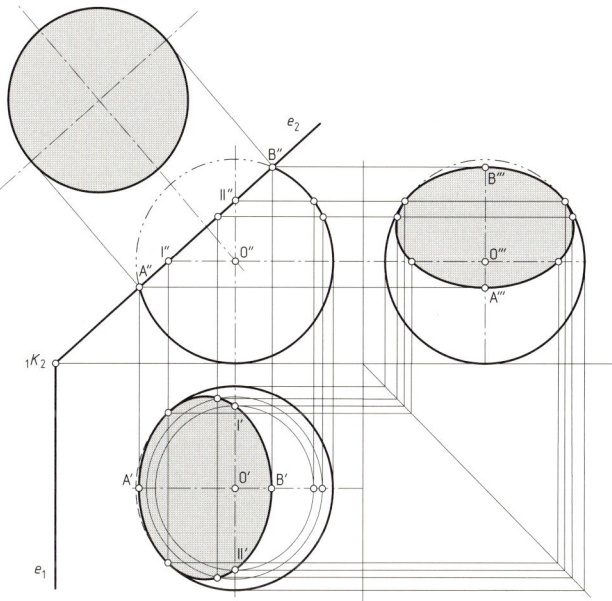

5.35 Kugelschnitt mit wahrer Größe der Schnittfläche

5.3 Durchdringungen

Durchdringen sich ebenflächige Körper, so entstehen als Durchdringungsfiguren geradlinige Durchdringungskanten.

Durchdringen sich krummflächige Körper, oder ebenflächige mit krummflächigen Körpern dann entstehen, wenn man einige Sonderfälle ausklammert, Durchdringungskurven.

Der Konstruktionsaufwand reduziert sich, wenn bei Körperdurchdringungen die Hilfsebenen so gelegt werden, dass als Schnittfiguren geradlinig begrenzte Flächen oder Kreisflächen entstehen.

Aufwändig wird es, wenn die Hilfsebene zunächst die Konstruktion einer Ellipse, Parabel oder Hyperbel als Schnittfigur notwendig macht.

Durchdringungen lassen sich auf die Grundaufgabe Durchstoßpunkt der Geraden mit der Ebene, vgl. Abschnitt 5.1.4, zurückführen.

Eine Bezeichnung der Durchstoßpunkte mit Ziffern, der Körperkanten mit Buchstaben erleichtert das Einzeichnen der Durchdringungskanten bzw. Durchdringungskurven.

Durchdringung zweier Prismen

Ein auf der Grundrissebene stehendes Sechskantprisma mit ungleichmäßiger Grundfläche wird von einem Vierkantprisma durchdrungen.

Die Körperkanten beider Prismen liegen parallel zur Aufrissebene dadurch können die Durchstoßpunkte einfach über die Seitenrissebene konstruiert werden.

Im Seitenriss durchstoßen die Kanten des Sechskantprismas, bis auf die Körperkante $\overline{EE_h}$ die Mantelfläche des Vierkantprismas.

5.36 zeigt die Lage der Durchstoßpunkte im Grund- und Seitenriss.

Die in den Durchstoßpunkten im Grundriss errichteten senkrechten Ordnungslinien schneiden die zugehörigen waagrechten aus dem Seitenriss in den gesuchten Durchstoßpunkten im Aufriss.

Durch geradliniges Verbinden der Durchstoßpunkte ergeben sich die Durchdringungskanten, dabei ist auf die Sichtbarkeit der einzelnen Kanten zu achten.

5.37 zeigt die Durchdringung zweier unregelmäßiger Vierkantprismen, deren Körperachsen schiefwinklig zueinander liegen. Die Prismenkanten befinden sich in Ebenen parallel zur Aufrissebene.

Die Durchstoßpunkte 1',2',4',5',6',7',8' und 9' können aus dem Grundriss mit Ordnungslinien direkt auf die entsprechenden Kanten im Aufriss übertragen werden.

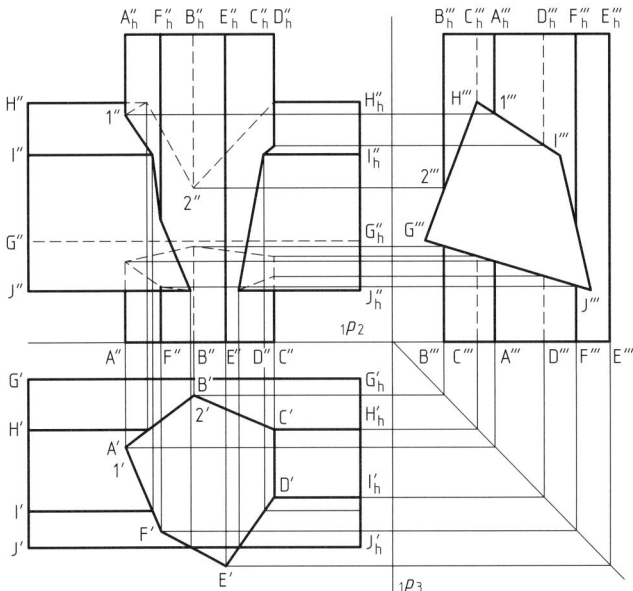

5.36 Rechtwinklige Prismendurchdringung

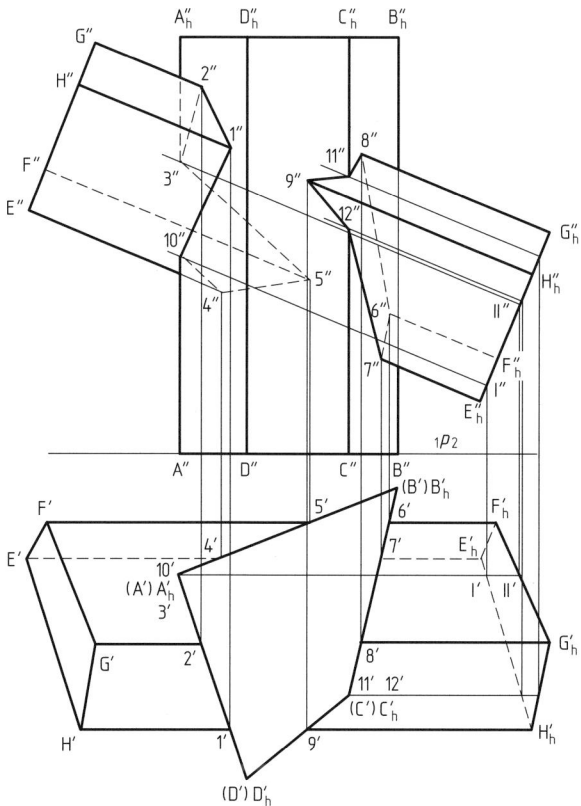

5.37 Schiefwinklige Prismendurchdringung

Die Hilfsebene durch A' schneidet die Kante $\overline{E'_h H'_h}$ und $\overline{F'_h G'_h}$ in den Hilfspunkte I' und II'. Ordnungslinien durch diese Hilfspunkte ergeben im Aufriss die Hilfspunkte I" und II".

Mit den Schnittgeraden durch I" und II" parallel zur Körperachse findet man auf der Prismenkante $\overline{A" A'_h}$ die Durchstoßpunkte 3" und 10".

Entsprechend werden die Durchstoßpunkte 11" und 12" konstruiert.

Die geradlinigen Verbindungen der zusammengehörigen Durchstoßpunkte, dabei ist die Sichtbarkeit der einzelnen Kanten zu beachten, ergeben die beiden Durchdringungsfiguren.

Durchdringung Pyramide mit Prisma

Eine auf der Grundrissebene stehende schiefe Pyramide mit sechseckiger Grundfläche wird von einem Vierkantprisma senkrecht durchdrungen. Die Körperachse der Pyramide und die Seitenkanten des Prismas liegen parallel zur Aufrissebene, wie **5.38** zeigt. Aus dem Grundriss können die Durchstoßpunkte bis auf 3' und 4' mit Ordnungslinien auf die entsprechenden Kanten im Aufriss übertragen werden. Zur Bestimmung der Durchstoßpunkte 3" und 4" legt man eine Schnittgerade s' von 4' nach S'. Die Verlängerung ergibt auf $\overline{E'F'}$ den Hilfspunkt 12'.

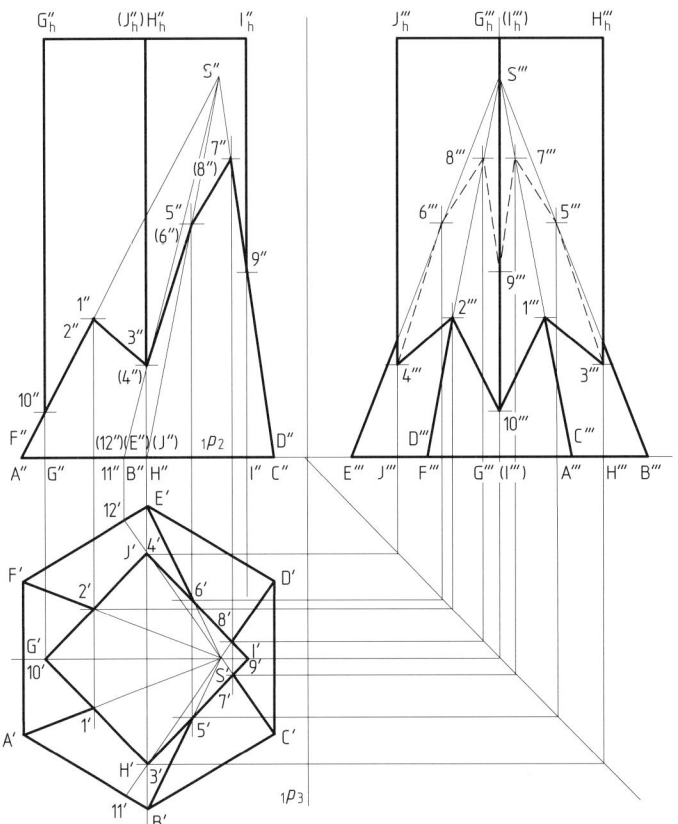

5.38 Pyramide von senkrechtem Prisma durchdrungen

Eine in 12' errichtete Ordnungslinie schneidet $\overline{\text{E"F"}}$ in 12".

Die Verbindungslinie s" zwischen 12" und S" schneidet die Kante $\overline{\text{J"H"}}$ im Durchstoßpunkt 4".

Mit Höhenlinien durch die Durchstoßpunkte im Aufriss erhält man auf den entsprechenden Kanten die Durchstoßpunkte im Seitenriss.

Die Durchdringungskanten ergeben sich durch Verbinden der zusammengehörigen Durchstoßpunkte, dabei ist auf die Sichtbarkeit der einzelnen Kanten zu achten.

Durchdringung Kegel mit Prisma

Ein auf der Grundrissebene stehender Kegel wird von einem Dreikantprisma durchdrungen. Die Körperachse des Kegels und die Seitenkanten des Prismas liegen parallel zur Aufrissebene.
5.39 zeigt die Lage der Durchdringungskurven im Grund- und Aufriss.

Hilfsschnitte parallel zur Grundrissebene durch die Prismeneckpunkte A''', B''' und C''' ergeben im Grundriss konzentrische Kreise, diese schneiden die entsprechenden Prismenkanten in den Durchstoßpunkten 1' bis 5'.

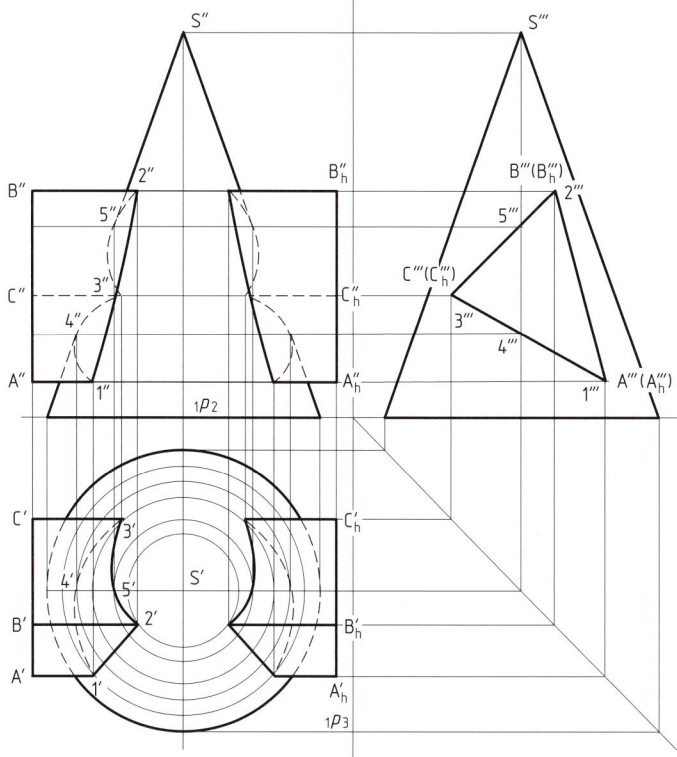

5.39 Kegel von waagrechtem Prisma durchdrungen

Die in den Durchstoßpunkten im Grundriss errichten Ordnungslinien schneiden die entsprechenden Höhenlinien in den gesuchten Durchstoßpunkten 1" bis 5" im Aufriss. Zusätzliche Hilfsschnitte erhöhen die Genauigkeit der Durchdringungskurven. Durch Verbinden der Durchstoßpunkte, wobei auf die Sichtbarkeit zu achten ist, erhält man die Durchdringungskurven im Grund- und Aufriss.

Durchdringung Zylinder mit Prisma

Ein auf der Grundrissebene stehender Zylinder wird von einem Dreikantprisma durchdrungen. Die Seitenkanten des Prismas liegen parallel zur Aufrissebene. Hilfsschnitte parallel zur Grundrissebene schneiden im Aufriss die Prismenkanten A"B", B"C" und A"C" als Höhenlinien. Ordnungslinien durch die Schnittpunkte im Aufriss ergeben in der Projektion auf die entsprechenden Höhenlinien im Seitenriss die gesuchten Durchstoßpunkte.

Durch Verbinden der Durchstoßpunkte entstehen die Durchdringungskurven im Seitenriss, in diesem Falle Ellipsen, wie **5.40** zeigt.

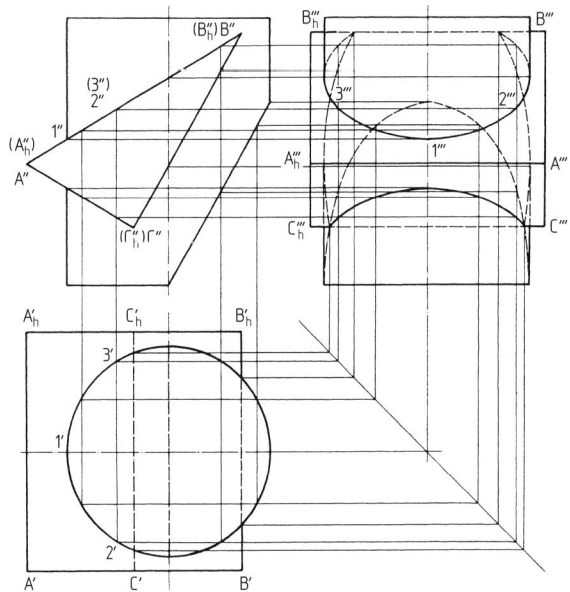

5.40
Zylinder von waagrechtem Prisma
durchdrungen

Durchdringung Zylinder mit Zylinder

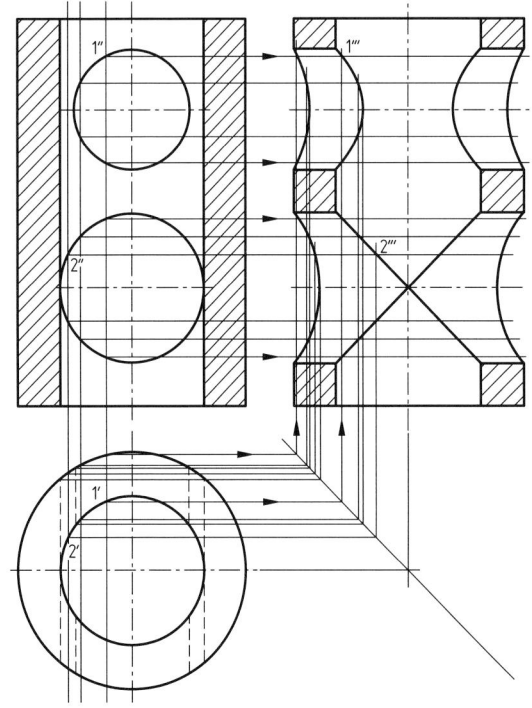

5.41 zeigt einen Hohlzylinder mit waagrechten Querbohrungen, wobei eine Querbohrung den gleichen Durchmesser hat wie die Längsbohrung.

Hilfsschnitte parallel zur Seitenrissebene ergeben im Aufriss Schnittpunkte mit den Querbohrungen.

Durch diese Schnittpunkte werden Höhenlinien gelegt, diese schneiden im Seitenriss die entsprechenden Ordnungslinien aus dem Grundriss in den gesuchten Durchstoßpunkten.

Bohrungen mit verschiedenen Durchmessern oder verschieden großen Vollzylinder ergeben als Durchdringungsfigur Kurven.

5.41
Hohlzylinder mit waagrechten Querbohrungen

Bei Bohrungen oder Vollzylinder mit gleichem Durchmesser entstehen als Durchdringungslinien Geraden, gleichgültig ob die Zylinderachsen rechtwinklig oder schiefwinklig aufeinander treffen.

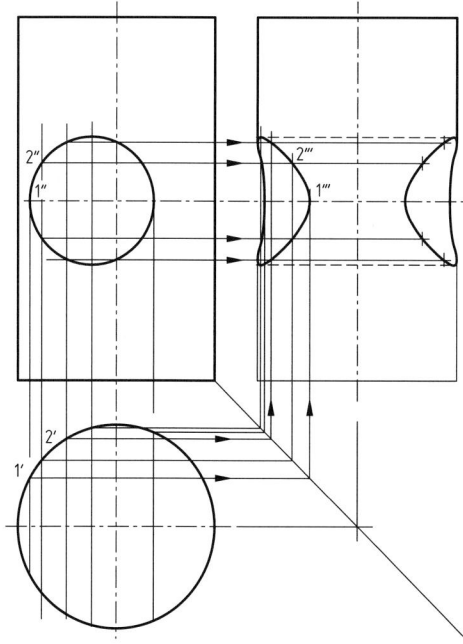

5.42
Zylinder mit außermittiger Bohrung

Die Konstruktion der Durchdringungskurven ist sinngemäß die gleiche wie bei **5.41**.

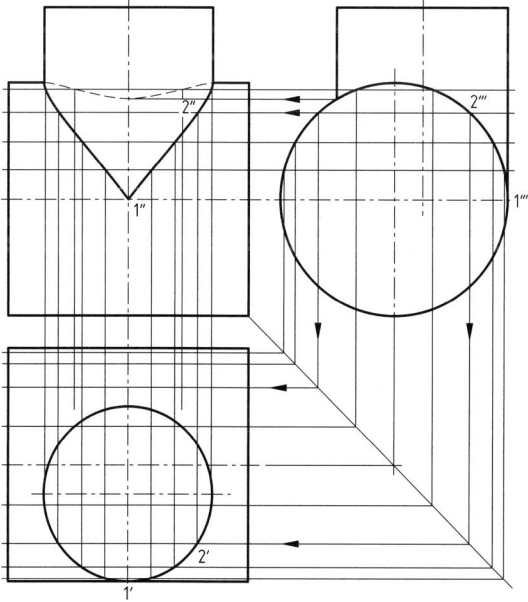

5.43
Außermittige Zylinderdurchdringung

Hilfsschnitte parallel zur Grundrissebene ergeben im Seitenriss Schnittpunkte auf dem waagrecht liegenden Zylinder.

Die durch diese Schnittpunkte gelegten Ordnungslinien schneiden im Aufriss die entsprechenden Höhenlinien in den gesuchten Durchstoßpunkten.

Drehkörper

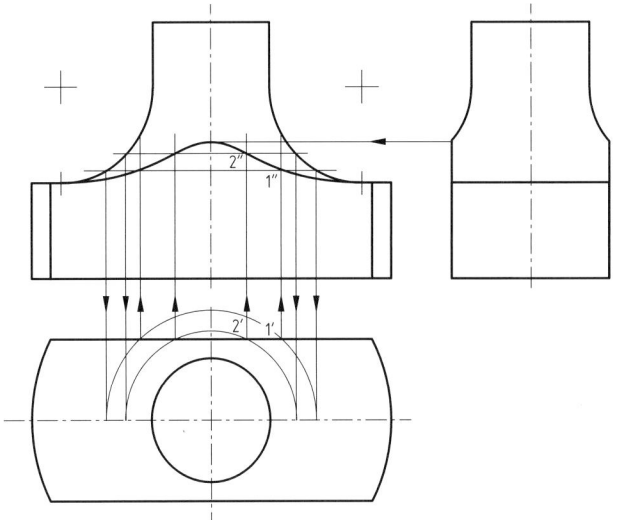

5.44
Stangenende

Ein auf der Grundrissebene stehender Drehkörper wird von zwei Ebenen die parallel zur Aufrissebene verlaufen geschnitten.

Hilfsschnitte parallel zur Grundrissebene ergeben im Aufriss Schnittpunkte im Ausrundungsbereich. Durch die Projektion dieser Schnittpunkte auf die Mittelachse im Grundriss entstehen konzentrische Kreise, diese schneiden die ebene Fläche in den Kurvenpunkt 1', 2', ...

Die Ordnungslinien durch 1', 2' ... ergeben mit den zugehörigen Höhenlinien die Kurvenpunkte 1", 2" ... im Aufriss. Aus dem Seitenriss erhält man den höchsten Punkt der Schnittkurve.

Für kegelige Bohrungen wird die Konstruktion der Durchdringungslinien schwieriger, weil die Schnitte parallel zur Achse des Kegels keine Rechtecke sondern Hyperbeln ergeben, die auch wieder konstruiert werden müssen. Da aber die meisten dieser Bohrungen durch die Achse des Hauptkörpers, also mittig, verlaufen, bietet sich für Zylinder, Kegel und Kugel das Hilfskugelverfahren als Konstruktionsmöglichkeit für die Durchdringungslinien an.

Dabei nutzt man die Kenntnis, dass zentrisch angebohrte Kugeln immer Kreisbögen als Schnittlinien aufweisen. Man stellt sich also Kugeln unterschiedlicher Größe vor, die mit dem Zentrum im Schnittpunkt der Durchdringungskörper liegen. Die Kugeln durchdringen diese Körper und erzeugen in der entsprechenden Ansicht, senkrecht zur Kreislinie Geraden. Die Schnittpunkte der beiden zusammengehörigen Durchmessergeraden liegen auf der Durchdringungskurve. Die Durchdringungskurve wird zur Geraden, wenn die Hilfskugel die Mantellinien beider Drehkörper berührt. Der Vorteil des **Hilfskugelverfahrens** liegt darin, dass zur Bestimmung der Durchdringungskurven nur eine Ansicht notwendig ist.

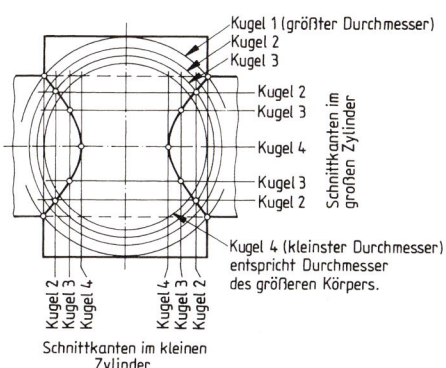

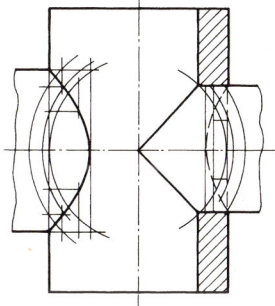

5.45 Hilfskugelverfahren
Rechtwinklige Durchdringung

5.46 Hilfskugelverfahren
Schiefwinklige Durchdringung

5

5.47 und **5.48** zeigen Durchdringungsfiguren konstruiert nach dem Hilfskugelverfahren. Bei **5.48** berührt die Hilfskugel die Mantellinien beider Zylinder, deshalb entsteht eine Gerade.

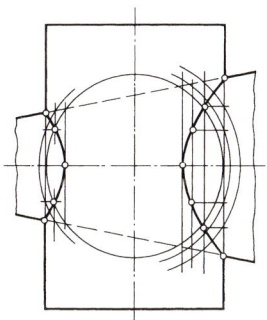

5.47 Zylinder von waagrechtem Kegel durchdrungen

5.48 Zylinder von waagrechtem Zylinder durchdrungen

5.4 Abwicklungen

Zur gesamten Abwicklung eines Körpers gehört die Mantelfläche, Grundfläche und die Schnittfläche, beim ungeschnittenen Körper die Deckfläche.

Prismenabwicklung

Beim senkrecht auf der Grundrissebene stehenden Prisma werden die Kantenlängen im Aufriss in wahrer Länge abgebildet. Die wahren Breiten der Seitenflächen können aus dem Grundriss entnommen werden.

Zum Aufzeichnen des Mantels wird das Prisma längs einer Kante aufgeschnitten, im Allgemeinen an der kürzesten Körperkante. Beim Ausbreiten der Mantelfläche wird dann die Innenseite sichtbar.

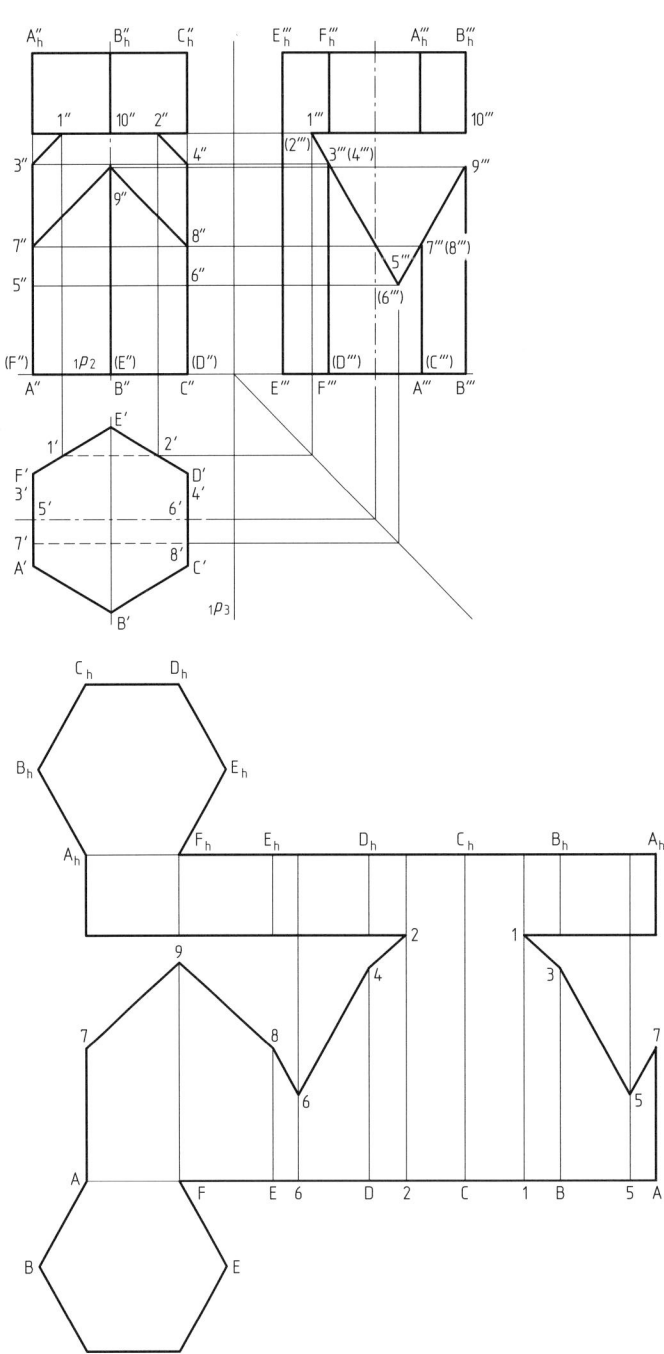

5.49 Sechseckprisma mit Dreikantdurchbruch und Abwicklung nach dem Kantenverfahren

Pyramidenabwicklung

Zunächst sind die wahren Längen der Seitenkanten zu bestimmen. Dazu werden diese um die Spitze S in eine parallele Lage zur Aufrissebene gedreht. In einer Hilfskonstruktion bestehend aus einer Normalen auf der Rissachse $_1p_2$ mit der Pyramidenhöhe und den Abständen der Eckpunkte A', B' und C' zum Punkt S' im Grundriss ergeben sich die wahren Längen der Pyramidenkanten und damit die Mantellängen in der Abwicklung. Die wahren Breiten der Seitenflächen können direkt aus dem Grundriss übertragen werden.

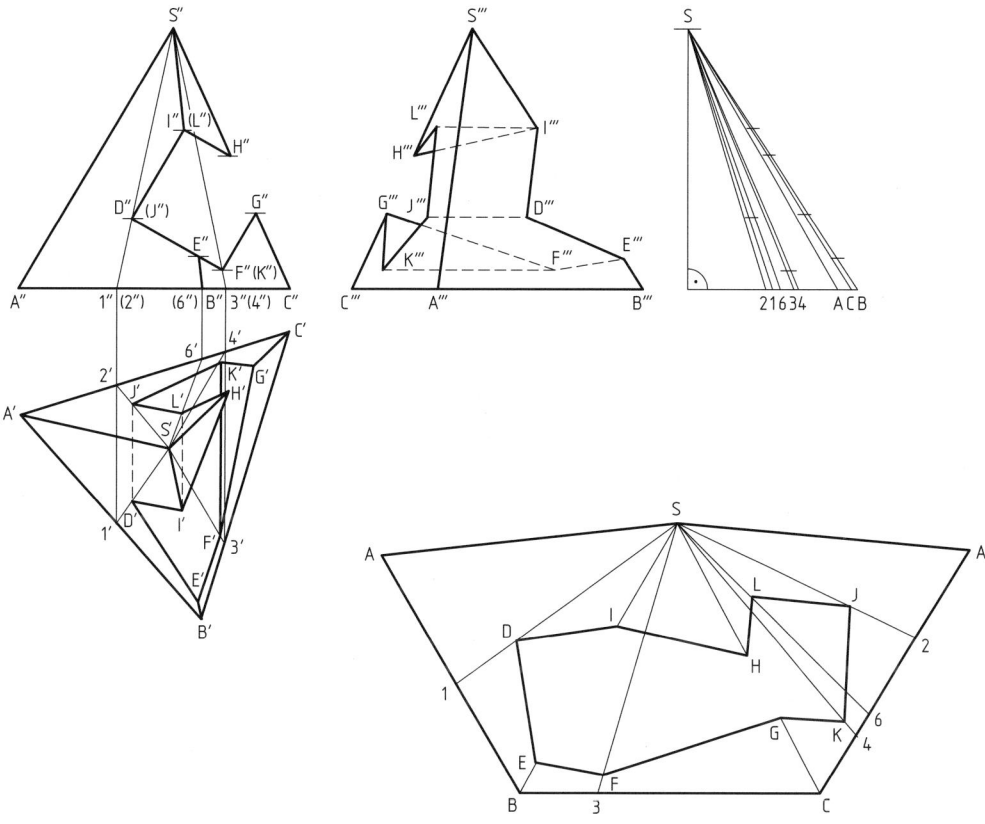

5.50 Pyramide mit quadratischem Durchbruch und Mantelabwicklung

Mittels Kreisbögen um die Spitze S mit den Längen $\overline{SA}$, $\overline{SB}$ und $\overline{SC}$ aus der Hilfskonstruktion und um A, B, C mit den entsprechenden Breiten $\overline{A'B'}$, $\overline{B'C'}$ und $\overline{C'A'}$ aus dem Grundriss erhält man die Eckpunkte der Mantelfläche.

Bei Pyramidenschnitten oder Durchbrüchen werden zusätzliche Mantellinien durch die Durchstoßpunkte gelegt.

Die Mantellinie im Aufriss z. B. durch D" schneidet $\overline{A"B"}$ in 1". Mit einer Ordnungslinie ergibt sich 1' auf $\overline{A'B'}$. Die Verbindung von 1' zu S' stellt die Projektion der Mantellinie S"1" im Grundriss dar. Durch die Übertragung von $\overline{S'1'}$ in die Hilfskonstruktion erhält man die wahre Länge der Mantellinie. Aus dem Grundriss wird der Abstand $\overline{A'1'}$ auf die Pyramidenseite $\overline{AB}$ der Abwicklung von A aus abgetragen und der Punkt 1 mit der Spitze S verbunden.

Mit einer Höhenlinie z. B. durch den Durchstoßpunkt D″ im Aufriss erhält man in der Hilfskonstruktion mit der entsprechenden Mantellinie den Schnittpunkt D_s. Die Übertragung des Abstandes SD_s aus der Hilfskonstruktion auf die Mantellinie in der Abwicklung ergibt den Eckpunkt D des Mantelausschnittes. Die Konstruktion der anderen Durchstoßpunkte verläuft entsprechend.

5.51 zeigt eine schiefe Pyramide, die von einem Vierkantprisma senkrecht durchdrungen wird. Die Mantelabwicklung für das Durchdringungsprisma konstruiert man nach dem Kantenverfahren.

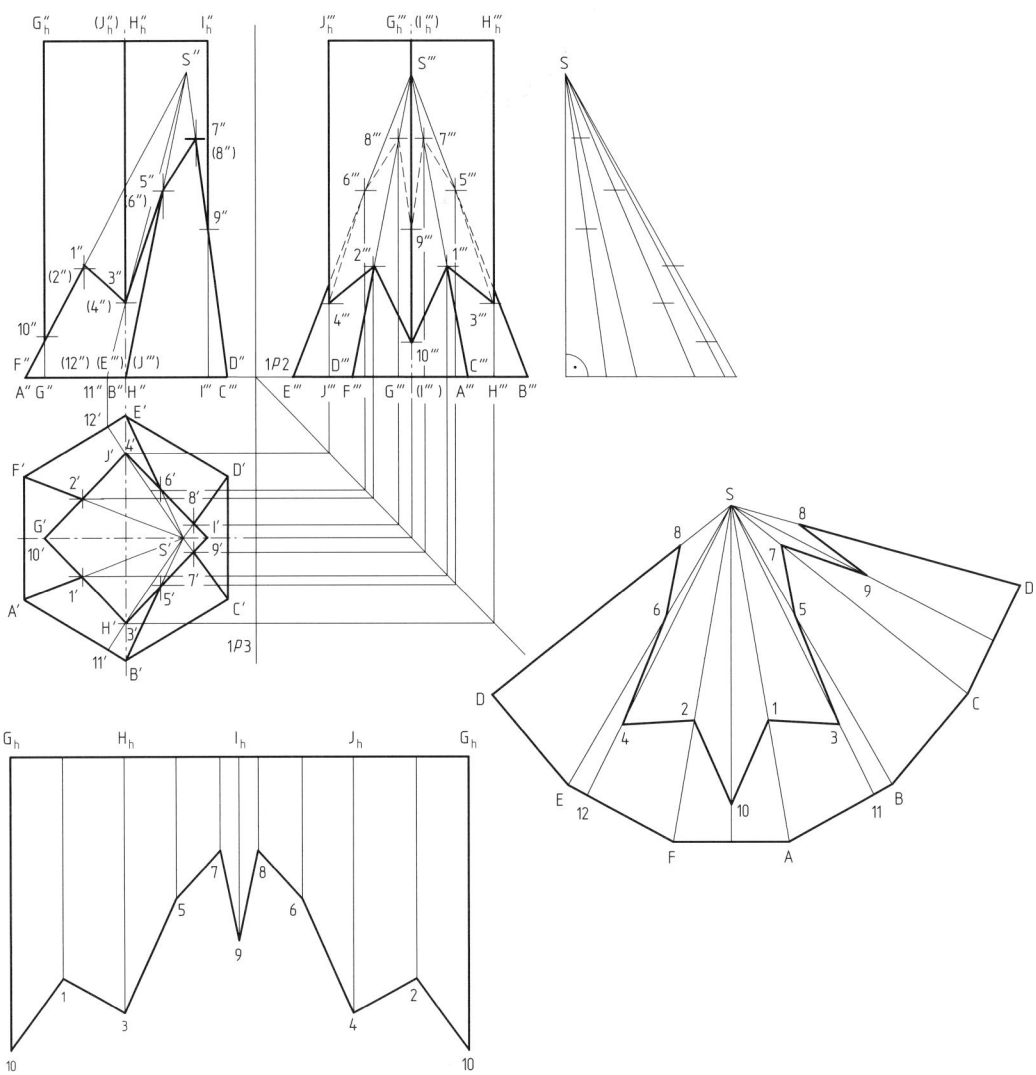

5.51 Prismenabwicklung nach dem Kantenverfahren

Pyramidenabwicklung nach dem Mantellinienverfahren

Die Längen- und Breitenmaße können direkt aus dem Aufriss bzw. Grundriss übertragen werden. Die Mantelabwicklung für die Pyramide macht das schon beschriebene Mantellinienverfahren notwendig.

Zylinderabwicklung

5.52 zeigt die schiefwinklige Durchdringung zweier Zylinder mit gleichem Durchmesser deren Zylinderachsen in einer Ebene parallel zur Aufrissebene liegen. Bei der Zylinderabwicklung entsteht ein Rechteck mit der Zylinderhöhe, die Länge entspricht dem abgewickelten Zylinderumfang. Die Mantellinienabstände im Aufriss erhält man durch die 12er-Teilung des Grundkreises. Die Übertragung der Schnittpunkte der Mantellinien mit der Durchdringungskurve auf die entsprechenden Mantellinien in der Abwicklung ergibt die Kurvenpunkte der Schnittfigur.

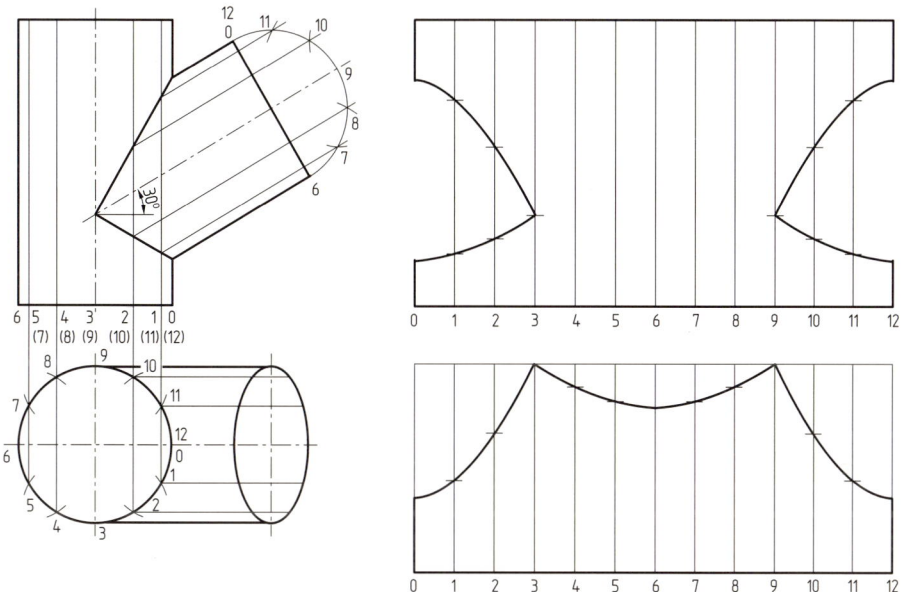

5.52 Schiefwinklige Durchdringung zweier Zylinder und Mantelabwicklung.

Kegelabwicklung

Bei der Kegelabwicklung handelt es sich um einen Kreisausschnitt mit dem Radius der Mantellänge L. Die Kreisbogenlänge entspricht dem Umfang des Kegelgrundkreises $U = D \cdot \pi$. Zum Einzeichnen der Mantellinienabstände teilt man den Grundkreis mit dem Zirkel in 12 gleiche Teile und trägt anschließend die Teilstrecke s auf dem Kegelgrundkreis ab. Da beim Abtragen der Teilstrecke s die Bogensehne und nicht die Bogenlänge eingestellt ist, ergibt sich eine kleine Ungenauigkeit. Zur genaueren Konstruktion berechnet man den Öffnungswinkel α des Kreisausschnittes.

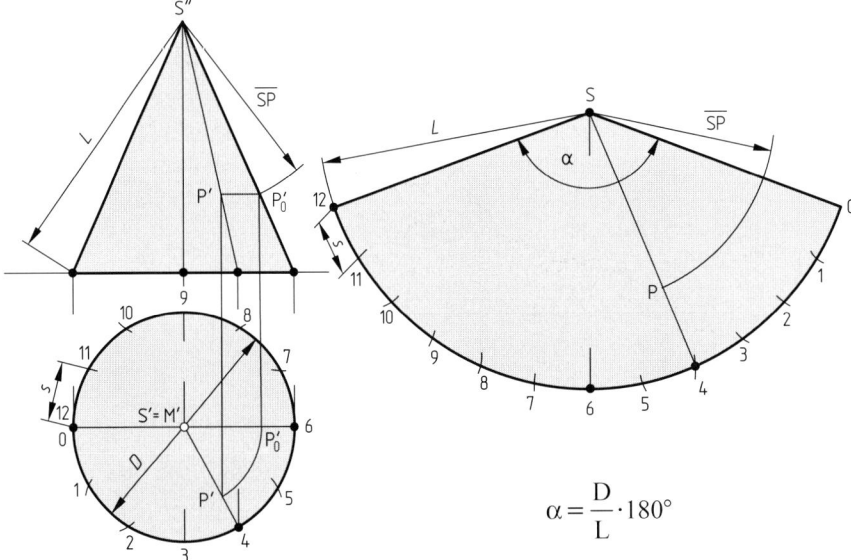

5.53 Kegelabwicklung

In **5.53** ist der Durchstoßpunkt P" auf dem Mantel eines geraden Kegels dargestellt. Zur Eintragung in die Abwicklung des Kegelmantels muss zunächst die Mantellinie auf der P" liegt in eine Lage parallel zur Aufrissebene gedreht werden. Im Grundriss wandert der Punkt P' dabei auf einer Kreisbahn zur Rissachse und schneidet diese im Punkt P_0', siehe auch **5.23**. Die im P_0' errichtete Ordnungslinie schneidet die Umrissmantellinie in P_0''. Der Abstand von der Kegelspitze S" bis zum Schnittpunkt P_0' ist dann die gesuchte Länge.

Zum gleichen Ergebnis kommt man auch, wenn durch P" eine Höhenlinie gelegt wird. Diese schneidet die Umrissmantellinie ebenfalls in P_0''.

5.54 zeigt die waagerechte Durchdringung eines Kegels mit einem Dreikantprisma. Für die Mantelabwicklung des Dreikantprismas können die Längen- und Breitenmaße nach dem Kantenverfahren direkt aus dem Grund- bzw. Seitenriss entnommen werden.

Die Abwicklung des Kegelmantels erfolgt nach dem in **5.53** dargestellten Konstruktionsprinzip. Zu den nach der 12-er Teilung festgelegten Mantellinien im Seitenriss werden zusätzliche Mantellinien durch die Eckpunkte, Durchstoßpunkte der Prismenkanten $\overline{A'''A'''_h}$, $\overline{B'''B'''_h}$ und $\overline{C'''C'''_h}$ gelegt.

Durch die Projektion dieser Mantellinien, Schnittgeraden in die Grundrissebene erhält man auf dem Kegelgrundkreis die entsprechenden Abstände der Mantellinien für die Eckpunkte der Mantelausschnitte in der Abwicklung.

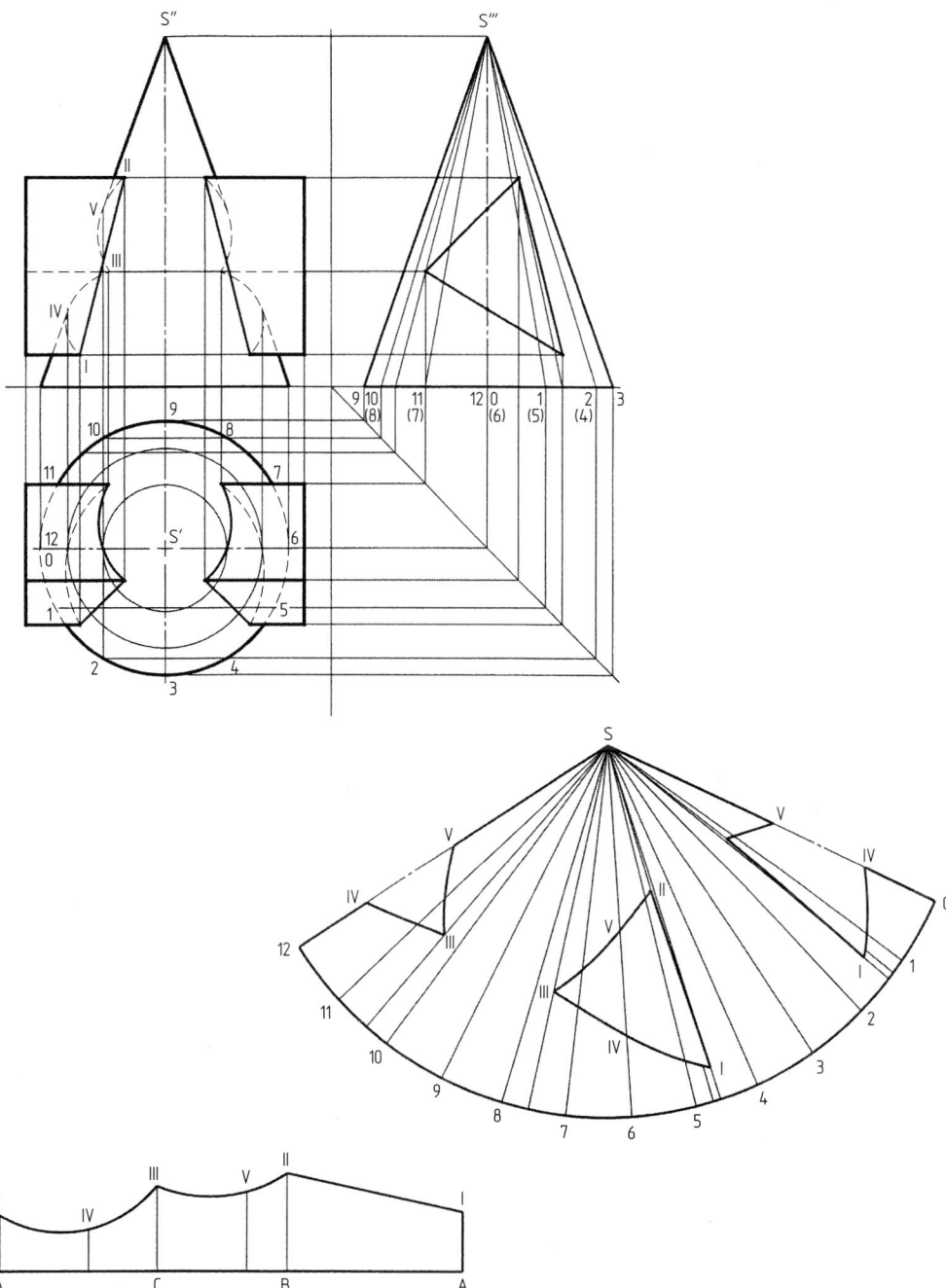

5.54 Prismenabwicklung nach dem
Kantenverfahren

Kegelabwicklung nach dem Mantellinienverfahren

5.5 Übungen

Projektion einer Geraden

1. Tragen Sie die Geraden in der Grund- und Aufrissebene ein.
   Geben Sie an, in welchen Quadranten die Geraden liegen.
   Ermitteln Sie die Spurpunkte und legen Sie die Sichtbarkeit fest.

   a) g [A(0/20/30), B(20/10/40)]   c) g [E(-10/20/10), F(30/20/30)]

   b) g [C(-20/-10/-20), D(30/-20/20)]   d) g [G(-20/10/20), H(40/-10/20)]

2. Prüfen Sie nach, ob die Geraden sich schneiden oder kreuzen.

   a) g_1 [A(0/15/30), B(30/10/40)]; g_2 [C(-35/10/50), D(40/30/15)]

   b) g_1 [E(-30/10/30), F(30/15/10)]; g_2 [G(-20/30/10), H(20/0/25)]

3. Die auf der Grundrissebene stehenden Körper **5.55** u. **5.56** haben einen prismatischen Durchbruch der senkrecht auf der Aufrissebene steht.

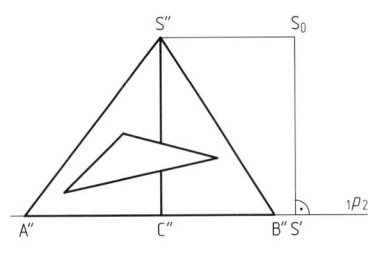
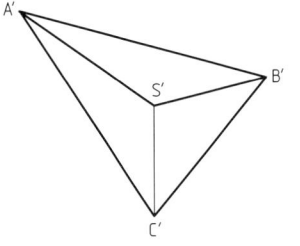

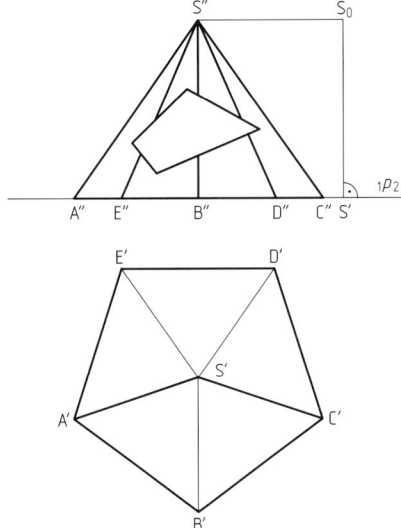

5.55 Unregelmäßige Dreikantpyramide   **5.56** Regelmäßige Fünfkantpyramide

Anmerkung:
- Betrachten Sie die Schnittkanten als Teilstücke verschiedener Geraden.
- Drehen Sie die Pyramidenkante S"C" bei **5.55** bzw. S"B" bei **5.56** in die π_2-Ebene. (Höhenlinienkonstruktion)

Projektion einer Ebene

4. Prüfen Sie mit einer Höhen- und Frontlinie nach ob der Raumpunkt P in der Ebene ε liegt

   a) P (10/10/20), ε(-40/20/30)   b) P (5/20/15), ε(-30/30/30)

5. Legen Sie mit einer Hauptlinie die entsprechende Koordinate des Raumpunktes P fest, damit dieser in der gegebenen Ebene liegt.

   a) ε(-35/25/30), P (0/y/20)   b) ε(30/25/35), P (0/7/z)

6. Ermitteln Sie, ob die Gerade g in der Ebene ε liegt.

   g [A(-10/12/5), B(10/3/36)], ε(-30/25/30)

7. Ermitteln Sie die Spuren der Ebene ε, in der die Dreiecksfläche Δ liegt.

   Δ [A(-30/10/20), B (25/25/5), C (0/30/40)]

8. Bestimmen Sie die Koordinaten der Ebene ε die bei dem 90 mm hohen geraden Prisma mit der Grundfläche

   Δ [A(-30/50/0), B (-25/10/0), C (0/5/0)
   D (15/35/0), E (-15/55/0)]

   die im Aufriss gezeichnet, Schnittfläche erzeugt.

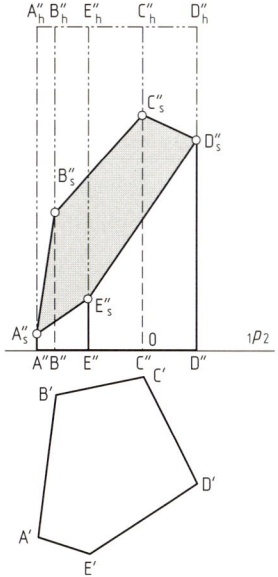

5

5.57 Schnittfläche am Prisma

Durchstoßpunkt der Geraden mit der Ebene

9. Bestimmen Sie den Durchstoßpunkt P der Geraden g mit der Ebene ε, und legen Sie die Sichtbarkeit fest.

   a) g [A (-60/40/0), B (40/5/30)]; ε (-35/10/20)

   b) g [A (-30/40/-15), B (65/15/45)]; ε (50/55/30)

10. Ermitteln Sie den Durchstoßpunkt P der Geraden g mit der Dreieckfläche Δ, und legen Sie die Sichtbarkeit fest.

    a) g [E (-45/35/50), F (50/5/25)]
       Δ [A (-30/10/25), B (30/5/50), C (15/40/10)]

    b) bg [E (-45/25/40), F (60/25/10)]
       Δ [A (-30/40/50), B (40/30/30), C (5/10/10)]

Schnittgerade zweier ebener Flächen

11. Ermitteln Sie die Schnittgerade s der sich schneidenden Dreieckflächen Δ und ∅.

    Legen Sie die Sichtbarkeit fest.

    a) Δ [A (-35/10/15), B (25/60/5), C (15/5/60)]
       ∅ [E (-50/20/60), F (60/5/20), G (-45/50/30)]

b) $\triangle$ [A (-60/30/15), B (0/5/55), C (30/65/5)]

$\varnothing$ [E (-55/40/35), F (60/15/5), G (45/55/5)]

c) $\triangle$ [A (-30/25/25), B (40/5/5), C (20/60/40)]

$\varnothing$ [E (-20/45/5), F (0/5/60), G (70/50/20)]

Durchstoßpunkte einer Geraden mit einem Körper

12. Bestimmen Sie die Durchstoßpunkte D_1 und D_2 einer Geraden g mit einem Körper, und legen Sie die Sichtbarkeit fest.

a) g [E (-55/20/45), F (30/35/15)]

Pyramidengrundfläche

$\triangle$ [A (-45/10/0), B (20/5/0), C (0/55/0)]

Spitze S (-15/20/65)

b) g [E (-50/50/50), F (45/10/25)]

Pyramidengrundfläche

$\triangle$ [A (-35/25/0), B (-15/10/0), C (40/30/0), E (0/50/0)]

Spitze S (10/30/85)

c) g [E (-40/20/5), F (35/40/45)]

Pyramidengrundfläche

$\triangle$ [A (-25/10/0), B (30/20/0), C (-5/55/0)]

Spitze S (10/25/70)

d) g [E (-35/35/10), F (35/40/45

Gerader Kreiskegel

$r = 30$, Spitze S (0/35/65)

e) g [E (-25/15/10), F (70/45/50)]

Schiefer Kreiskegel

$r = 25$, M (35/30/0), Spitze S (-15/50/70)

Wahre Länge einer Strecke

13. Bestimmen Sie die wahre Länge der Strecke l

a) l [A (-25/15/35), B (30/25/5)]   b) l [C (0/20/30), D (20/10/40)]

14. Ermitteln Sie die wahre Länge der Geraden

g [A (-10/25/10), B (25/10/30)] für ihren Verlauf im I. Quadranten.

15. Ermitteln Sie die wahre Länge der Kante SA bei der regelmäßigen Fünfkantpyramide, **5.56**.

Wahre Größe einer Fläche

16. Bestimmen Sie die wahre Größe der Dreiecksfläche

a) $\triangle$ [A (-20/10/10), B (45/40/15), C (15/15/40)]

b) $\triangle$ [A (-40/35/10), B (40/45/30), C (-10/10/50)]

17. Ermitteln Sie die wahre Größe der Schnittfläche T' an dem unregelmäßigen Prisma, **5.57**.

Normalschnitte an Grundkörpern

18. Ergänzen Sie die fehlenden Ansichten. Die Projektionslinien sollen stehen bleiben, damit die Konstruktionen nachvollziehbar sind.

   a) Einfache zylindrische Grundkörper

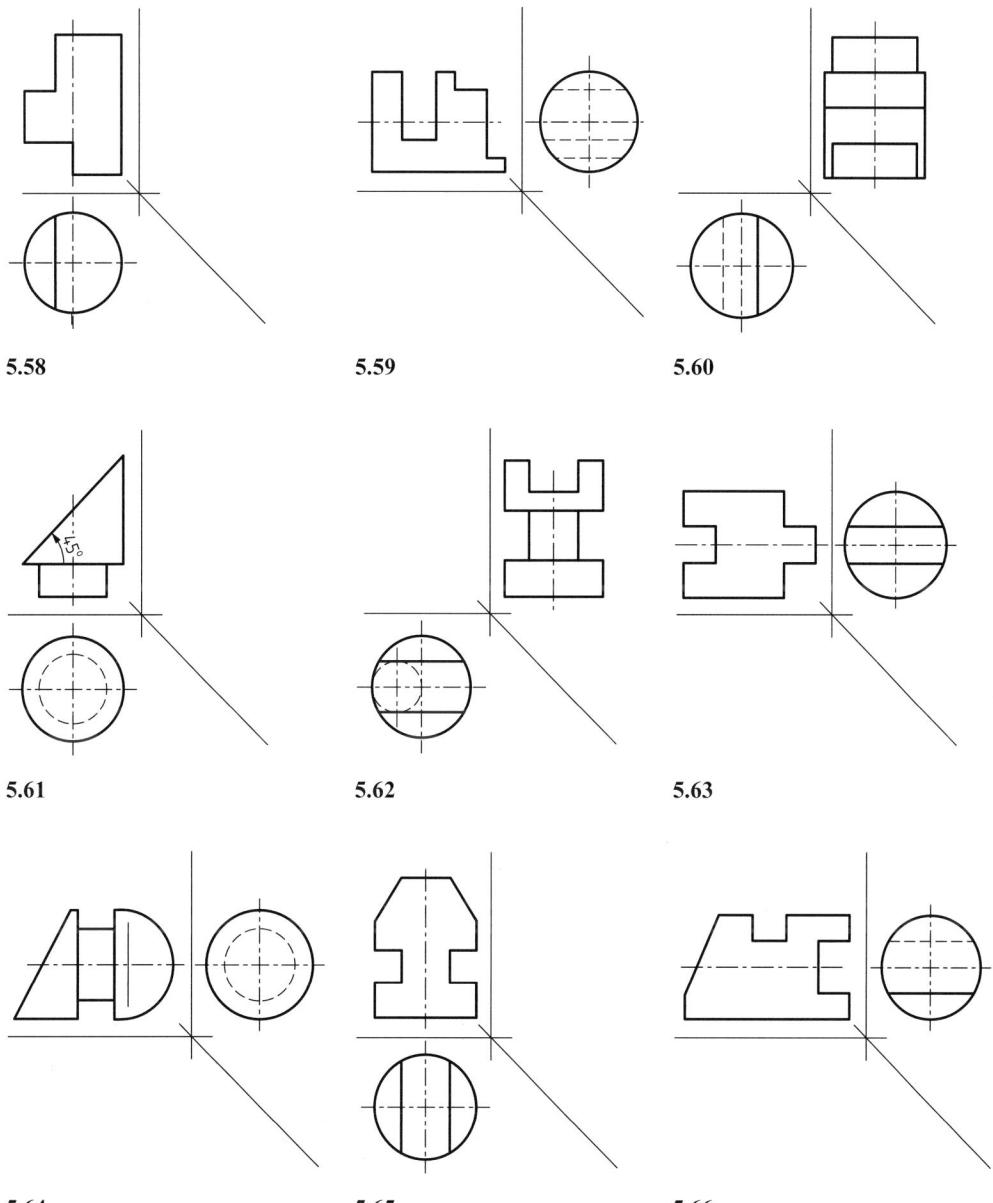

5.58   5.59   5.60

5.61   5.62   5.63

5.64   5.65   5.66

5

5

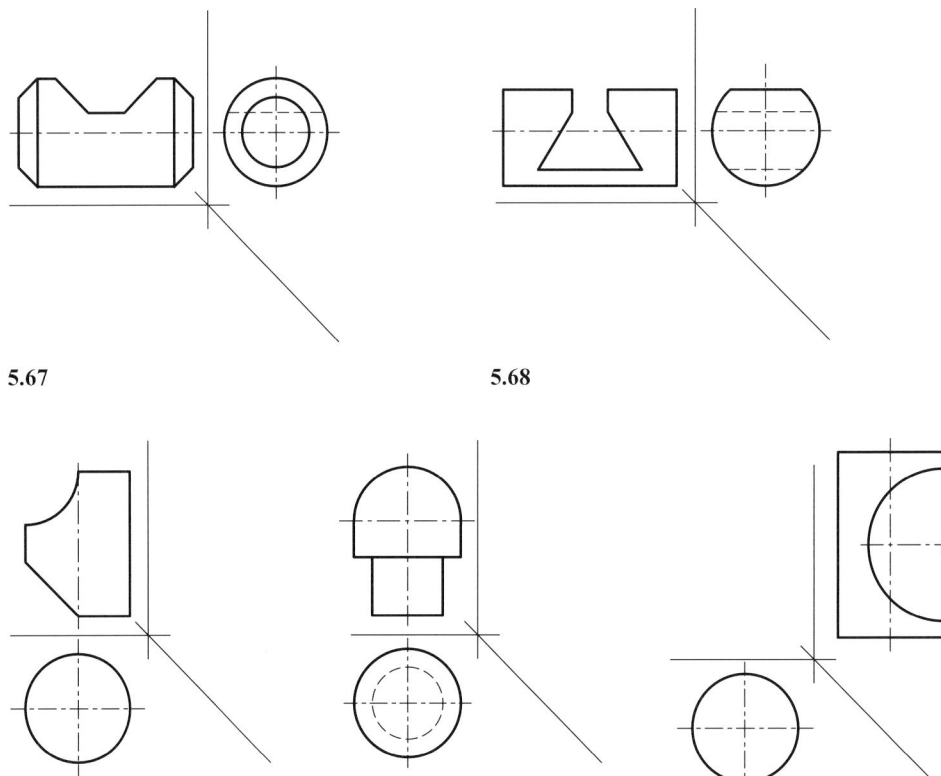

5.67   **5.68**

5.69   **5.70**   **5.71**

b) Einfache Pyramidenstümpfe

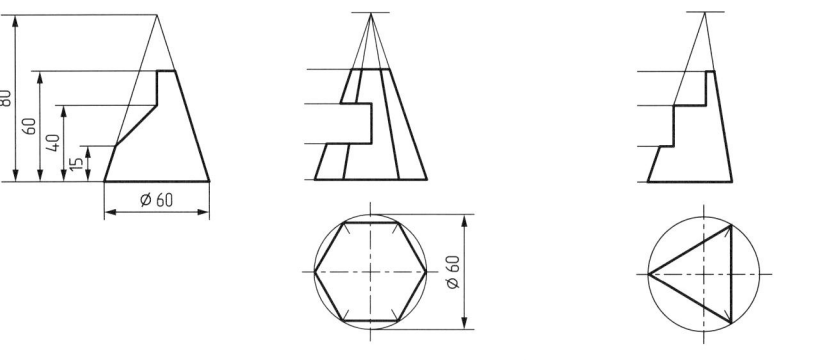

5.72 Rechteckpyramide   **5.73** Sechseckpyramide   **5.74** Dreieckpyramide

c) Einfache Kegelstümpfe

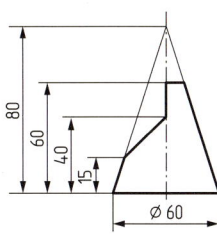
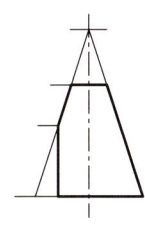
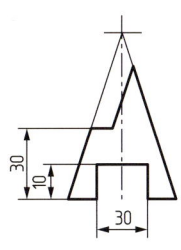

5.75   **5.76**   **5.77**

Durchdringungen

19. Konstruieren Sie bei den Körpern 5.78 bis 5.85 die Durchdringungslinien und die verdeckten Kanten. Die Durchbrüche und Schnittflächen stehen senkrecht auf der Aufriss- bzw. Seitenrissebene.

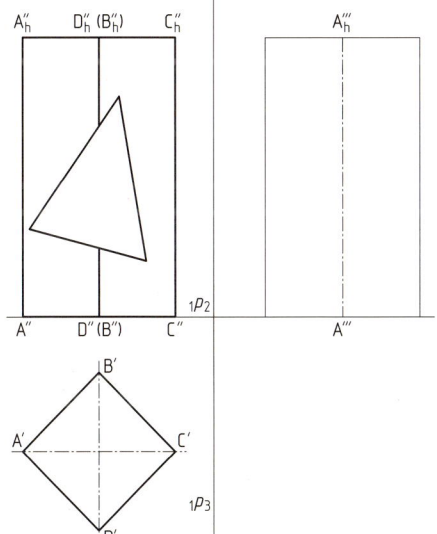
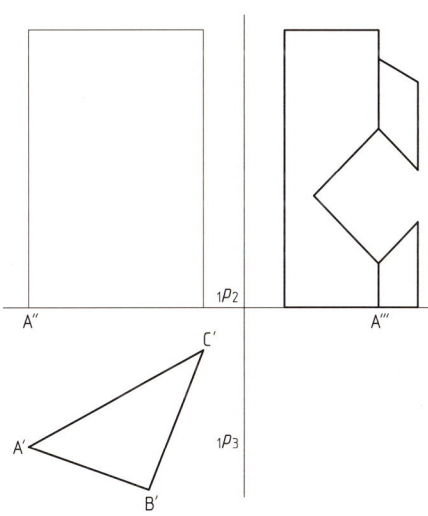

5.78 Vierkantprisma mit Dreikantdurchbruch   **5.79** Dreikantprisma mit Vierkantdurchbruch und Schnittflächen

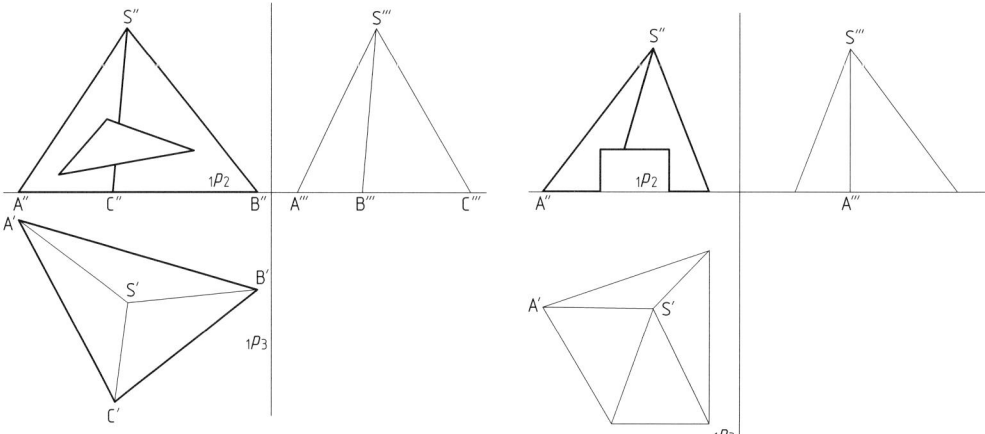

5.80 Dreieckpyramide mit Dreikantdurchbruch   **5.81** Viereckpyramide mit Rechteckdurchbruch

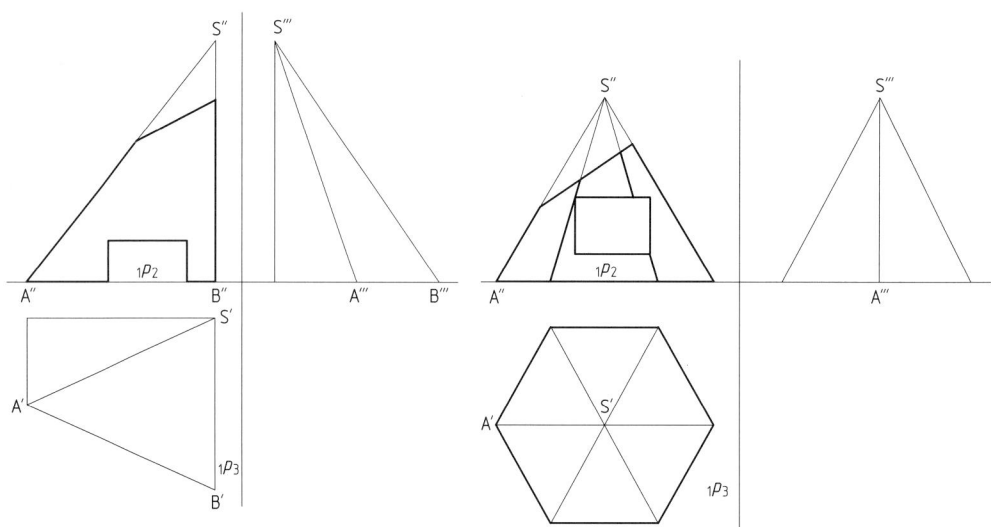

5.82 Viereckpyramide mit Rechteckdurchbruch   **5.83** Sechseckpyramide mit Rechteckdurchbruch
und Schnittfläche

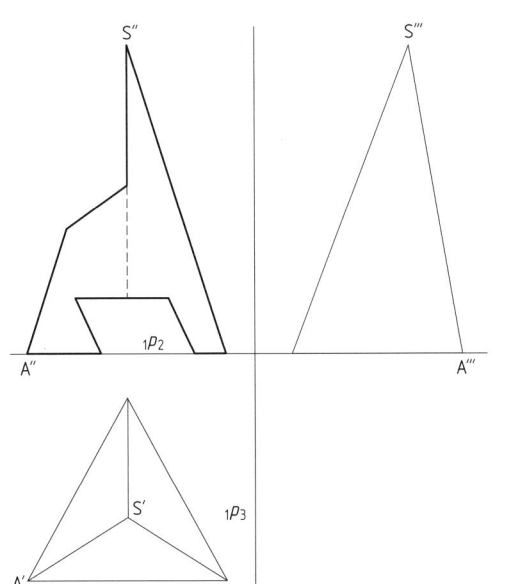

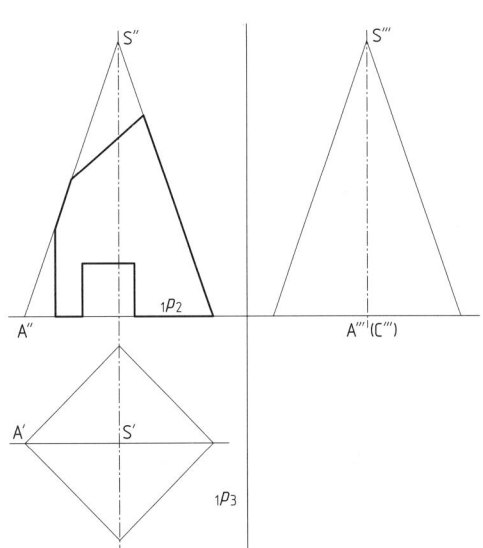

5.84 Dreieckpyramide mit prismenförmigem Durchbruch und Schnittflächen

5.85 Viereckpyramide mit Rechteckdurchbruch und Schnittflächen

5

20. Konstruieren Sie von den Bauteilen **5.86** bis **5.90** den Grund- und Seitenriss. Die Aus- bzw. Abfräsungen stehen senkrecht auf der Aufrissebene.

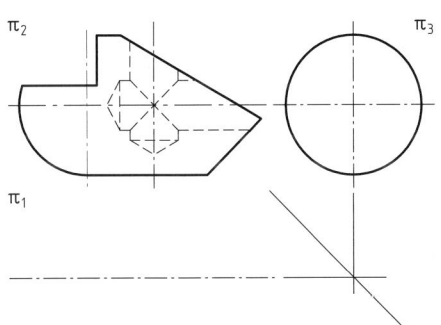

Bei dem Steuerkolben mit Längs- und Querbohrung erhält das kugelige Ende eine rechteckige Ausfräsung. Die beiden Schrägen verlaufen unter 45° bzw. 30° zur Zylinderachse.

5.86 Steuerkolben

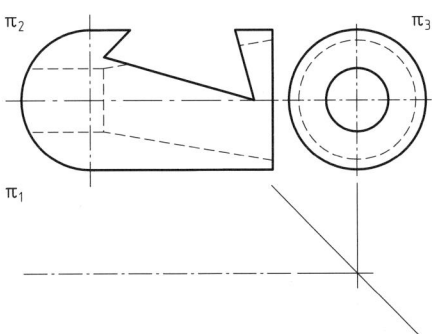

Das Passstück mit axialer Bohrung und Innenkegel hat eine Abrundung und eine schwalbenschwanzförmige Einfräsung.

Die Seitenflächen der Einfräsung bilden mit der Zylinderachse einen Winkel von 45° bzw. 60°.

5.87 Passstück

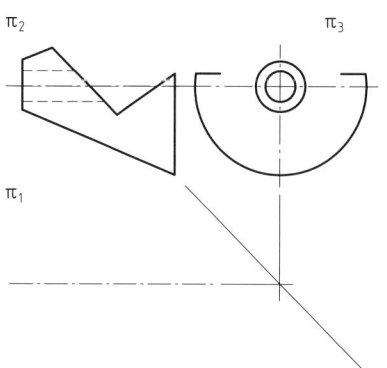

Die Lange Seite der 100°-Aussparung am Steuerkegel ist um 35° zur Kegelachse geneigt.

5.88 Steuerkegel

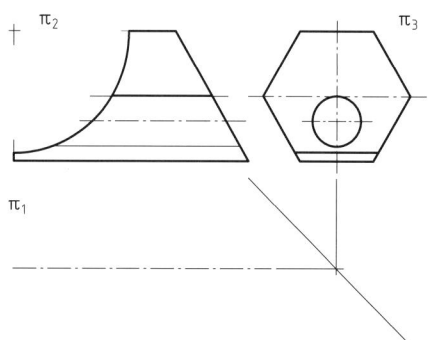

Das Sechseckformstück mit einer außermittigen Längsbohrung hat rechts eine 60°-Schräge und links eine von einem Viertelkreisbogen erzeugte Ausrundung.

5.89 Sechskantformstück

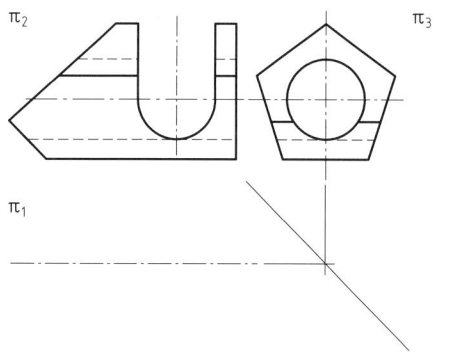

Bei dem Führungsstück sind die beiden Flächen auf der linken Seite mit 45° bzw. 40° zur Längachse abgeschrägt.

Die Quernutbreite entspricht dem Bohrungsdurchmesser.

5.90 Führungsstück

Abwicklungen

21. Konstruieren Sie von den Körperdurchdringungen
   a) Rechtwinklige Prismendurchdringung, 5.36
   b) Schiefwinklige Prismendurchdringung, 5.37
   c) Zylinder von waagrechtem Prisma durchdrungen, 5.40
   d) Zylinder mit außermittiger Bohrung, 5.42
   e) Außermittige Zylinderdurchdringung, 5.43
   die Abwicklung der Mantelflächen.

6 Technische Zeichnung

6.1 Darstellung von Ansichten

In technischen Zeichnungen werden die Ansichten von Körpern in der Normalprojektion nach DIN ISO 128-30, siehe Kapitel 4.3 dargestellt.

Dabei sind folgende Regeln zu beachten:

1. Es werden nur so viele Ansichten gezeichnet, wie zum vollständigen und eindeutigen Erkennen der Geometrie des Körpers notwendig sind, **6.1**. Die Darstellung ist für alle Werkstoffe auch für durchsichtige einheitlich. Teile, die sich hinter durchsichtigen Elementen befinden, dürfen nach DIN ISO 128-34 wie sichtbare dargestellt werden.
2. Die Ansichten sind so auszuwählen, dass die Hauptansicht wesentliche Merkmale des Körpers zeigt und möglichst wenige verdeckt darzustellende Kanten gezeichnet werden müssen, **6.2**.
3. Auf jeder Zeichnung wird nur eine der Darstellungsmethoden, Projektionsmethoden 1 oder 3 angewandt. Die Verwendung des entsprechen den Symbols macht die Darstellung eindeutig. Die Eintragung des Symbols erfolgt in der Nähe des Schriftfeldes. In der ISO 5456-2 sind die Maße des Symbols festgelegt.
4. Darstellungselemente für die Form sind die breite Volllinie für sichtbare Kanten, die schmale Volllinie für Bruchlinien und Lichtkanten, die schmale Strichlinie für verdeckte Kanten, die schmale Strich-Punkt-Linie für Symmetrie- und Mittellinien und die schmale Strich-Zweipunkt-Linie für Schwerlinien und Umrisse, **6.3**.

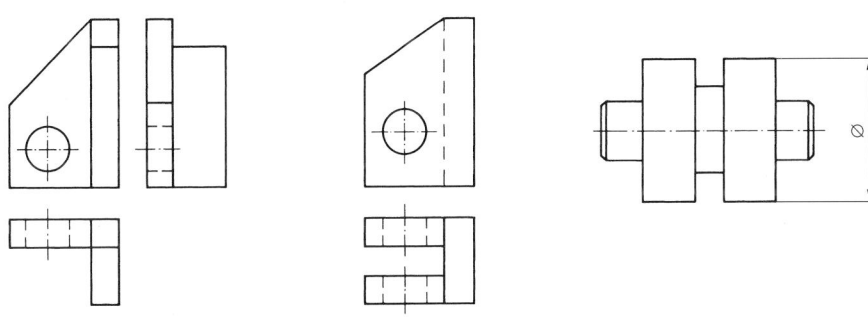

6.1 Notwendige Ansichten

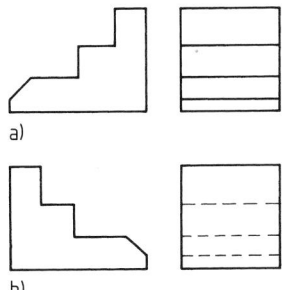

a)

b)

6.2 Lage Hauptansicht
   a) günstig,
   b) ungünstig, verdeckte Kanten

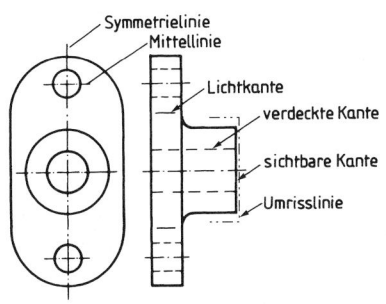

6.3 Darstellungselemente

Die Pfeilmethode, siehe Kapitel 4.3, wird angewendet wenn man ungünstige Projektionen vermeiden oder wenn eine Ansicht aus Platzgründen nicht in der richtigen Anordnung dargestellt werden kann.

6.1.1 Besondere Ansichten

In Fertigungszeichnungen hat die Eindeutigkeit der Darstellung Vorrang. Das bedeutet, dass man in Fällen, in denen die Normalprojektion die Darstellung verzerrt, besondere Ansichten benutzt. Dies trifft immer dann zu, wenn Hauptachsen nicht senkrecht zur Projektionsrichtung liegen, siehe **6.4**. Die Darstellung kann dann nach a) projektionsgerecht oder b) in gedrehter Lage erfolgen. Der Drehwinkel muss zusätzlich eingetragen werden.

Teilansichten

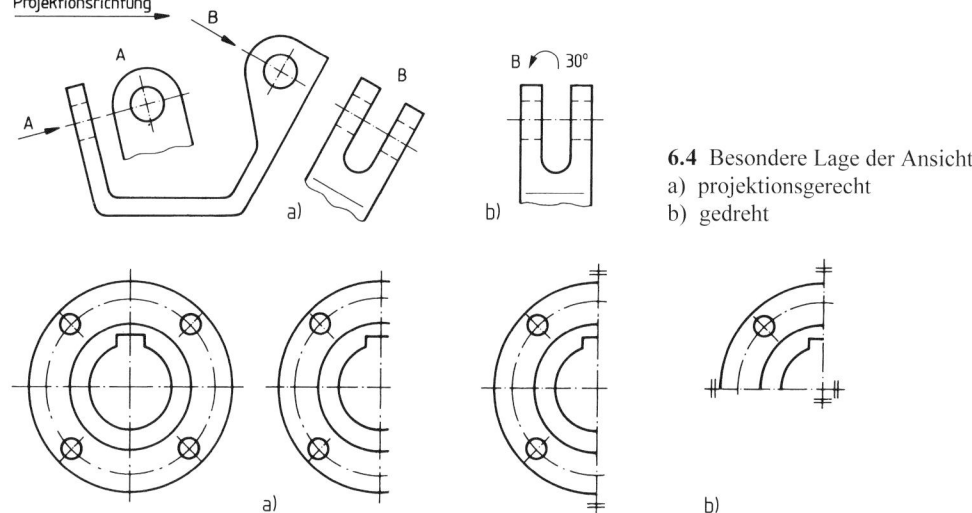

6.4 Besondere Lage der Ansicht
a) projektionsgerecht
b) gedreht

6.5 Darstellung symmetrischer Gegenstände

Symmetrische Werkstücke können als Halb- oder Viertelschnitt gezeichnet werden, wenn eine eindeutige und vollständige Darstellung möglich ist, **6.5**.

Die sichtbaren Umrisse werden dann nach a) etwas über die Symmetrielinie hinaus gezeichnet oder b) sie enden an der Symmetrielinie, in diesem Fall muss das grafische Symbol am Ende der Symmetrielinie stehen.

Symmetrische Formen

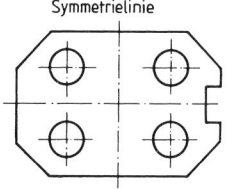

6.6 Symmetrie trotz Nut

Symmetrisch sind Gegenstände auch dann, wenn die Grundform einseitig in Einzelheiten verändert ist, **6.6**. Dies ist dann von Bedeutung, wenn bei der Bemaßung die symmetrische Form eine Rolle spielt.

Unterbrochene Ansichten

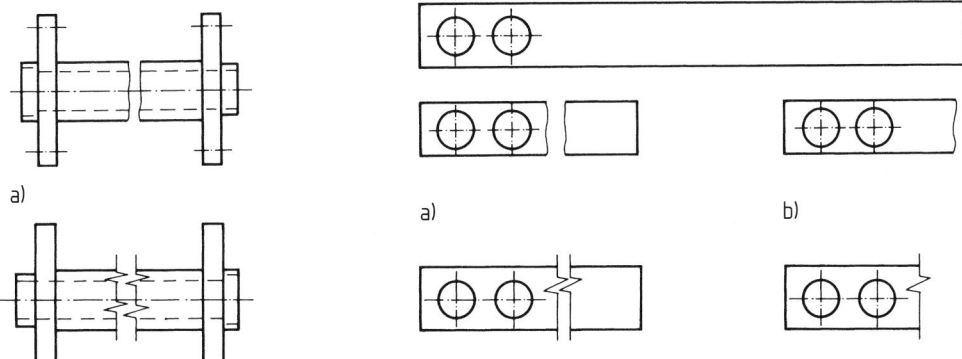

6.7 a) Unterbrochene Darstellung　　　　　　　　　　　　　b) abgebrochene

Aus Platzgründen können flache, runde oder konische Werkstücke durch Bruchkanten verkürzt dargestellt werden.

Nach DIN ISO 128-34 werden Bruchkanten als schmale Freihandlinien, bei CAD-Zeichnungen als schmale Zickzacklinie ausgeführt. Die Formelemente müssen eng aneinander gezeichnet werden.

Die Zickzacklinien gehen etwas über die Umrisslinie hinaus.

Lichtkanten

Gerundete Übergänge, so genannte Lichtkanten, werden durch schmale Volllinien, die vor den Körperkanten enden dargestellt.

Die Lage der Lichtkante ergibt sich aus dem Schnittpunkt der verlängerten Kanten. Dieser Schnittpunkt wird auch für die Bemaßung verwendet, **6.9**.

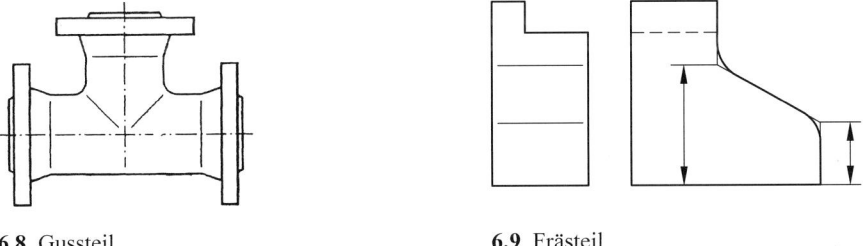

6.8 Gussteil　　　　　　　　　　　**6.9** Frästeil

6.1.2 Besondere Darstellungen

Wird die maßstabgetreue Darstellung von Einzelheiten eines Gegenstands zu klein und damit zu ungenau, dann werden diese Einzelheiten im vergrößerten Maßstab gesondert gezeichnet. In der eigentlichen Zeichnung verzichtet man auf die genaue Darstellung der Einzelheit. Der

Bereich der Einzelheit wird mit einer schmalen Volllinie eingerahmt z. B. mit einem Kreis und mit einem Großbuchstaben (X, Y, Z) gekennzeichnet. Die Einzelheit wird in vergrößerter Form möglichst in der Nähe der Einrahmung angeordnet und mit dem entsprechenden Buchstaben und dem Vergrößerungsmaßstab benannt, **6.10**. Sollten an der eingerahmten Stelle in der Zeichnung Schraffuren, umlaufende Kanten oder Bruchlinien vorhanden sein, so dürfen diese in der vergrößerten Darstellung entfallen, **6.11**.

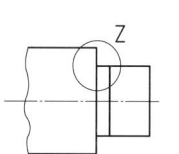 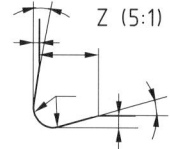   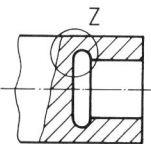 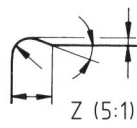

6.10 Einzelheit Z   **6.11** Einzelheit ohne Schraffur, umlaufende Kante, Bruchlinie

6.1.3 Vereinfachte Darstellungen

Technische Zeichnungen sollen trotz der notwendigen Eindeutigkeit auch übersichtlich sein. In allen Fällen, in denen sich gleiche geometrische Elemente, Bohrungen, Schlitze, Schneidenformen an Werkzeugen, Zahnformen an Zahnrädern, z. B. wiederholen, müssen nur so viele Elemente dargestellt werden, wie zur eindeutigen Bestimmung erforderlich sind, **6.12**, **6.13**. Die Mitten von Bohrungen und Schlitzen werden durch Mittellinien, sonstige Formen durch schmale Volllinien festgelegt.

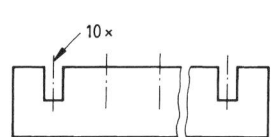   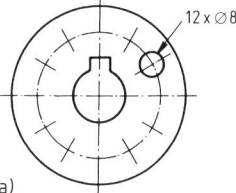 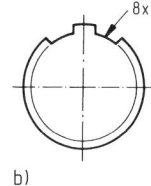

6.12 Sich wiederholende Elemente. Mittellinienzeichnung

6.13 Sich wiederholende Elemente.
a) Lagekennzeichnung,
b) Kennzeichnung durch Volllinie

Geringe Neigungen, wie sie vor allem an gewalzten und gegossenen Werkstücken auftreten, werden in den zugehörigen Projektionen nicht dargestellt. Es ist nur eine breite Volllinie in der Projektion des kleinen Maßes zu zeichnen, **6.14**. Sehr flache Durchdringungskurven werden nicht gezeichnet.

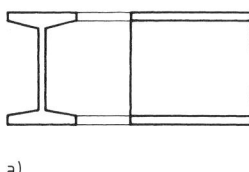   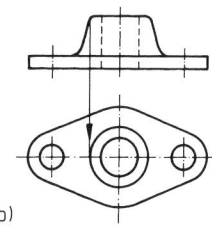

6.14 Darstellung geringer Neigungen
a) Walzschrägen (I-Profil)   b) Gussschrägen

6.15 zeigt eine Passfedernut in einer Welle bzw. eine Querbohrung in einer Hülse.

In beiden Fällen kann auf die Darstellung der flach verlaufenden Durchdringungskurven verzichtet werden.

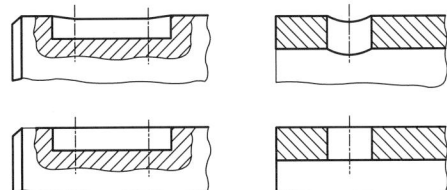

6.15 Gering versetzte Durchdringungskurven

6.1.4 Schnittdarstellungen

Um Zeichnungen klar und deutlich darzustellen, sollen die Gegenstände möglichst nur mit sichtbaren Kanten gezeichnet werden. Die Bemaßung an verdeckten Kanten ist zu vermeiden Bei Hohlkörpern und Durchbrüchen in verschiedenen Ebenen einer Ansicht ist dies nur mit einer besonderen Darstellung möglich. Die Gegenstände, in denen Verdecktes sichtbar werden soll, zeichnet man aufgeschnitten. Es gelten dabei weiterhin die Regeln über die Anordnung der Ansichten; die Strichlinien der verdeckten Kanten werden durch breite Volllinien ersetzt. In **6.16** und **6.17** dargestellt.

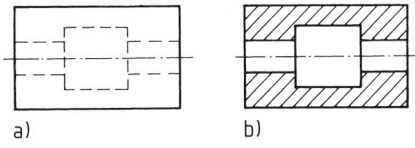

6.16 Vollschnitt am Hohlkörper
a) ungeschnitten   b) geschnitten

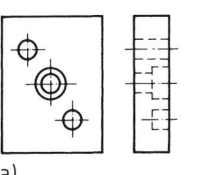 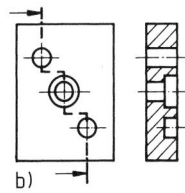

6.17 Vollschnitt durch mehrere Ebenen
a) ungeschnitten   b) geschnitten

Die Lage der Schnittebenen wird durch eine breite Strichpunkt-Linie angezeigt, **6.18**. Dies ist nicht nötig, wenn die Lage des Schnittes wie in **6.19** eindeutig ist.

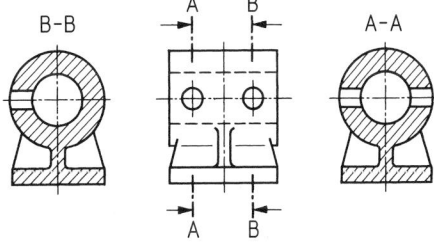

6.18 Anordnung der Schnittdarstellung

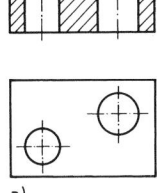 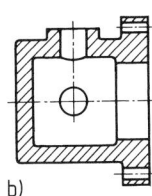 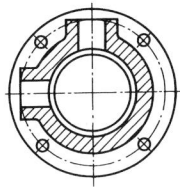

6.19 Anordnung der Schnittdarstellung. Eindeutige Schnittlagen

Kennzeichnung des Schnittverlaufs

Ist der Schnittverlauf nicht eindeutig erkennbar, so wird er durch eine breite, kurze Strich-punktlinie am Anfang und Ende und gegebenenfalls an der Knickstelle gekennzeichnet.

Der Schnittverlauf kann auch ergeben, dass eine Schnittfläche in eine Ansicht übergeht. Die Übergangsstelle wird dann durch eine dünne Freihandlinie dargestellt, **6.21**.

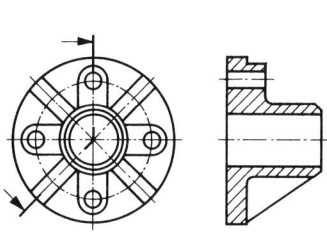 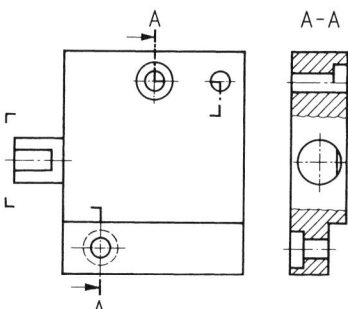

6.20 Abgewinkelte Schnittführung   **6.21** Geknickte Schnittführung

In **6.20** sind zwei Schnittebenen in einen Winkel zueinander gezeichnet. Um eine Verkürzung bei der Projektion die Seitenansicht zu vermeiden, wird die Schnittebene durch die Rippe des Werkstücks in die Projektionsebene gedreht.

Nach DIN ISO 128-44 dürfen Umrisse und Kanten entfallen, wenn sie nicht zur Verdeutli-chung der Abbildung beitragen.

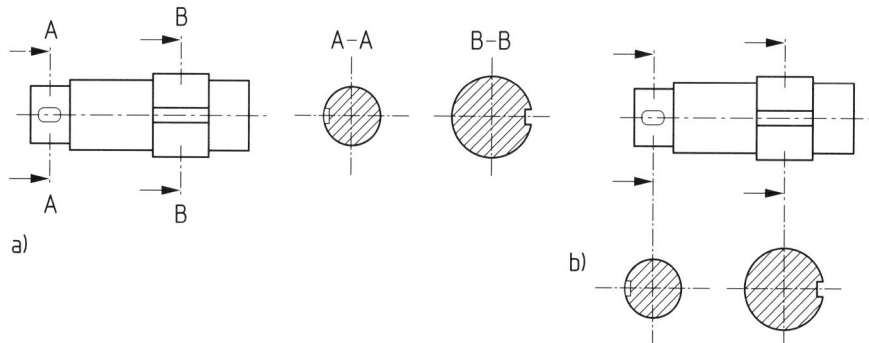

6.22 Darstellung von Schnittebenen

Bei Wellen mit Nuten sind häufig mehrere Profilschnitte notwendig. Die Anordnung der Schnitte auf der Projektionsachse macht eine Bezeichnung der Schrittebenen mit Großbuch-staben, **6.22**a) notwendig.

Bei einer Anordnung der Schnitte direkt unterhalb ihrer zugehörigen Schnittebene entfällt die Schnittkennzeichnung, **6.22**b).

Der Schnitt muss aber mit der Ansicht durch eine schmale Strich-Punktlinie verbunden sein.

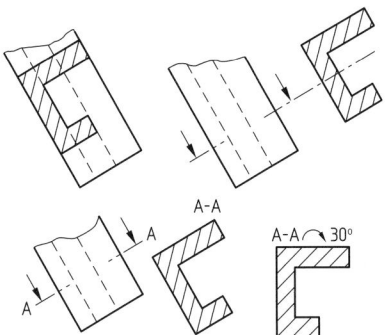

Schnitte dürfen in die zugehörige Ansicht gedreht werden. Die Umrisse des Schnittes werden mit schmalen Volllinien dargestellt.

Neben der durch Blickrichtungspfeile festgelegten Anordnung dürfen Schnitte auch an anderen Stellen projektionsgerecht oder gedreht gezeichnet werden.

Bei der Darstellung in gedrehter Lage ist der Drehwinkel anzugeben, **6.23**.

6.23 Herausgezogene und gedrehte Schnitte

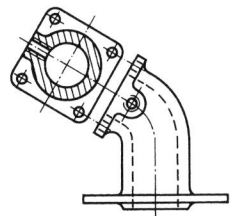

Um schiefe Projektionen zu vermeiden können Schnittdarstellungen auch um schräg liegende Kanten geklappt werden, **6.24**. Eine besondere Kennzeichnung ist nicht notwendig.

6.24 Schnittdarstellung geklappt

6

Schraffuren

Die Schnittflächen werden durch Schraffuren gekennzeichnet. Diese sind nach DIN ISO 128-50 genormt und umfassen auch die Kennzeichnung der z. B. feste Stoffe, Flüssigkeiten und Gase, Flüssigkeiten, Gase. Wird der Werkstoff nicht besonders gekennzeichnet, benutzt man die Grundschraffur U, Universalschraffur. Die Schraffurart ersetzt nicht die Werkstoffaufgabe in der Stückliste. Die Schraffurlinien (Schraffen) sind schmale Volllinien, die unter 45 ° gegen die Schnittkanten oder Symmetrielinien verlaufen, in **6.26** dargestellt.

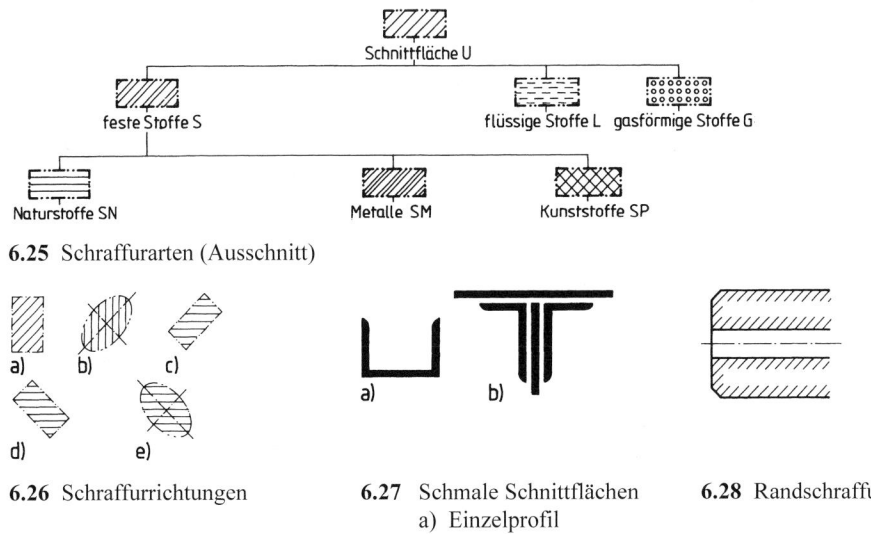

6.25 Schraffurarten (Ausschnitt)

6.26 Schraffurrichtungen

6.27 Schmale Schnittflächen
a) Einzelprofil
b) zusammengesetztes Profil

6.28 Randschraffur

Schmale Schnittflächen z. B. dünne Bleche, Profile, Buchsen werden voll geschwärzt.

Stoßen geschwärzte Schnittflächen zusammen, so sind diese mit einen Abstand von mindestens 0,5 mm darzustellen, **6.27**.

Bei großen Schnittflächen genügt die Schraffur der Randzone, **6.28**.

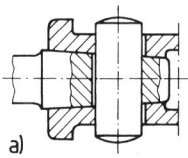 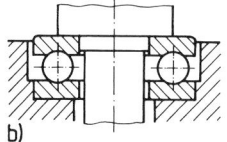 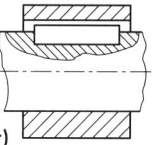 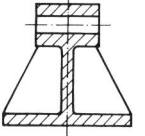 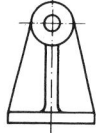

6.29 Nichtgeschnittene Elemente
        a) Querkeil   b) Wälzkörper   c) Passfeder

6.30 Nichtgeschnittene Elemente Rippen in einem Gussstück

Zur übersichtlichen Gestaltung von Haupt- oder Gruppenzeichnungen werden bestimmte Bereiche, auch wenn sie in der Schnittebene liegen, ungeschnitten dargestellt. Dazu zählen in Längsrichtung gezeichnete Achsen, Wellen, Bolzen, Stifte, Schrauben, Niete, Passfedern, Keile, Wälzkörper, **6.29**.

Nicht geschnitten werden außerdem Rippen an Gussstücken, Stege, Speichen. Diese Bereiche sollen sich von der Grundform des Werkstücks abheben, **6.30**.

Treffen die Schnittflächen mehrerer Bauteile zusammen, so sind die Schraffurlinien der einzelnen Schnittflächen entgegengesetzt oder der Abstand entsprechend enger oder weiter zu zeichnen, **6.31**.

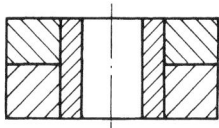 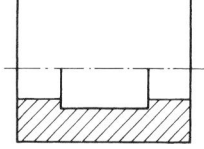 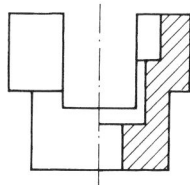

6.31 Schraffuranordnung

6.32 Halbschnitt,
        a) horizontal   b) vertikal

Bei rotationssymmetrischen Körpern werden gerne Halbschnitte gelegt. Man erkennt dadurch in einer Darstellung in der Schnitthälfte die innere Form und in der Ansichtshälfte die äußere Kontur. Verdeckte Kanten werden nicht dargestellt. Die Schnitthälften werden bei waagrechter Mittellinie unterhalb und bei senkrechter Mittellinie rechts der Mittellinie gezeichnet, **6.32**.

Körperkanten, die bei einem Halbschnitt auf der Mittellinie liegen, sind zu zeichnen.

Ein Teilschnitt kann als Ausbruch oder als Teilausschnitt dargestellt werden.

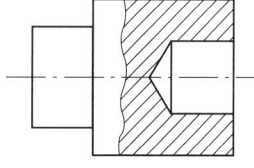

6.33 zeigt einen Teilschnitt als Ausbruch. Hier wird nur ein Teilbereich der Ansicht geschnitten um eine bestimmte Einzelheit zu zeigen.

Die Begrenzungslinie, eine Freihand- oder Zickzacklinie darf nicht mit Umrissen, Kanten oder Hilfslinien zusammenfallen.

6.33 Ausbruch

6.1.5 Arbeitsfolge beim Aufzeichnen

Beim manuellen Zeichnen ist es vorteilhaft, eine geregelte Arbeitsfolge einzuhalten. Dazu gibt es grundsätzlich zwei Möglichkeiten.

1. Die Arbeitsfolge richtet sich nach den geometrischen Grundformen des Bauteils. Dieses Verfahren soll an dem Halter **6.34** gezeigt werden.

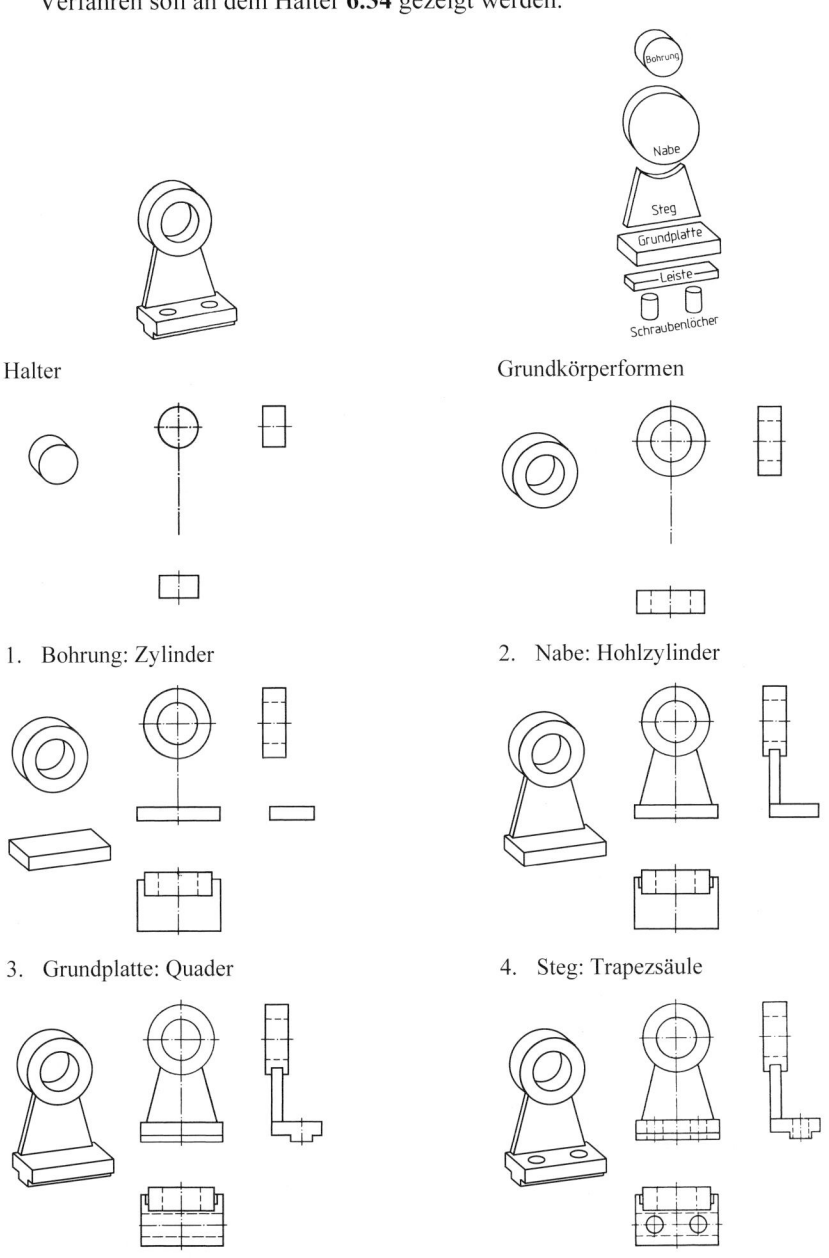

6

Halter   Grundkörperformen

1. Bohrung: Zylinder   2. Nabe: Hohlzylinder

3. Grundplatte: Quader   4. Steg: Trapezsäule

5. Leiste: Quader   6. Schraubenlöcher: Zylinder

6.34 Halter, Zeichnungsaufbau aus geometrischen Grundformen

2. Die Arbeitsfolge richtet sich nach dem Fertigungsablauf des Bauteils.

Der Gabelkopf **6.35** ist dafür ein Beispiel.

Gabelkopf

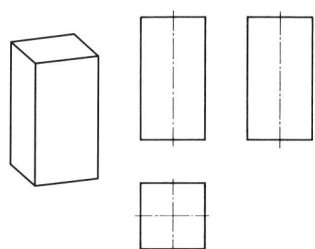

Halbzeug

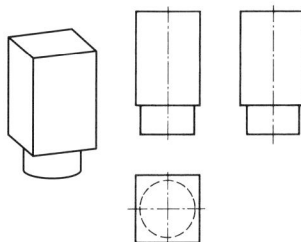

1. Zapfen gedreht

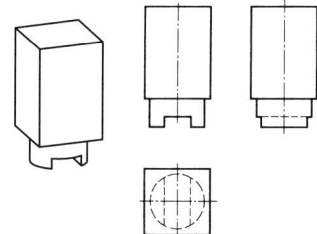

2. Nut gefräst

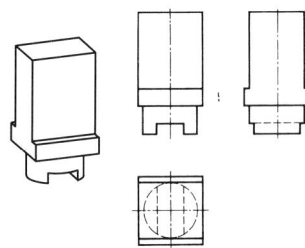

3. Absätze gefräst

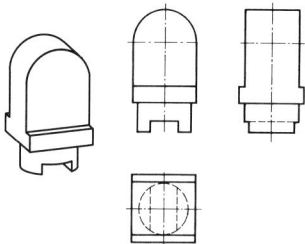

4. Kopf halbrund gefräst

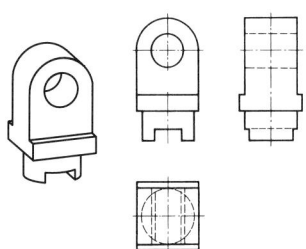

5. Loch gebohrt

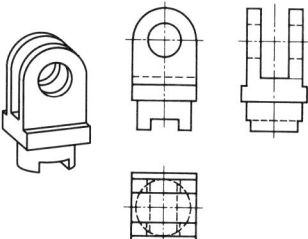

6. Schlitz gefräst

6.35 Gabelkopf, Zeichnungsaufbau fertigungsbezogen

6.1.6 Vereinfachte Darstellungen und Angaben von Profilen und Verbindungselementen (DIN ISO 5261 und DIN ISO 5845)

Konstruktionen aus zusammengebauten Stäben, Profilen und Blechen, wie Fachwerke, Stahlbauten und Hebeeinrichtungen, unterscheiden sich durch Größe, Form und Fertigung von solchen im Maschinen- und Anlagenbau. Deshalb haben sich unterschiedliche Darstellungen herausgebildet, **6.36**. Bedingt durch die Größe der Bauteile muss praktisch immer in einem Verkleinerungsmaßstab gezeichnet werden, meist 1:10 aber auch 1:15. Die Bauteile werden nicht einzeln, sondern in zusammengebautem Zustand dargestellt und bemaßt, **6.36**. Einzelmaße sind zu Maßketten zusammenzufassen, die durch Gesamtmaße überprüfbar sind.

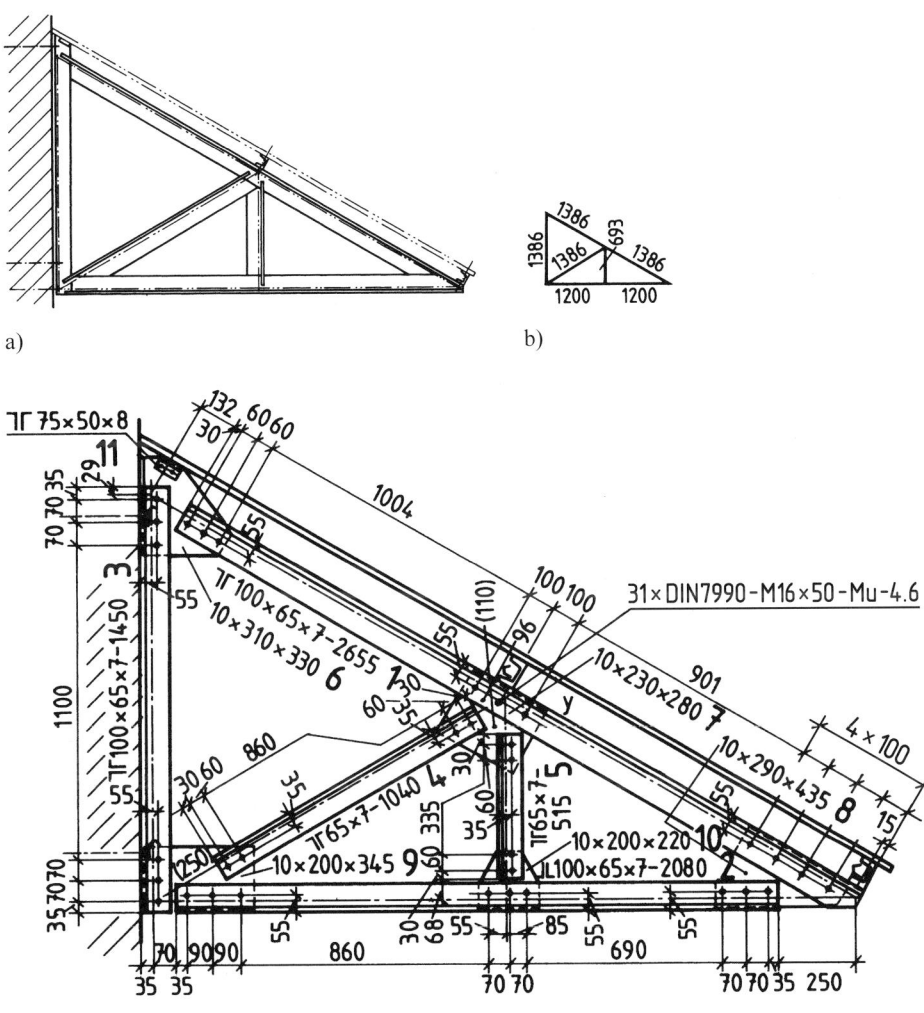

6.36 Vordachbinder

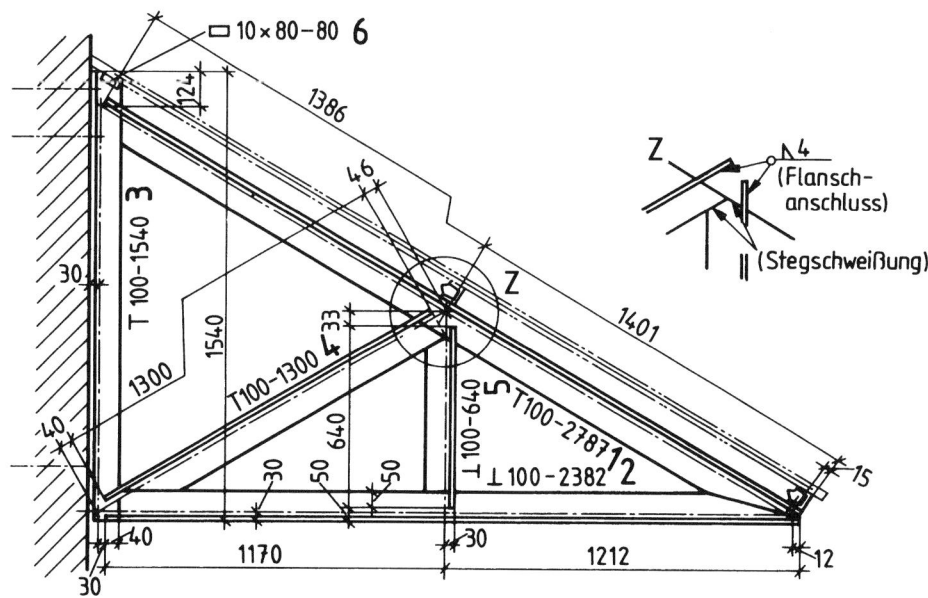

d)

6.36 Vordachbinder (Fortsetzung)
    a) Darstellung ohne Maße und Schweißzeichen,
    b) schematische Darstellung mit breiten Volllinien anstelle der Schwerlinien,
    c) geschraubte Ausführung,
    d) geschweißte Ausführung (Schweißnähte als Sammelangabe)

Bei der Darstellung von Löchern, Schrauben und Nieten in der Zeichenebene senkrecht zur Achse der Verbindungselemente wird die Lage der Verbindungselemente symbolisch durch ein Mittenkreuz mit breiten Volllinien dargestellt, **6.37** und Tabelle 6.1. Ein Punkt darf in die Mitte des Kreuzes (Durchmesser 5 mal Linienbreite) gesetzt werden, um den Gebrauch der Zeichnung als Schablone zu erleichtern, **6.38**.

6.37   **6.38**

Bei der Darstellung von Löchern, Schrauben und Nieten in der Zeichenebene parallel zu ihrer Achse ist die symbolische Darstellung nach der Tabelle 6.2 anzuwenden. Die horizontale Linie des Symbols wird mit einer schmalen Linie, alle anderen Elemente mit einer breiten Volllinie dargestellt. Für Luft- und Raumfahrtgeräte besteht die symbolische Darstellung des geschlagenen Niets aus einem Kreuz, das die Lage des Nietes angibt, ergänzt durch weitere Angaben (DIN ISO 5854-2).

Tabelle 6.1 Symbolische Darstellung von Löchern, Schrauben und Nieten in der Zeichenebene senkrecht zur Achse der Verbindungselemente

Loch[1] und Schraube oder Niet	Loch			
	ohne Senkung	Senkung auf der Vorderseite	Senkung auf der Rückseite	Senkung auf beiden Seiten
in der Werkstatt gebohrt und eingebaut				
in der Werkstatt gebohrt und auf der Baustelle eingebaut				
auf der Baustelle gebohrt und eingebaut				

1) Zur Unterscheidung von Schrauben und Nieten von Löchern muss die genaue Bezeichnung der Löcher oder Verbindungselemente nach der jeweiligen Internationalen Norm angegeben werden.

Tabelle 6.2 Symbolische Darstellung in der Zeichenebene parallel zur Achse der Verbindungselemente

a) Löcher

Loch	Loch		
	ohne Senkung	Senkung auf einer Seite	Senkung auf beiden Seiten
in der Werkstatt gebohrt	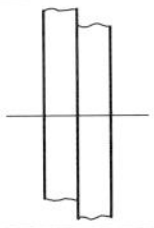	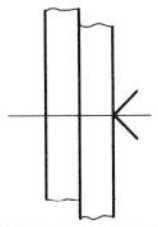	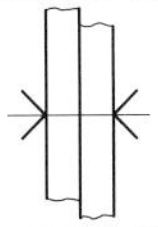
auf der Baustelle gebohrt	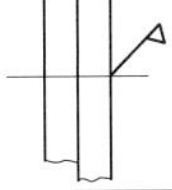	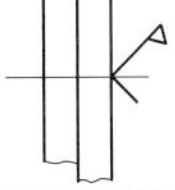	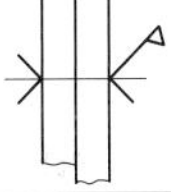

b) Schrauben und Niete

Schraube oder Niet[1]	Loch			
	ohne Senkung	Senkung auf einer Seite	Senkung auf beiden Seiten	Schraube mit Lageangabe der Mutter
in der Werkstatt eingebaut	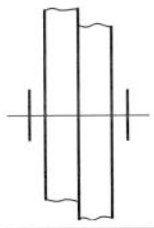	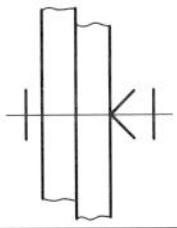	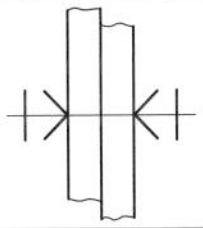	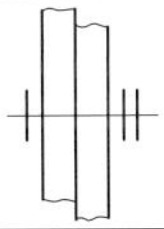
auf der Baustelle eingebaut	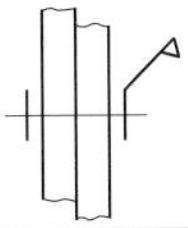	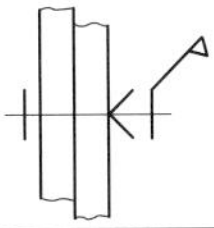	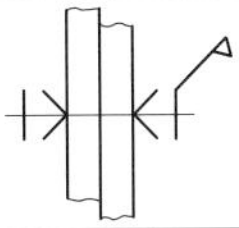	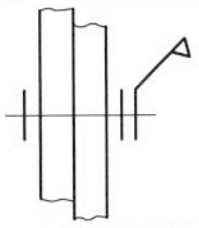
Loch auf der Baustelle gebohrt und Schraube oder Niet auf der Baustelle eingebaut	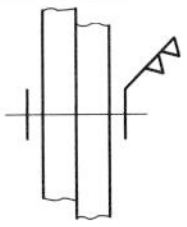	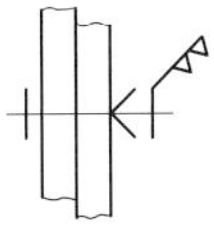	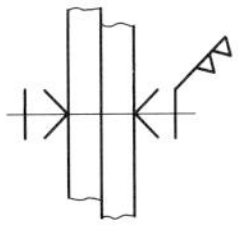	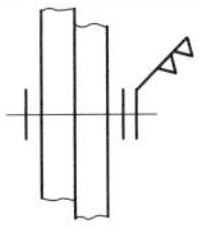

1) Zur Unterscheidung von Schrauben und Nieten muss die genaue Bezeichnung der Verbindungselemente nach der jeweiligen Internationalen Norm angegeben werden.

6

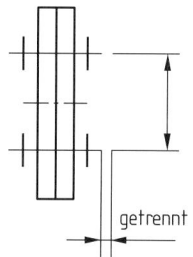

Maßhilfslinien müssen von der symbolischen Darstellung für Löcher, Schrauben und Niete in der Zeichenebene parallel zu ihren Achsen getrennt werden, **6.39**. Als Maßhilfslinien sind bevorzugt geschlossene Pfeile anzuwenden.

6.39 Trennung von Symbol
und Maßhilfslinie

Der Durchmesser der Löcher und die Bezeichnung der Schrauben und Niete muss auf einer Hinweislinie, die auf die symbolische Darstellung des Loches gerichtet ist, angegeben werden, z. B. 18×∅17, 5×DIN7990 – M16×40 – Mu-5.6 oder 5×DIN124 – 16×34, siehe **6.40**.

Die Bezeichnung von Löchern, Schrauben und Nieten, die auf eine Gruppe gleicher Elemente bezogen ist, darf nur an einem äußeren Element angegeben und ihre Anzahl vor der Bezeichnung eingetragen werden, **6.40** und **6.41**.

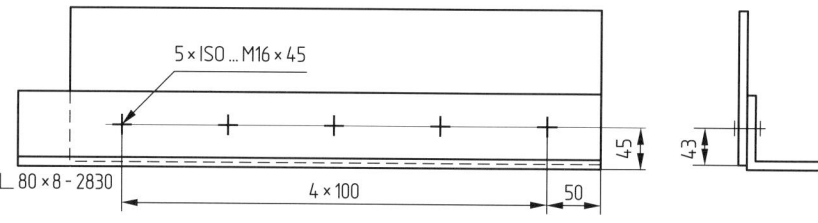

6.40

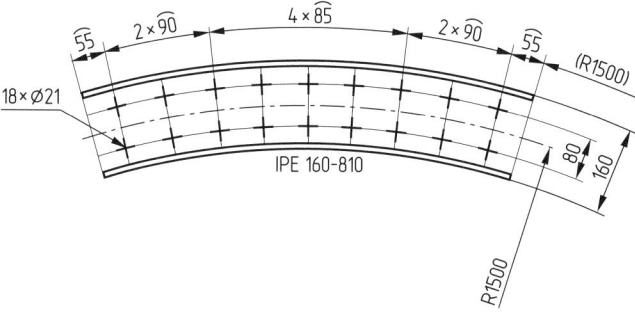

6.41

In Einzelteil- und Zusammenbauzeichnungen werden die meist genormten Stäbe und Profile durch symbolhafte Angaben ergänzt, Tabelle **6.3**.

Die vereinfachte Angabe besteht aus der Normbezeichnung – und wenn erforderlich – der Länge. Beide werden durch einen Mittestrich getrennt. Die Bezeichnung gilt dann auch für die Eintragung in die Stückliste.

Tabelle 6.3 Grafische Symbole nach DIN ISO 5261

a) Stäbe

Benennung der Stäbe	Maße	Symbol Maße	Benennung der Stäbe	Maße	Symbol Maße
Rundstab Rohr	$\varnothing d$ t $\varnothing d$	d $\varnothing$ $d \times t$	Quadratischer Stab Rohr mit quadratischem Querschnitt	b t b	b $\square$ $b \times t$
Flachstab Rohr mit rechteckigem Querschnitt	b h h t b	$b \times h$ $\square$ $b \times h \times t$	Sechskantstab Rohr mit sechseckigem Querschnitt	s t s	s $\bigcirc$ $s \times t$
Dreikantstab	b	$\triangle$ b	Halbrundstab	h b	$\bigcirc$ $b \times h$

b) Profile

Benennung der Profile	Symbol	Kurzzeichen (Großbuchstabe)	Benennung der Profile	Symbol	Kurzzeichen (Großbuchstabe)
Winkelprofil	L	L	H-Profil	H	H
T-Profil	T	T	U-Profil	[	U
I-Profil	I	I	Z-Profil	⌐	Z

Wenn in Normen keine Bezeichnung festgelegt ist, ergibt sich die Bezeichnung aus dem grafischen Symbol oder Kurzzeichen mit den erforderlichen Maßen.

Die Bezeichnung darf auch in den Zusammenbau- und Teilzeichnungen am entsprechenden Stab oder Profil eingetragen werden. Dabei sind die grafischen Symbole so angeordnet, dass sie die Lage der Profile beim Zusammenbau widerspiegeln, **6.42**.

Beispiele ⌐L 70 × 50 × 6 – 2230   ⌑ 220 × 15 – 4000

$\varnothing$ 88,9 × 5 – 1780   ⌑ 200 × 100 × 8 – 2600

12 × 280 × 410 (Blech)   Z-Profil DIN 1027 – Z100 – 1200

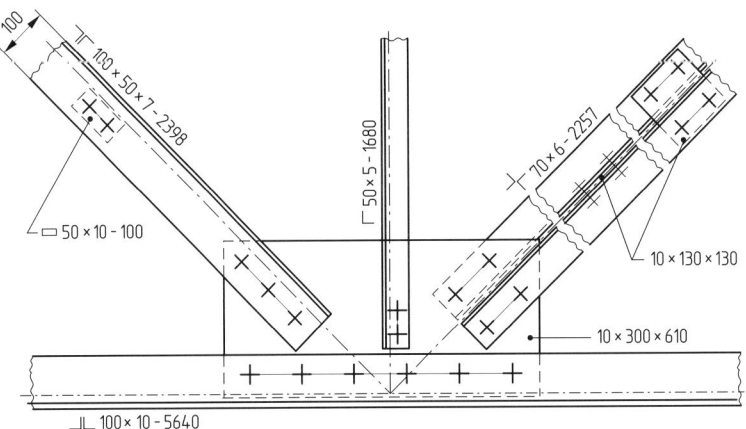

6.42 Fachwerkknoten aus Winkelprofilen mit grafischen Symbolen der Querschnitte

Zusammengebaute Tragwerke von Metallbaukonstruktionen können schematisch mit breiten Volllinien anstelle der Schwerlinien der Elemente dargestellt werden. Dabei müssen die Abstände zwischen den Schnittpunkten der Schwerlinien direkt an der Darstellung der Elemente eingetragen werden, **6.36**b.

Die Abstände der Bohrungen untereinander und von den Rändern der Bauteile sind festgelegt, Tabelle **6.4**. Die unteren Grenzwerte vermeiden das Aufreißen der Bauteile zwischen den Löchern oder zum Rand hin, die oberen sollen das Klaffen der Bleche verhindern.

Tabelle 6.4 Rand- und Lochabstände von Schrauben und Nieten (DIN 18800-1, Auszug)

	Abstand	Be-zeich-nung	kleinste	größte
			Abstände	
	Lochabstand in Kraftrichtung	e	2,2d	6d oder 12t
	Randabstand in Kraftrichtung	e_1	1,2d	3d oder 6t
	Randabstand quer zur Kraftrichtung	e_2	1,2d	3d oder 6t
	Lochabstand quer zur Kraftrichtung	e_3	2,4d	6d oder 12t

d = Lochdurchmesser, t = Dicke des dünnsten außenliegenden Teiles

Die Schrauben in Flanschen und Schenkeln von Walzprofilen müssen mit Rücksicht auf die Abmessung der Anziehgeräte in vorgeschriebene Risslinien gesetzt werden, deren Lage durch das in DIN 997 festgelegte Anreißmaß (Wurzelmaß) w bestimmt ist, **6.43**.

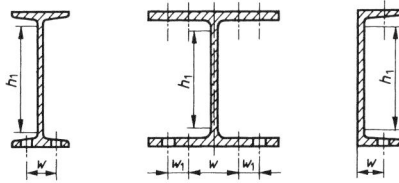

6.43 Anreißmaße (Wurzelmaße) w

6.2 Maßeintragungen

Durch die Maßeintragungen werden die gezeichneten Formen von Einzelteilen, Baugruppen, Baukonstruktionen und Plänen in ihren Abmessungen definiert und sind damit zu fertigen, zu prüfen und zu montieren.

In der DIN 406-10 sind die Begriffe und allgemeine Grundlagen der Maßeintragung beschrieben, die Elemente und Anwendungsbeispiele erläutet die DIN 406-11.

6.2.1 Elemente der Maßeintragung

Die Maßeintragungen werden mithilfe folgender Elemente, siehe **6.44**, vorgenommen:

– Maßlinie
– Maßhilfslinie
– Maßlinienbegrenzung
– Maßzahl
– Kennzeichen
– Hinweislinien

6

Die **Maßlinie** ist eine schmale Volllinie, die bei Längenmaßen parallel zu den zu bemaßenden Elementen gezeichnet wird. Maßlinien sollen andere Linien nicht schneiden. Wenn dies unvermeidlich ist, werden sie nicht unterbrochen, **6.45**. Auch bei unterbrochen dargestellten Ansichten werden sie ohne Unterbrechung gezeichnet, **6.46**.

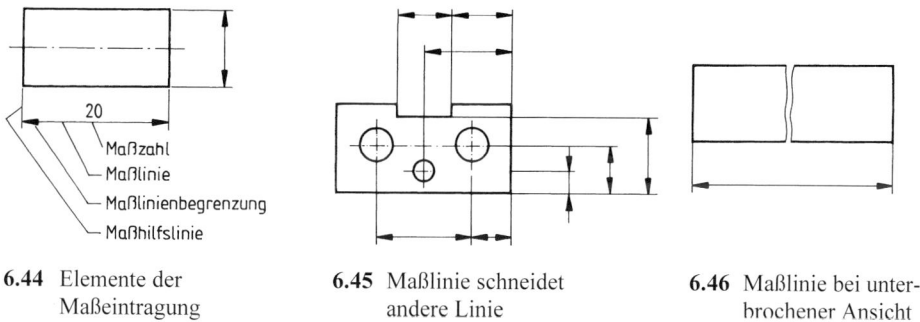

6.44 Elemente der
      Maßeintragung

6.45 Maßlinie schneidet
      andere Linie

6.46 Maßlinie bei unter-
      brochener Ansicht

Der Abstand der Maßlinien hängt von der Größe der Darstellung ab. Zwischen Maßlinie und Körperkante soll er mindestens 10 mm, zwischen einzelnen Maßlinien mindestens 7 mm betragen und einheitlich sein.

Maßlinien dürfen abgebrochen werden bei:

– Halbschnitten
– Teildarstellungen symmetrischer Gegenstände
– der Bemaßung konzentrischer Durchmesser

Die **Maßhilfslinie** ist eine schmale Volllinie. Sie ist die Verbindungslinie zwischen dem zu bemaßenden Element und der Maßlinie. Sie darf unterbrochen werden, z. B. für eine Maßzahleintragung, wenn ihre Fortsetzung eindeutig ist.

Der Maßhilfslinienüberstand beträgt in etwa 2 mm.

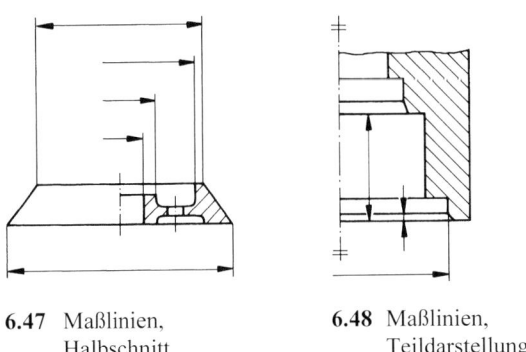

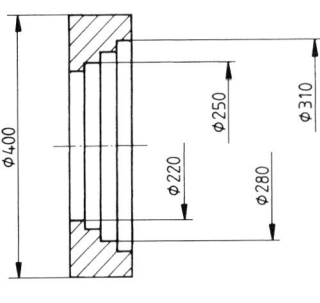

6.47 Maßlinien,   **6.48** Maßlinien,   **6.49** Maßlinien,
      Halbschnitt   Teildarstellung   konzentrische Durchmesser

Als **Maßlinienbegrenzung** wird in der Regel der geschwärzte Pfeil (15 °) verwendet, beim rechnerunterstützten Zeichnen auch der offene Pfeil. Im Bauwesen werden der offene Pfeil (90 °) und der Schrägstrich bevorzugt. Bei Platzmangel werden vor allem in der Verbindung mit dem geschwärzten Pfeil Punkte als Maßlinienbegrenzung gesetzt, **6.50**. Der offene Kreis kennzeichnet die Ursprungsangabe.

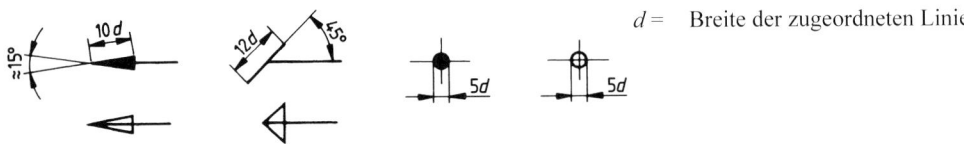

$d =$ Breite der zugeordneten Linie

6.50 Maßlinienbegrenzungen

Die **Maßzahlen** werden nach DIN EN ISO 3098-2 in des Schriftform B, vertikal bevorzugt nach der Methode 1 eingetragen, **6.51**.

Die Maßzahlen können in der Leselage der Zeichnung, Leselage des Schriftfeldes in beiden Hauptleserichtungen von unten und rechts gelesen werden.

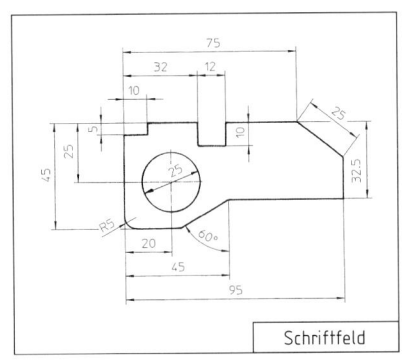

6.51 Bemaßung, Methode 1   **6.52** Bemaßung, Methode 2

Methode 1: Die Maßzahlen stehen parallel zur nichtunterbrochenen Maßlinie, auch bei Winkelbemaßungen, **6.53**.

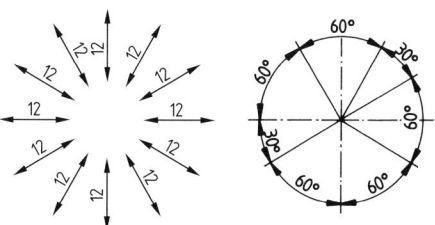 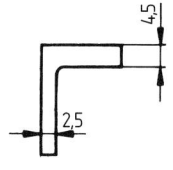

Bei Platzmangel kann die Maßzahl an einer Hinweislinie, **6.54**, über der Verlängerung der Maßlinie, **6.55** oder auch nach **6.56** angeordnet werden.

6.53 Maßzahleneintragung

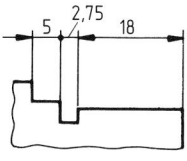

6.54 Maß an Hinweislinie

6.55 Maße an Maßlinienverlängerung

6.56 Durchmessermaß an Formelemente

6

Methode 2: Die Maßzahlen werden nur in der Leserichtung des Schriftfeldes eingetragen. Horizontale Maßlinien werden nicht unterbrochen. Nichthorizontale Maßlinien werden zum Eintragen der Maßzahlen vorzugsweise in der Mitte unterbrochen, **6.52**.

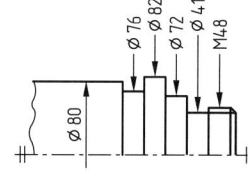

6.57 Maßzahleneintragung

6.58 Abgewinkelte Maßlinie

Winkelmaße dürfen auch ohne Unterbrechung der Maßlinien in Leselage des Schriftfeldes eingetragen werden. Bei Platzmangel darf die Maßzahl an einer verlängerten und abgewinkelten Maßlinie eingetragen werden, **6.58**. Die Maßeintragung nach der Methode 2 wird nicht weiter behandelt, da die Methode 1 eigentlich üblich ist.

Steigende Bemaßung. Wird diese Bemaßung angewandt – die von einem Bezugspunkt ausgehenden Maßlinien überlagern sich in einer Reihe – sind die Maßzahlen in der Nähe der Maßlinienbegrenzungen senkrecht oder parallel zur Maßlinie anzuordnen, **6.59**.

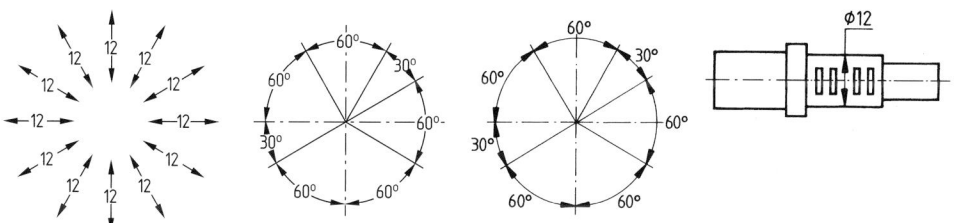

6.59 Steigende Bemaßung

   a) Maße senkrecht zur Maßlinie

   b) Maße parallel zur Maßlinie

Kennzeichen sind grafische Symbole, die bei Bedarf zu den Maßzahlen gesetzt werden.

Die am häufigsten benutzten sind:

– das Durchmesserzeichen ∅
– das Quadratzeichen □
– das Verjüngungssymbol ▷
– die Kennzeichnung der Maßzahlen, die vom Maßstab abweichen z. B. 80
– der Buchstabe *R* für Radius, *S* für Kugel, *SW* für Schlüsselweite.

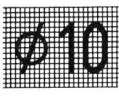 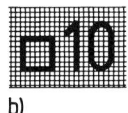 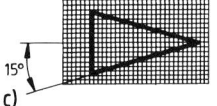

a)   b)   c)

6.60 Kennzeichen, zu den Maßzahlen

a) Durchmesser,   b) Quadratzeichen   c) Verjüngungssymbol

Hinweislinien zur Eintragung von Maßen sind schräg aus der Darstellung herauszuziehen. Sie enden:

– mit einem Punkt in Flächen,
– mit einem Pfeil an Körperkanten,
– ohne Begrenzungszeichen an Maß- und Mittellinien, **6.61**.
– mit Begrenzungszeichen, wenn Bezüge hergestellt werden, z. B. zwischen der Maßlinie und einer darauf bezogenen Linie, **6.62**.

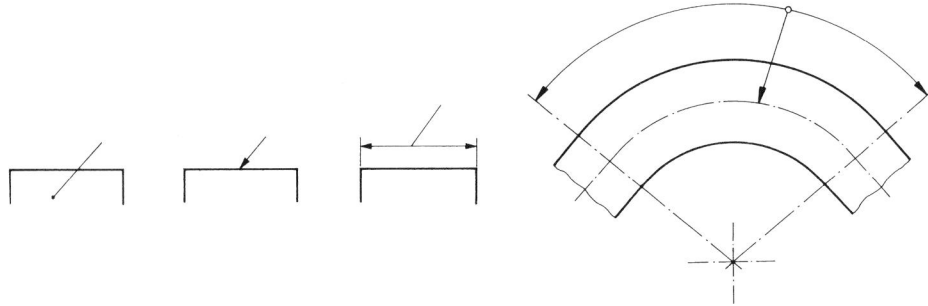

6.61 Hinweislinien   **6.62** Bezugskennzeichnung

Für die Maßeintragung gilt in der Regel:

– Die Maße beziehen sich auf den Gegenstand im dargestellten Zustand.
– Es werden nur die für die eindeutige Beschreibung des Gegenstands notwendigen Maße eingetragen.
– Die Formelemente werden nur einmal in einer Zeichnung bemaßt.
– Die Maße werden dort eingetragen, wo das Formelement am deutlichsten zu erkennen ist.
– Die Bemaßung von verdeckten Kanten ist zu vermeiden.
– Die Maßeintragung erfolgt nur in Ziffern (evtl. mit Dezimalangaben). Das Einheitenzeichen kann im Schriftfeld angegeben werden.

6.2.2 Systeme der Maßeintragung, Arten der Maßeintragung

In der DIN 406-10 sind die allgemeinen Grundlagen, Begriffe, Symbole und die Systeme der Maßeintragung zusammengestellt, **6.60**.

- **Funktionsbezogene Maßeintragung.** Die Maße werden nach konstruktiven Gesichtspunkten eingetragen. Das Zusammenwirken der Einzelteile steht im Vordergrund.
- **Fertigungsbezogene Maßeintragung.** Die für die Fertigung benötigten Maße werden aus der funktions-bezogenen Zeichnung berechnet und eingetragen. Die Maßtolerierung wird angepasst, das Fertigungsverfahren berücksichtigt.
- **Prüfbezogene Maßeintragung.** Entsprechend den vorgesehenen Prüfverfahren werden die Maße eingetragen, um einen Soll-/Ist-Vergleich ohne Umrechnungen vornehmen zu können.

Die Maßeintragungen können auf folgende Arten vorgenommen werden:

- **Parallelbemaßung.** Die Maßlinien liegen parallel zueinander. Jedes Maß hat eine eigene Maßlinie, **6.64**, **6.65** und **6.66**.
- **Steigende Bemaßung.** Alle Maße einer Richtung haben im Regelfall nur eine Maßlinie, die im Ursprung (Kennzeichen offener Kreis) beginnt und an den Maßhilfslinien mit einer Maßlinienbegrenzung abgeschlossen wird, **6.67**.

6

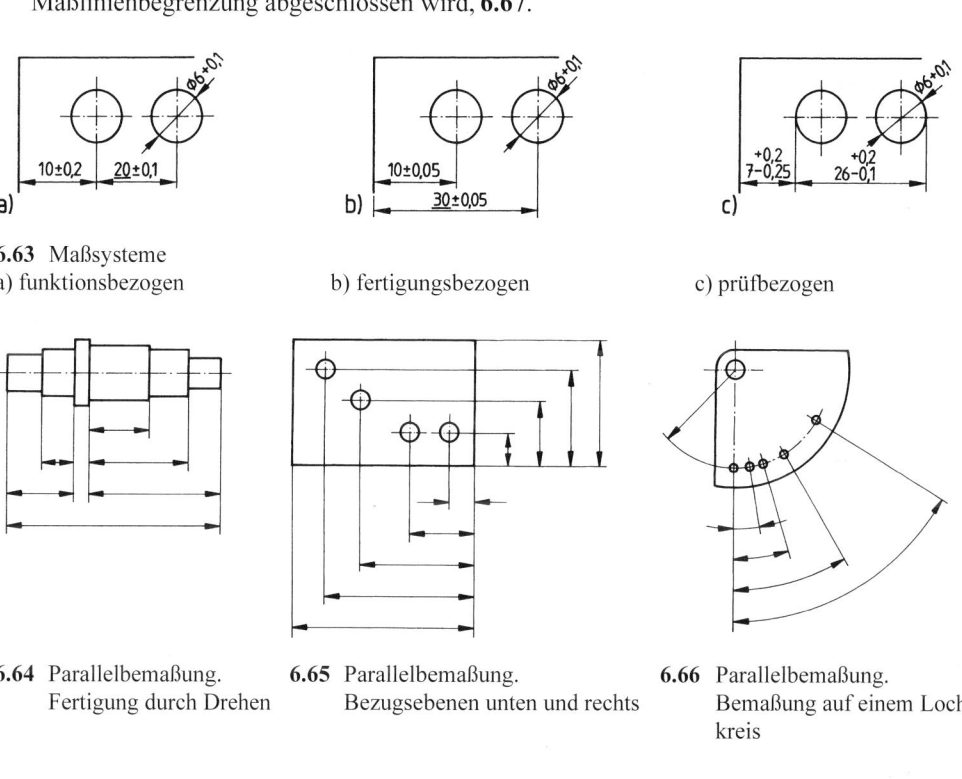

6.63 Maßsysteme
a) funktionsbezogen   b) fertigungsbezogen   c) prüfbezogen

6.64 Parallelbemaßung.   **6.65** Parallelbemaßung.   **6.66** Parallelbemaßung.
    Fertigung durch Drehen   Bezugsebenen unten und rechts   Bemaßung auf einem Loch-
                                                                   kreis

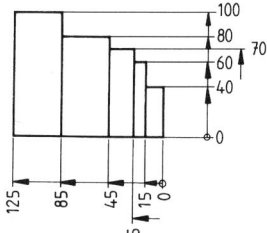

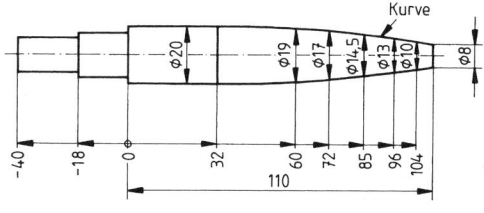

6.67 Steigende Bemaßung   **6.68** Steigende Bemaßung, negative Maßrichtung

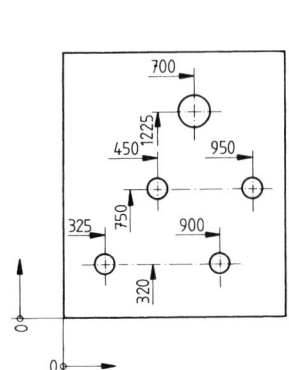

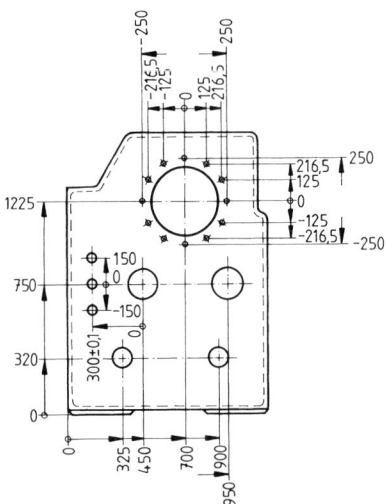

6.69 Steigende Bemaßung, abgebrochene Maßlinien   **6.70** Steigende Bemaßung, mehrere Ursprünge

Werden Maße auch in der Gegenrichtung eingetragen, so ist eine der Richtungen mit einem Minuszeichen zu versehen, **6.68**.

Die steigende Bemaßung kann auch mit abgebrochenen Maßlinien, **6.69** und mit mehreren Ursprüngen angewandt werden, **6.70**.

Im Bedarfsfall lassen sich Parallel- und steigende Bemaßung entsprechend kombinieren, **6.71**.

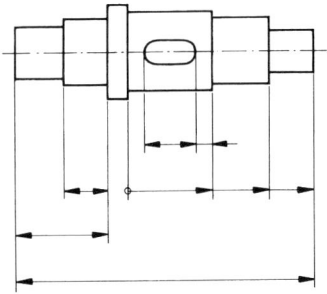

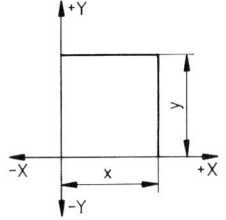

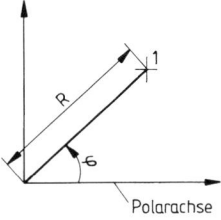

6.71 Kombination von Parallel- und steigender Bemaßung

6.72 Maße (x, y) im kartesischen Koordinatensystem

6.73 Maße (R, φ) im polaren Koordinatensystem

Koordinatenbemaßung. Es werden kartesische, **6.72** und polare, **6.73** Koordinatensysteme verwendet. Die kartesischen Koordinaten werden in Tabellen oder am Werkstück direkt eingetragen, **6.74** und **6.75**. Maß- und Maßhilfslinien werden nicht gezeichnet. Die negativen Richtungen sind mit einem Minuszeichen zu versehen. Die Kombination mit Formelementen z. B. Radius- oder Durchmesserzeichen ist möglich, wie **6.76** zeigt.

Die Polarkoordinaten werden vom Ursprung ausgehend für Radius und Winkel festgelegt und in Tabellen eingetragen. Die Daten sind immer positiv siehe **6.77** und Tabelle 6.5.

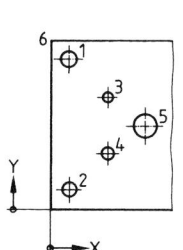

Pos.	x	y	d
1	20	160	⌀19
2	20	20	⌀15
3	60	120	⌀11
4	60	60	⌀13
5	100	90	⌀26
6	0	180	–
7			
8			

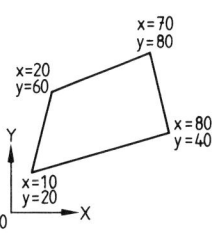

6.74 Kartesische Koordinatenbemaßung mit Tabelle

6.75 Kartesische Koordinatenbemaßung am Maßpunkt

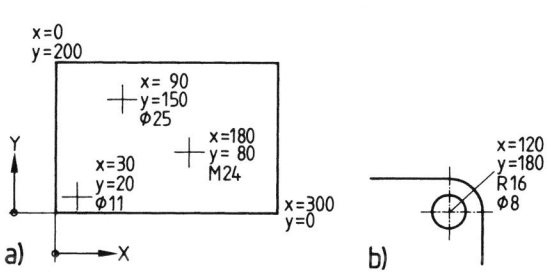

6.76 Kombination Maße und Formelemente

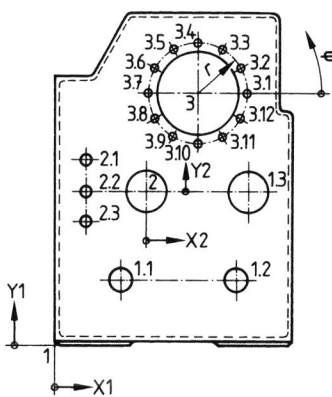

6.77 Kombination kartesische und polare Koordinaten. Haupt- und Nebensysteme

Tabelle 6.5 Werkstücktabelle für Bild **6.77** (Maße in mm)

| Koordinaten-ursprung | Pos. | Koordinaten | | | | |
		X1 X2	Y1 Y2	r	φ	d
1	1	0	0			–
1	1.1	325	320			⌀ 120 H7
1	1.2	900	320			⌀ 120 H7
1	1.3	950	750			⌀ 200 H7
1	2	450	750			⌀ 200 H7
1	3	700	1225			⌀ 400 H8
2	2.1	– 300	150			⌀ 50 H11
2	2.2	– 300	0			⌀ 50 H11
2	2.3	– 300	– 150			⌀ 50 H11
3	3.1			250	0 °	⌀ 26
3	3.2			250	30 °	⌀ 26
3	3.3			250	60 °	⌀ 26

Fortsetzung s. folgende Seite.

Tabelle 6.5 Fortsetzung

Koordinaten-ursprung	Pos.	Koordinaten					
		X1 X2	Y1 Y2	r	φ	d
3	3.4			250	90 °	⌀ 26
3	3.5			250	120 °	⌀ 26
3	3.6			250	150 °	⌀ 26
3	3.7			250	180 °	⌀ 26
3	3.8			250	210 °	⌀ 26
3	3.9			250	240 °	⌀ 26
3	3.10			250	270 °	⌀ 26
3	3.11			250	300 °	⌀ 26
3	3.12			250	330 °	⌀ 26

6

Jedem Koordinaten(Haupt-)system können Nebensysteme zugeordnet werden. Die Systeme und die einzelnen Positionen sind durch Ziffern entsprechend zu kennzeichnen.

6.2.3 Bemaßungsregeln

Die Maße sollen nach Möglichkeit nach ihrer Zusammengehörigkeit zusammengefasst angeordnet werden. D. h. alle notwendigen Maße für Formelemente, z. B. Bohrung, Schlitz, Nut, Ansatz sind in je einer Ansicht anzugeben, **6.78**. Bei einer Halbschnittbemaßung sind Innen- und Außenmaße entsprechend zu ordnen, **6.79**. Bei Gruppenzeichnungen sind die Maße für das entsprechende Bauteil, z. B. Hülse, Gewindebolzen voneinander getrennt anzuordnen, **6.80**.

Maßketten sollen dort, wo kleine Maßtoleranzen notwendig sind, vermieden werden. Zumindest dürfen nicht alle Maße der Kette bezogen auf das Gesamtmaß eingetragen werden, **6.81**, es sei denn, ein Maß wird als Hilfsmaß in Klammern gesetzt, **6.82**.

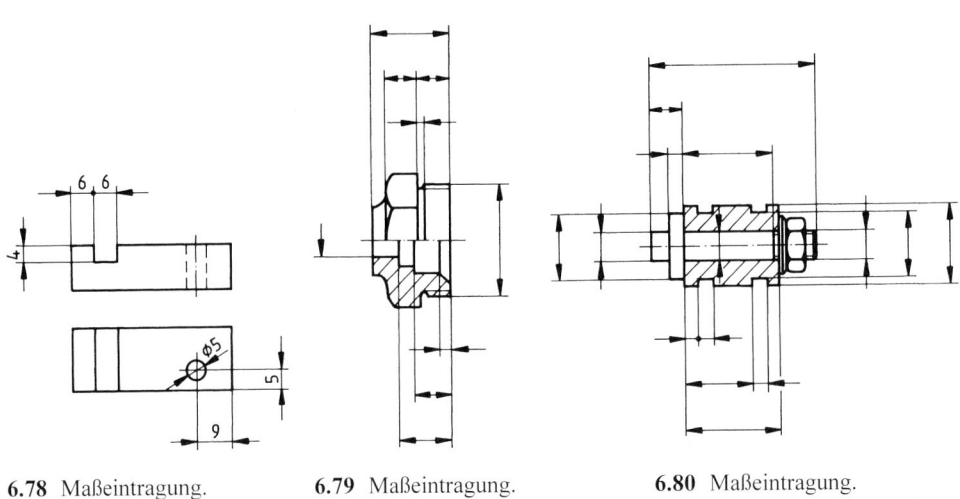

6.78 Maßeintragung. Ordnen in Ansichten

6.79 Maßeintragung. Ordnen nach Innen- und Außenmaßen

6.80 Maßeintragung. Ordnen nach Einzelteilen

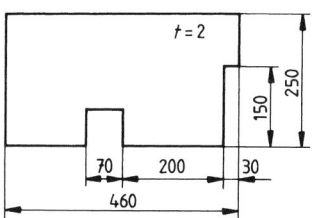

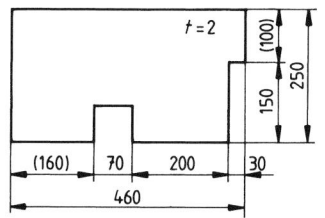

6.81 Maßeintragung, keine geschlossene Maßkette

6.82 Maßeintragung, Hilfsmaß in Klammern

Durchmesserangaben werden stets mit dem grafischen Symbol $\varnothing$ versehen, **6.83** bis **6.86**.

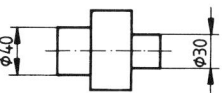

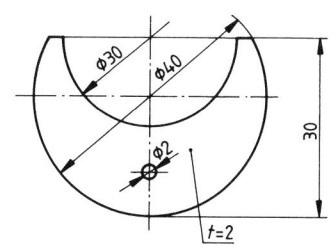

6.83 Durchmesserangaben auf der Maßlinie

6.84 Durchmesserangabe auf der verlängerten Maßlinie

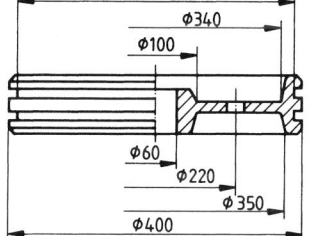

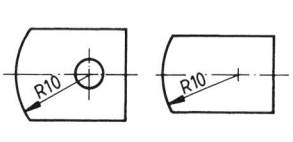

6.85 Durchmesserangabe mit Hinweislinie

6.86 Durchmesserangaben mit abgebrochenen Maßlinien

Radiusangaben werden stets mit dem Buchstaben R versehen. Die Maßlinien mit einem Maßpfeil innerhalb oder außerhalb der Darstellung müssen aus der Richtung der Radiusmittelpunkte kommen und damit senkrecht auf der Kreislinie stehen, **6.87**, **6.88**. Mehrere Radien gleicher Größe lassen sich nach **6.89** zusammenfassen.

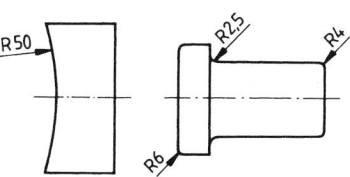

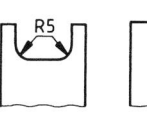

6.87 Angaben der Radiusgröße (vom Mittelpunkt aus)

6.88 Angaben der Radiusgröße

6.89 Zusammenfassung von Radiusangaben

Die Mittelpunkte der Radien sind nur zu bemaßen, wenn sie aus der Geometrie des Gegenstands nicht erkennbar sind, **6.90**. Dabei kann bei großen Radien nach **6.91** verfahren werden.

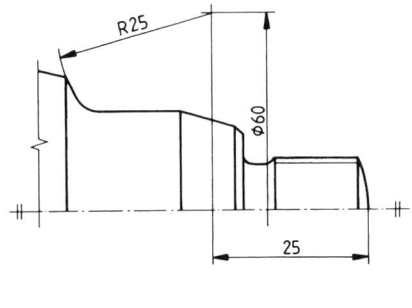

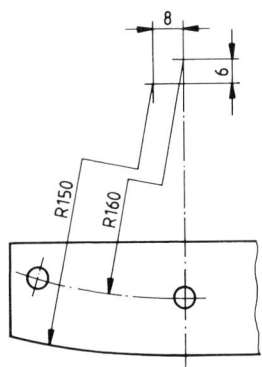

6.90 Bemaßung von Radiusmittelpunkten   **6.91** Bemaßung großer Radien

Zu beachten ist, dass der Abschnitt, der den Kreis berührt, senkrecht auf diesem steht und die Maßzahl auf diesem Abschnitt eingetragen wird. Haben mehrere Radien den gleichen Mittelpunkt, so enden die Maßlinien an einem Hilfskreisbogen.

Beim rechnerunterstützten Zeichnen dürfen nur gerade Maßlinien ohne Knick angeordnet werden.

Kugelbemaßungen haben stets vor den Durchmesser- bzw. Radiusangaben den Buchstaben S, **6.92** und **6.93**. Da bei Linsenkuppen, z. B. an Schrauben- und Bolzenenden, die Kugelform eine untergeordnete Rolle spielt, kann in solchen Fällen der Buchstabe S auch entfallen, **6.94**.

Bei gerundeten Übergängen mit kleinem Halbmesser wie in **6.95** wird eine schmale Volllinie, die die Körperkanten nicht berührt, als Lichtkante gezeichnet.

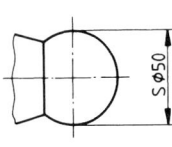

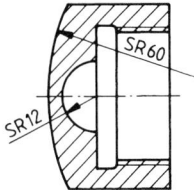

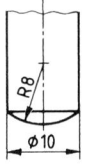

6.92 Kugelbemaßung des   **6.93** Kugelbemaßung von Radien   **6.94** Linsenkuppe
Durchmessers

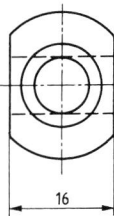

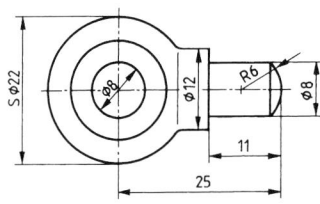

6.95 Übergang Kugel-Zylinder mit Lichtkante

Quadratische Formen werden mit dem grafischen Symbol □ gekennzeichnet. Es wird nur an einer Quadratseite bemaßt, wie **6.96** zeigt.

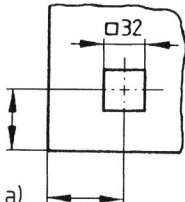

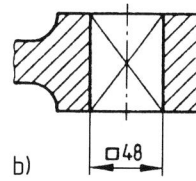

6.96 Bemaßung quadratischer Formen
    a) in Achsrichtung,
    b) quer zur Achsrichtung

Die **Seitenlängen von Rechtecken** können nach **6.97** angegeben werden. Das erste Maß entspricht der Seitenlänge, auf die die Hinweislinie zeigt. Auch Tiefenangaben sind möglich, wenn eine zweite Ansicht dazu gesetzt wird, **6.98**.

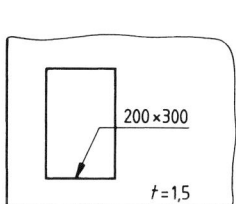

6.97 Bemaßung von Rechtecken

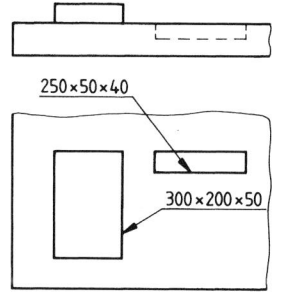

6.98 Bemaßung von Rechtecken mit
    Tiefenangabe

Schlüsselweite. Lässt sich der Abstand der Schlüsselflächen, **6.99**a) in der Darstellung nicht bemaßen, so ist die Maßangabe nach **6.99**b) möglich. Die Großbuchstaben SW stehen immer vor der Maßzahl.

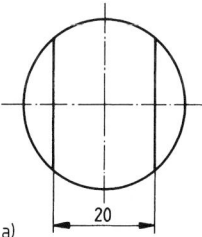

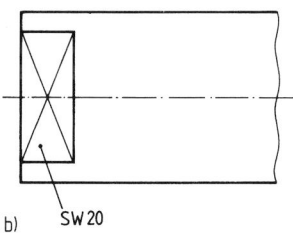

6.99 Bemaßung der Schlüsselweite
    a) in Achsrichtung

b) quer zur Achsrichtung

Neigungen sind stets mit dem grafischen Symbol ◣ vor der Maßzahl zu versehen, **6.100** und **6.101**. Vorzugsweise werden die Angaben auf einer abgeknickten Hinweislinie eingetragen wie in **6.102** und **6.103** dargestellt.

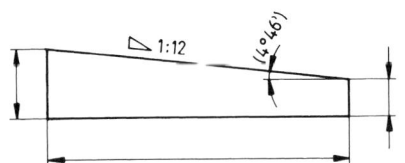

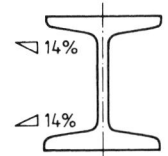

6.100 Neigungsangabe mit Neigungs-   **6.101** Neigungsangabe mit Prozentangabe
verhältnis

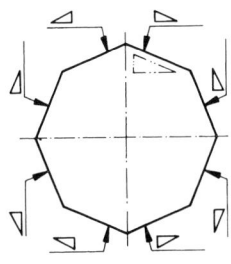

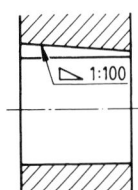

6.102 Neigungsangabe auf Hinweislinie   **6.103** Neigungsangabe bei einer Keilnut

Fasen und Senkungen. Bei Fasen mit einem Winkel von 45 ° oder Senkungen von 90 ° wird der Winkel und die Fasenbreite, achsparallel angegeben, **6.104**.

Dargestellte und nicht dargestellte 45 °-Fasen können auch mit einer abgewinkelten Hinweislinie, siehe **6.105**, bemaßt werden.

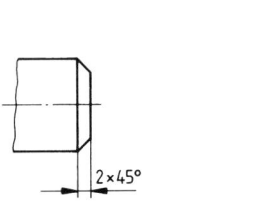

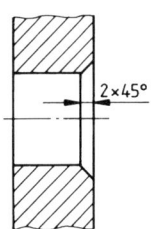

6.104 Angabe der Fasenmaße (Winkel 45 °)

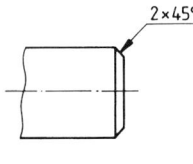

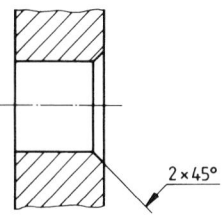

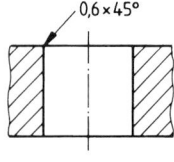

6.105 Angabe der Fasenmaße (Winkel 45 °) auf Hinweislinie

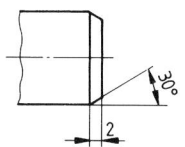 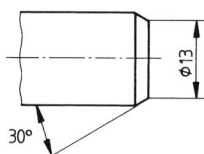 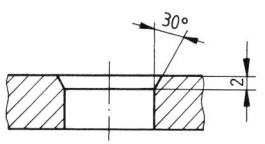

6.106 Angabe der Fasenmaße (Winkel 30 °)

Bei Fasen mit einem von 45 ° abweichenden Winkeln wird die Fasenbreite oder der Fasendurchmesser und der Winkel mit Maßlinie und Maßhilfslinie eingetragen.

Winkelangaben bis 30 ° dürfen mit geraden Maßlinien angegeben werden, **6.106**.

Bogenbemaßung. Vor die Maßzahl der Bogenlänge wird das grafische Symbol ⌒ gesetzt, das bei manueller Anfertigung der Zeichnung in flacherer Form auch über die Maßzahl gesetzt werden kann, **6.107**, **6.108**. Die Maßhilfslinien sind bei Bögen mit Winkeln unter 90 ° parallel zu zeichnen (Maßlinienlänge = Bogenmaß). Aneinander grenzende Bogenmaße haben daher immer eigene Maßhilfslinien, **6.109**. Bei Bögen mit Winkeln über 90 ° verlaufen die Maßhilfslinien auf den Bogenmittelpunkt zu, Maßlinienlänge ≠ Bogenmaß, **6.110**. Ist der Bezug auf eine bestimmte Bogenlänge nicht eindeutig, so muss die Maßlinie mit dem zu bemaßenden Element, z. B. Mittellinie durch eine Hinweislinie mit Punkt verbunden werden, **6.110**.

6

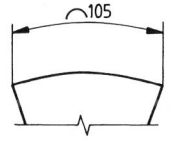 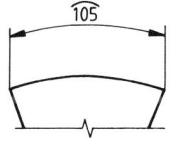 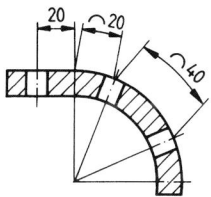 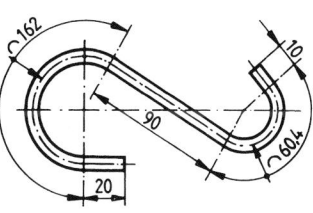

6.107
Bogenbemaßung.
Kennzeichen vor
der Maßzahl

6.108
Bogenbemaßung.
Kennzeichen über
der Maßzahl

6.109
Bogenbemaßung.
Winkel bis 90 °

6.110
Bogenbemaßung. Winkel größer
als 90 °

Vereinfachte Darstellungen 6.111, **6.112** führen auch zu vereinfachten Maßeintragungen. Angegeben wird Anzahl und Abstand der Elemente und zusätzlich die Gesamtlänge bzw. der Gesamtwinkel als Ergebnis in Klammern.

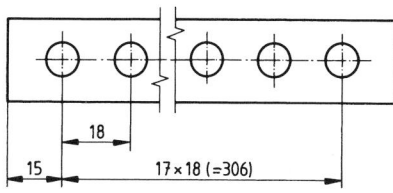 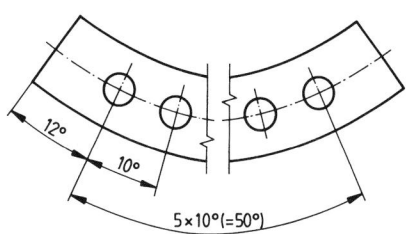

6.111 Vereinfachte Maßeintragung von
Längenmaßen

6.112 Vereinfachte Maßeintragung von Winkelmaßen

Die Anzahl gleicher sich wiederholender Formelemente kann durch vollständige Darstellungen, **6.113**, durch die Anzahl der Teilungen bzw. Abstandsmaße, **6.114** oder nach **6.115** angegeben werden.

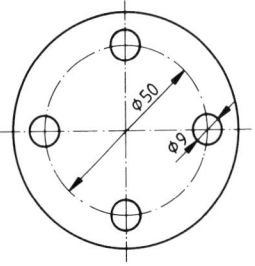

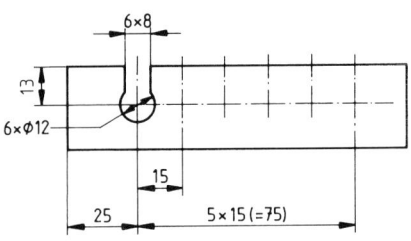

6.113 Gleiche Formelemente,
          vollständige Darstellung

6.114 Gleiche Formelemente, nur eine
          Darstellung

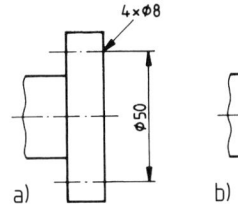
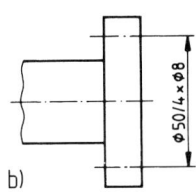

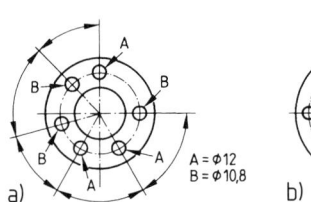
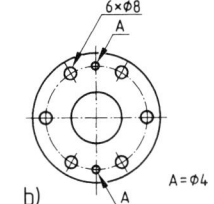

6.115 Gleiche Formelemente, ohne Darstellung

6.116 Gleiche Formelemente verschiedener Größe

Treten unterschiedliche sich wiederholende Elemente z. B. Bohrungen verschiedener Größe in einer Zeichnung auf, so werden die Gruppen mit Großbuchstaben gekennzeichnet die in der Nähe erklärt werden müssen, **6.116**.

Verjüngungen. Das grafische Symbol ▷ wird in jedem Fall vor die Maßzahl der Verjüngung als Verhältnis 1 : a oder als Prozentzahl a % gesetzt. Die Richtung des grafischen Symbols stimmt mit der Richtung der Verjüngung überein. Die Angaben sind auf abgeknickte Hinweislinien zu setzen, **6.117**.

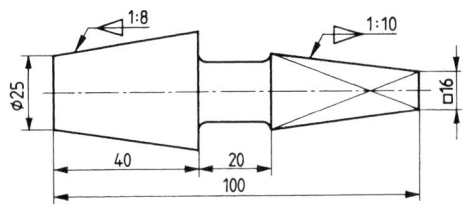

6.117 Verjüngungssymbol am Kegel und an der
          Pyramide

6.2.4 Kegelbemaßung

Nach der DIN ISO 3040 sind für die Bemaßung allgemeiner Kegelformen, Bild **6.118**, folgende Angaben notwendig:

– großer Durchmesser D,
– kleiner Durchmesser d,
– Kegellänge L.

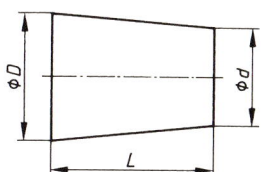

6.118 Bemaßung allgemeiner Kegelformen

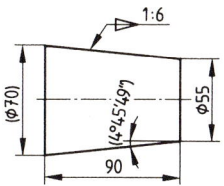

6.119 Bemaßung von Passkegeln

Kegel mit genauer Form (Passkegel) gehören zu den Formelementen, bei denen häufig mehr Maße angegeben werden als nach den Bemaßungsregeln notwendig wären. Zusätzlich zu den genannten 3 Kenngrößen D, d, L werden die Kegelverjüngung C und der Einstellwinkel $\frac{\alpha}{2}$ angegeben, **6.119**.

Eine Überbemaßung wird vermieden durch die Klammern um den Einstellwinkel $\frac{\alpha}{2}$ und dem großer Durchmesser D in **6.119**. Wahlweise auch kann der Kleine Durchmesser d eingeklammert werden.

Die Kegelverjüngung errechnet sich aus $C = \frac{D-d}{L}$

z. B. $C = \frac{60-50}{30} = \frac{10}{30} = \frac{1}{3}$

   $C = 1{:}3$

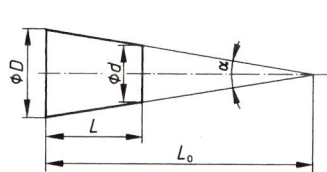

6.120 Berechnung der Kegelverjüngung

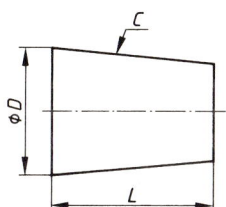

6.121 Angabe der Kegelverjüngung

Die Angabe in der Zeichnung erfolgt mit dem Verjüngungssymbol. Das gleichschenklige Dreieck, siehe **6.60**, zeigt in Richtung der Kegelverjüngung und wird auf einer Hinweislinie über der Kegelmantellinie parallel zur Kegelachse eingetragen, **6.121**.

Der Einstellwinkel $\frac{\alpha}{2}$ als Hilfsmaß für die Fertigung errechnet sich aus

$$\tan\frac{\alpha}{2} = \frac{1}{2}\frac{D-d}{L}; \text{ z.B.}: \tan\frac{\alpha}{2} = \frac{1}{2}\frac{60-50}{30} = \frac{1}{6}; \tan\frac{\alpha}{2} = 0{,}1\overline{6} \quad \frac{\alpha}{2} = 9°27'44''$$

Der Kegelwinkel ist folglich doppelt so groß: $\alpha = 18°55'28''$.

Für bestimmte Anwendungsbereiche empfiehlt DIN 254 Kegelverjüngungen, z. B. für Dichtungskegel, Kegelbuchsen für Wälzlager, Kegel zur Werkzeugaufnahme.

Werkzeugkegel nach DIN 228 werden auch als Morsekegel bezeichnet. Statt der Kegelverjüngung wird dann z. B. Morse 3 eingetragen, **6.122**.

Soll innerhalb der Kegellänge an bestimmter Stelle L_x ein genauer Durchmesser D_x eingehalten werden, so ist das entsprechend **6.123** in die Zeichnung einzutragen.

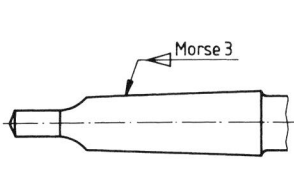

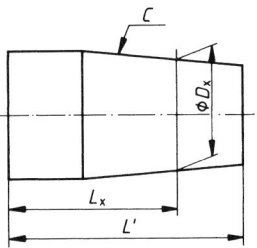

6.122 Angabe für Morsekegel   **6.123** Passmaß an bestimmter Stelle

6.3 Toleranzen, Passungen und Oberflächen

6.3.1 Längen- und Winkelmaßtoleranzen

Grundbegriffe (DIN ISO 286-1)

Maße und Toleranz. Ein in der Zeichnung mit vorgeschriebenen Maßen dargestelltes Werkstück kann bei der Herstellung nur mit größeren oder kleineren Abweichungen vom Nennmaß gefertigt werden. Stets wird das am Werkstück als Messergebnis festgestellte Maß, das Istmaß, kleiner oder größer sein. Um die Abweichungen zu begrenzen, werden, wenn nötig, zwei Grenzmaße festgelegt, zwischen denen (beide einbegriffen) das Istmaß beliebig liegen darf. Das größere ist das Höchstmaß, das kleinere das Mindestmaß, **6.124** bis **6.126**. Der Unterschied zwischen dem Höchstmaß und dem Mindestmaß (also auch die Differenz zwischen dem oberen und dem unteren Abmaß) heißt Maßtoleranz oder kurz Toleranz. Dabei ist die Toleranz ein absoluter Wert ohne Vorzeichen. In einer grafischen Darstellung von Toleranzen wird das Feld zwischen zwei Linien, die das Höchstmaß und das Mindestmaß darstellen, Toleranzfeld genannt, hier die enger schraffierten Flächen in den Zeichnungen **6.124** bis **6.126**.

Das Toleranzfeld wird festgelegt durch die Größe der Toleranz und deren Lage zur Nulllinie, **6.125**.

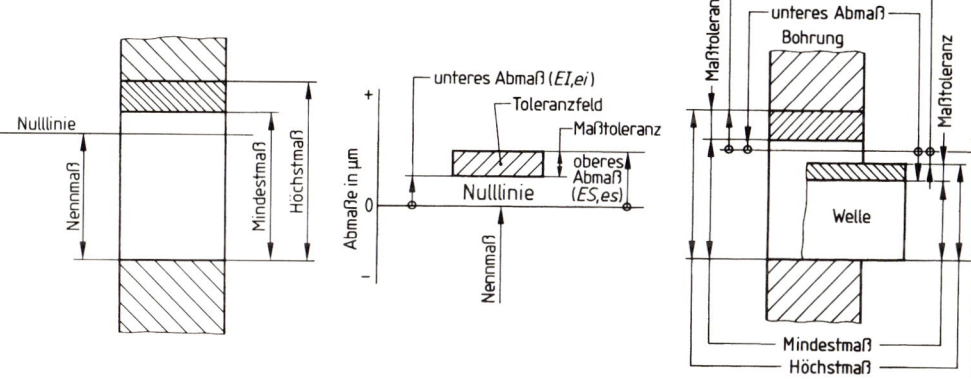

6.124 Nennmaß, Höchstmaß und Mindestmaß

6.125 Übliche Darstellung eines Toleranzfelds

6.126 Grafische Darstellung von Toleranzfeldern. In diesem Beispiel sind die beiden Grenzabmaße der Bohrung positiv und die der Welle negativ.

Beispiel	Durchmesserhöchstmaß	= 50,05 mm
	Durchmessermindestmaß	= 49,98 mm
	Maßtoleranz	= 0,07 mm

Die Größe einer Toleranz wird grafisch durch die Feldhöhe ausgedrückt und richtet sich nach dem Verwendungszweck des Werkstücks. Sie soll nicht unnötig klein sein, damit sich die Herstellung nicht durch übertriebene Maßgenauigkeit verteuert.

Die Grenzmaße (Mindest- oder Höchstmaße) dürfen an keiner Stelle des Werkstücks über- bzw. unterschritten werden.
Toleranzen werden für Längen- und Winkelmaße, Formen und Lage der Werkstückflächen zueinander angegeben.

Eine vorgeschriebene zylindrische Form kann daher im Rahmen der Toleranz krumm, ballig, kegelig usw. sein. Beide Grenzmaße werden im Regelfall in der Zeichnung durch das Nennmaß und die Abmaße festgelegt.

Abmaß. Alle Abmaße werden von einer Linie, der Nulllinie, aus aufgebaut. Diese wird durch das Nennmaß festgelegt, auf das sich alle Abmaße beziehen.

Abmaße für Wellen werden mit Kleinbuchstaben (*es, ei*), Abmaße für Bohrungen mit Großbuchstaben *(ES, EI)* gekennzeichnet, **6.125**. Da sich diese internationalen Kurzzeichen in Deutschland noch nicht eingeführt haben, können noch die für die Abmaße gebräuchlichen Kurzzeichen (oberes Abmaß A_o, unteres A_u) verwendet werden.

Oberes Abmaß ist der Unterschied zwischen dem Höchstmaß und dem Nennmaß, unteres Abmaß der zwischen dem Mindestmaß und dem Nennmaß. Hieraus ergibt sich, dass die Abmaße Vorzeichen (+ oder –) haben. Die Vorzeichen geben die Lage der Toleranz zur Nulllinie, die Zahlen die Größe der Toleranz an.

Beispiel   Nennmaß = 50 mm, Höchstmaß = 50,05 mm, Mindestmaß = 49,98 mm
          Dann ist das obere Abmaß = 50,05 mm – 50 mm = + 0,05 mm
          und das untere Abmaß   = 49,98 mm – 50 mm = – 0,02 mm.

Eintragen der Toleranzen mittels Abmaßen (DIN 406-12)

Abmaße und die Kurzzeichen der Toleranzklassen werden vorzugsweise in gleicher Schriftgröße wie das Nennmaß ausgeführt. Sie dürfen auch in kleinerer Schrift, jedoch nicht unter 2,5 mm Höhe, hinter das Nennmaß geschrieben werden. Das obere Abmaß wird über oder vor dem unteren Abmaß eingetragen, **6.127**.

Gleich große Abmaße sind zu einer Zahl mit beiden Vorzeichen zusammenzufassen, **6.128**.

Das Abmaß 0 (Null) darf eingetragen werden, **6.129**.

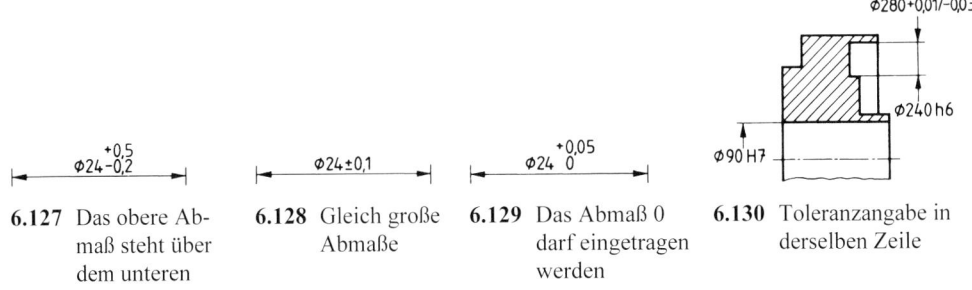

6.127 Das obere Abmaß steht über dem unteren

6.128 Gleich große Abmaße

6.129 Das Abmaß 0 darf eingetragen werden

6.130 Toleranzangabe in derselben Zeile

Vereinfachend dürfen die Toleranzangaben in derselben Zeile hinter das Nennmaß geschrieben werden, **7.130**. Die Abmaße sind dann mit einem Schrägstrich voneinander zu trennen.

Innen- und Außenmaß. Ein Außenteil ist ein Werkstück, das ein Innenteil umschließt. Bohrungen sind somit Außenteile, Wellen Innenteile. Maße an Außenteilen (Bohrungsdurchmesser) sind Innenmaße, Maße an Innenteilen (Wellendurchmesser) Außenmaße. Bei ineinander gesteckt (zusammengebaut) gezeichneten Werkstücken steht das Maß für das Außenteil (Innenmaß) über dem Maß für das Innenteil (Außenmaß), 6.131.

Die Zuordnung der Maße wird durch Wortangaben (z. B. Innen, Außen) oder durch Positionsnummern gekennzeichnet.

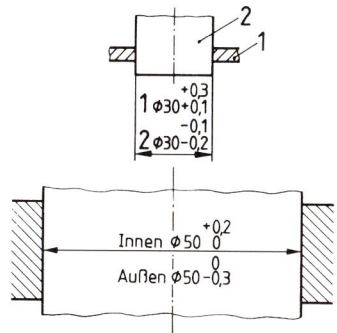

6.131 Zusammenfassen der Maße für
Außenteil und Innenteil

6.132 Maximum- und Minimum-Material-Grenze

6

Maximum- und Minimum-Material-Grenze (MML; LML). Die Maximum-Material-Grenze ist das bei Fertigung zuerst erreichte Grenzmaß (alte Bezeichnung: Gutgrenze). Es lässt die Wegnahme von Werkstoff innerhalb der Toleranz noch zu und ist bei Außenteilen (Bohrungen) das Mindestmaß, bei Innenteilen (Wellen) das Höchstmaß. Es kann als Nennmaß gewählt werden und hat demgemäss das Abmaß 0, wie **6.132** zeigt. Mithin ist für das Außenteil und für das Innenteil 20 die Maximum-Material-Grenze. Das jeweils andere Grenzmaß (für das Außenteil 20 + 0,05 = 20,05 und für das Innenteil 20 – 0,03 = 19,97) ist die Minimum-Material-Grenze (alte Bezeichnung: Ausschussgrenze), weil bei seiner Überschreitung am Außenteil oder Unterschreitung am Innenteil der Toleranzbereich verlassen wird.

Wird die Maximum-Material-Grenze als Nennmaß eingesetzt, gehört zu einem Außenteil das obere Abmaß mit dem Vorzeichen + und zu einem Innenteil das untere Abmaß mit dem Vorzeichen –. Diese Eintragung ist vorteilhaft, weil die Maximum-Material-Grenze sofort erkennbar, nur ein Abmaß notwendig und dies zugleich die Größe der Toleranz ist.

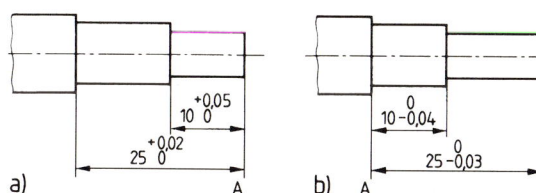

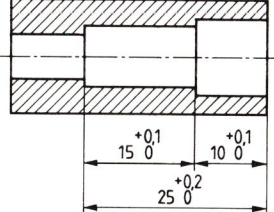

6.133 Die Vorzeichen richten sich nach
Lage der Maßbezugsebene

6.134 Falsche Bemaßung

Absatzmaße gehen gewöhnlich von einer Maßbezugsebene (zuerst fertigzustellende Bezugsebene) aus und können je nach Wahl der Bezugsebene als Innen- oder Außenmaße aufgefasst werden. Die Maßbezugsebene ist in **6.133** mit „A" gekennzeichnet. Sie wird in Zeichnungen angegeben, z. B. bei Koordinatenbemaßung und im Zusammenhang mit Form- und Lagetoleranzen (s. Abschn. 6.3.2 DIN EN ISO 1101).

Liegt die Maßbezugsebene in der Stirnfläche, haben die Absatzmaße die Bedeutung von Innenmaßen; die (oberen) Abmaße erhalten mithin das Vorzeichen +, siehe **6.133**a). Sind die Absatzmaße gleichbedeutend mit Außenmaßen, haben die (unteren) Abmaße somit das Vorzeichen –, siehe **6.133**b).

Maßketten. Aneinander gereihte Maße bilden eine Maßkette. Die einzelnen Maße der Maßkette und das Gesamtmaß dürfen nicht toleriert werden, wenn dadurch die Gefahr des Ausschusses bei der Fertigung entsteht, **6.134**.

Würde man z. B. das Maß 25 + 0,2 mit der Summentoleranz + 0,2 auf das Mindestmaß = 25 und eines der Kettenmaße, z. B. 10 + 0,1 auf das Höchstmaß = 10,1 bringen, wären für das andere Maß nur 25 – 10,1 = 14,9 übrig. Die risikolose Herstellung des Teils ist also ausgeschlossen.

Mittenabstände werden gleichmäßig nach ± toleriert, **6.135**. Auch für den Abstand einer Lochmitte von einer zuvor bearbeiteten Kante ist die Maßtoleranz gewöhnlich nach beiden Seiten gleich groß. Wird aber der Abstand einer Fläche von der Lochmitte aus bestimmt, ist die Lochmitte die Maßbezugsebene, **6.136**. Bei beiden Maßen ist mithin das bei der Bearbeitung zuerst erreichte Maß (Maximum-Material-Grenze) als Nennmaß einzutragen und die Minimum-Material-Grenze durch ein Abmaß mit richtigem Vorzeichen festzulegen.

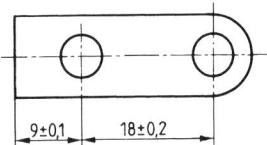

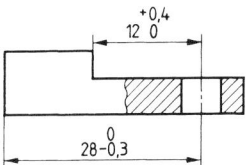

6.135 Tolerierte Lochabstände   **6.136** Lochmitte als Maßbezug

Tolerierte Abstände einzelner Löcher voneinander können von einer Lochmitte, **6.137** oder Kante, **6.138** aus bemaßt werden. Ein Summieren der Toleranzen von einzelnen Maßen wird vermieden, wenn die Maßeintragung der entsprechenden Maße von einem gemeinsamen Bezugselement vorgenommen wird.

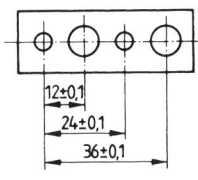

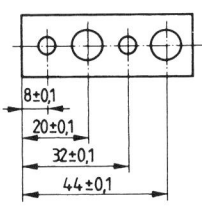

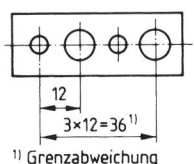

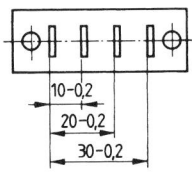

6.137 Von einer Lochmitte aus bemaßte Teilungen   **6.138** Werkstückkante als Maßbezugsebene   **6.139** Vereinfachte Bemaßung   **6.140** Abstände rechteckiger Löcher

Winkeltoleranzen werden nach **6.141** eingetragen. Damit ihre Auswirkung zwischen den Winkelschenkeln erkennbar wird, ist die Überprüfung in Längentoleranzen zu empfehlen.

Grenzmaße in einer Richtung. Bei einseitigen Schwankungen des Istmaßes trägt man das betreffende Grenzmaß und den Zusatz Höchstmaß oder max. bzw. Mindestmaß oder min. ein. Solche Angaben sollten nicht in Fertigungszeichnungen, sondern nur z. B. in Angebotszeichnungen verwendet werden.

Einschränkende Festlegungen. Soll eine Toleranz nur für einen bestimmten Bereich gelten, kann dieser Bereich mithilfe einer schmalen Volllinie angegeben und bemaßt werden, **6.142**.

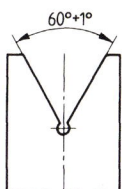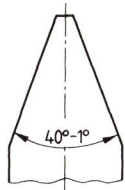   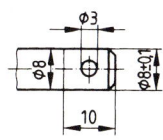   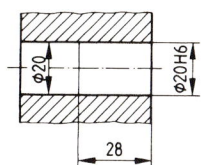

6.141 Eintragung der Winkeltoleranzen   **6.142** Toleranzbegrenzung auf einen bestimmten Bereich

Allgemeintoleranzen für Längenmaße, Rundungshalbmesser und Fasenhöhen (Schrägungen), Winkelmaße, Geradheit und Ebenheit sowie Zylinderform (DIN ISO 2768-1 und DIN ISO 2768-2, s. Abschn. 6.3.3).

6.3.2 Form- und Lagetolerierung (DIN EN ISO 1101)

Angaben über Form- und Lagetoleranzen dienen mit dazu, einwandfreie Bedingungen für die Funktion und Austauschbarkeit von Werkstücken und Baugruppen zu sichern. Sie sind aber nur dann erforderlich, wenn von ihnen die Funktion und/oder die wirtschaftliche Herstellung des betreffenden Teils abhängen. Andernfalls werden sie durch die festgelegten Maßtoleranzen zwangsläufig mit begrenzt. Eine Ausnahme bilden lediglich Symmetrie-, Koaxialitäts- und Laufabweichungen.

Grundbegriffe

Toleranzzone ist die Zone, innerhalb der alle Punkte eines geometrischen Elements (Fläche, Achse oder Mittelebene) liegen müssen. Je nach der zu tolerierenden Eigenschaft und ihrer Bemaßungsart ist die Toleranzzone:

– die Fläche innerhalb eines Kreises oder zwischen zwei konzentrischen Kreisen (Kreisen mit gemeinsamem Mittelpunkt),
– die Fläche zwischen zwei abstandsgleichen Linien oder zwei parallelen geraden Linien,
– der Raum innerhalb eines Zylinders oder zwischen zwei koaxial liegenden Zylindern (Zylindern mit gemeinsamer Achse),
– der Raum zwischen zwei abstandsgleichen Flächen oder zwei parallelen Ebenen,
– der Raum innerhalb eines Quaders.

Formtoleranzen geben die Höchstwerte für die Weite des zugelassenen Bereichs für eine Formabweichung an. Sie bestimmen die Toleranzen, innerhalb der das geometrische Element liegen muss und beliebige Form haben darf.

Lagetoleranzen. Hierzu gehören Richtungs-, Orts- und Lauftoleranzen. Sie geben die Höchstwerte für die zulässigen Abweichungen von der geometrisch idealen Lage zweier oder mehrerer Elemente zueinander an. Ein Element, erforderlichenfalls auch zwei, werden als Bezugselement festgelegt. Die Lagetoleranzen bestimmen die Toleranzzone, innerhalb der das tolerierte Element liegen muss. Ist keine Formtoleranz angegeben, darf das Element innerhalb dieser Toleranzzone beliebige Form haben.

Bezugselement ist ein an einem Teil vorhandenes Element (z. B. eine Kante, Fläche oder Bohrung), das zur Lagebestimmung eines Bezugs verwendet wird. Es dient bei der Lagetoleranz als Ausgangsbasis und sollte dies möglichst auch bei der Funktion des Werkstücks sein. Das Bezugselement muss genügend formgenau sein. Erforderlichenfalls sind Formtoleranzen vorzuschreiben.

Minimumbedingung. Bei der Prüfung, ob die Geradheit oder Ebenheit, die Rundheit oder Zylindrizität eines geometrischen Werkstückelements als einwandfrei (innerhalb der Toleranz)

angenommen werden kann, ist die Minimumbedingung zu Grunde zu legen. Beim Messen von Formabweichungen sind die Begrenzungslinien bzw. die Flächen so an die Ist-Form anzulegen, dass sich die geringste Formabweichung ergibt (h_1 und Δr_1 in **6.143**). Wird diese Minimumbedingung nicht beachtet, ergeben sich größere Abweichungen (h_2 und Δr_2 in **6.143**), die zu falschen Messergebnissen führen.

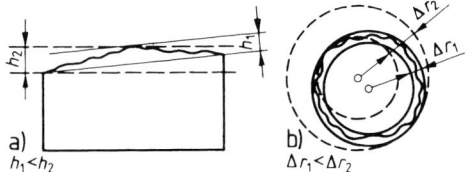

6.143 Minimumbedingung
a) für Geradheit oder Ebenheit
b) für Rundheit oder Zylinderform

Maximum-Material-Prinzip (DIN ISO 2692). Nach diesem Tolerierungsgrundsatz darf der wirksame Zustand für ein toleriertes Formelement oder die geometrisch ideale Form für ein Bezugselement die Maximum-Material-Bedingung nicht durchbrechen.

Die Maximum-Material-Bedingung gibt vor, dass das betreffende Formelement überall an dem Grenzmaß (Maximum-Material-Maß) liegt, bei dem das Material dieses Formelements sein Maximum hat, **6.144**. Zur Kennzeichnung der Maximum-Material-Bedingung dient das Symbol Ⓜ in **6.149**. Je nachdem, ob sich die Maximum-Material-Bedingung auf das tolerierte Element, das Bezugselement oder beide bezieht, erfolgt die Eintragung.

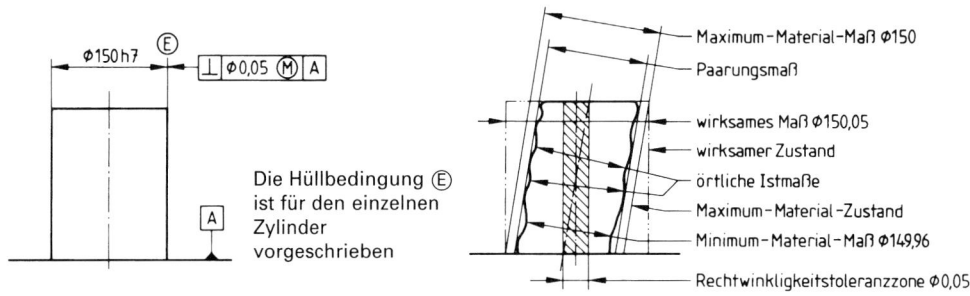

6.144 Maximum-Material-Bedingung

Die Bedeutung des Maximum-Material-Prinzips liegt darin, dass eine eingetragene Toleranz um den Betrag vergrößert werden darf, der bei einer anderen, mit ihr korrespondierenden Toleranz nicht ausgenutzt wird. Dies hat zur Folge, dass funktionstaugliche und zu paarende Teile u. U. nicht verworfen werden müssen, wenn einzelne Maße oder Lagetoleranzen nicht eingehalten sind (Ausschussverringerung). Die Anwendung des Tolerierungsgrundsatzes empfiehlt sich immer dann, wenn Teile (z. B. mit mehreren Bohrungen), mit Gegenstücken gepaart werden (u. a. für Lochbilder, die mit Bolzenlehren geprüft werden). In der Elektroindustrie sind fast alle Steckverbindungen auf diese Weise bemaßt.

Das Maximum-Material-Prinzip sollte nicht für kinematische Ketten Getriebezentren, Gewindelöcher, Löcher bei Übermaßpassungen usw. angewendet werden, bei denen die Funktion durch eine Vergrößerung der Toleranz gefährdet werden kann.

Zusammenhang zwischen Maß-, Form- und Parallelitätstoleranzen (DIN 7167, DIN ISO 8015)

Bei Zeichnungen, die keine anders lautenden Festlegungen enthalten, gilt die Hüllbedingung nach DIN 7167, wie **6.145** zeigt, für alle Formelemente. Zeichnungseintragungen sind nicht notwendig. Diese Bedingung stimmt grundsätzlich mit der Hüllbedingung in DIN ISO 8015 überein, **6.145**. Der neue Tolerierungsgrundsatz in DIN ISO 8015 legt Folgendes fest:

– Alle Maß-, Form- und Lagetoleranzen gelten unabhängig voneinander. Maßtoleranzen begrenzen nur die Istmaße an einem Formelement, nicht seine Formabweichungen (z. B. nicht die Rundheits- und Geradheitsabweichungen an parallelen Flächen).

– Soll bei bestimmten Formelementen (z. B. bei zylindrischen und parallelen Flächen, die für eine Passung vorgesehen sind) auch die Hüllbedingung gelten, drückt man dies durch das Symbol Ⓔ hinter der Maßangabe aus.

Bestehende Zeichnungen lassen sich nicht auf diesen neuen Tolerierungsgrundsatz „umfunktionieren". Deshalb ist bei Zeichnungen nach dem neuen Grundsatz in oder am Zeichnungsschriftfeld auf die Norm hinzuweisen (z. B. Tolerierung nach ISO 8015). Umgekehrt beugt ein Hinweis auf die Tolerierung nach DIN 7167 Missverständnissen vor.

Bei Wellen darf die Oberfläche des Formelements die geometrisch ideale Form (Zylinder) mit Höchstmaß nicht überschreiten (Hüllbedingung). Außerdem darf an keiner Stelle das Istmaß das Mindestmaß unterschreiten. Der Zylinder mit Höchstmaß wird durch den Gutlehrring verkörpert.

Bei Bohrungen darf die Oberfläche des Formelements die geometrisch ideale Form (Zylinder) mit Mindestmaß nicht unterschreiten (Hüllbedingung). Außerdem darf an keiner Stelle das Istmaß das Höchstmaß überschreiten. Der Zylinder mit Mindestmaß wird durch den Gutlehrdorn verkörpert.

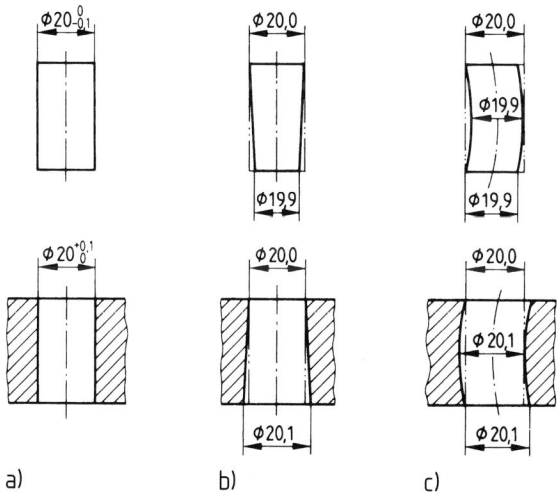

6.145 Hüllbedingung nach DIN 7167
    a) Zeichnungseintragung
    b) und c) gepaarte Welle und Bohrung genügen dem Taylorschen Grundsatz

Eintragen der Form- und Lagetoleranzen (DIN EN ISO 1101)

Es werden verwendet:

– Toleranzrahmen mit Bezugspfeil, auf das tolerierte Element weisend, **6.146**a),
– Toleranzrahmen wie oben mit zusätzlichem Feld für Hinweis auf das Bezugselement, **6.146**b) und **6.150**,
– Bezugsdreieck mit Rahmen für den Bezugsbuchstaben zum Kennzeichnen des Bezugselements, **6.147**,
– rechteckiger Rahmen zum Kennzeichnen von theoretischen genauen Maßen (DIN ISO 5458) für die Angabe der geometrisch idealen Lage der Toleranzzone, **6.148**,
– Symbol für Maximum-Material-Bedingung (DIN ISO 2692, **6.149**).

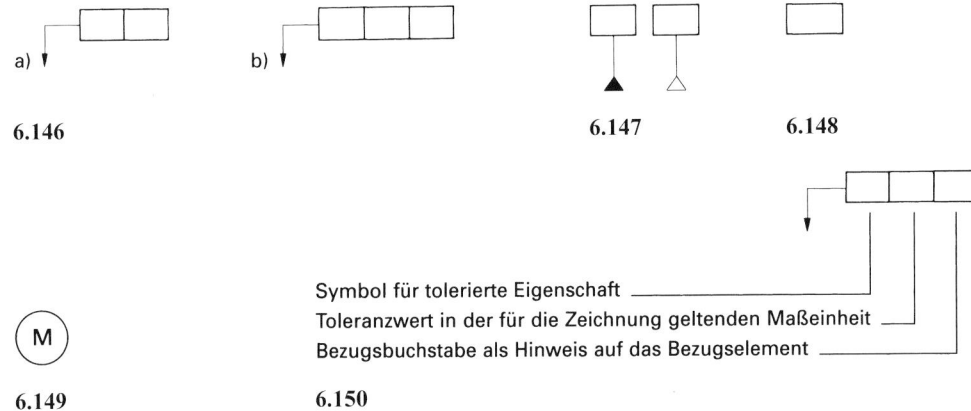

a)	b)	
6.146		**6.147** **6.148**

Symbol für tolerierte Eigenschaft
Toleranzwert in der für die Zeichnung geltenden Maßeinheit
Bezugsbuchstabe als Hinweis auf das Bezugselement

6.149   **6.150**

Das Symbol für die tolerierte Eigenschaft (Toleranzart), der Toleranzwert und gegebenenfalls der Hinweis auf das Bezugselement werden im Toleranzrahmen mit Bezugspfeil wie in **6.150** angegeben.

Ist das tolerierte Element eine Fläche oder Linie (z. B. Mantellinie), aber keine Achse, wird der Bezugspfeil wie in **6.151** eingetragen. Um Verwechslungen zu vermeiden, müssen Maßlinien und Bezugspfeile deutlich versetzt angeordnet sein.

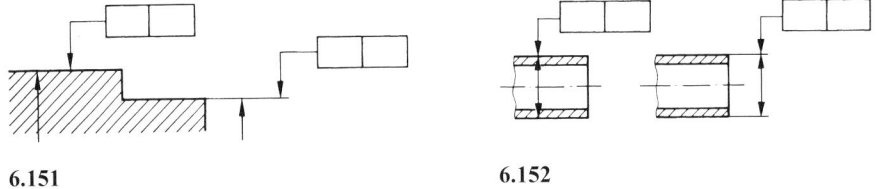

6.151   **6.152**

Ist das tolerierte Element eine Achse oder Mittellinie, zeichnet man Bezugspfeil und Hinweislinie als Verlängerung einer Maßlinie, **6.152**.

Bezieht sich die Toleranzangabe auf alle durch die Mittellinie dargestellten Achsen oder Mittelebenen gemeinsam, steht der Bezugspfeil senkrecht auf dieser Mittellinie, **6.153**.

Bei Platzmangel darf ein Maßpfeil als Bezugspfeil verwendet werden, **6.154**. Ist die Toleranzzone des tolerierten Elements ein Kreis oder ein Zylinder, setzt man vor den Toleranzwert das Durchmesserzeichen (z. B. $\varnothing$ 0,1). Andernfalls liegt die Weite der Toleranzzone am tolerierten Element in Richtung des Bezugspfeils.

Gilt der Toleranzwert für ein toleriertes Element nur für eine bestimmte Teillänge, die jedoch beliebig innerhalb der Gesamtlänge liegt, setzt man diese Länge in der für die Zeichnung geltenden Maßeinheit durch einen Schrägstrich getrennt rechts neben den Toleranzwert, **6.155**. Das gilt auch für Flächen.

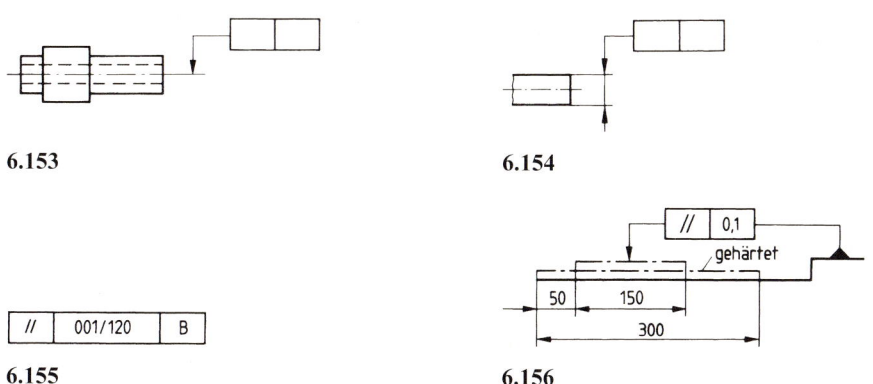

6.153

6.154

6.155

6.156

Gilt die Toleranzangabe nur für einen vorgeschriebenen Bereich, ist dieser mit einer breiten Strichpunktlinie zu kennzeichnen und zu bemaßen, **6.156**.

Gilt neben der Toleranz im Gesamten eine weitere gleichartige Toleranz für eine Teillänge beliebiger Lage, gibt man diese im unteren Teilfeld des waagerecht halbierten Feldes im Toleranzrahmen an, **6.157**.

Sind zu einem tolerierten Element Toleranzen für zwei tolerierte Eigenschaften nötig, werden beide Toleranzangaben in besonderen Toleranzrahmen untereinander und mit nur einem Bezugspfeil an das tolerierte Element gesetzt, **6.158**.

6.157

6.158

Ein Bezugselement wird durch ein Bezugsdreieck gekennzeichnet, das entweder direkt mit dem Toleranzrahmen verbunden, **6.159**a) oder mit einem Bezugsbuchstaben gekennzeichnet ist, **6.159**b). Der Bezugsbuchstabe muss im Toleranzrahmen wiederholt werden, **6.159**c). Kann der Toleranzrahmen direkt mit dem Bezug durch eine Hinweislinie verbunden werden, kann der Bezugsbuchstabe entfallen, **6.156**.

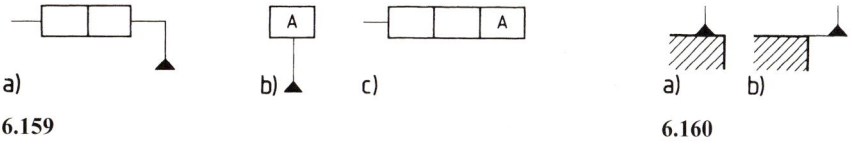

a)

b) c)

a) b)

6.159

6.160

Das Bezugsdreieck steht entweder direkt auf der Konturlinie des Bezugselements, **6.160**a) oder auf der Maßhilfslinie, allerdings deutlich versetzt von der Maßlinie, **6.160**b).

Beispiele für eine ebene Fläche oder gerade Linie als Bezugselement zeigt **6.161**, für eine Achse oder eine Mittelebene als Bezugselement **6.162**a) und b), für eine Mantellinie oder Fläche **6.162**c).

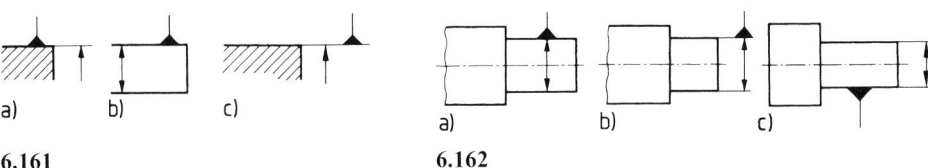

6.161   **6.162**

Bei Platzmangel darf das Bezugsdreieck an Stelle eines der beiden Maßpfeile eingetragen werden, **6.163**. Hat das Bezugselement eine mehreren Formelementen gemeinsame Achse oder Mittelebene, wird das Bezugsdreieck wie in **6.164** eingetragen.

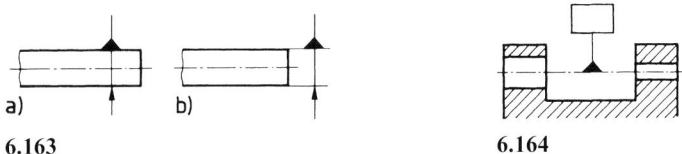

6.163   **6.164**

Theoretisch genaue Maße, die zur Angabe der geometrisch idealen (theoretisch genauen) Lage der Toleranzzone bei Neigungs-, Positions- oder Profiltoleranzen erforderlich sind, trägt man in rechteckige Rahmen ein. Für diese Maße gelten Grenzabweichungen für Maße ohne Toleranzangabe nicht. Die entsprechenden Istmaße am Werkstück unterliegen der eingetragenen Form- bzw. Lagetoleranz, **6.165** und **6.166**.

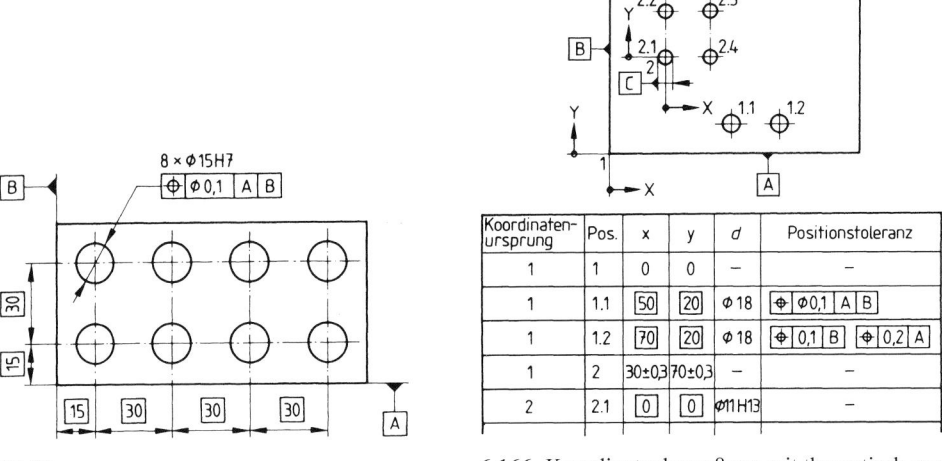

6.165

6.166 Koordinatenbemaßung mit theoretisch genau-
en Maßen und Positionstoleranzen

Das Symbol Ⓜ für die Maximum-Material-Bedingung setzt man rechts neben den Toleranzwert, **6.167**a), neben den Bezugsbuchstaben, **6.167**b) oder neben den Toleranzwert zusammen mit dem Bezugsbuchstaben, **6.167**c) – je nachdem, ob die Maximum-Material-Bedingung für das tolerierte Element, das Bezugselement oder beide gilt.

a)   b)   c)

6.167

Tabelle 6.6 Form- und Lagetoleranzen mit Erklärung und Beispielen für die Zeichnungseintragung (DIN EN ISO 1101, Auswahl)

Art der Toleranz	tol. Eigenschaft	Symbol	Anwendungsbeispiele		
			Toleranzzone	Zeichnungseintragung	Erklärung
Formtoleranzen	Geradheit	—		Ø 0,08	Die Achse des mit dem Toleranzrahmen verbundenen (äußeren) Zylinders muss innerhalb einer zylindrischen Toleranzzone mit Ø 0,08 mm liegen.
	Geradheit	—		— 0,1	Jede parallel zur Zeichenebene liegende Linie der oberen Fläche muss zwischen zwei parallelen Geraden vom Abstand 0,1 mm liegen.
	Ebenheit	▱		▱ 0,02	Die tolerierte Fläche muss zwischen zwei parallelen Ebenen mit 0,02 mm Abstand liegen.
	Rundheit (Kreisform)	○		○ 0,05	Die Umfangslinie jedes Querschnitts muss zwischen zwei in derselben Ebene liegenden konzentrischen Kreisen mit 0,05 mm radialem Abstand liegen.
	Zylinderform	⌭		⌭ 0,1	Die tolerierte Mantelfläche muss zwischen zwei koaxialen Zylindern liegen, die einen radialen Abstand von 0,1 mm haben.
	Profilform einer Linie	⌒		⌒ 0,04	In jedem Schnitt parallel zur Zeichenebene muss das tolerierte Profil zwischen zwei Hülllinien an Kreisen mit Ø 0,04 mm liegen, deren Mittelpunkte auf der geometrisch idealen Linienform liegen.

Fortsetzung s. nächste Seite.

Tabelle 6.6 Fortsetzung

Art der Toleranz	tol. Eigenschaft	Symbol	Anwendungsbeispiele		
			Toleranzzone	Zeichnungseintragung	Erklärung
	Profilform einer Fläche	⌒			Die tolerierte Fläche muss zwischen zwei Hüllflächen an Kugeln mit ∅ 0,02 mm liegen, deren Mittelpunkte auf der geometrisch idealen Fläche liegen.
Richtungstoleranzen	Parallelität	//			Die tolerierte mittlere Linie muss innerhalb eines Zylinders vom Durchmesser 0,03 mm liegen, der parallel zur Bezugsgeraden A ist.
	Parallelität	//			Die tolerierte mittlere Linie muss zwischen zwei zur Bezugsebene parallelen Ebenen mit 0,02 mm Abstand liegen.
	Rechtwinkligkeit	⊥			Die tolerierte Fläche muss zwischen zwei parallelen und zur Bezugsebene A senkrechten Ebenen mit 0,05 mm Abstand liegen.
	Neigung (Winkligkeit)	∠			Die tolerierte Fläche muss zwischen zwei parallelen Ebenen vom Abstand 0,1 mm liegen, die im theoretisch genauen Winkel von 75° zur Bezugsgeraden A geneigt sind.
Ortstoleranz	Position	⊕			Die mittlere Linie jeder Bohrung muss innerhalb einer zylindrischen Toleranzzone vom Durchmesser 0,1 mm liegen, deren Achse mit dem theoretisch genauen Ort der betrachteten Bohrung zu den Bezugsebenen A, B und C übereinstimmt.

Fortsetzung s. nächste Seite.

Tabelle 6.6 Fortsetzung

Art der Toleranz	tol. Eigenschaft	Symbol	Anwendungsbeispiele		
			Toleranzzone	Zeichnungseintragung	Erklärung
Ortstoleranzen	Koaxialität	◎	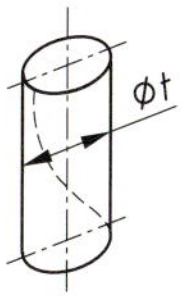	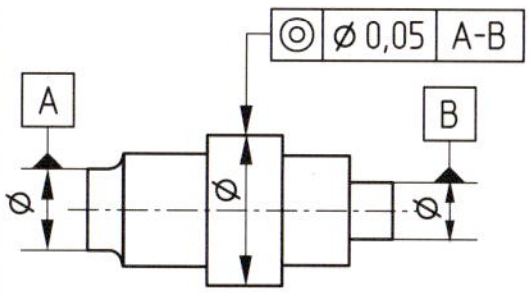	Die Achse des Zylinders, der mit dem Toleranzrahmen verbunden ist, muss innerhalb eines zur Bezugsgeraden *A-B* koaxialen Zylinders mit ⌀ 0,05 mm liegen.
	Symmetrie	═	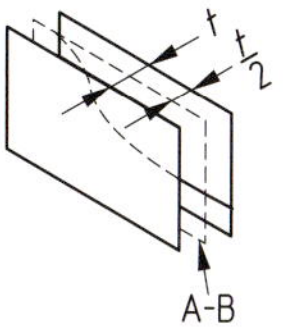	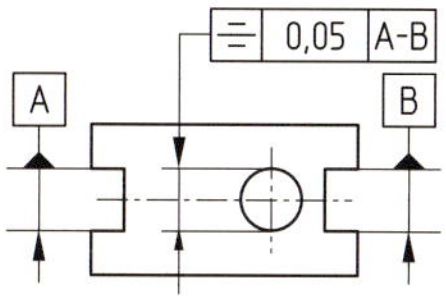	Die tolerierte Achse der Bohrung muss zwischen zwei parallelen Ebenen mit 0,05 mm Abstand liegen, die symmetrisch zur Mittelebene der Bezugsnuten *A* und *B* angeordnet sind.
Lauftoleranzen	Rundlauf	↗	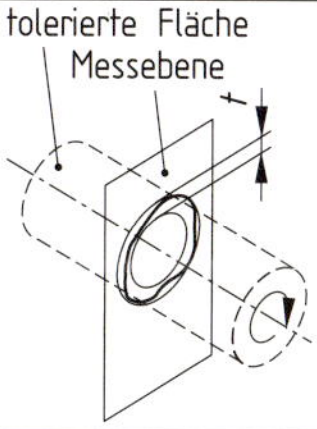	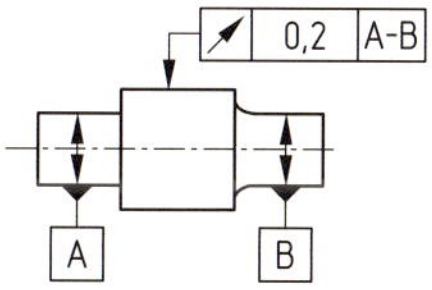	Bei einer Umdrehung um die Bezugsachse *A-B* darf die Rundlaufabweichung in jeder achssenkrechten Messebene 0,2 mm nicht überschreiten.
	Planlauf		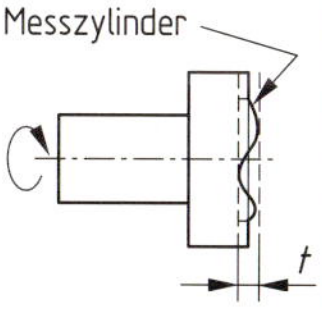	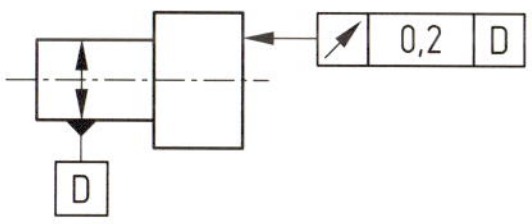	Bei Drehung um die Bezugsachse *D* darf die Planlaufabweichung an jeder beliebigen Messposition 0,2 mm nicht überschreiten.
	Gesamtrundlauf	⫫	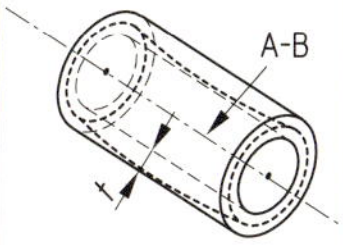	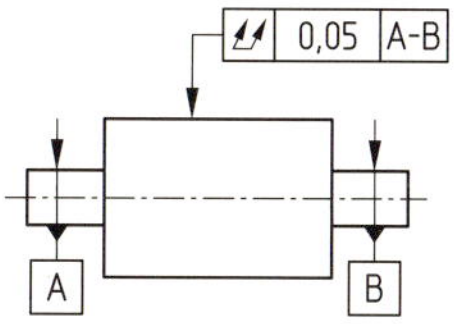	Die tolerierte Fläche muss zwischen zwei koaxialen Zylindern vom radialen Abstand 0,05 mm liegen, deren Achsen mit der gemeinsamen Bezugsgerade A-B übereinstimmen (entspricht ⌀ + ↗).

6

Beispiele für Form- und Lagetoleranzen

1. Allgemeintoleranzen nach DIN ISO 2768-2

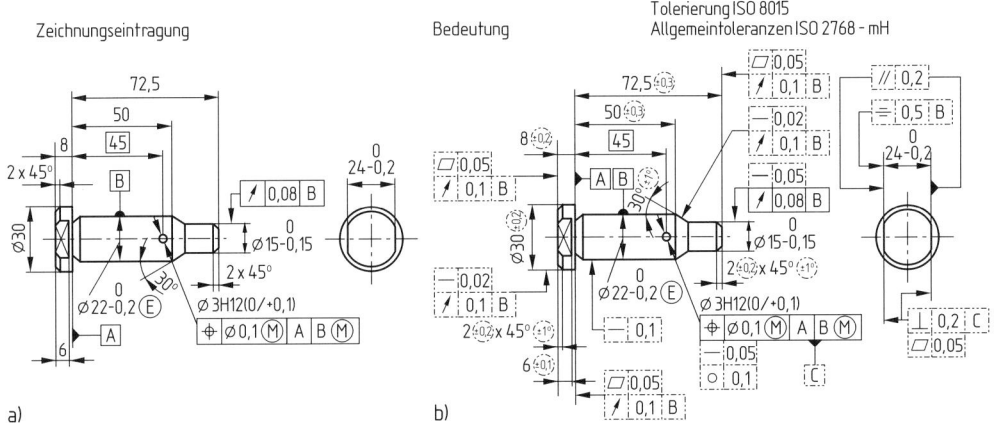

6.168 Zeichnung eines Bolzens
  a) mit, b) ohne Anwendung der Allgemeintoleranzen (nach ISO 2768-2)

Die in dünnen Strich-Zweipunktlinien (rechteckige und kreisförmige Rahmen) eingetragenen Toleranzen sind Allgemeintoleranzen für Form und Lage, aber auch für Längen- und Winkelmaße. Diese Toleranzwerte würden automatisch durch eine Fertigung mit werkstattüblicher Genauigkeit gleich oder kleiner als ISO 2768-mH erreicht und brauchen üblicherweise nicht geprüft zu werden.

Da einige Toleranzeigenschaften auch andere Form- und Lageabweichungen desselben Formelements begrenzen (z. B. begrenzt die Rechtwinkligkeitstoleranz die Geradheitsabweichungen) sind in **6.168**b nicht alle Allgemeintoleranzen eingetragen.

Die werkstattübliche Genauigkeit von Form und Lage ist von der Ungenauigkeit der Werkstatteinrichtung und vom Ausrichten beim Umspannen der Werkstücke abhängig. Sie entspricht im Maschinenbau erfahrungsgemäß ISO 2768-H bzw. ISO 2768-mH. Die Vorteile der Anwendung von Allgemeintoleranzen sind übersichtlichere und besser zu lesende Zeichnungen, verringerter Prüfaufwand und niedrigere Konstruktionskosten.

2. Positionstolerierung einer Grundplatte

Auf der dargestellten Grundplatte werden verschiedene Instrumente montiert. Die Lage der Instrumente ist verhältnismäßig unwichtig. Dagegen werden hohe Anforderungen bezüglich der Lage der Löcher innerhalb jeder Lochgruppe gestellt. Diese Forderung wird durch die eingetragenen Positionstoleranzen erfüllt.

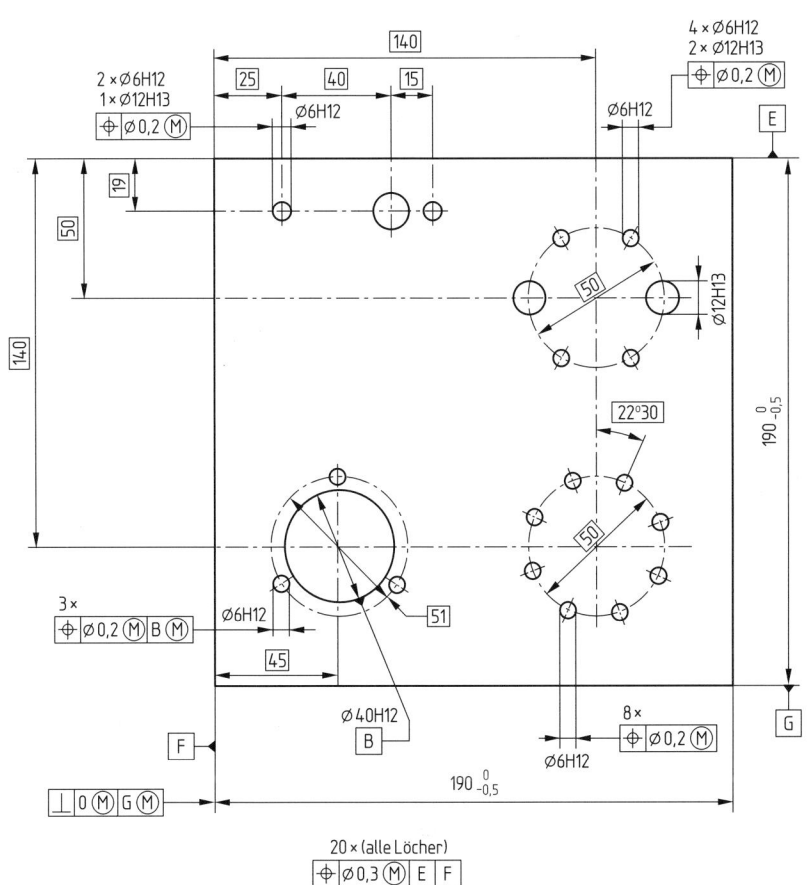

6.169 Grundplatte als Instrumententräger

3. Anwendung des Maximum-Material-Prinzips für Positionstoleranzen

6.170 zeigt die Zeichnungseintragung für eine Gruppe von vier feststehenden Stiften, die in die Gruppe der vier Löcher passen. Bei den Berechnungen des wirksamen Maßes wird davon ausgegangen, dass die Stifte und Löcher Maximum-Material-Maß und geometrisch ideale Form haben.

Das Mindestmaß für die Löcher ist $\varnothing$ 8,1, das Höchstmaß für die Stifte $\varnothing$ 7,9. Die Differenz zwischen dem Maximum-Material-Maß der Löcher und Stifte darf diese Differenz nicht überschreiten. In **6.170** ist die Toleranz gleichmäßig zwischen Löchern und Stiften verteilt. D. h., die Positionstoleranz für die Löcher beträgt $\varnothing$ 0,1 und die für die Stifte ebenfalls $\varnothing$ 0,1. Die Toleranzzonen von $\varnothing$ 0,1 liegen an ihrem theoretisch genauen Ort.

Abhängig vom Istmaß jedes Formelements kann die Vergrößerung der Positionstoleranz für jedes Formelement verschieden sein.

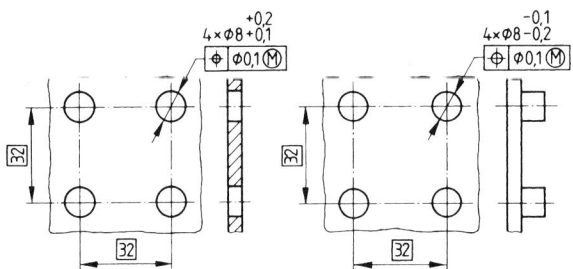

6.170 Zeichnungseintragung für eine Gruppe zueinander passender Löcher und Stifte unter Anwendung des Maximum-Material-Prinzips

4. Fluchten und Bohrungen

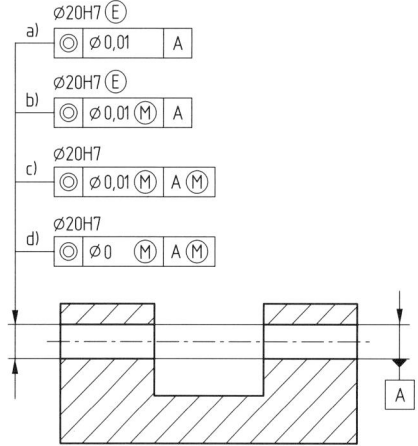

6.171 Möglichkeiten der Angabe von Koaxialitätstoleranzen

Im Fall a) muss jede Bohrung einzeln der Hüllbedingung Ⓔ genügen. Die Achse der linken Bohrung muss innerhalb eines Toleranzzylinders vom Durchmesser 0,01 liegen, der mit der (nach der Minimum-Wackel-Bedingung) ausgerichteten Bezugsachse der Bezugsbohrung fluchtet. Unabhängig von der Größe der Bohrungen, also auch bei Maximum-Material-Maßen, darf die linke Bohrung eine Koaxialitätsabweichung von 0,005 aufweisen.

Im Fall b) muss jede Bohrung einzeln der Hüllbedingung Ⓔ genügen. Die linke Bohrung muss außerhalb eines Maximum-Material-Virtual-Zylinders (Lehre) vom Durchmesser Maximum-Material-Maß minus Koaxialitätstoleranz (20 − 0,01 = 19,99) liegen, der mit der (nach der Minimum-Wackel-Bedingung) ausgerichteten Bezugsachse der Bezugsbohrung fluchtet.

Im Fall c) muss sich ein abgesetzter Prüfdorn (Lehre) durch die Bohrungen stecken lassen, dessen Durchmesser links gleich dem Maximum-Material-Maß minus Koaxialitätstoleranz (20 − 0,01 = 19,99) und rechts gleich dem Maximum-Material-Maß (20) ist.

Im Fall d) muss sich ein Prüfdorn (Lehre) gleichzeitig durch beide Bohrungen stecken lassen, dessen Durchmesser gleich dem Maximum-Material-Maß (20) ist.

5. Rechtwinkligkeitstoleranz eines Biegeteils

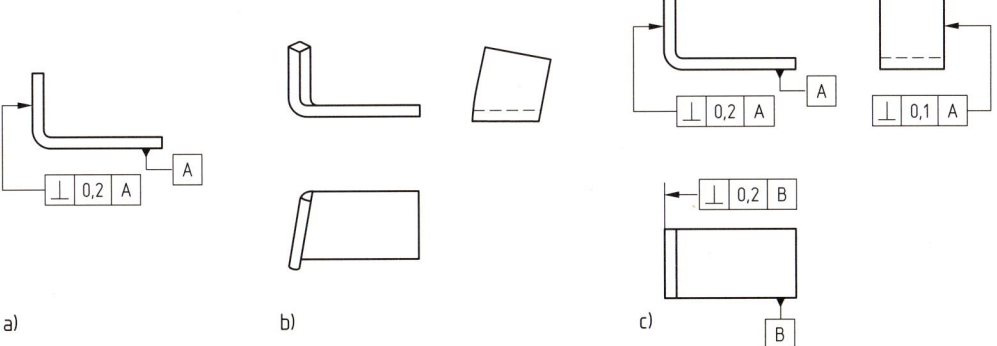

6.172

An einem Biegeteil soll die Rechtwinkligkeit einer Außenfläche toleriert werden. Als Bezugselement wurde die andere Außenfläche gewählt, **6.172**a. Mit dieser Eintragung ist jedoch die Rechtwinkligkeit der Seitenflächen des kürzeren Schenkels nicht erfasst. Mögliche Abweichungen zeigt **6.172**b. Können diese Abweichungen nicht geduldet werden, ist eine weitere Rechtwinkligkeitstoleranz anzugeben, **6.172**c.

Praktische Anwendung der Form- und Lagetolerierung

Die praktische Umsetzung der Form- und Lagetolerierung wird nachfolgend in einzelnen Schritten beschrieben. Ein durchgehendes Beispiel (**6.173**) dient der Veranschaulichung. Der dargestellte Kugelzapfen (oberflächengehärtet) ist Teil eines tragenden Kugelgelenkes (**6.174**) eines Radträgers für die Vorderräder eines Pkw.

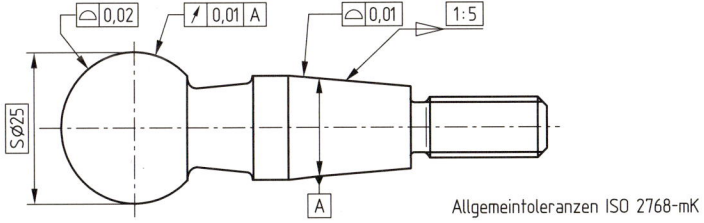

6.173 Kugelzapfen (nur mit Form- und Lagetolerierung der wesentlichen Formelemente)

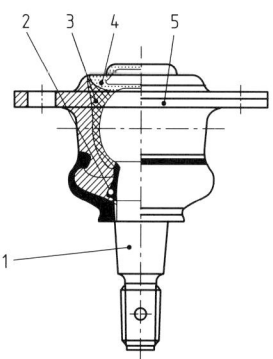

6.174 Tragendes Kugelgelenk
(1) Kugelzapfen, (2) Flansch, (3) Kunststoffschale, (4) Schutzring, (5) Manschette

1. Tolerierungsgrundsatz

– Unabhängigkeitsprinzip: Jede Toleranz wird für sich allein geprüft.

Zeichnungseintragung: Tolerierung ISO 8015

– Hüllprinzip: Für sämtliche einfache Maßelemente, z. B. Kreiszylinder und Parallelebenen, gilt die Hüllbedingung (identisch taylorscher Grundsatz) ohne Eintragung von Ⓔ.

Zeichnungseintragung: Tolerierung DIN 7167

Das Hüllprinzip gilt für alle Zeichnungen ohne Hinweis auf einen Tolerierungsgrundsatz.

Für das Beispiel Kugelzapfen gilt das Hüllprinzip, da ein Hinweis auf einen Tolerierungsgrundsatz fehlt.

2. Allgemeintoleranzen für Form und Lage

sind für spanend gefertigte Formelemente vorgesehen. Für andere Fertigungsverfahren sind weitere Normen zu beachten, z. B. für Gesenkschmieden DIN EN 10243, für Metallguss ISO/DIS 8062 und für Schweißkonstruktionen DIN EN ISO 13920.

Angabe der Toleranzklasse (H, K oder L) erforderlich um „werkstattübliche Genauigkeit" zu sichern.

Zeichnungseintragung: z.B. ISO 2768-K oder ISO 2768-mK

Im Beispiel wird ISO 2768 angegeben mit den Toleranzklassen m (Längen- und Winkelmaße) sowie K (Form und Lage).

3. Funktionswichtige Elemente

sind zu erkennen. Für sie ist eine Form- und Lagetolerierung vorzusehen, die die Allgemeintoleranzen einschränkt.

Im Beispiel wird der Kugelzapfen mit dem **Kegel** 1:5 in den Achsschenkel eingesetzt und mit einer Kronenmutter verspannt. An der **Kugel** greift der Lenkhebel an.

4. Lagefunktionen und Lagetoleranzart

– Worauf kommt es an bei den funktionswichtigen Elementen?
– Welches Element muss zu welchem stimmen?

– Welche Toleranzart ist einzutragen?

– Welche Eigenschaften sind zu tolerieren?

Im Beispiel müssen Kugel und Kegel koaxial sitzen. Die Lauftoleranz schließt die Koaxialität ein, zumindest wenn sie in der Rundlaufrichtung gemessen wird.

5. Bezug

– Welches der funktionswichtigen Elemente bildet den Bezug?

– Welches Element bestimmt die Lage des Bauteils?

– Auf welchem Element liegt das Bauteil bei der Fertigung bzw. Prüfung auf?

Im Beispiel legt der Kegel die Lage des Kugelzapfens fest. Seine Achse A ist über einen offenen Maßpfeil gekennzeichnet. Das Bezugsdreieck darf nicht auf die Achse selbst gezeichnet werden.

6. Größe der Lagetolerierung

– Wie **klein** muss die Toleranz sein, um die Funktion sicher zu stellen?

– Wie **groß** muss die Toleranz sein, damit sie wirtschaftlich gefertigt werden kann?

Beim Kugelzapfen scheint die Lauftoleranz mit t = 0,01 mm zur Sicherung der Funktion viel zu eng. Die verlangte Beweglichkeit des Lenkgetriebes (Kunststoffschale, Federung) lässt weit größere Toleranzen zu.

7. Formgenauigkeit und Formtoleranzart

Alle funktionswichtigen Elemente müssen formtoleriert sein.

– Welche Eigenschaft ist zu tolerieren?

– Wo ist die Hüllbedingung Ⓔ vorzuschreiben (bei ISO 8015)?

– Wo bestehen zusätzliche Anforderungen an die Form (z. B. Sitze von Wälzlagern)?

– Oft ist die Formtoleranz begrenzt durch die Allgemeintoleranz (ISO 2768-2), die Hüllbedingung (Formabweichung ≤ Maßtoleranz) oder durch die Lagetoleranz.

Im Beispiel wird die Form des Kegels und der Kugel mit einer Flächenprofiltoleranz erfasst.

8. Größe der Formtoleranz

Als Anhaltswert sollte der Formtoleranzwert nicht größer sein als die kleinste Lagetoleranz. Für Pass- und Anlageflächen von Wälzlagern soll nach DIN 5425-1 die Zylinderform- und Rechtwinkligkeitstoleranz um einen Genauigkeitsgrad enger sein als die zugehörige Durchmessertoleranz.

Beispiel   Gehäusebohrung 100H7 → Formtoleranz IT6, d. h. 0,022 mm auf ∅100 mm bezogen →   ⌀ 0,011 und ⊥ 0,022

Im Beispiel entspricht die Formtoleranz der auf den Kegel bezogenen Lauftoleranz t = 0,01 mm.

9   Materialbedingungen

– Die Maximum-Material-Bedingung Ⓜ kann angewendet werden, wenn ein Grenzmaß durch die Summe von einer Form- bzw. Lagetoleranz bestimmt wird. Sie gestattet eine Toleranzüberschreitung. Bei der Prüfung mit starrer Lehre ist sie unbedingt erforderlich.

– Die Minimum-Material-Bedingung Ⓛ dient zur Sicherung der Mindestbearbeitungszugabe oder -wanddicke.

Im Beispiel ist keine Materialbedingung vorhanden.

6.3.3 Passungen

Bedeutung. Einheitliche Bauformen und Massenherstellung in Spezialbetrieben erleichtern die Bedarfsrechnung und wirken kostendämpfend. Die Einzelteile müssen einbaufertig und untereinander willkürlich austauschbar sein, sollen also ohne Nacharbeit so miteinander kombiniert werden können, wie es der Zweck erfordert. Wenn zwei Werkstücke gepaart werden sollen, heißt die Beziehung aus dem Unterschied ihrer Maße (Maß der Innenpassfläche minus Maß der Außenpassfläche) Passung. Bekanntestes Beispiel ist die Paarung von Bohrung und Welle (Kreiszylinderpassung).

Grundbegriffe (DIN ISO 286-1)

Passteile sind Werkstücke mit einer oder mehreren Passflächen. Passflächen sind mit einem Passmaß versehene Flächen, mit denen sich die Passteile bei der Paarung berühren können (Innenpassfläche an inneren, Außenpassfläche an äußeren Formelementen). Bohrungen und Wellen haben zylindrische Passflächen und ergeben Kreiszylinderpassungen. Die Passungen zwischen zwei Paaren paralleler Ebenen hießen bisher Flachpassungen. Zusammengehörige Passteile haben je nach Lage (positiv/negativ) des Maßunterschiedes zwischen Innen- und Außenpassfläche Spiel oder Übermaß.

Spiel. Das Innenmaß des Außenteils (Maß der Innenpassfläche – Bohrung) ist größer als das Außenmaß des Innenteils (Maß der Außenpassfläche – Welle, **6.175**; positiver Unterschied).

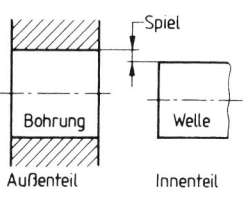

6.175 Spiel

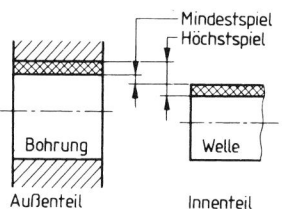

6.176 Spielpassung

Höchstspiel bei einer Spiel- oder Übergangspassung ist der positive Unterschied zwischen dem Höchstmaß des Außenteils (Bohrung) und dem Mindestmaß des Innenteils (Welle), wie **6.176** zeigt.

Mindestspiel bei einer Spielpassung ist der positive Unterschied zwischen dem Mindestmaß des Außenteils (Bohrung) und dem Höchstmaß des Innenteils (Welle), dargestellt in **6.176**.

Übermaß. Das Innenmaß des Außenteils (Maß der Innenpassfläche – Bohrung) ist kleiner als das Außenmaß des Innenteils (Maß der Außenpassfläche – Welle, **6.177**; negativer Unterschied).

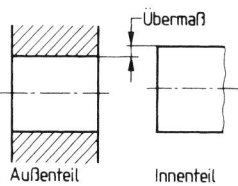

6.177 Übermaß

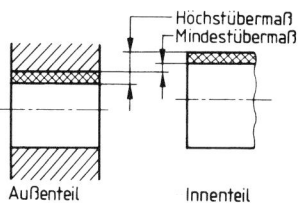

6.178 Übermaßpassung

Mindestübermaß bei einer Übermaßpassung ist die negative Differenz zwischen dem Höchstmaß der Bohrung (Außenteil) und dem Mindestmaß der Welle (Innenteil), **6.178**.

Höchstübermaß bei einer Übermaß- oder Übergangspassung ist die negative Differenz zwischen dem Mindestmaß der Bohrung (Außenteil) und dem Höchstmaß der Welle (Innenteil), **6.178**.

Passung ist die Beziehung, die sich aus dem Unterschied zwischen den Maßen zweier zu fügender Formelemente (Bohrung und Welle) ergibt. Die zwei zu einer Passung gehörenden Passteile haben dasselbe Nennmaß.

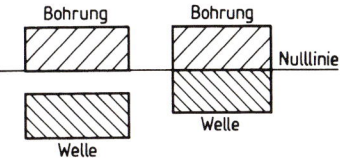

6.179 Schematische Darstellung von Spielpassungen im Passungssystem Einheitsbohrung

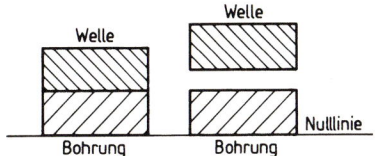

6.180 Schematische Darstellung von Übermaßpassungen im Passungssystem Einheitsbohrung

6

Spielpassung ist eine Passung, bei der beim Fügen vor Bohrung und Welle immer ein Spiel entsteht. D. h., das Mindestmaß der Bohrung ist größer oder im Grenzfall gleich dem Höchstmaß der Welle, **6.179**.

Übermaßpassung ist eine Passung, bei der beim Fügen von Bohrung und Welle überall ein Übermaß entsteht. D. h., das Höchstmaß der Bohrung ist kleiner oder im Grenzfall gleich dem Mindestmaß der Welle, **6.180**.

Übergangspassung ist eine Passung, bei der beim Fügen von Bohrung und Welle – abhängig von den Istmaßen der Bohrung und Welle – entweder ein Spiel oder ein Übermaß entsteht. D. h., die Toleranzfelder von Bohrung und Welle überdecken sich vollständig oder teilweise, **6.181**.

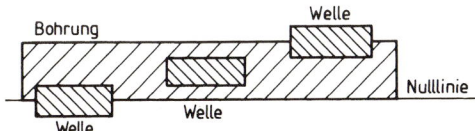

6.181 Schematische Darstellung von Übergangspassungen im Passungssystem Einheitsbohrung

Passtoleranz ist die arithmetische Summe der Toleranzen beider Formelemente (Bohrung und Welle), die zu einer Passung gehören. Die Passtoleranz ist ein absoluter Wert ohne Vorzeichen.

Passungssysteme

Unterschiede in den Größen der Spiele und Übermaße ergeben verschiedene Passungen. Eine sinnvoll aufgebaute Reihe Passtoleranzen heißt Passungssystem. Gleichberechtigt nebeneinander bestehen die ISO-Passungssysteme Einheitsbohrung und Einheitswelle; mit jedem ist der gleiche Zweck erreichbar.

Im System Einheitsbohrung ist für alle Bohrungen das untere Abmaß A_u gleich Null. D. h., das Mindestmaß der Bohrung ist gleich dem Nennmaß und fällt mit der Nulllinie zusammen, **6.182**. Die für die verschiedenen Passungen erforderlichen Spiele und Übermaße entstehen durch entsprechend gewählte Wellenmaße. Demgemäß sind das untere Abmaß A_u der Bohrung gleich Null und das obere Abmaß A_o gleich der Maßtoleranz der Bohrung. Wellen mit verschiedenen Toleranzklassen sind Bohrungen mit einer einzigen Toleranzklasse zugeordnet.

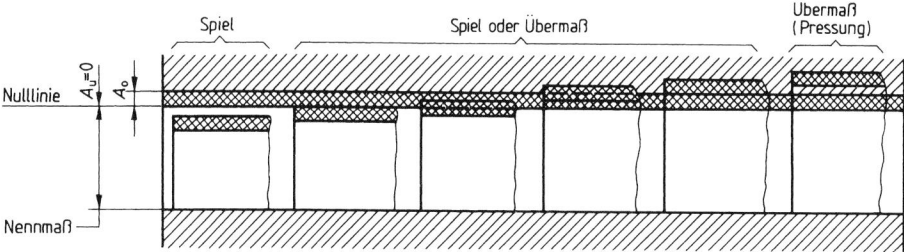

6.182 ISO-Passsystem Einheitsbohrung

Im System Einheitswelle ist die Welle für alle Passungen desselben Nenndurchmessers gleich groß, **6.183**. Die für die verschiedenen Passungen erforderlichen Spiele und Übermaße entstehen durch größere und kleinere Bohrungsdurchmesser. Bei der Einheitswelle liegt die Nulllinie im Höchstmaß der Welle und ist damit gleich dem Nennmaß. Mithin sind deren oberes Abmaß A_o gleich Null und das untere Abmaß A_u gleich der Maßtoleranz der Welle. Bohrungen mit verschiedenen Toleranzklassen sind Wellen mit einer einzigen Toleranzklasse zugeordnet.

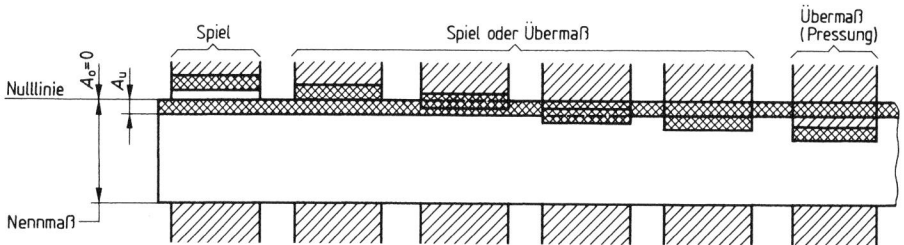

6.183 ISO-Passungssystem Einheitswelle

Aufbau des ISO-Systems für Grenzmaße und Passungen (DIN ISO 286-1 und DIN ISO 286-2)

Das in der Internationalen Norm festgelegte ISO-System für Grenzmaße und Passungen bezieht sich auf Maße an Teilen für Rund- und Flachpassungen (z. B. Durchmesser, Längen, Breiten oder Tiefen). ISO-Grundtoleranzen sind für die Abmessungen von 1 bis 500 mm festgelegt. Diese sind in 13 Nennmaßbereiche gegliedert, und zwar:

bis 3 mm	> 18 bis 30 mm	> 80 bis 120 mm	> 250 bis 315 mm
> 3 bis 6 mm	> 30 bis 50 mm	> 120 bis 180 mm	> 315 bis 400 mm
> 6 bis 10 mm	> 50 bis 80 mm	> 180 bis 250 mm	> 400 bis 500 mm
> 10 bis 18 mm			

Einige Bereiche sind für die Grundabmaße a bis c und r bis zc oder A bis C und R bis ZC in Zwischenbereiche unterteilt.

Toleranzreihe. Für jeden Nennmaßbereich gibt es 20 verschiedene Grundtoleranzen. Diese Grundtoleranzgrade werden mit den Zahlen 01, 0, 1, 2 bis 18 benannt. Zum Toleranzgrad 01 gehören die kleinsten, zum Toleranzgrad 18 die größten Toleranzen. Nun lässt sich aber mit derselben Toleranz für eine größere Abmessung am Werkstück nicht der gleiche Zweck erreichen wie mit einer kleineren. Für größere Werkstücke sind also für gleiche Zwecke größere Toleranzen vorzusehen. Jedem einzelnen Toleranzgrad sind daher, mit der Stufung der Nennmaßbereiche steigend, gröbere Toleranzen zugeordnet. Die Gesamtheit der Toleranzen innerhalb eines Toleranzgrads heißt Grundtoleranzreihe.

Toleranzfaktor (bisher Toleranzeinheit). Die Werte aller Grundtoleranzen werden in µm ausgedrückt (1 µm = 1 Mikrometer = 0,001 mm) und sind aus dem ISO-Toleranzfaktor i entstanden. Der Toleranzfaktor wird berechnet nach der Gleichung

$$i = 0,45 \cdot \sqrt[3]{D} + 0,001 \cdot D. \qquad i \text{ in µm, } D \text{ in mm}$$

Der Wert D wird als geometrisches Mittel der beiden Grenzwerte (Bereichsgrenzen) des jeweiligen Nennmaßbereichs eingesetzt. Liegen diese z. B. bei 80 mm und 120 mm, wird

$$D = \sqrt{80\,\text{mm} \cdot 120\,\text{mm}} = \sqrt{96000\,\text{mm}^2} \approx 98\,\text{mm}.$$

Der den Grundtoleranzen dieses Nennmaßbereichs zu Grunde liegende Toleranzfaktor ist also

$$i = 0,45 \cdot \sqrt[3]{D} + 0,001\,D = 0,45 \cdot \sqrt[3]{98} + 0,001 \cdot 98 \approx 0,45 \cdot 4,61 + 0,098 \approx 2,173\,\text{µm}$$

Der Toleranzfaktor ist mithin eine veränderliche Größe und von den Grenzwerten eines Nennmaßbereichs abhängig.

Grundtoleranzreihe. In Anlehnung an die Toleranzklassenzahlen tragen die Grundtoleranzreihen die Bezeichnung IT01 bis IT 18 (**IT** = **I**SO-**T**oleranzreihe). Für Nennmaße > 3 bis 500 sind die Werte der Toleranzgrade ≥ 5 als Vielfaches des Toleranzfaktors i festgelegt, Tabelle 6.7.

Tabelle 6.7 Grundtoleranzgrade

Grundtoleranzgrade	IT5	IT6	IT7	IT8	IT9	IT10	IT11	IT12	IT13	IT14	IT15	IT16	IT17	IT18
Anzahl der Toleranzfaktoren i	≈ 7	10	16	25	40	64	100	160	250	400	640	1000	1600	2500

Beispiel Die Toleranz für die Toleranzklasse 9 und für den Nennmaßbereich 80 mm bis 120 mm wird durch Multiplizieren des für diesen Bereich berechneten Toleranzfaktors $i \approx 2,173$ µm mit der für IT9 geltenden Anzahl Toleranzfaktoren (= 40) ermittelt:
2,173 µm · 40 = 87 µm.
Nach diesem Beispiel sind die Toleranzen von IT6 bis IT18 aufgestellt worden; für die Übrigen gelten andere Regeln.

Die Grundtoleranzgrade IT01 bis IT7 sind überwiegend für die Lehrenherstellung vorgesehen. IT5 bis IT13 gelten besonders für Toleranzen an spanabhebend bearbeiteten Werkstücken, IT14 bis IT18 für die spanlose Formung (Walzen, Ziehen, Pressen, Schmieden, Stanzen u. a.).

Bezeichnung der ISO-Toleranzklassen

Die Lage der Toleranzfelder (Grundabmaße) zur Nulllinie wird durch Buchstaben angegeben.

Grundabmaße sind die Abmaße, die die Lage der Toleranzfelder in Bezug zur Nulllinie festlegen. Dies kann das obere oder das untere Abmaß sein. Üblicherweise ist es das Abmaß, das der Nulllinie am nächsten liegt.

Außen- und Innenteile. Für Außenteile (Innenmaße von Bohrungen) werden die Großbuchstaben A bis Z, **6.184**, für Innenteile (Außenmaße von Wellen) die Kleinbuchstaben a bis z verwendet, **6.185**. I, L, O, Q, W, i, l, o, q und w scheiden jedoch zur Kennzeichnung aus, um Missverständnisse zu vermeiden. Für später angefügte Toleranzen sind dann die Bezeichnungen CD, EF, FG, JS (hier nicht wiedergegeben) sowie ZA, ZB, ZC und cd, ef, fg, js (hier nicht wiedergegeben), za, zb und zc hinzugekommen.

Die Toleranzklasse wird entsprechend der Reihe, in die sie gehört, mit der Zahl des Grundtoleranzgrads von 01 bis 18 gekennzeichnet.

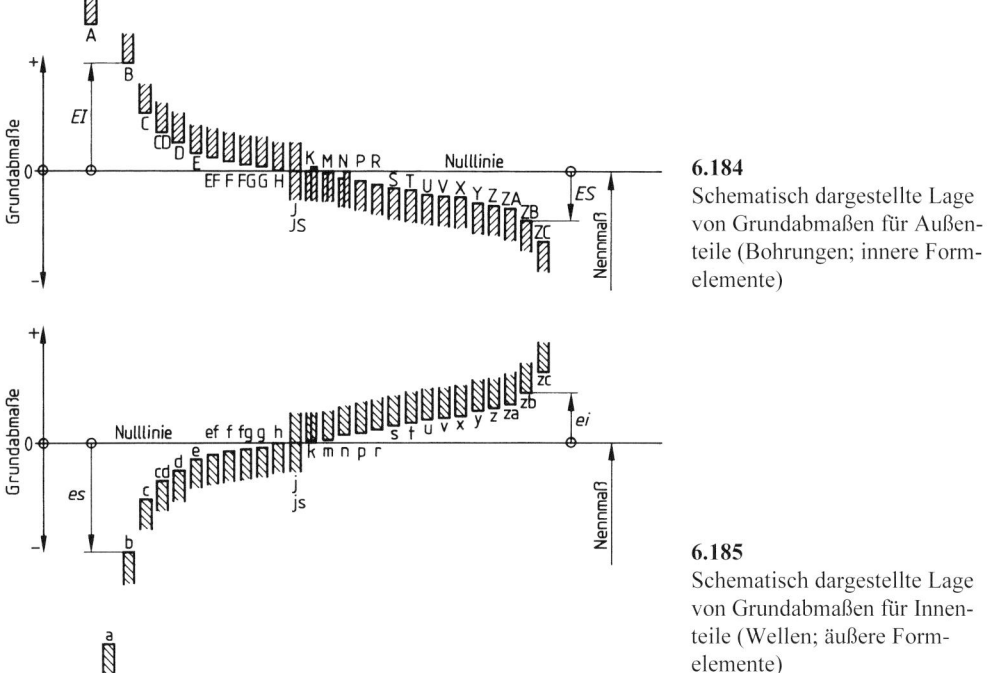

6.184
Schematisch dargestellte Lage von Grundabmaßen für Außenteile (Bohrungen; innere Formelemente)

6.185
Schematisch dargestellte Lage von Grundabmaßen für Innenteile (Wellen; äußere Formelemente)

Der Buchstabe für das Grundabmaß und die dahinterstehende Zahl bilden das Toleranzklassen-Kurzzeichen, z. B. „H7" oder „m6". Es legt somit Lage und Größe des Toleranzfelds eindeutig fest. Unter Voraussetzung bestimmter Toleranzklassen entstehen:

– **Spielpassungen** durch Bohrung H, **6.184** mit den Wellen a bis h, **6.185** und durch die Welle h, **6.185** mit Bohrungen A bis H, **6.184**.
– **Übergangspassungen,** von kleinen Nennmaßen in Grenzfällen abgesehen, durch die Bohrung H mit den Wellen j, k, m, n, **6.185** und durch die Welle h mit den Bohrungen J, K, M, N, **6.184**.

– **Übermaßpassungen** (**6.185**) durch die Bohrung H mit den Wellen r bis zc, **6.185** und durch die Welle h mit den Bohrungen R bis ZC, **6.184**.

DIN ISO 286-2 enthält ein umfangreiches Tabellenwerk für berechnete Grenzabmaße, das hier nicht wiedergegeben werden kann.

Passungsauswahl nach DIN 7154-1 und DIN 7155-1

Alle Toleranzklassen für Außen- und für Innenteile können beliebig miteinander gepaart werden. Damit ergeben sich zahlreiche unterschiedliche Passungen. Mit Rücksicht auf geringe Kosten für Werkzeuge und Messgeräte muss jedoch eine Auswahl getroffen werden.

Für das Passungssystem Einheitsbohrung wurden die acht Bohrungen (innere Formelemente) H6 bis H13 ausgewählt (DIN 7154-1). Zu jeder Einheitsbohrung gehören mehrere Wellen (äußere Formelemente) mit größeren und kleineren Durchmessern. Alle Passungen mit der gleichen Einheitsbohrung bilden eine Passungsfamilie.

Für das System Einheitswelle wurden entsprechend die acht Wellen (äußere Formelemente) h5, h6 und h8 bis h13 ausgewählt (DIN 7155-1). Auch sie bilden mit je einer Reihe unterschiedlicher Bohrungen (innere Formelemente) Passungsfamilien.

Die Normen DIN 7154-1, DIN 7155-1 und DIN 7157 wurden nicht durch DIN ISO 286-1 und DIN ISO 286-2 ersetzt. Da auf Grund der sachlichen Übereinstimmung und bezüglich der geänderten Benennungen (z. B. Toleranzfeld, -klasse) keine Missverständnisse zu erwarten sind, wurden die Normen nicht überarbeitet.

Auswahlsystem nach DIN 7157

Zur weiteren Verbesserung der Wirtschaftlichkeit in Konstruktion und Fertigung wurde eine noch engere Auswahl von Passungen aus beiden Systemen (Einheitsbohrung und -welle) zusammengestellt, **6.186**. Sie entspricht nicht mehr in allen Festlegungen dem heutigen Stand der Technik, reicht für die meisten Zwecke bzw. für eine Orientierung aber noch aus.

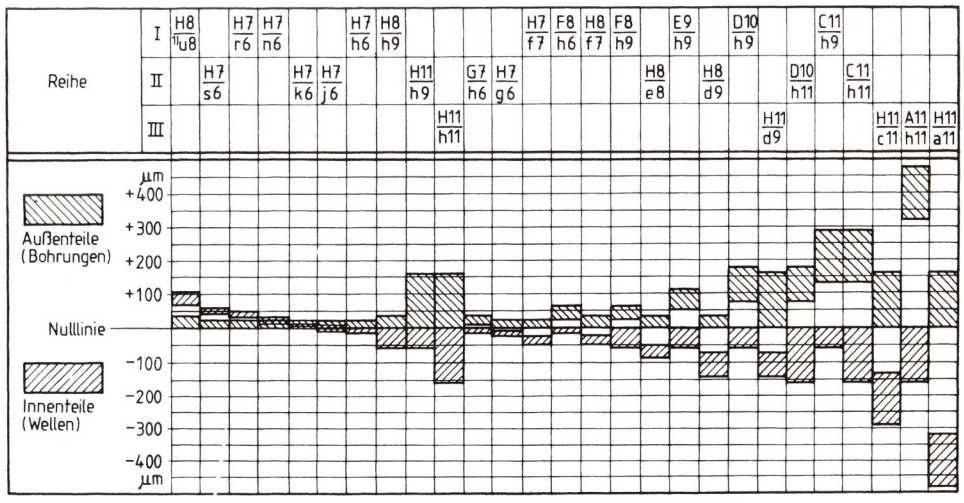

6.186 Ausgewählte Passungen nach DIN 7157, dargestellt für Nennmaß 50 mm

Die Passungen in **6.186** sind wie folgt zusammengestellt: Reihe I aus Toleranzklassen der Reihe 1, Reihe II aus Toleranzklassen der Reihen 1 und 2, Reihe III nur aus Toleranzklassen der Reihe 2. Es ist aber jede beliebige Paarung innerhalb der Reihen möglich. Für besondere Zwecke können auch andere Toleranzklassen gebildet werden (DIN ISO 286-1). Das Istmaß einer mit dem Spiralbohrer hergestellten Bohrung liegt gewöhnlich innerhalb der Toleranz H11. Sie ist nur für Spielpassungen zu gebrauchen. Tabelle 6.8 enthält Abmaße für Toleranzklassen zum Berechnen der Toleranzen und Passungsmaße.

Beispiel

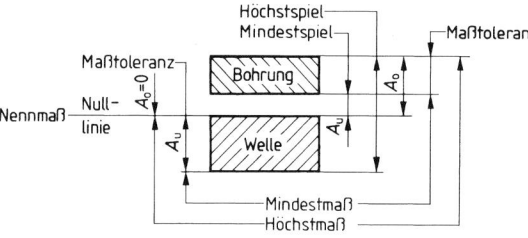

6.187
Toleranzfelder der Spielpassung $\varnothing$ 60F8/h9 im Maßstab 100 :1

Rundpassung $\varnothing$ 60 F8/h9	Bohrung $\varnothing$ 60 F8	Welle $\varnothing$ 60 h9
oberes Abmaß $\quad A_0$ unteres Abmaß $\quad A_u$ Höchstmaß Mindestmaß Maßtoleranz	(+ 76 µm =) + 0,076 (+ 30 µm =) + 0,03 60 + 0,076 = 60,076 60 + 0,03 = 60,03 60,076 − 60,03 = 0,046	(0 µm =) 0 (− 74 µm =) − 0,074 60 ± 0 = 60 60 − 0,074 = 59,926 60 − 59,926 = 0,074
	Passung	
Höchstspiel Mindestspiel Passtoleranz	60,076 − 59,926 = 0,15 60,03 − 60 = 0,03 0,15 − 0,03 = 0,12	

Tabelle 6.8 Abmaße in μm (im für ausgewählte Toleranzklassen (DIN 7157). Reihe 1 = Vorzugsreihe, Reihe 2 = Ergänzungsreihe (Auswahl)

Jede Zelle: oberes Abmaß / unteres Abmaß (in μm).

Nennmaß [mm]	x8/u8 [1]	s6	r6	n6	k6	j6	h6	h9	h11	g6	f7	e8	d9	c11	H7	H8	H11	G7	F8	E9	D10	C11	A11
1 bis 3	+34/+20	+20/+14	+16/+10	+10/+4	+6/0	+4/−2	0/−6	0/−25	0/−60	−2/−8	−6/−16	−14/−28	−20/−45	−60/−120	+10/0	+14/0	+60/0	+12/+2	+20/+6	+39/+14	+60/+20	+120/+60	+330/+270
> 3 bis 6	+46/+28	+27/+19	+23/+15	+16/+8	+9/+1	+6/−2	0/−8	0/−30	0/−75	−4/−12	−10/−22	−20/−38	−30/−60	−70/−145	+12/0	+18/0	+75/0	+16/+4	+28/+10	+50/+20	+78/+30	+145/+70	+345/+270
> 6 bis 10	+56/+34	+32/+23	+28/+19	+19/+10	+10/+1	+7/−2	0/−9	0/−36	0/−90	−5/−14	−13/−28	−25/−47	−40/−76	−80/−170	+15/0	+22/0	+90/0	+20/+5	+35/+13	+61/+25	+98/+40	+170/+80	+370/+280
> 10 bis 14	+67/+40	+39/+28	+34/+23	+23/+12	+12/+1	+8/−3	0/−11	0/−43	0/−110	−6/−17	−16/−34	−32/−59	−50/−93	−95/−205	+18/0	+27/0	+110/0	+24/+6	+43/+16	+75/+32	+120/+50	+205/+95	+400/+290
> 14 bis 18	+72/+45	+39/+28	+34/+23	+23/+12	+12/+1	+8/−3	0/−11	0/−43	0/−110	−6/−17	−16/−34	−32/−59	−50/−93	−95/−205	+18/0	+27/0	+110/0	+24/+6	+43/+16	+75/+32	+120/+50	+205/+95	+400/+290
> 18 bis 24	+87/+54	+48/+35	+41/+28	+28/+15	+15/+2	+9/−4	0/−13	0/−52	0/−130	−7/−20	−20/−41	−40/−73	−65/−117	−110/−240	+21/0	+33/0	+130/0	+28/+7	+53/+20	+92/+40	+149/+65	+240/+110	+430/+300
> 24 bis 30	+81/+48	+48/+35	+41/+28	+28/+15	+15/+2	+9/−4	0/−13	0/−52	0/−130	−7/−20	−20/−41	−40/−73	−65/−117	−110/−240	+21/0	+33/0	+130/0	+28/+7	+53/+20	+92/+40	+149/+65	+240/+110	+430/+300
> 30 bis 40	+99/+60	+59/+43	+50/+34	+33/+17	+18/+2	+11/−5	0/−16	0/−62	0/−160	−9/−25	−25/−50	−50/−89	−80/−142	−120/−280	+25/0	+39/0	+160/0	+34/+9	+64/+25	+112/+50	+180/+80	+280/+120	+470/+310
> 40 bis 50	+109/+70	+59/+43	+50/+34	+33/+17	+18/+2	+11/−5	0/−16	0/−62	0/−160	−9/−25	−25/−50	−50/−89	−80/−142	−130/−290	+25/0	+39/0	+160/0	+34/+9	+64/+25	+112/+50	+180/+80	+290/+130	+480/+320
> 50 bis 65	+133/+87	+72/+53	+60/+41	+39/+20	+21/+2	+12/−7	0/−19	0/−74	0/−190	−10/−29	−30/−60	−60/−106	−100/−174	−140/−330	+30/0	+46/0	+190/0	+40/+10	+76/+30	+134/+60	+220/+100	+330/+140	+530/+340
> 65 bis 80	+148/+102	+78/+59	+62/+43	+39/+20	+21/+2	+12/−7	0/−19	0/−74	0/−190	−10/−29	−30/−60	−60/−106	−100/−174	−150/−340	+30/0	+46/0	+190/0	+40/+10	+76/+30	+134/+60	+220/+100	+340/+150	+550/+360
> 80 bis 100	+178/+124	+93/+71	+73/+51	+45/+23	+25/+3	+13/−9	0/−22	0/−87	0/−220	−12/−34	−36/−71	−72/−126	−120/−207	−170/−390	+35/0	+54/0	+220/0	+47/+12	+90/+36	+159/+72	+260/+120	+390/+170	+600/+380
> 100 bis 120	+198/+144	+101/+79	+76/+54	+45/+23	+25/+3	+13/−9	0/−22	0/−87	0/−220	−12/−34	−36/−71	−72/−126	−120/−207	−180/−400	+35/0	+54/0	+220/0	+47/+12	+90/+36	+159/+72	+260/+120	+400/+180	+630/+410
> 120 bis 140	+233/+170	+117/+92	+88/+63	+52/+27	+28/+3	+14/−11	0/−25	0/−100	0/−250	−14/−39	−43/−83	−85/−148	−145/−245	−200/−450	+40/0	+63/0	+250/0	+54/+14	+106/+43	+185/+85	+305/+145	+450/+200	+710/+460
> 140 bis 160	+253/+190	+125/+100	+90/+65	+52/+27	+28/+3	+14/−11	0/−25	0/−100	0/−250	−14/−39	−43/−83	−85/−148	−145/−245	−210/−460	+40/0	+63/0	+250/0	+54/+14	+106/+43	+185/+85	+305/+145	+460/+210	+770/+520
> 160 bis 180	+273/+210	+133/+108	+93/+68	+52/+27	+28/+3	+14/−11	0/−25	0/−100	0/−250	−14/−39	−43/−83	−85/−148	−145/−245	−230/−480	+40/0	+63/0	+250/0	+54/+14	+106/+43	+185/+85	+305/+145	+480/+230	+830/+580
> 180 bis 200	+308/+236	+151/+122	+106/+77	+60/+31	+33/+4	+16/−13	0/−29	0/−115	0/−290	−15/−44	−50/−96	−100/−172	−170/−285	−240/−530	+46/0	+72/0	+290/0	+61/+15	+122/+50	+215/+100	+355/+170	+530/+240	+950/+660
> 200 bis 225	+330/+258	+159/+130	+109/+80	+60/+31	+33/+4	+16/−13	0/−29	0/−115	0/−290	−15/−44	−50/−96	−100/−172	−170/−285	−260/−550	+46/0	+72/0	+290/0	+61/+15	+122/+50	+215/+100	+355/+170	+550/+260	+1030/+740
> 225 bis 250	+336/+284	+169/+140	+113/+84	+60/+31	+33/+4	+16/−13	0/−29	0/−115	0/−290	−15/−44	−50/−96	−100/−172	−170/−285	−280/−570	+46/0	+72/0	+290/0	+61/+15	+122/+50	+215/+100	+355/+170	+570/+280	+1110/+820

[1] Toleranzfeld × 8 für Nennmaß e ≤ 24, u8 für Nennmaße > 24

6

**Eintragen von Toleranzklassen (DIN 406-12), Allgemeintoleranzen
(DIN ISO 2768-1 und DIN ISO 2768-2)**

Bei Absatzmaßen und Lochmittenabständen sowie Mittigkeiten sind Kurzzeichen nicht anwendbar. Die Toleranzen hierfür werden durch Abmaße in Zahlen bestimmt.

Bei Passmaße (tolerierte Maße für eine Passfläche bzw. zusammengehörige Passflächen) wird die Toleranzklasse stets hinter das Nennmaß geschrieben. Beide zusammen bilden das Passungsmaß. Kurzzeichen der Toleranzklasse sind vorzugsweise in gleicher Schriftgröße wie die Maßzahl, Kurzzeichen der Toleranzklasse für Innenmaße mit Großbuchstaben, **6.188** stehen wie die für Außenmaße mit Kleinbuchstaben, **6.189** auf einer Linie mit der Maßzahl.

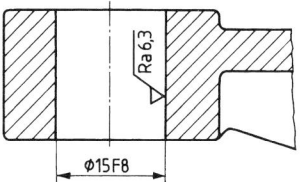

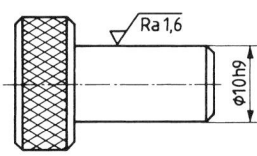

6.188 Passmaß für Innenmaß   **6.189** Passmaß für Außenmaß

Innenmaß und Außenmaß bei ineinander gesteckt gezeichneten Passteilen haben eine gemeinsame Maßlinie, **6.190**. Hierbei werden Kurzzeichen der Toleranzklasse für die Innenmaße vor dem Kurzzeichen für die Außenmaße, oder auch darüber angeordnet.

Gilt eine Toleranzklasse nur für einen Bereich der bemaßten Länge, wird der Geltungsbereich begrenzt, **6.191**.

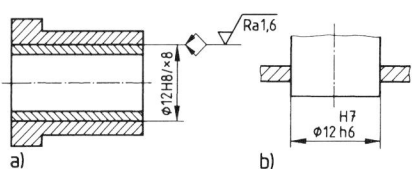

6.190 Kurzzeichen der Toleranzklassen   **6.191** ISO-Toleranzklasse auf einen Bereich der
        für Innenmaße stehen a) vor oder   Länge begrenzt
        b) über denen für Außenmaße

Die Kurzzeichen der Toleranzklassen beziehen sich nur auf die Maßhaltigkeit der Werkstücke, nicht aber auf die Oberflächenbeschaffenheit. Für diese sind zusätzliche Oberflächenangaben erforderlich.

Einer feinen Toleranz kann zwar eine grobe Oberfläche nicht zugeordnet werden, wohl aber einer groben Toleranz eine feine Oberfläche. Es kann daher sinnvoll sein, zu einer vorgesehenen Toleranz angemessene Rauheitsangaben festzulegen.

Sind Abmaße für die Toleranzen erwünscht, fügt man sie in mm in Klammern den Kurzzeichen der Toleranzklassen bei, **6.192**. Die Abmaße für alle in der Zeichnung enthaltenen Passungsmaße können auch in einer besonderen Tabelle 6.9 neben oder über dem Schriftfeld eingetragen werden. Statt der Abmaße kann man Höchstmaße und Mindestmaße angeben.

Tabelle 6.9 Passungen

6.192 Zusätzliche Angabe der Abmaße

Passmaße	Abmaße
⌀ 32 h6	0 − 0,016
⌀ 18 D10	+ 0,120 + 0,050

Da Passmaße auch bei galvanisierten Teilen den Endzustand angeben, sind in der vorangehenden Fertigung bei Innenteilen Untermaße und bei Außenteilen Übermaße einzuhalten.

Allgemeintoleranzen für Längen- und Winkelmaße sind nach DIN ISO 2768-1 gleichmäßig nach + und − im Rahmen der üblichen Fertigungsgenauigkeit festgelegt. Allgemeintoleranzen für Form und Lage sind in DIN ISO 2768-2 enthalten. Für Gussrohteile, Stanzteile, Schmiedestücke, Schweißkonstruktionen, Optikeinzelteile usw. sind sie in weiteren DIN-Normen festgelegt.

Hinsichtlich betrieblich bedingter Unterschiede in der erreichbaren Genauigkeit sind Allgemeintoleranzen nach Teil 1 in vier, nach Teil 2 in drei Toleranzklassen unterteilt und einzuhalten, wenn ein Vermerk (z. B. „ISO 2768" oder „IS0 2768-m" oder „Allgemeintoleranzen ISO 2768-m" oder „Allgemeintoleranzen ISO 2768-mK" in die Zeichnung eingetragen wurde oder in sonstigen Unterlagen (z. B. Lieferbedingungen) auf DIN ISO 2768 verwiesen wird. Für die Eintragung in der Zeichnung ist im Schriftfeld ein Feld vorgesehen.

Die Allgemeintoleranzen nach DIN ISO 2768-1 gelten für Längen- und Winkelmaße an Teilen aus allen Werkstoffen, die durch Spanen oder spanlos durch Umformen (z. B. Ziehen, Treiben, Sicken, Stanzen), DIN ISO 2768-2 für Form und Lageabweichungen an Formelementen, die durch Spanen gefertigt sind.

Allgemeintoleranzen gelten:
– für Längenmaße, z. B. Außenmaße, Innenmaße, Absatzmaße, Durchmesser, Breiten, Höhen, Dicken, Lochmittenabstände, Tabelle 6.10,
– für Rundungshalbmesser und Fasenhöhen, Schrägungen, Tabelle 6.11,
– für Winkelmaße, sowohl eingetragene als auch üblicherweise nicht eingetragene, z. B. rechte Winkel, Tabelle 6.12,
– für Längen- und Winkelmaße, die durch Bearbeiten gefügter Teile entstehen, Tabelle 6.10,
– für alle Formelemente, die zueinander in Bezug gesetzt werden können,
– für die Geradheit und Ebenheit einzelner Formelemente, Tabelle 6.13,
– für Rechtwinkligkeit, Tabelle 6.14; der längere (bei gleich langen jeder) der den rechten Winkel bildenden beiden Schenkel dient als Bezugselement,
– für Symmetrie, Tabelle 6.15; das längere (oder eines) der beiden Formelemente muss dabei eine Mittelebene haben, oder die Achsen stehen im rechten Winkel zueinander,
– für Lauf, Rund- und Planlauf sowie beliebige Rotationsflächen, Tabelle 6.16; als Bezugselemente gelten die Lagerstellen, wenn sie als solche gekennzeichnet sind,
– für Rundheit ist die Allgemeintoleranz gleich dem Zahlenwert der Durchmessertoleranz, Tabelle 6.10; sie darf aber nicht größer als die Werte für die Rundlauftoleranz sein, Tabelle 6.15,
– für die Parallelität ergibt sich die Abweichungsbegrenzung aus den Allgemeintoleranzen für die Geradheit oder Ebenheit, Tabelle 6.13 oder aus der Toleranz für das Abstandsmaß, Tabelle 6.10 – je nachdem, welche von beiden die größere ist. Das längere Formelement gilt als Bezugselement,

– für die Zylinderform sind Allgemeintoleranzen nicht festgelegt. Soll bei Passungen mit zylindrischen Flächen die Hüllbedingung gelten, ist das Maß nach DIN ISO 8015 mit dem Symbol Ⓔ zu kennzeichnen (z. B. ⌀ 25 H 7 Ⓔ).

Allgemeintoleranzen gelten nicht:

– für Maße, für die Toleranzen angegeben oder für die in der Zeichnung andere Normen über Allgemeintoleranzen festgelegt sind,
– für Koaxialität; im Extremfall dürfen deren Abweichungen so groß sein wie die Werte für den Rundlauf, Tabelle 6.16,
– für in Klammern stehende Hilfsmaße,
– für rechteckig eingerahmte theoretische Maße,
– für Maße, die sich beim Zusammenbau von Teilen ergeben.

Tabelle 6.10 Grenzabmaße für Längenmaße nach DIN ISO 2768-1

Toleranzklasse	Grenzabmaße in mm für Nennmaßbereiche in mm							
	0,5 bis 3	> 3 bis 6	> 6 bis 30	> 30 bis 120	> 120 bis 400	> 400 bis 1000	> 1000 bis 2000	> 2000 bis 4000
f (fein)	± 0,05	± 0,05	± 0,1	± 0,15	± 0,2	± 0,3	± 0,5	–
m (mittel)	± 0,1	± 0,1	± 0,2	± 0,3	± 0,5	± 0,8	± 1,2	± 2
g (grob)	± 0,2	± 0,3	± 0,5	± 0,8	± 1,2	± 2	± 3	± 4
v (sehr grob)	–	± 0,5	± 1	± 1,5	± 2,5	± 4	± 6	± 8

Tabelle 6.11 Grenzabmaße für gebrochene Kanten (Rundungshalbmesser und Fasenhöhen, Schrägungen) nach DIN ISO 2768-1

Toleranzklasse	Grenzabmaße in mm für Nennmaßbereiche in mm		
	0,5 bis 3	> 3 bis 6	> 6
f (fein) und m (mittel)	± 0,2	± 0,5	± 1
g (grob) und v (sehr grob)	± 0,4	± 1	± 2

Tabelle 6.12 Grenzabmaße für Winkelmaße nach DIN ISO 2768-1

Toleranzklasse	Abmaße in Winkeleinheiten für Nennmaßbereich in mm (Länge des kürzeren Schenkels)				
	≤ 10	> 10 bis 50	> 50 bis 120	> 120 bis 400	> 400
f (fein) und m (mittel)	± 1°	0°30'	0°20'	± 0°10'	± 0°5'
c (grob)	± 1°30'	± 1°	± 0°30'	± 0°15'	± 0°10'
v (sehr grob)	± 3°	± 2°	± 1°	± 0°30'	± 0°20'

Tabelle 6.13 Allgemeintoleranzen für Gerad- und Ebenheit nach DIN ISO 2768-2

Toleranzklasse	Allgemeintoleranz in mm für Geradheit und Ebenheit für Nennmaßbereiche in mm					
	≤ 10	> 10 bis 30	> 30 bis 100	> 100 bis 300	> 300 bis 1000	> 1000 bis 3000
H	0,02	0,05	0,1	0,2	0,3	0,4
K	0,05	0,1	0,2	0,4	0,6	0,8
L	0,1	0,2	0,4	0,8	1,2	1,6

Tabelle 6.14 Allgemeintoleranzen für Rechtwinkligkeit nach DIN ISO 2768-2

Toleranzklasse	Rechtwinkligkeitstoleranz in mm für Nennmaßbereiche in mm für den kürzeren Winkelschenkel			
	≤ 100	> 100 bis 300	≤ 300 bis 1000	≤ 1000 bis 3000
H	0,2	0,3	0,4	0,5
K	0,4	0,6	0,8	1
L	0,6	1	1,5	2

Tabelle 6.15 Allgemeintoleranzen für Symmetrie nach DIN ISO 2768-2

Toleranzklasse	Symmetrietoleranz in mm für Nennmaßbereiche in mm			
	≤ 100	> 100 bis 300	≤ 300 bis 1000	≤ 1000 bis 3000
H	0,5			
K	0,6		0,8	1
L	0,6	1	1,5	2

Tabelle 6.16 Allgemeintoleranzen für Rund- und Planlauf nach DIN ISO 2768-2

Toleranzklasse	Lauftoleranz in mm
H	0,1
K	0,2
L	0,5

Tolerierungsgrundsatz. Die Allgemeintoleranzen nach DIN ISO 2768-2 sollten in jedem Fall angewendet werden, wenn in der Zeichnung auf DIN ISO 8015 hingewiesen ist. Dann gelten die Allgemeintoleranzen für Form und Lage unabhängig von den Istmaßen der Formelemente. Jede Toleranz muss für sich eingehalten werden. Die Allgemeintoleranzen für Form und Lage dürfen somit auch bei Formelementen mit überall Maximum-Material-Maß ausgenutzt werden. Passungen erfordern zusätzlich die einschränkende Hüllbedingung, die in Zeichnungen gesondert anzugeben ist Ⓔ.

Zeichnungseintragung. Sollten die Allgemeintoleranzen nach DIN ISO 2768-2 in Verbindung mit den Allgemeintoleranzen nach DIN ISO 2768-1 gelten, sind folgende Eintragungen in oder neben dem Zeichnungsschriftfeld vorzunehmen:

Beispiel **ISO 2768 – mK**

In diesem Fall gelten die Allgemeintoleranzen für Winkelmaße nach Teil 1 nicht für nicht eingetragene 90 °-Winkel, da Teil 2 Allgemeintoleranzen für Rechtwinkligkeit festlegt.

Sollten die Allgemeintoleranzen für Maße (Toleranzklasse m) nicht gelten, entfällt der entsprechende Kennbuchstabe:

Beispiel **ISO 2768 – K**

In Fällen, in denen die Hüllbedingung Ⓔ auch für alle einzelnen Maßelemente (zylindrische Flächen oder zwei parallele ebene Flächen) gelten soll, wird der Buchstabe E der allgemeinen Bezeichnung angefügt.

Beispiel **ISO 2768 – mk – E**

Die Hüllbedingung Ⓔ kann nicht für Formelemente mit einzeln eingetragenen Geradheitstoleranzen gelten, die größer als die Maßtoleranz sind, z. B. Halbzeuge. Wenn DIN 7167 gilt, darf das E in der Bezeichnung entfallen.

> Um die vielen bestehenden Zeichnungen, in denen Allgemeintoleranzen nach DIN 7168 zitiert sind, weiterhin verständlich und lesbar zu halten und den Anwender darauf hinzuweisen, dass für Neukonstruktionen DIN ISO 2768-1 und DIN ISO 2768-2 angewendet werden sollen, wurden DIN 7168-1 und DIN 7168-2 zu einer Norm DIN 7168 zusammengefasst und mit entsprechenden Erläuterungen versehen (s. Norm).

Tabelle 6.17 Kennzeichen und Anwendungsbeispiele wichtiger Passungen

	ISO-Passungen nach			Merkmal	Anwendungsbeispiele
	DIN 7154-1 Einheits- bohrung	DIN 7155-1 Einheits- welle	DIN 7157 Passungs- auswahl		
Übermaß- passungen	H7/s6 H7/r6	R7/h6 S7/h6	H8/x8 bis u8 H7/r6	Teile unter hohem Druck, durch Erwärmen oder Küh- len fügbar. Zusätzliche Sicherung gegen Verdre- hung ist nicht erforderlich.	Kupplungen auf Wellenenden, Buchsen in Radnaben, festsit- zende Zapfen und Bunde, Bronzekränze auf Schnecken- radkörpern, Ankerkörper auf Wellen
Übergangspassungen	H7/n6	N7/h6	H7/n6	Festsitzteile unter hohem Druck fügbar. Zusätzliche Sicherung gegen Verdrehen ist erforderlich.	Zahn- und Schneckenräder, Lagerbuchsen, Winkelhebel, Radkränze auf Radkörpern, Antriebsräder
	H7/m6	M7/h6		Treibsitzteile unter erhebli- chem Kraftaufwand, z. B. mit Handhammer fügbar. Sichern gegen Verdrehen ist erforderlich.	Werkzeugmaschinenteile die ausgewechselt werden müssen (z. B. Zahnräder, Riemen Scheiben, Kupplungen, Zylin- derstifte. Passschrauben, Ku- gellagerinnenringe)
	H7/k6	K7/h6	H7/k6	Haftsitzteile unter geringem Kraftaufwand fügbar. Ein Sichern gegen Verdrehen und Verschieben ist erfor- derlich.	Riemenscheiben, Zahnräder und Kupplungen sowie Wälz- lagerinnenringe auf Wellen für mittlere Belastungen, Brems- scheiben
	H7/j6	J7/h6	H7/J6	Schiebesitzteile bei guter Schmierung von Hand fügbar und verschiebbar. Ein Sichern gegen Ver- schieben und Verdrehen ist notwendig.	Häufig auszubauende, aber durch Keile gesicherte Schei- ben, Räder und Handräder; Buchsen, Lagerschalen, Kol- ben auf der Kolbenstange und Wechselräder
Spielpassungen	H7/h6	H7/h6	H7/h6	Gleitsitzteile bei guter Schmierung durch Hand- druck verschiebbar.	Pinole im Reitstock, Fräser auf Fräsdornen, Wechselräder, Säulenführungen, Dichtungs- ringe
	H8/h9	H8/h9	H8/h9	Schlichtgleitsitzteile leicht fügbar und über längere Wellenteile verschiebbar.	Scheiben, Räder, Kupplungen, Stellringe, Handräder, Hebel, Keilsitz für Transmissionswel- len
	H7/g6	G7/h6	H7/g6	Enge Laufsitzteile gestatten gegenseitige Bewegung ohne merkliches Spiel.	Schieberäder in Wechselge- trieben, verschiebbare Kupp- lungen, Spindellagerungen an Schleifmaschinen und Teilap- paraten
	H7/f7	F7/h6	H7/f7	Laufsitze gewähren ein leichtes Verschieben der Passteile und haben ein reichliches Spiel, das eine einwandfreie Schmierung erleichtert.	Meist angewendete Lagerpas- sung im Maschinenbau, bei Lagerung der Welle in zwei Lagern (z. B. Spindellagerung an Werkzeugmaschinen, Kur- bel- und Nockenwellenlage- rung, Gleitführungen)

Fortsetzung s. nächste Seite.

Tabelle 6.17 Fortsetzung

	ISO-Passungen nach			Merkmal	Anwendungsbeispiele
	DIN 7154-1 Einheits-bohrung	DIN 7155-1 Einheits-welle	DIN 7157 Passungs-auswahl		
Spielpassungen	H8/f8	F8/h9	F8/h9	Schlichtlaufsitzteile haben merkliches bis reichliches Spiel, sodass sie gut ineinander beweglich sind.	Für mehrfach gelagerte Wellen; Kolben in Zylindern, Ventilspindeln in Führungsbuchsen, Lager für Zahnrad- und Kreiselpumpen, Kreuzkopfführungen
	H8/e8	E8/h6		Leichte Laufsitzteile haben reichliches Spiel.	Mehrfach gelagerte Wellen, bei denen ein einwandfreies Ausrichten und Fluchten nicht voll gewährleistet ist
	H8/d9	D9/h8		Passteile für weiten Laufsitz haben sehr reichliches Spiel.	Für genaue Lagerungen von Transmissionswellen und für schnelllaufende Maschinenteile
	H9/d10	D10/h9	D10/h9	Weite Schlichtlaufsitzteile haben sehr reichliches Spiel.	Achsbuchsen für Fuhrwerke und Landmaschinen, für Transmissionslager und Losscheiben
	H11/h11	Hl1/h11	H11/h11	Passteile haben große Toleranzen bei geringem Spiel.	Teile, die verstiftet, verschraubt, zusammengesteckt und verschweißt werden (z. B. Griffe, Hebel, Kurbeln)
	H11/d11	D11/h11		Passteile haben große Toleranzen bei bestimmten Kleinstspiel.	Lager an Land- und Baumaschinen, Seilrollen und Teile aus gezogenem Werkstoff
	H11/C11	C11/h11	C11/h11	Passteile haben große Toleranzen und große Spiele.	Lager an landwirtschaftlichen und Haushaltsmaschinen
	Hl1/a11	A11/h11	A11/h11	Passteile haben sehr große Toleranzen und sehr lockeren Sitz.	Türangeln, Kuppelbolzen, Feder- und Bremsgehänge an Fahrzeugen

Im Wesentlichen gehören die Übermaß- und Übergangspassungen zum System der Einheitsbohrung, die Spielpassungen (zwecks Verwendung gezogener Wellen) zum System der Einheitswelle. Für abgesetzte Wellen in Getrieben usw. können g6, f7, e8, d9, c11 und a11 mit H-Bohrungen (Einheitsbohrung) zu Spielpassungen gepaart werden. Bei den 3 Übermaßpassungen H8/x8 bzw. H8/u8, H7/r6 und H7/s6 erübrigt sich im Allgemeinen eine Berechnung nach DIN 7190. Großes Spiel ergeben: h11/H11 und A11/a11. H11 ist mit üblichen Spiralbohrern ohne Nacharbeit zu erreichen. Gleiche Passtoleranzen haben: G7/h6 und H7/ g6, C11/h11 und H11/c11, A11/h11 und H11/a11.

ISO-Toleranzen, ISO-Passungen für die Feinwerktechnik s. DIN 58700-1 und DIN 58700-2. Toleranzsystem für Holzbe- und -verarbeitung s. DIN 68100.

6

6.3.4 Angabe der Oberflächenbeschaffenheit

Aus der Zeichnung eines Werkstückes muss auch die Beschaffenheit der Werkstückober
flächen im Endzustand des Teiles hervorgehen.

In Konstruktionszeichnungen werden technische Oberflächen vorrangig funktionsgerecht
beschrieben. Hierfür ist zunächst die Frage zu klären, welche Eigenschaften zur Funktionser-
füllung gefordert werden, z. B.

- geringer Verschleiß, Glätte
- gutes Tragverhalten
- exakte Führung

- Haftfähigkeit, Griffigkeit
- mattes oder glänzendes Aussehen

Danach sind die Zeichnungsangaben festzulegen, die die geforderten Eigenschaften beschreiben, z. B.

- Rauheits-Kennwerte
- Formtoleranzen
- Härte, Zähigkeit (Wärmebehandlung,
  s. Abschn. 8.5)

- Beschichtungen (s. Abschn. 8.6)
- Oberflächenprofil
- Rillenrichtung
- Fertigungsverfahren

Gestaltabweichungen von Oberflächen. Da die Ist-Oberfläche des gefertigten Werkstückes
sich von der in der Konstruktion festgelegten idealen Oberfläche unterscheidet, wurde ein
Ordnungssystem für Gestaltabweichungen festgelegt. Nach DIN EN ISO 4760 sind diese in

Tabelle 6.18 Gestaltabweichungen von Oberflächen (DIN 4760)

Gestaltabweichung (als Profilschnitt überhöht dargestellt)	Beispiele für die Art der Abweichung	Beispiele für die Entstehungsursache
1. Ordnung: Formabweichungen	Unebenheit Ungeradheit Unrundheit	Fehler in Führungen von Werkzeugma-schinen, Biegung an Maschinenteilen oder am Werkstück, unsachgemäße Ein-spannung des Werkstücks, Härteverzug, Verschleiß
2. Ordnung: Welligkeit	Wellen	außermittige Einspannung, Form- oder Lageabweichungen eines Fräsers, Schwingungen der Werkzeugmaschine oder des Werkzeugs
3. Ordnung: Rauheit	Rillen	Form der Werkzeugschneide. Vorschub oder Zustellung des Werkzeugs
4. Ordnung: Rauheit	Riefen Schuppen Kuppen	Vorgänge bei Spanbildung (Reißspan, Scherspan, Aufbauschneide), Werkstoff-verformung beim Strahlen, Knospenbil-dung bei galvanischer Behandlung
5. Ordnung: Rauheit (*Anmerkung:* nicht mehr in einfacher Weise bildlich darstell-bar)	Gefügestruktur	Kristallisationsvorgänge, Veränderung der Oberfläche durch chemische Einwir-kung (z. B. Beizen), Korrosionsvorgänge
6. Ordnung: (*Anmerkung:* nicht mehr in einfacher Weise bildlich darstellbar)	Gitteraufbau des Werkstoffs	
1. bis 4. Ordnung: Überlagerung	Überlagerung der Gestaltabweichungen 1. bis 4. Ordnung zur Istoberfläche	

6

sechs Ordnungen eingeteilt, Tabelle 6.18. In der ersten Ordnung sind Formabweichungen zusammengefasst. Zu den Abweichungen zweiter bis fünfter Ordnung (Feingestalt) zählen Welligkeit und Rauheit. Die Abweichungen sechster Ordnung sind im Aufbau der Materie begründet und werden in der Regel nicht erfasst.

Profilfilter und Profiltypen. Messtechnisch werden Gestaltabweichungen unterschiedlicher Ordnung durch Filter in kurz- und langwellige Anteile getrennt. Dabei werden nach DIN EN ISO 11562 drei Filter mit unterschiedlichen Grenzwellenlängen aber gleichen Übertragungscharakteristiken benutzt:

λs-Profilfilter definieren den Übergang von der Rauheit zu den Anteilen mit noch kürzerer Wellenlänge, die auf der Werkstückoberfläche vorhanden sind.

λc-Profilfilter definieren den Übergang von der Rauheit zur Welligkeit.

λf-Profilfilter definieren den Übergang von der Welligkeit zu den Anteilen mit noch längeren Wellenlängen, die auf der Oberfläche vorhanden sind.

Das Oberflächenprofil entsteht durch den Schnitt einer Werkstückoberfläche mit einer vorgegebenen Ebene. Grundlage zur Berechnung der P-Kenngrößen (z. B. Pt, Pa) ist das **Primärprofil**. Es entsteht aus dem erfassten Profil durch Beseitigung der Nennform (Methode der kleinsten Summe der Abweichungsquadrate) und Abtrennung sehr kurzer Wellenlängen (Grenzwellenlänge λs). Das **Rauheitsprofil** ist Grundlage für die Berechnung der R-Kenngrößen und wird vom Primärprofil durch Abtrennung der langwelligen Profilanteile mit dem λc-Profilfilter hergeleitet. Das **Welligkeitsprofil** (W-Profil) entsteht durch das Anwenden der λf- und λc-Profilfilter auf das P-Profil, **6.193**.

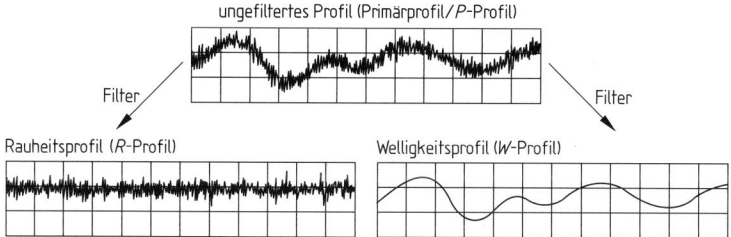

6.193 Oberflächenprofil-Diagramme (P-, R- und W-Profil)

Oberflächenkennwerte

Arithmetischer Mittenrauwert Ra. Er ist gleichbedeutend mit der Höhe eines Rechtecks, dessen Länge gleich der Messstrecke lr und das flächengleich mit der Summe der zwischen Rauheitsprofil und mittlerer Linie eingeschlossenen Fläche ist, **6.194**. In der Regel werden fünf Einzelmessstrecken berücksichtigt. Für eine andere Zahl von Einzelmessstrecken muss diese Zahl dem Rauheitskurzzeichen angehängt werden, z. B. Ra1, Ra3. Ra hängt nur in ganz geringem Maße von einzelnen Profilmerkmalen ab und vermittelt ausschließlich einen Eindruck von der durchschnittlichen Rauheit.

Quadratischer Mittenrauwert Rq. Bei der Berechnung des quadratischen Mittelwertes der Profilordinaten werden die Messwerte der fünf Einzelmessstrecken vor der Bildung des Mittelwertes quadriert, **6.194**. Dadurch kommt einzelnen Profilmerkmalen eine höhere Bedeutung zu als bei Ra.

Maximale Profilhöhe Rz ist der Mittelwert der größten Profilhöhen von fünf Einzelmessstrecken, **6.195**. Rz entspricht Rmax nach der zurückgezogenen Norm DIN 4768. Zu beachten ist, dass Rz in der Norm DIN EN ISO 4287:1984 als Zehnpunkthöhe der Unregelmäßigkeiten definiert war. Rz gibt einen Anhaltswert für die Gleichmäßigkeit des Oberflächenprofils.

Eine genaue Umrechnung zwischen der Rautiefe Rz und dem Mittenrauwert Ra ist nicht möglich. Der Ra-Wert schwankt zwischen 1/3 bis 1/7 des Rz-Wertes.

Gesamthöhe des Rauheitsprofils Rt als Summe aus der Höhe der größten Profilspitze Zp und der Tiefe des größten Profiltales Zv innerhalb der Messstrecke ln, **6.195**.

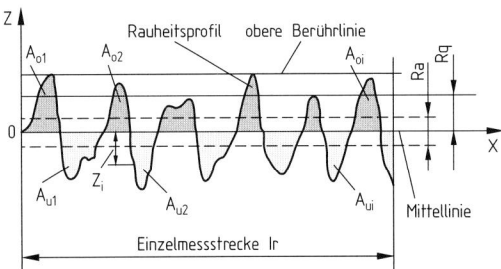 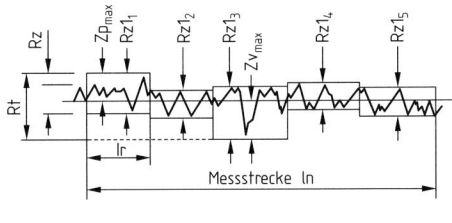

6.194 Arithmetischer Mittenrauwert Ra und quadratischer Mittenrauwert Rq (DIN EN ISO 4287)

6.195 Mittelwert der größten Profilhöhen Rz von fünf Einzelmessstrecken

Materialanteil des Profils Rmr, als Quotient aus der Summe der tragenden Materiallängen L_i in einer vorgegebenen Schnitthöhe c und der Messstrecke ln. Die Materialanteilkurve des Profils (Abbot-Kurve) stellt den Materialanteil des Profils als Funktion der Schnitthöhe c dar, **6.196**.

Eine flach abfallende Abbot-Kurve weist auf ein fülliges, eine steil abfallende auf ein zerklüftetes Profil hin. Für die praktische Bestimmung des Materialanteils Rmr wird empfohlen, die Schnitthöhe c auf eine Referenzschnitttiefe c0 zu beziehen, die durch einen Materialanteil von 3 bis 5 % bestimmt wird. Eine Oberflächenangabe wie z. B. „Rmr (0,6) 50 % (c0 3 %)" bedeutet, dass ein erforderlicher Materialanteil von 50 % bei einer Schnitttiefe von 0,6 μm unterhalb der Referenzschnitttiefe c0 bei der ein Materialanteil von 3 % vorliegen sollte, vorhanden sein muss.

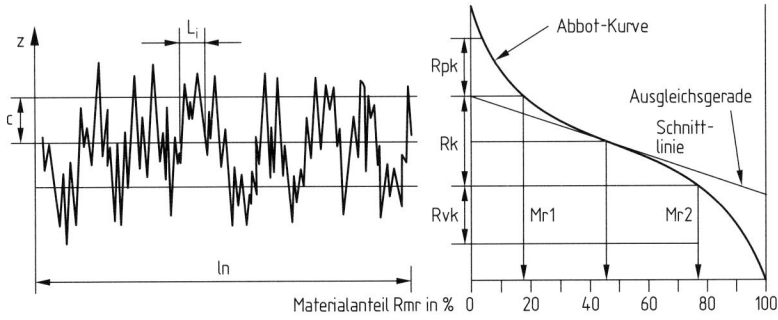

6.196 Materialanteil Rmr und Abbot-Kurve

Die **reduzierte Spitzenhöhe Rpk** gibt die Höhe der aus dem Kernbereich herausragenden Spitzen wider und gibt z. B. Auskunft über das Einlaufverhalten von Lagern.

Die reduzierte Riefentiefe Rvk, welche den Flächenanteil der Profiltäler repräsentiert, informiert z. B. über den speicherbaren Schmierstoff einer Gleitfläche. Die Kenngrößen **Rk** (Kernrautiefe) und die Materialanteile **Mr1** und **Mr2** (bestimmt durch die Schnittlinie, welche die herausragenden Spitzen bzw. die Täler von dem Rauheitskennprofil abtrennt) ergeben sich aus einer Ausgleichsgeraden entlang der Abbot-Kurve, die nach DIN EN ISO 13565-2 zu berechnen ist.

Tabelle 6.19 Anwendungsbeispiele gebräuchlicher Oberflächen-Kenngrößen

Kenngröße (Definition)	Charakteristisches Merkmal	Anwendung
Wt (Welligkeitsprofil)	Maß für den Anteil der Welligkeit ohne Berücksichtigung der Rauheit, sehr unempfindlich gegenüber einzelnen Spitzen und Tälern im Profil	z. B. für gefräste Dichtflächen, für die Lackierbarkeit oder für tribologisch beanspruchte Flächen; nicht anzuwenden, wenn langwellige Profilanteile keinen Einfluss auf die Funktion haben (z. B. Presspassflächen) oder einzelne Ausreißer die Funktion der Oberfläche beeinflussen
Pt (Gesamthöhe des Primärprofils der Messstrecke)	sehr ausreißerempfindliche Kenngröße	Dichtflächen (störende Profilspitzen), elektrische Kontakte, Gleit- und Wälzflächen; nicht anzuwenden, wenn einzelne Profilspitzen und -täler keinen Einfluss auf die Funktion haben
Rz (gemittelte Rautiefe)	verglichen mit Ra gute Ausreißererfassung	bei höheren Anforderungen an die Oberflächen; nur in Kombination mit anderen Kenngrößen aussagefähig
Ra (Mittenrauwert)	gibt Aufschluss über die durchschnittliche Rauheit, wenig sensibel gegenüber Ausreißern	Vergleich von gefertigten Oberflächen auch auf internationaler Ebene; aussagefähig im Hinblick auf Funktionsmerkmale nur im Zusammenhand mit weiteren Kenngrößen
R3z (Mittelwert der Höhendifferenzen zwischen der jeweils dritthöchsten Profilspitze und dem dritttiefsten Profiltal von fünf Einzelmessstrecken)	geringere Ausreißerempfindlichkeit als Rz	feinbearbeitete, porige Schmiergleitflächen, insbesondere in der Automobilindustrie („Grundrautiefe" nach Werksnorm)

6

In **6.197** sind für wichtige Funktionsflächen die Grenzwerte der gemittelten Rautiefe Rz angegeben. Sie sind als Empfehlung zu sehen, da konkrete Werte nicht vorliegen.

In **6.198** sind ausgewählte Fertigungsverfahren und erreichbare Werte für Rz und Ra gegenübergestellt. Die genannten Werte dienen zur Orientierung, da die erreichbare Oberflächenrauheit außer vom eingesetzten Fertigungsverfahren auch vom Werkstoff, den Werkzeugmaschinen, den benutzten Werkzeugen und weiteren Einflussgrößen abhängt.

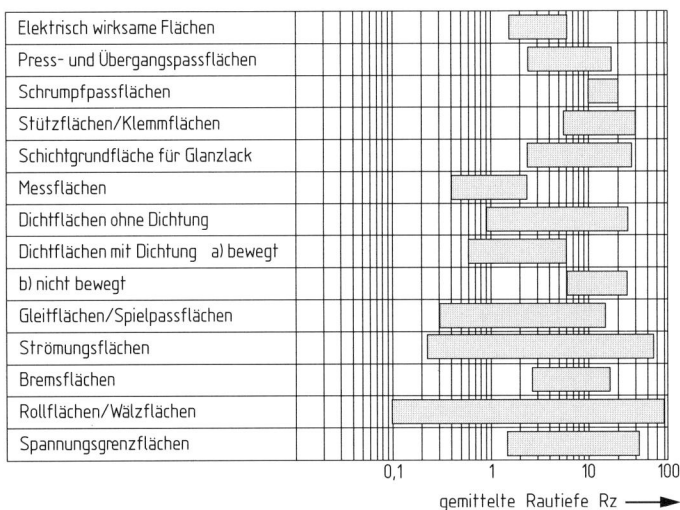

6.197 Zuordnung zwischen Funktion und maximal zulässigen Werten für Rz (VDI / VDE 2601)

a) erreichbare gemittelte Rautiefe Rz

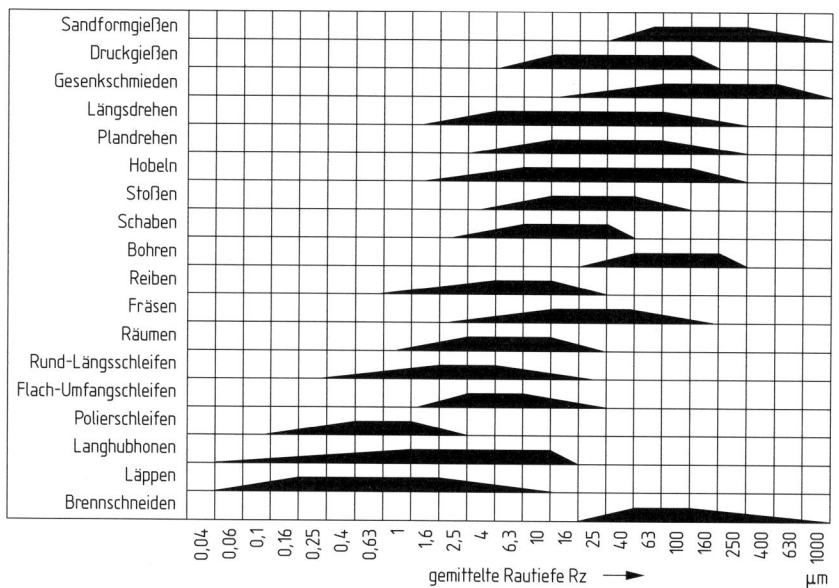

b) erreichbare Mittenrauwerte Ra

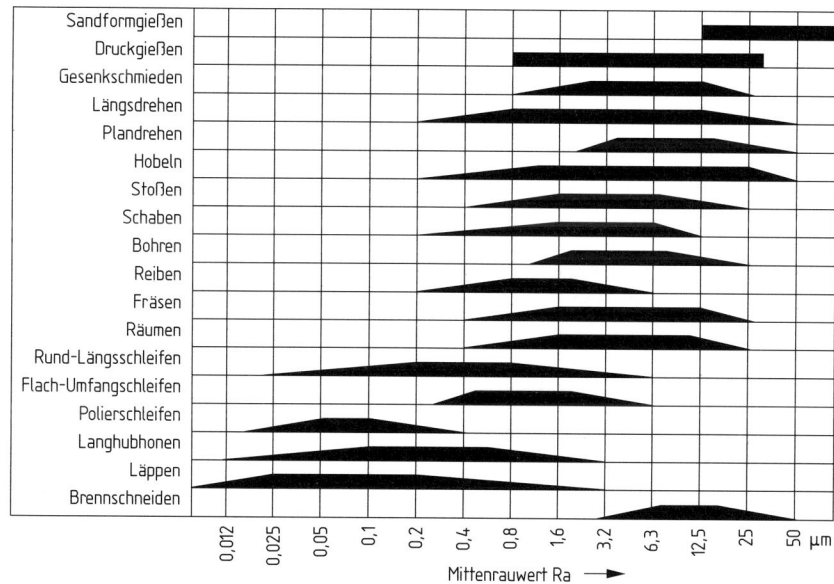

6.198 Rauheit von Oberflächen in Abhängigkeit vom Fertigungsverfahren (Anhaltswerte nach zurück-gezogener DIN 4766)

Oberflächenangaben in Zeichnungen

Für die Eintragung der Oberflächenangaben in Zeichnungen verwendet man die in Tabelle 6.21 enthaltenen Symbole (DIN EN ISO 1302: 2002). Ihre Größe richtet sich nach den einzu-tragenden Oberflächenangaben, **6.199**.

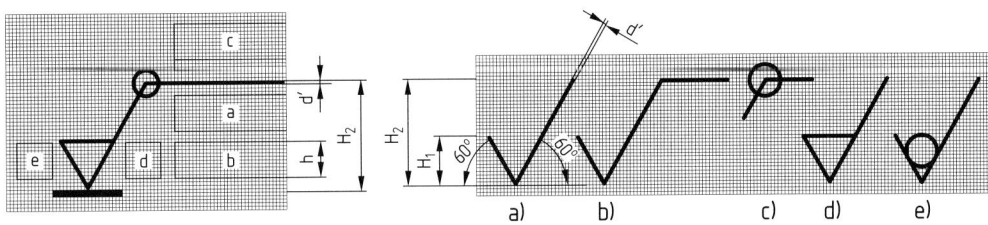

Größe von Zahlen und Buchstaben, h	2,5	3,5	5	7	10
Linienbreite für Symbole, d'	0,25	0,35	0,5	0,7	1
Linienbreite für Buchstaben, d					
Größe, H_1	3,5	5	7	10	14
Größe, H_2 (Minimum)[a]	8	11	15	21	30
[a] H2 hängt von der Anzahl der Zeilen der Angabe ab.					

a   Eine einzelne Anforderung an die Oberflächenbeschaffenheit, z. B. Rz 7,1; -0,8/Rz 4
b   Zwei oder mehr Anforderungen an die Oberflächenbeschaffenheit
c   Angabe des Fertigungsverfahrens, der Behandlung oder Beschichtung, z. B. gedreht; geschliffen
d   Oberflächenrillen und -ausrichtung, z. B. „=", „X" (Tabelle 6.20)
e   Bearbeitungszugabe

6.199 Verhältnisse und Größe der grafischen Symbole zum Eintragen der Oberflächenbeschaffenheit mit Angabe der zusätzlichen Anforderungen

Angabe der Oberflächenrillen. Die Oberflächenrillen und ihre vom Bearbeitungsverfahren erzeugte Rillenrichtung kann im vollständigen grafischen Symbol unter Anwendung der Symbole aus Tabelle 6.20 angegeben werden.

Tabelle 6.20 Oberflächenstrukturen und Rillenrichtung (DIN EN ISO 1302: 2002)

Graphisches Symbol	Auslegung und Beispiel
—	Parallel zur Projektionsebene der Ansicht, in der das Symbol angewendet wird
⊥	Rechtwinklig zur Projektionsebene der Ansicht, in der das Symbol angewendet wird
X	Gekreuzt in zwei schrägen Richtungen zur Projektionseben der Ansicht, in der das Symbol angewendet wird.

Fortsetzung s. nächste Seite.

Tabelle 6.20 Fortsetzung

Graphisches Symbol	Auslegung und Beispiel	
M	Mehrfache Richtungen	
C	Annähernd zentrisch zur Mitte der Oberfläche, auf die sich das Symbol bezieht	
R	Annähernd radial zur Mitte der Oberfläche, auf die sich das Symbol bezieht	
P	Nichtrillige Oberfläche, ungerichtet oder muldig	

Oberflächenkennwerte. Anforderungen an die Oberflächenbeschaffenheit können als einseitige oder beidseitige Toleranz angegeben werden. Die obere Grenze wird mit einem den Profilkenngrößen vorangestellten U und die untere Grenze mit einem vorangestellten L gekennzeichnet, z. B. U Rz 6.3 oder L Ra 4. Bei einseitigen Toleranzen kann bei oberen Grenzen das vorangestellte U entfallen.

Für den Vergleich von gemessenen Kenngrößen mit den festgestellten Toleranzen können nach DIN EN ISO 4288 zwei unterschiedliche Regeln benutzt werden: Die 16 %-Regel und die Höchstwertregel, max-Regel. Bei der 16 %-Regel liegen Oberflächen innerhalb der Toleranz, wenn die vorgegebenen Anforderungen, die durch einen oberen Grenzwert einer Kenngröße und/oder einen unteren Grenzwert einer Kenngröße festgelegt werden, von nicht mehr als 16 % aller gemessenen Werte der gewählten Kenngröße über- und/oder unterschritten werden. Die 16 %-Regel kommt zum Einsatz, wenn dem Rauheits-Kurzzeichen kein Anhang „max" nachgestellt wird. Bei Anforderungen, die mit der Höchstwertregel geprüft werden sollen, darf keiner der gemessenen Werte der gesamten zu prüfenden Oberfläche den festgelegten Wert überschreiten. Der zulässige Höchstwert der Kenngröße wird durch den Anhang „max" am Rauheits-Kurzzeichen gekennzeichnet, z. B. Ra max.

Um die Messbedingungen schon bei der Toleranzfestlegung zweifelsfrei zu definieren, kann der Oberflächen-Kenngröße die Filterart und Filterübertragungscharakteristik, und zwar als Kurzwellenfilter λs und Langwellenfilter λc (Beispiel: 0,0025 – 0,1) oder nur als Langwellenfilter λc (Beispiel: – 2,5), vorangestellt werden. Wenn keine Angaben zur Filterart und zur Filtercharakteristik gemacht werden, werden der Regelfilter (Gauß-Filter) und die Regelübertragungscharakteristik nach DIN EN ISO 3274 und DIN EN ISO 4288 zugrunde gelegt. Ein Beispiel für eine funktions-, fertigungs- und prüfgerechte Oberflächenangabe nach DIN EN ISO 1302 ist in **6.200** ausgeführt.

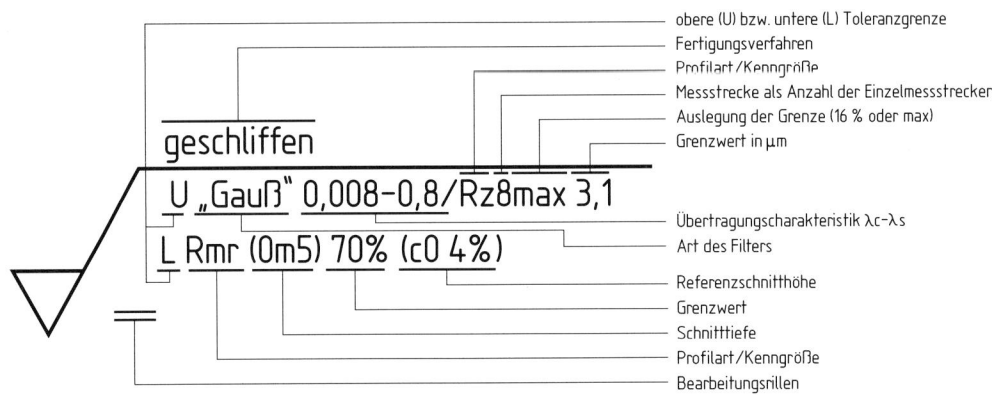

6.200 Bestimmungselemente für funktions-, fertigungs- und prüfgerechte Oberflächenangaben mit Erläuterungen (DIN EN ISO 1302: 2002)

Tabelle 6.21 Angabe der Oberflächenbeschaffenheit durch grafische Symbole. Übersicht und Beispiele.

Symbol	Bedeutung
ohne zusätzliche Angabe	
$\checkmark$	Grundsymbol. Es darf nur allein benutzt werden, wenn es „betrachtete Oberfläche" bedeutet oder wenn seine Bedeutung durch eine zusätzliche Angabe erklärt wird.
$\checkmark$	Erweitertes Symbol. Kennzeichnung für eine materialabtragende bearbeitete Oberfläche ohne nähere Angaben. Es darf nur dann allein verwendet werden, wenn es „Oberfläche, die materialabtragend bearbeitet werden muss" bedeutet.
$\checkmark$	Erweitertes Symbol. Eine Oberfläche, bei der eine materialabtragende Bearbeitung unzulässig ist.
mit Angabe der Oberflächenbeschaffenheit	
$\checkmark$ Rzmax 6,3	Eine materialabtragende Bearbeitung ist unzulässig, einseitig vorgegebene obere Grenze, Regel-Übertragungscharakteristik, R-Profil, größte gemittelte Rautiefe 6,3 µm, Messstrecke aus fünf Einzelmessstrecken (Regelwert), „max"-Regel.
$\checkmark$ Rz 1,6	Die Bearbeitung muss materialabtragend sein, einseitig vorgegebene obere Grenze, Regel-Übertragungscharakteristik, R-Profil, größte gemittelte Rautiefe 1,6 µm, Messstrecke aus fünf Einzelmessstrecken (Regelwert), „16 %-Regel" (Regelwert)
$\checkmark$ 0,008-0,8/Ra2,5	Die Bearbeitung muss materialabtragend sein, einseitig vorgegebene obere Grenze, Übertragungscharakteristik 0,008 – 0,8 mm, R-Profil, mittlere arithmetische Abweichung 2,5 µm, Messstrecke aus fünf Einzelmessstrecken (Regelwert), „16 %-Regel" (Regelwert).
für vereinfachte Zeichnungseintragung	
$\checkmark$ $\checkmark$ y $\checkmark$ z	Die Bedeutung des Symbols wird durch eine zusätzliche Erklärung angegeben.

Fortsetzung s. nächste Seite.

Tabelle 6.21 Fortsetzung

Symbol	Bedeutung
mit ergänzenden Angaben	
gedreht	Fertigungsverfahren: gedreht
P	Oberflächenrillen: nichtrillige Oberfläche, ungerichtet oder muldig
	Die Oberflächenangabe gilt für den Außenumriss der Ansicht.
4	Bearbeitungszugabe 4 mm.
mit Anforderungen an die Oberflächenrauheit	
gefräst 0,008-4/Ra 16 M 0,008-4/Ra 6,3	Oberflächenrauheit: – beidseitige Vorgabe; – obere Grenze der Vorgabe Ra = 16 μm; – untere Grenze der Vorgabe Ra = 6,3 μm; – beide: „16 %-Regel", Regelwert; – beide: Übertragungscharakteristik 0,008 – 4 mm; – Regelmessstrecke (5 × 4 mm = 20 mm); – Oberflächenrillen: mehrfache Richtungen – Fertigungsverfahren: Fräsen

6

Textangaben. Für Berichte, Verträge usw. dürfen anstelle der grafischen Symbole Textangaben benutzt werden, Tabelle 6.22.

Tabelle 6.22 Textangabe für Oberflächenbeschaffenheit

Grafisches Symbol	Bedeutung	Textangabe
	jedes Fertigungsverfahren zulässig	**APA** (Any process allowed)
	Materialabtrag gefordert	**MRR** (Material removal required)
	Materialabtrag unzulässig	**NMR** (No material removed)
gedreht Rz 3,1	Die Bearbeitung muss materialabtragend sein, einseitig vorgegebene obere Grenze, größte gemittelte Rautiefe Rz = 3,1 μm, Regelwerte für Übertragungscharakteristik, Messstrecke und „16 %-Regel"	**MRR** gedreht Rz 3,1

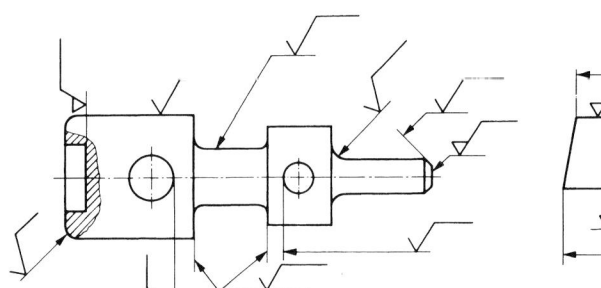

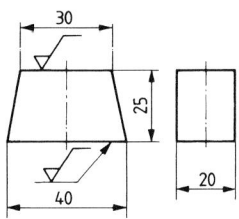

6.201 Symbole müssen von unten oder
von der rechten Seite her lesbar sein

6.202 Oberflächenzeichen für bestimmte,
bemaßte Flächen

Beispiele für die Eintragung in Zeichnungen:

– **Oberflächenzeichen** sind für eine bestimmte Oberfläche nur einmal einzutragen und in die
  Ansicht zu setzen, in der die betreffende Fläche bemaßt ist, **6.202**.

– **Wird dieselbe Oberflächenbeschaffenheit allseitig für ein ganzes Teil** gefordert, ist als
  Symbol ein am Oberflächensymbol eingefügter Kreis zu zeichnen, **6.207**.

– **Zylindrische und prismatische Oberflächen** müssen nur einmal gekennzeichnet werden,
  wenn durch eine Mittellinie angegeben wird, dass *dieselbe Oberflächenbeschaffenheit* gefordert wird, **6.203** und **6.204**.

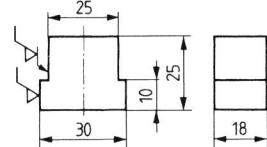

6.203 Oberflächenzeichen für symmetrisch
liegende Flächen gleicher Beschaffenheit

6.204 Oberflächenzeichen für eine
Mantelfläche

– **Die Oberflächenangaben von Zahnflanken,** die in der Zeichnung nicht dargestellt sind,
  setzt man an die Teilkreise, **6.205** und **6.206**.

– **Bei Teilen mit einer allseitigen Oberflächenrauheit Rz 6,3** (ausgenommen bei einer
  Oberfläche mit Ra 6,3) wird die Letztere in Klammern hinter das Hauptsymbol und an die
  betreffende Fläche gesetzt, **6.207**.

– **Tritt eine Oberflächenbeschaffenheit überwiegend auf,** die andere (oder mehrere andere) dagegen seltener, wird das Hauptoberflächenzeichen in die Nähe der Darstellung oder
  des Schriftfelds gesetzt, die seltenere(n) Oberflächenbeschaffenheit(en) dagegen in Klammern hinter das erste Zeichen und außerdem an die betreffende(n) Fläche(n), **6.208**.

– **Für Außen- und Innenrundungen** (Hohlkehlen) sowie Fasen können die Oberflächenangaben auch mit den Maßeintragungen (oder durch Verwenden derselben Hinweislinie)
  kombiniert werden, **6.209**.

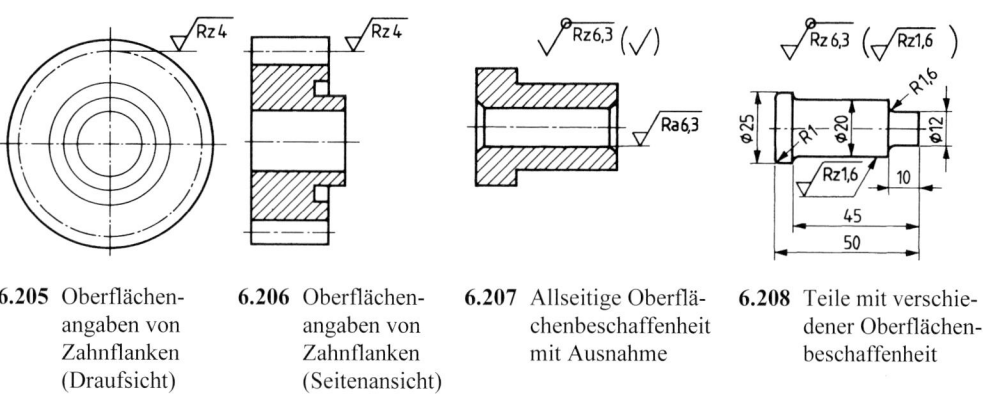

6.205 Oberflächen-
angaben von
Zahnflanken
(Draufsicht)

6.206 Oberflächen-
angaben von
Zahnflanken
(Seitenansicht)

6.207 Allseitige Oberflächenbeschaffenheit
mit Ausnahme

6.208 Teile mit verschiedener Oberflächen-
beschaffenheit

6

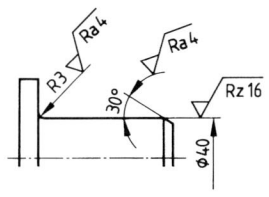

6.209 Oberflächenangaben von Innenrundungen und Schrägungen

– **Bezieht sich eine bestimmte Oberflächenbeschaffenheit nur auf einen Teil der Ober-
fläche,** legt man den Geltungsbereich durch ein Maß fest, **6.210.**
– **Die Oberflächenbeschaffenheit wiederkehrender Formen** ist nur einmal an der bemaß-
ten Form einzutragen, **6.211.**
– **Die Angabe von Abmaßen und/oder Toleranzklassen** gewährleistet keine bestimmte
Oberflächenbeschaffenheit. Diese ist, wenn gefordert, besonders anzugeben, **6.212.**

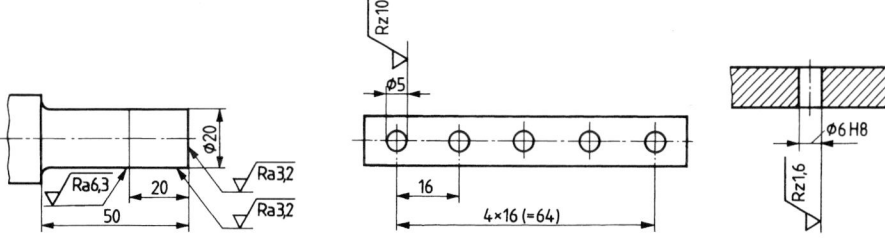

6.210 Bemaßter Bereich für eine
Oberflächenbeschaffenheit

6.211 Oberflächenbeschaffenheit
wiederkehrender Formen

6.212 Toleranzklasse
und Oberflächen-
beschaffenheit

An Gussstücken gilt für die Kennzeichnung der Oberflächenbeschaffenheit bei überwiegend
rohen Flächen:

– Die Oberflächenangaben für die rohen Flächen entfallen, wenn das Herstellverfahren eine
ausreichende Oberflächenbeschaffenheit gewährleistet, **6.214.**

– Das Symbol ∀ wird als allgemeiner Hinweis angegeben, **6.213**.
– Bearbeitete Flächen sind in beiden Fällen mit einem Oberflächensymbol zu versehen, **6.213**, **6.214**.

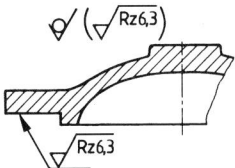

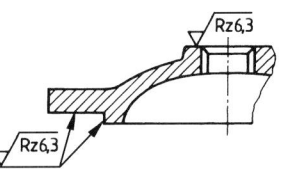

6.213 Roh bleibende Gussflächen erhalten kein Oberflächenzeichen

6.214 Zu bearbeitende Gussflächen erhalten Oberflächenzeichen

Bei überwiegend spanend bearbeiteten Flächen:

– Die rohen Flächen bezeichnet man mit dem Symbol ∀
– Für die bearbeiteten Flächen wird ein allgemeiner Hinweis aufgenommen.

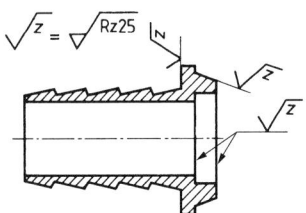

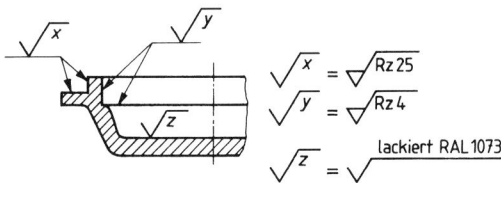

6.215 Vereinfachte einheitliche Angabe bei mehreren Oberflächen gleicher Beschaffenheit

6.216 Vereinfachte Oberflächenangaben durch Grundsymbol und Buchstaben

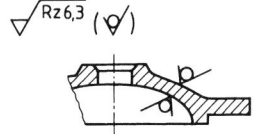

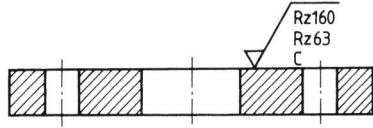

6.217 Allgemeiner Hinweis der roh bleibenden und der zu bearbeitenden Flächen

6.218 Oberfläche mit Angabe der Rillenrichtung

Zur Vereinfachung zieht man das Grundsymbol mit Buchstaben an die Flächen des Werkstücks heran. Die Bedeutung wird in der Nähe des Teils oder des Schriftfelds erklärt, **6.216**. Bei einheitlicher Oberflächenbeschaffenheit mehrerer Flächen genügt die Eintragung des Symbols z. B. $\sqrt{z}$, dessen Bedeutung an anderer Stelle auf der Zeichnung erklärt wird, siehe **6.215**.

Muss – z. B. bei Dichtflächen – die Rillenrichtung (hier C = zentrisch zum Mittelpunkt) angegeben werden, verfährt man wie in **6.218** dargestellt.

Etwa erforderliche Anflächungen an Durchgangslöchern dürfen vereinfacht durch Angabe der Maße und Oberflächenangaben dargestellt werden, **6.219**.

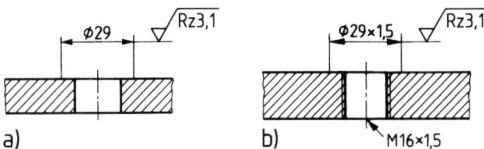

6.219 Anflächungen an Durchgangslöchern

An Werkstücken aus vorgefertigten Halbzeugen (z. B. gewalzter oder gezogener Stahl), bei dem die weiteren Oberflächen zu bearbeiten sind, erhalten die im Anlieferungszustand bleibenden Flächen das Symbol $\forall$, wie **6.220** zeigt. Sollen an einem vorwiegend spanend hergestellten Werkstück einzelne Flächen spanlos bearbeitet werden, erhalten diese das gleiche Symbol mit den entsprechenden Zusatzangaben. Bei der Oberflächenbeschaffenheit genügt das in Klammern gesetzte Grundsymbol $\forall$, siehe **6.221**.

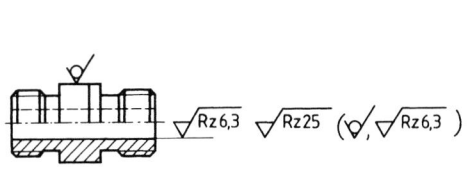

6.220 Kennzeichnung der Flächen, die im Anlieferungszustand bleiben sollen

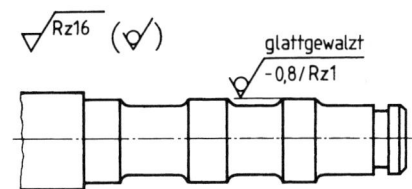

6.221 Überschneidungen zwischen spanlos und spanend hergestellten Flächen

6.4 Übungen

1. Bestimmen Sie die Grundkörperformen der in **6.222** dargestellten Werkstücke.
2. Zeichnen Sie die symmetrischen Werkstücke, **6.223**, in den drei Ansichten.

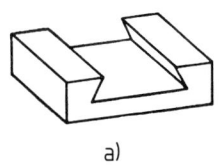

a)

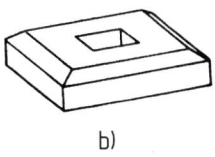

b)

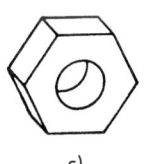

c)

d)

6.222 Geometrie der Körperformen

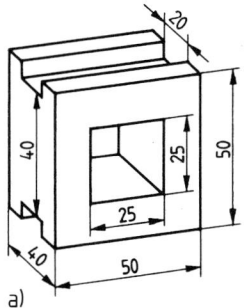

a)

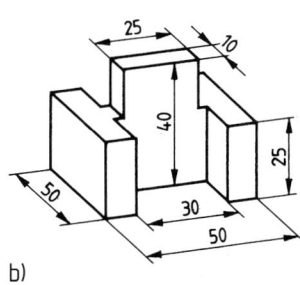

b)

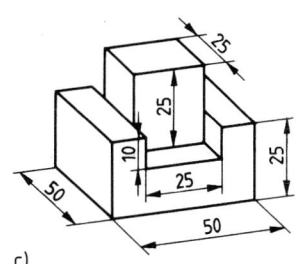

c)

6.223 Symmetrische Werkstücke

3. Zeichnen Sie die Gelenke, **6.224** und **6.225** in den drei Ansichten, die Gabel **6.226** in zwei Ansichten.

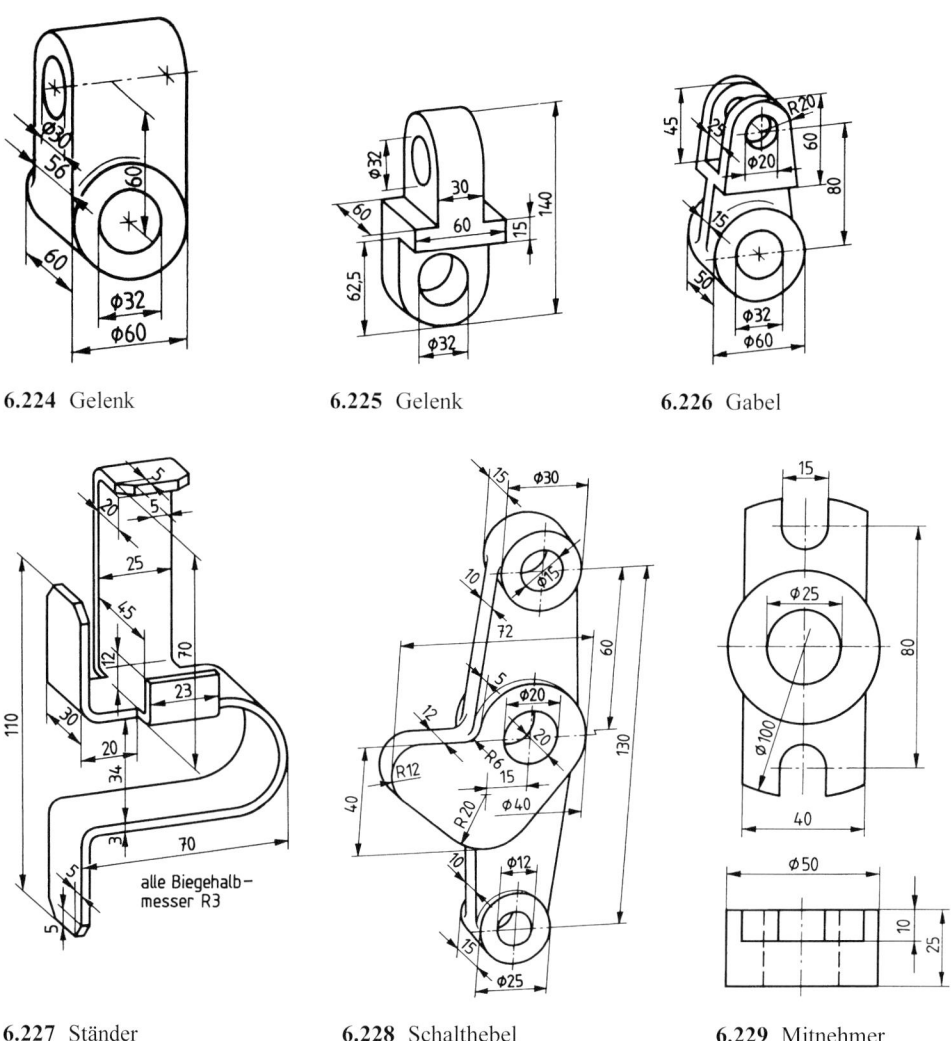

6.224 Gelenk   **6.225** Gelenk   **6.226** Gabel

6.227 Ständer   **6.228** Schalthebel   **6.229** Mitnehmer

4. Zeichnen Sie den Ständer, **6.227** und den Schalthebel, **6.228** in den notwendigen Ansichten. Wickeln Sie das Biegeteil Ständer ab, ohne Berücksichtigung der theoretischen Biegelinie.

5. Zeichnen Sie zu den zwei gegebenen Ansichten des Mitnehmers, **6.229** die Seitenansicht im Schnitt.

6. Erstellen Sie zu den zwei gegebenen Ansichten des Spannblocks, **6.230** die Seitenansicht im Halbschnitt.

Für die Ausführung der Aufgaben 7 und 8 ist die Größe der Buchabbildung zu verdoppeln.
7. Zeichnen Sie die Hauptansicht des Sockels, **6.231** in eine Schnittdarstellung um.
8. Zeichnen Sie den Schnitt A-A des Seitenlagers, **6.232**.

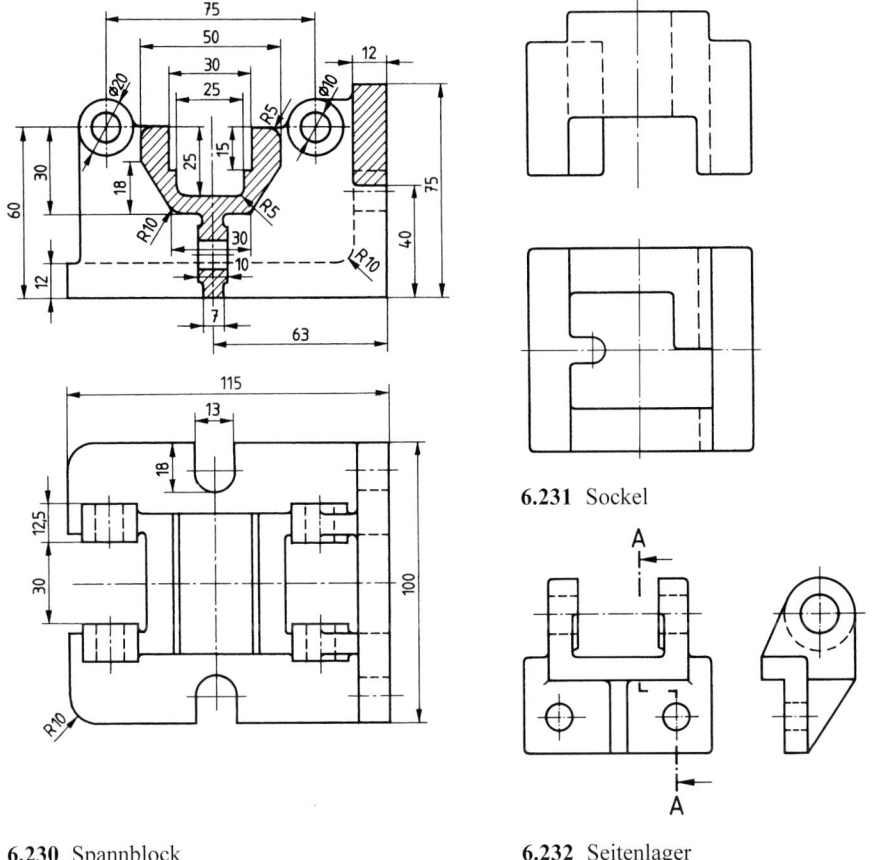

6.230 Spannblock

6.231 Sockel

6.232 Seitenlager

9. Zeichnen Sie das Spindellager, **6.233** und die Kupplungsklaue, **6.234** wie abgebildet und dazu die Seitenansichten im Schnitt.
10. Zeichnen Sie das Seitenlager, **6.235** in den notwendigen Ansichten und Schnitten.
11. Zeichnen Sie den Deckel, **6.236** in den drei üblichen Ansichten ohne Bemaßung.

6

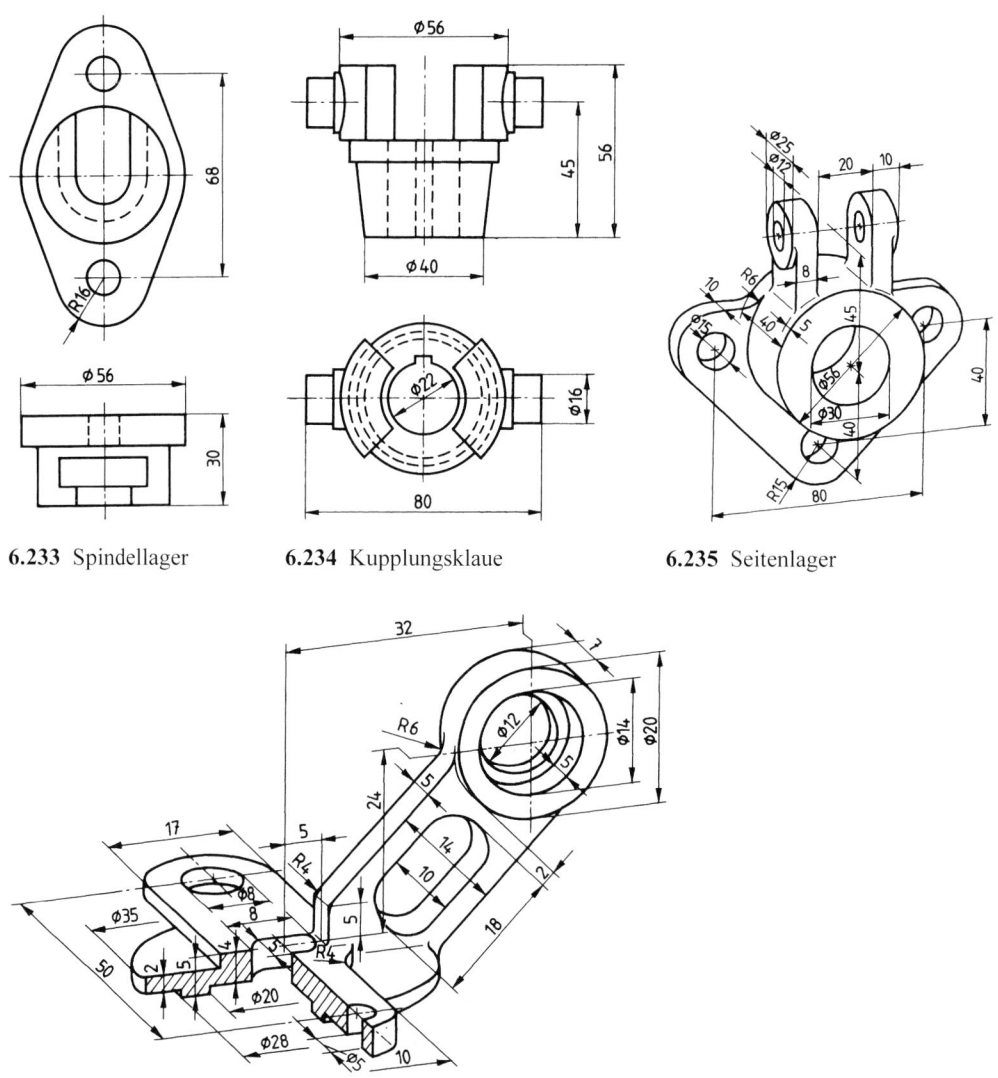

6.233 Spindellager   **6.234** Kupplungsklaue   **6.235** Seitenlager

6.236 Deckel

12. Zeichnen Sie die dargestellten Werkstücke, **6.237** bis **6.239** in den drei üblichen Ansichten. Tragen Sie, wenn notwendig einen Halb- oder Teilschnitt (Ausbruch) ein.

Die Nuten im Stützbock und die Bohrung im Gehäuse sind durchgehend.

13. Zeichnen Sie von den ebenflächigen, teilweise symmetrischen Werkstücken, **6.240**a) bis **6.240**f) die notwendigen Ansichten.

14. Erstellen Sie von den Bauteilen, **6.241**a) bis **6.241**f) normgerechte Fertigungszeichnungen.

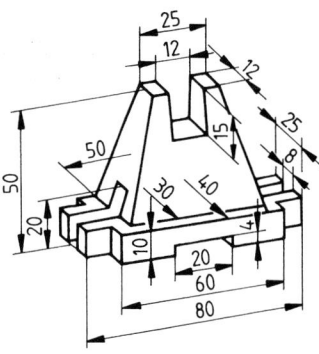

6.237 Stützbock

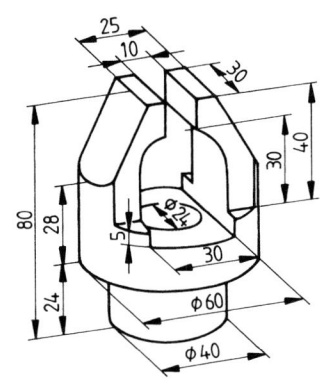

6.238 Gehäuse

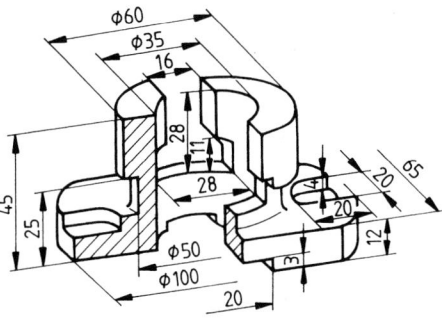

6.239 Führungssockel

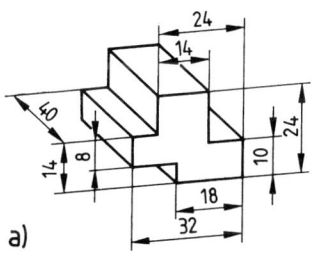

a)

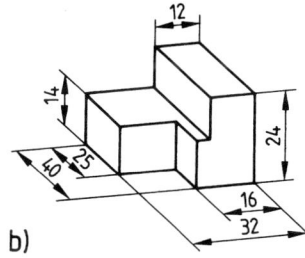

b)

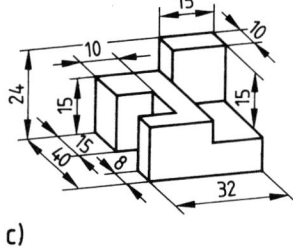

c)

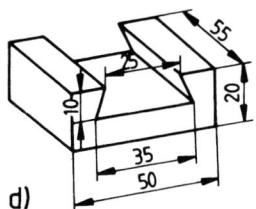

d)

6.240 Ebenflächige Werkstücke (a–d)

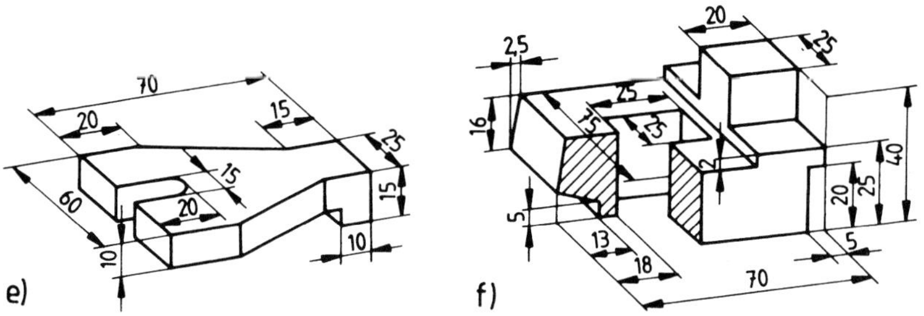

6.240 Ebenflächige Werkstücke (e–f)

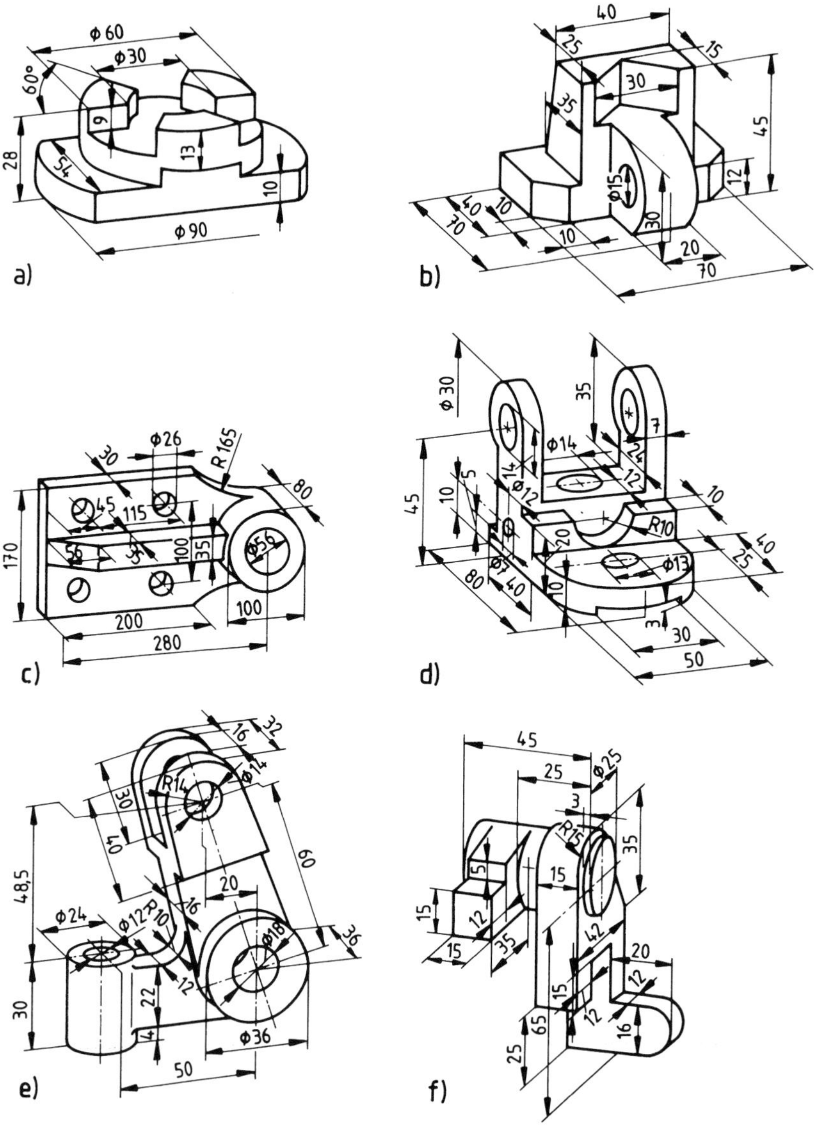

6

6.241 Bauteile

15. Ergänzen Sie bei den Passformteilen, **6.242**a) bis **6.242**e) die zur vollständigen Bemaßung
    fehlenden Angaben.

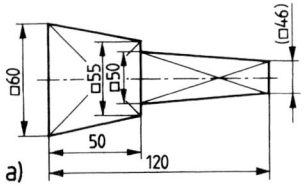 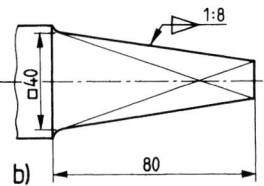

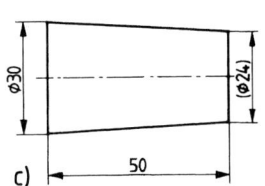 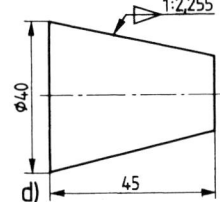 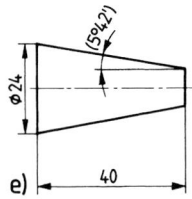

6.242 Passformteile

16. Übertragen Sie die Texte der folgenden 3 Aufgaben in fertigungsgerechte Zeichnungen.

    a) Der Dichtungskegel für einen Gashahn hat die Abmessungen $D = 30$ mm, $d = 18$ mm,
       $L = 72$ mm. Skizzieren Sie den Kegel und bemaßen Sie ihn vollständig.
    b) Zeichnen Sie eine Kegelhülse (Kegelverjüngung 1 : 3) und bemaßen Sie diese voll-
       ständig. Die Länge der Hülse beträgt 100 mm, der Außenkegel hat einen großen
       Durchmesser von 90 mm. Die Hülse erhält eine zentrische Axialbohrung $\varnothing$ 24, die auf
       der Seite des großen Durchmessers auf $\varnothing$ 40, 20 mm tief aufgebohrt wird.
    c) Zeichnen Sie eine Keilbeilage mit der Neigung 1:30 nach diesen Angaben:
       Länge 90 mm, Dicke 25 mm, größte Höhe 60 mm. Bemaßen Sie das Werkstück.

6.5 Konstruktives Zeichnen

6.5.1 Freistiche

Die DIN 509 legt Formen und Maße für Freistiche an Wellen und Bohrungen fest.

Freistiche dienen als Auslauf für die Schleifscheibenkante und sie verringern die Kerbwirkung
bei Durchmesserübergängen.

Durch Freistiche wird eine axiale Fixierung der eingebauten Maschinenelemente, z. B. Wälzlager, Zahnräder usw., am Wellenbund möglich. Die Bauelemente liegen an der Wellenschul-
ter an und „sitzen" nicht auf den Übergangsradius des Wellenabsatzes.

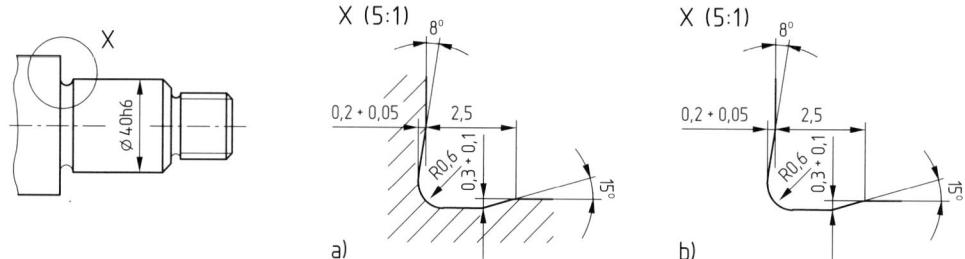

6.243 Außenfreistich, Form F

Einzelheiten werden zur besseren Darstellung und Bemaßung im vergrößerten Maßstab gezeichnet. Die Darstellung der Einzelheit „X" kann wahlweise im Schnitt, **6.243**a) ohne Begrenzungslinie für die umschließende Schnittfläche oder nach **6.243**b) in Ansicht ohne Umlaufkanten erfolgen.

Anwendung der Freistiche:

Form E   für weiter zu bearbeitende Zylinderfläche, keine erhöhten Anforderungen an die Planfläche

Form F   für weiter zu bearbeitende Plan- und Zylinderfläche

Form G   für kleinen Übergang bei gering belasteten Werkstücken

Form H   für stärker gerundeten Übergang

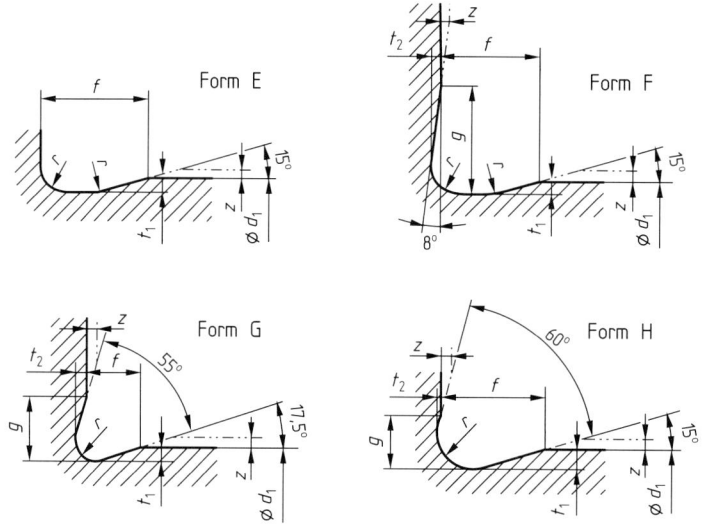

6.244 Freistichformen

Erklärung: d_1 Durchmesser des Werkstückes t_1 Einstichtiefe
                    f   Bereite des Freistiches z_1 Bearbeitungszugabe
                    r   Radius des Freistiches
Die Formen E und F werden hauptsächlich genutzt.

Tabelle 6.23 Freistichmaße und Senkungsmaße

Form	r ±0,1 Reihe 1	r ±0,1 Reihe 2	t_1 +0,1/0	f +0,2/0	g	t_2 +0,05/0	Zuordnung zum Durchmesser d_1 für Werkstücke – mit üblicher Beanspruchung	Zuordnung zum Durchmesser d_1 für Werkstücke – mit erhöhter Wechselfestigkeit	Senkung am Gegenstück Mindestmaß a – Freistich $r \times t_1$	Freistich E	Freistich F	Form G	Form H
E und F	–	0,2	0,1	1	(0,9)	0,1	über 1,6 bis 3	–	$0,2 \times 0,1$	0,2	0	–	–
E und F	0,4	–	0,2	2	(1,1)	0,1	über 3 bis 18		$0,4 \times 0,2$	0,4	0	–	–
G	–	0,6	0,2	1	(1,2)	0,2	über 10 bis 18		$0,4 \times 0,2$	–	–	0	–
E und F	0,8	–	0,2	2	(1,4)	0,1	über 18 bis 80		$0,6 \times 0,2$	0,8	0,2	–	–
E und F			0,3	2,5	(2,1)	0,2			$0,6 \times 0,3$	0,6	0	–	–
H			0,3	2	(2,4)	0,05			$0,8 \times 0,3$	1,0	0	–	–
E und F	1,2	1	0,3	2,5	(1,1)	0,1		über 18 bis 50	$0,8 \times 0,3$	–	–	–	0,8
E und F			0,2	4	(1,8)	0,3	über 80	über 18 bis 50	$1,0 \times 0,2$	1,6	0,8	–	–
E und F			0,4	2,5	(3,2)	0,1		über 18 bis 50	$1,0 \times 0,4$	1,2	0	–	–
H	1,6	–	0,2	4	(2)	0,3	über 80	über 50 bis 80	$1,2 \times 0,2$	2,0	0,5	–	–
E und F	2,5	–	0,4	2,5	(3,4)	0,05			$1,2 \times 0,4$	1,6	0	–	–
E und F	4		0,3	4	(1,5)	0,2			$1,2 \times 0,3$	–	–	–	1,5
			0,3	2,5	(3,1)	0,2		über 80 bis 125	$1,6 \times 0,3$	2,6	1,1	–	–
			0,4	5	(4,8)	0,3			$2,5 \times 0,4$	4,0	1,7	–	–
			0,5	7	(6,4)	0,3	über 125		$4,0 \times 0,5$	7,0	4,0	–	–

1) Freistiche mit Radien der Reihe 1 nach DIN 250 sind zu bevorzugen.

6

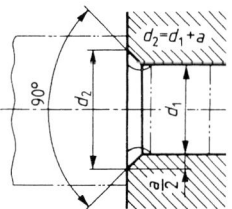

6.245 Senkung am Gegenstück

Die Freistiche können entweder vollständig gezeichnet und bemaßt werden oder vereinfacht mit der Bezeichnung angegeben werden.

vollständige Angabe   vereinfachte Angabe

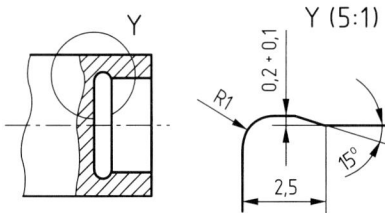
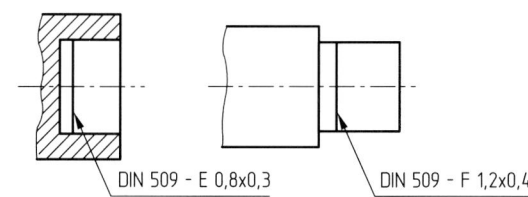

6.246 Freistichdarstellungen

6.5.2 Werkstückkanten

Bei den verschiedenen Fertigungsverfahren entstehen gratige oder ähnlich geformte Kantenzustände, die aus sicherheitstechnischen oder funktionellen Gründen entfernt werden bzw. aus funktionellen Gründen bestehen bleiben müssen.

Die DIN ISO 13715 enthält Angaben über die Begriffe und Eintragung der gewünschten Kantenzustände in Zeichnungen.

Die Kantenzustände für Innen- und Außenkanten zeigen **6.247** und **6.248**.

Man unterscheidet dabei:

Gratig	Werkstückkante mit Übergang, **6.249**	Übergang	Werkstückkante mit Fase bis Rundung, **2.251**.
Scharfkantig	Werkstückkante, deren Übergang oder Abtragung angenähert Null ist	Scharfkantig	Werkstückkante, deren Übergang oder Abtragung angenähert Null ist
Gratfrei	Werkstückkante mit Abtragung, **6.250**	Abtragung	Werkstückkante mit Einstich oder Einzug, **6.252**

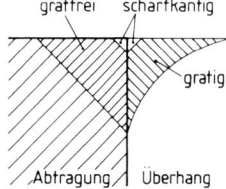

6.247 Kantenzustand Außenkante

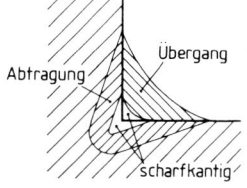

6.248 Kantenzustand Innenkante

Der Kantenbereich eines Werkstücks ist der Bereich, in dem die Istform der Kante von der ideal-geometrischen, scharfkantigen Form abweichen darf. Innerhalb dieses Bereiches ist die Kantenform beliebig. Die Größe des Kantenbereichs wird durch das Kantenmaß „a" bestimmt, **6.249** bis **6.252**. Es darf in keiner Richtung überschritten werden, siehe Tabelle 6.24.

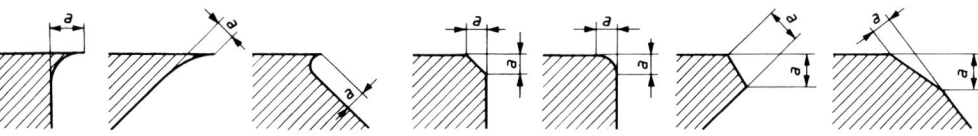

6.249 Kantenzustand gratig   **6.250** Kantenzustand gratfrei

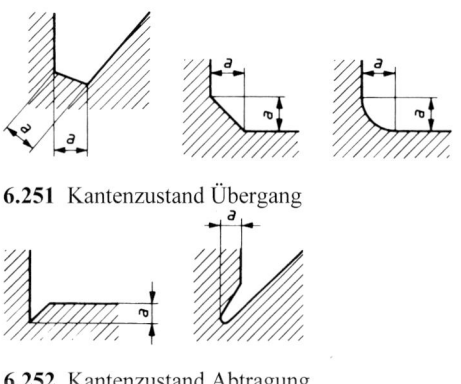

6.251 Kantenzustand Übergang

6.252 Kantenzustand Abtragung

Tabelle 6.24 Empfohlene Kantenmaße

1)	
+ 2,5	
+ 1	für gratige Kanten
+ 0,5	oder
+ 0,3	Übergang
+ 0,1	
+ 0,05	
± 0,02	für
− 0,02	scharfkantige
− 0,05	Kanten
− 0,1	
− 0,3	für gratige Kanten
− 0,5	oder
− 1	Abtragung
− 2,5	
1)	

1) weitere Maße nach Erfordernis

Tabelle 6.25 Bedeutung der Symbolelemente

Symbol-element	Bedeutung	
	Außenkante	Innenkante
+	gratig	Übergang
−	gratfrei	Abtragung
±	gratig oder gratfrei	Übergang oder Abtragung

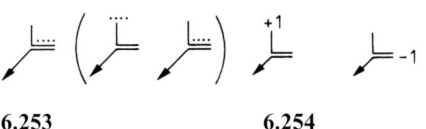

6.253   **6.254**   **6.255**

Werden für alle Kanten gleiche Zustände gefordert, genügt die Eintragung der Angaben in Nähe des Schriftfelds. Bei überwiegend gleichem Kantenzustand kann die Angabe des von diesem abweichenden Kantenzustands neben der allgemeinen Angabe zusätzlich in Klammern gesetzt werden, **6.253**. Die Kennzeichnung der Werkstückkanten besteht aus dem Grundsymbol, dem Kantenmaß a und dem Symbolelement +, −, ±, **6.254**.

Die Richtung des Grates der Abtragung wird nach, **6.254** eingetragen.

Die Zeichnungsangabe kann sich auf folgende Kantenlängen beziehen:

– auf eine Kante senkrecht zur Projektionsebene,
– am Umfang eines Werkstücks oder eines Loches umlaufend, **6.255**.

Tabelle 6.26 Beispiele für Zeichnungsangaben und deren Bedeutung

Nr.	Beispiel	Bedeutung	Erklärung
1	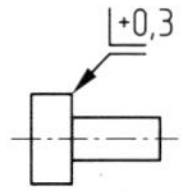		Außenkante gratig bis 0,3, Gratrichtung beliebig
2	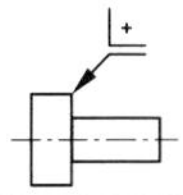		Außenkante gratig, Grathöhe und Gratrichtung beliebig
3	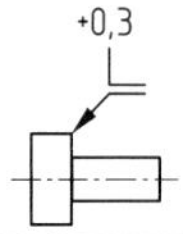		Außenkante gratig bis 0,3, Gratrichtung vorgegeben
4	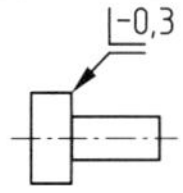		Außenkante gratfrei bis 0,3, Form der Abtragung beliebig
5	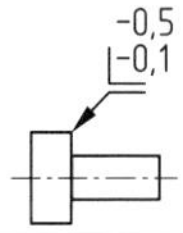		Außenkante gratfrei im Bereich von 0,1 bis 0,5, Form der Abtragung beliebig
6	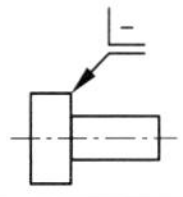		Außenkante gratfrei, Form der Abtragung beliebig
7	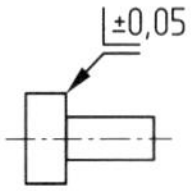	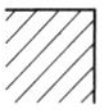	Außenkante wahlweise gratig bis 0,05 oder gratfrei bis 0,05 (scharfkantig), Gratrichtung beliebig
8	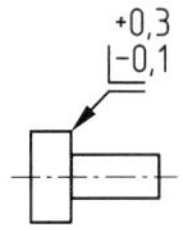	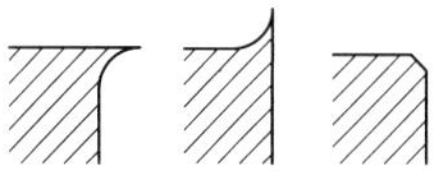	Außenkante wahlweise gratig bis 0,3 oder gratfrei bis 0,1, Gratrichtung beliebig
9	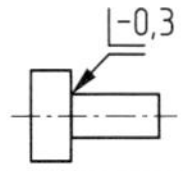	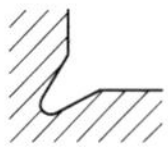	Innenkante mit Abtragung bis 0,3, Abtragungsrichtung beliebig
10	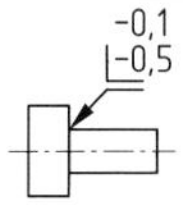	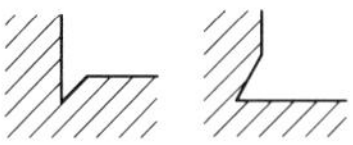	Innenkante mit Abtragung im Bereich von 0,1 bis 0,5, Abtragungsrichtung beliebig
11	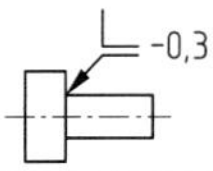	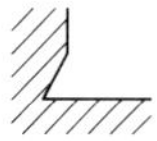	Innenkante mit Abtragung bis 0,3, Abtragungsrichtung vorgegeben

Fortsetzung s. nächste Seite.

Tabelle 6.26 Fortsetzung

Nr.	Beispiel	Bedeutung	Erklärung
12	$\llcorner^{\pm0,3}$		Innenkante mit Übergang bis 0,3, Form des Übergangs beliebig
13	$\llcorner^{+1}_{\pm0,3}$		Innenkante mit Übergang im Bereich von 0,3 bis 1, Form des Übergangs beliebig
14	$\llcorner^{\pm0,05}$		Innenkante wahlweise mit Abtragung bis 0,05 oder Übergang bis 0,05 (scharfkantig), Form der Abtragung des Übergangs beliebig
15	$\llcorner^{+0,1}_{-0,3}$		Innenkante wahlweise mit Übergang bis 0,1 oder Abtragung bis 0,3, Abtragungsrichtung beliebig

6.5.3 Butzen an Drehteilen

Ein Butzen ist ein durch das Fertigungsverfahren Drehen entstehender Werkstoffrest im Zentrum einer Stirnfläche des Drehteils. Im Interesse einer kostengünstigen Fertigung sollte ein Drehteil ohne Butzen nur dort gefordert werden, wo die Funktion einen Butzen nicht zulässt. In allen anderen Fällen werden seine zulässigen Maße in der Zeichnung angegeben.

Die Form des Butzens ist nicht bestimmt. Seine Größe wird durch den Hüllraum mit Angaben d_2 und l, **6.256**a) festgelegt. Zu den Maßen wird in der Zeichnung das grafische Symbol gesetzt, **6.256**b)**,** Einzelheiten siehe DIN 6785.

Abweichungen von den Tabellenwerten, **6.256**c) sind möglich, wobei kleinere Werte über die Maßtoleranz der Länge oder über die Rauheitsangaben erreicht werden, siehe Tabelle 6.27.

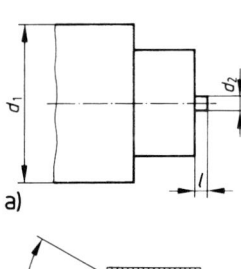

a)

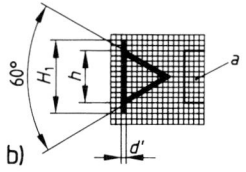

b)

c)

Drehteildurchmesser		Butzenmaße	
d_1		d_2	l
über	bis	max.	max.
	3	0,3	0,2
3	5	0,5	0,3
5	8	0,8	0,5
8	12	1,0	0,6
12	18	1,5	0,9
18	26	2,0	1,2
26	40	2,5	2
40	60	3,5	3

Maße in mm

6.256 Butzen

a) Form, b) Symbol, c) Maße

Tabelle 6.27 Butzenbeispiele

Anwendung	Zeichnungsangabe	Bedeutung
allgemein	Ø 2×1,2	Butzen zulässig bis max. Ø 2 und 1,2 lang. Der Butzen darf unabhängig von Maßtoleranz und Rauheit der Stirnfläche auftreten.
z. B. für vorbearbeitete Teile	oder Allgemeintoleranzen DIN ISO 2768 – m oder besondere Toleranzangabe oder	Butzen zulässig innerhalb der für die Länge des Drehteils angegebenen Maßtoleranz. Maße für den zulässigen Butzen nicht festgelegt.
z. B. für Fertigteile	Rauheitsangabe für die Stirnfläche	Butzen zulässig. Die Rauheit der Stirnfläche darf max. R_z 25 μm betragen.
Bei Angabe eines Rauheitswerts an der Stirnfläche des Drehteils (ohne Festlegung eines zulässigen Butzens) ist im Zentrum des Drehteils nur ein Werkstoffrest im Rahmen der angegebenen Rauheit zulässig.			

6.5.4 Zentrierbohrungen

Zentrierbohrungen sind in der DIN 332-1 genormt, die Herstellung erfolgt mit genormten Zentrierbohrern.

Die Ausführungen R, A und B sind bevorzugt zu verwenden. Bei der Form R ergibt sich der besondere Vorteil, dass kleine Maßabweichungen beim Spannen zwischen den Spitzen durch die gewölbte Innenfläche ausgeglichen werden.

Die vereinfachte Darstellung von Zentrierbohrungen ist in der DIN ISO 6411 geregelt, Form und Maße enthält die DIN 332-1, siehe Tabelle 6.28.

Tabelle 6.28 Zentrierbohrungen, Auswahl

R mit Radiusform	A ohne Schutzsenkung	B mit Schutzsenkung
ISO 6411-R2,5/5,3	ISO 6411-A2/4,25	ISO 6411-B4/12,5
$d = 2{,}5$ $D_1 = 5{,}3$	$d = 2$ $D_2 = 4{,}25$	$d = 4$ $D_3 = 12{,}5$
DIN 332-R $2{,}5 \times 5{,}3$	DIN 332-A $2 \times 4{,}25$	DIN 332-B $4 \times 12{,}5$

d Nennmaß	D_1	D_2	t	D_3	t
1,0	2,12	2,12	0,9	3,15	0,9
1,6	3,36	3,36	1,4	5	1,4
2,0	4,25	4,25	1,8	6,3	1,8
2,5	5,3	5,30	2,2	8	2,2
4,0	8,5	8,50	3,5	12,5	3,5
6,3	13,2	13,20	5,5	18	5,5
10,0	21,2	21,20	8,7	28	8,7

Tabelle 6.29 Zentrierbohrung am Fertigteil, Darstellung in der Fertigungszeichnung

Zentrierbohrung		
ist am Fertigteil erforderlich.	darf am Fertigteil vorhanden sein.	darf am Fertigteil nicht vorhanden sein.
ISO 6411-R2,5/5,3	ISO 6411-R2,5/5,3	ISO 6411-R2,5/5,3

6.6 Normung in der Fertigungszeichnung

Die Zeichnungen enthalten Informationen über die Funktion, Fertigung, Montage, sowie die Prüfbedingungen der Einzelteile und Baugruppen.

Sie geben Auskunft über die Größe, Form, Oberflächenbeschaffenheit, sowie zulässige Abweichungen der Maße, Formen und Lagen bei den Einzelteilen.

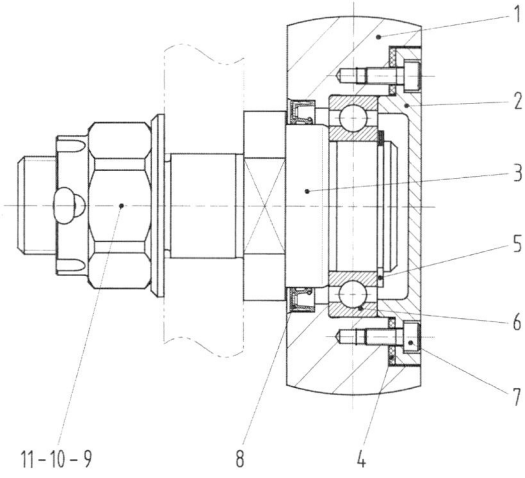

6.257 Zusammenbauzeichnung

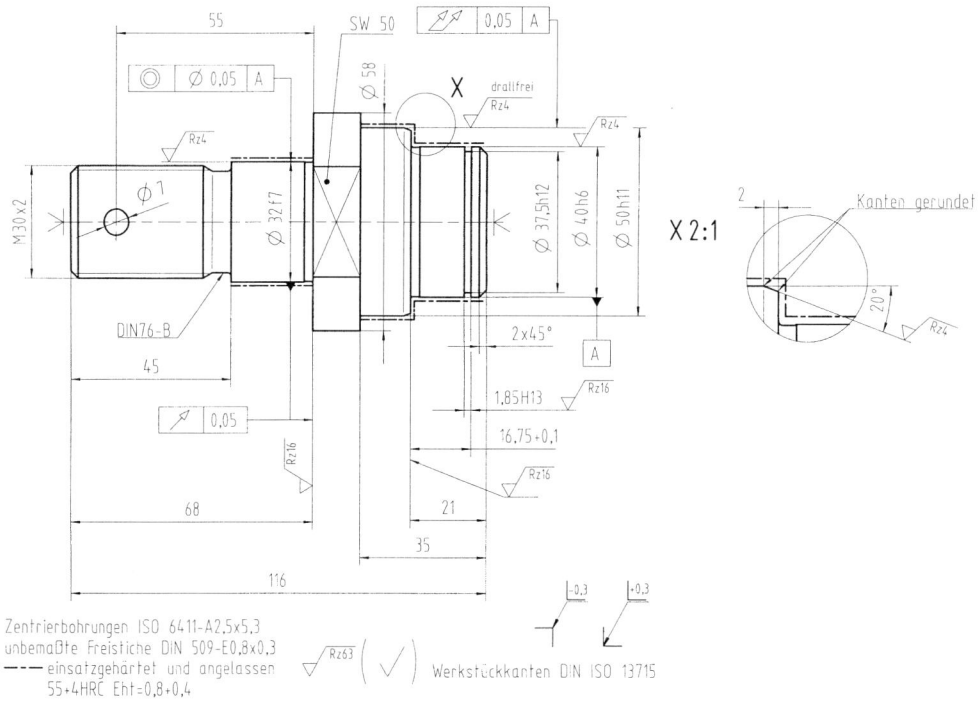

6.258 Fertigungszeichnung

Für die Fertigungszeichnung Achse sind beispielhaft die zu berücksichtigenden Normen zusammengestellt.

DIN ISO 128-24 Linienarten

DIN ISO 128-30 Grundlagen der Darstellung

DIN 406-10, -11, -12 Maßeintragung,
          Toleranzen

DIN 323-1 Normmaße

DIN EN ISO 3098-2 Normschrift

DIN EN ISO 5457 Blattgrößen

DIN EN ISO 7200 Schriftfelder

DIN ISO 5455 Maßstäbe

DIN ISO 2768-1, -2 Toleranzangaben

DIN ISO 1101 Form – und Lagetoleranzen

DIN 7157 Passungsauswahl

DIN EN ISO 1302 Oberflächenangaben

DIN ISO 13715 Werkstückkanten

DIN 6773 Angaben wärmebehandelter Teile
          in Zeichnungen

DIN 471 Sicherungsring (Wellennut)

DIN 3760 Radialwellen Dichtring
          (Einbauangaben)

DIN 5425-1 Wälzlager – Einbautoleranzen

DIN 509 Freistiche

DIN 76-1 Gewindefreistiche

DIN ISO 6410-1 bis -3 Gewindedarstellung

DIN EN ISO 4753 Gewindeenden

DIN ISO 6411 Zentrierbohrungen

6

6.7 Projektaufgaben

6.7.1 Laufrollenlagerung

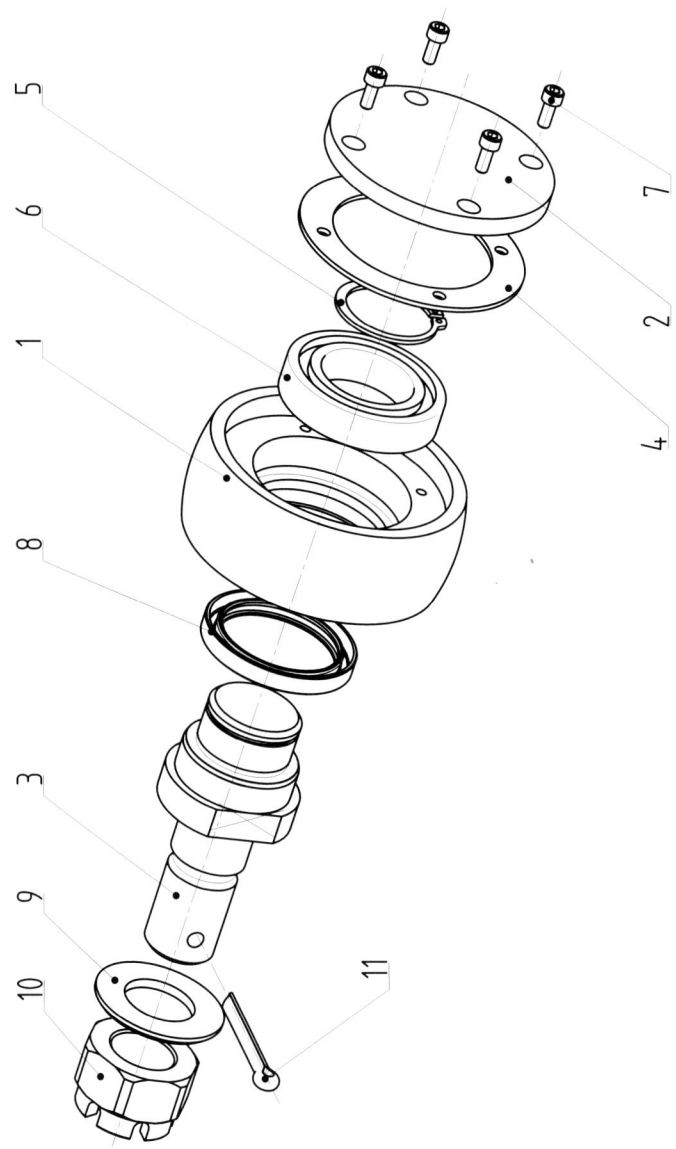

6.259 Explosionsdarstellung Laufrollenlagerung

Funktionsbeschreibung:

Laufrollenbahnen werden in vielen Industriebetrieben zum Transport von Paletten verwendet.

Diese Transporteinrichtung kann über eine längere Strecke angelegt sein und deshalb eine große Anzahl von Laufrollen aufweisen.

Die Konstruktion der Baugruppe soll einfach und zuverlässig sein.

Gesamtzeichnung erstellen:

Erstellen Sie von der Laufrollenlagerung eine Gesamtzeichnung im Schnitt unter Verwendung des vorgegebenen Datensatzes.

Gesamtzeichnung auswerten:

1. Welche Werkzeugmaschinen, Werkzeuge und Messgeräte benötigt man für die Fertigung der Achse (Pos. 3)?
2. Die Achse (Pos. 3) und die Laufrolle (Pos. 1) werden aus dem Werkstoff 16MnCr5, der Lagerdeckel (Pos. 2) aus 9SMn28 gefertigt. Erklären Sie die Werkstoffwahl.
3. Unterscheiden Sie Achsen und Wellen nach der Beanspruchung bzw. Lagerung.
4. Welche Vorteile und Nachteile haben Wälzlager?
5. Legen Sie die notwendige Passung am Wälzlagersitz fest, ordnen Sie dabei die Begriffe Punktlast und Umfangslast den Lagerringen zu.
6. Die Achse (Pos. 3) und die Laufrolle (Pos. 1) erhalten einen Freistich nach DIN 509. Nennen Sie den Grund und wählen Sie eine geeignete Form mit der genauen Bezeichnung aus.
7. Die Achse (Pos. 3) ist im Bereich der Lauffläche des Radialwellendichtrings (Pos. 8) drallfrei Rz4 zu schleifen. Begründen Sie, warum.
8. Auf welche Weise erfolgt die Schmierung des Wälzlagers (Pos. 6)?
9. Geben Sie die Aufgaben des Lagerdeckels (Pos. 2) an.
10. Berührungsdichtungen kann man in zwei Bereiche einteilen. Nennen Sie diese.
11. Welche konstruktiven Vorgaben sind für den Einbauraum eines Radial-Wellendichtringes zu beachten?
12. Welche Funktion hat die mit einem Diagonalkreuz gekennzeichnete Rechteckfläche an der Achse (Pos. 3)?
13. Beschreiben Sie die Montage der Laufrollenlagerung.
14. Geben Sie die Montagewerkzeuge an.
15. Die Achse (Pos. 3) ist an der Trägerplatte mit einer Verliersicherung befestigt. Nennen Sie weitere Verliersicherungen als Alternativen.

Einzelteilzeichnungen erstellen:

Fertigen Sie normgerechte Einzelteilzeichnungen im Maßstab 1:1 der Bauteile Laufrolle (Pos. 1), Lagerdeckel (Pos. 2), Achse (Pos. 3) an.

Beachten Sie bei der Zeichnungserstellung die auf der CD-ROM zusammengestellten Angaben.

Konstruktive Überarbeitung:

Die Laufrollenlagerung soll künftig mit einer Nutmutter DIN 70852 und einem Sicherungsblech DIN 70952 befestigt werden.

Ändern Sie den Gewindezapfen der Achse (Pos. 3) und die Stückliste entsprechend ab.

6.7.2 Fliehkraftkupplung

6

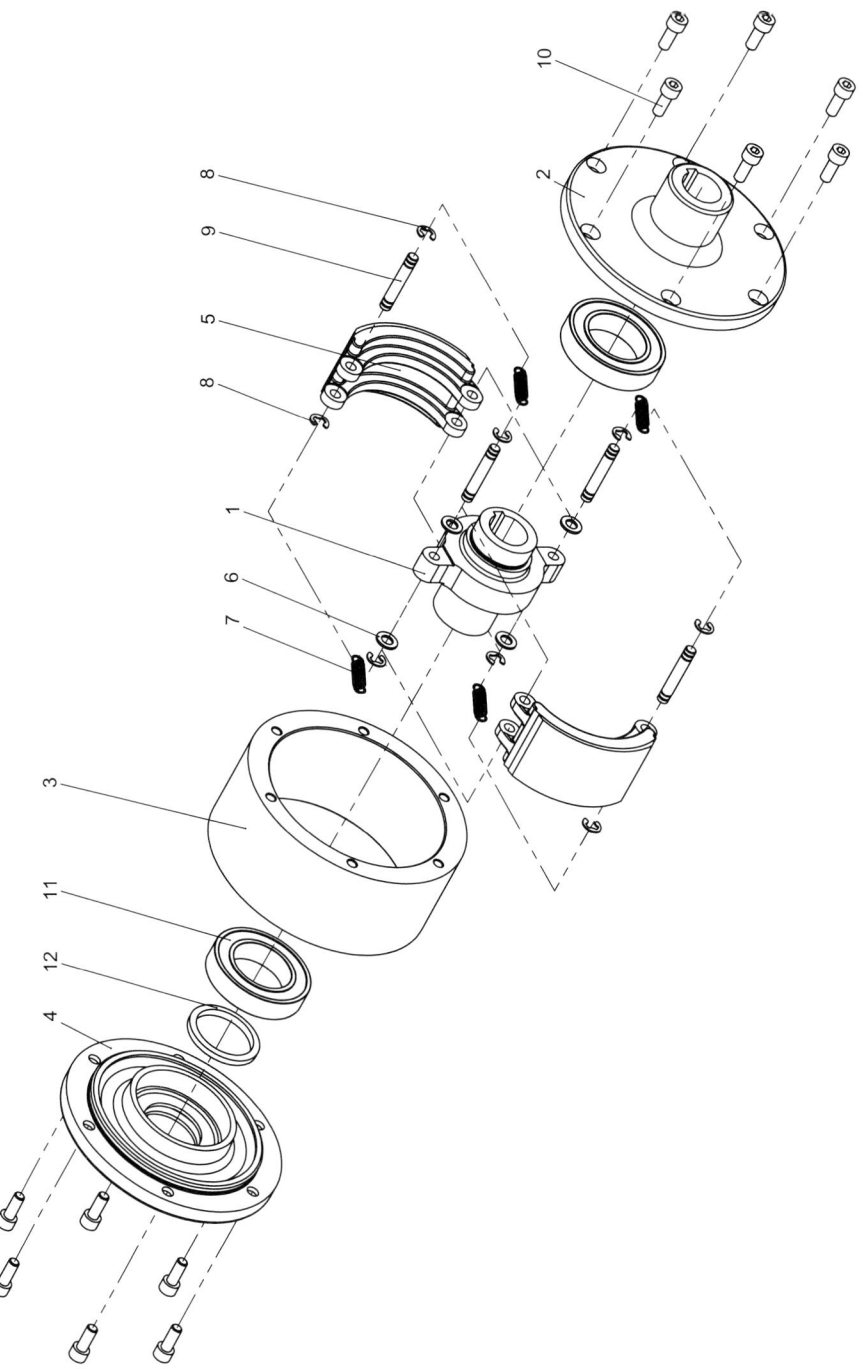

6.260 Explosionsdarstellung Fliehkraftkupplung
Abdruck mit freundlicher Genehmigung der IHK Region Stuttgart (PAL)

Funktionsbeschreibung:

Fliehkraftkupplungen ermöglichen ein weiches Anfahren der Arbeitsmaschine, in diesem Falle einer Mischtrommel. In der Mischtrommel werden große Massen aus dem Stillstand auf die Betriebsdrehzahl beschleunigt. Durch die drehzahlgeschaltete Kupplung kann der Verbrennungs- oder Elektromotor lastfrei beschleunigen und erst bei einer entsprechenden Drehzahl die Mischtrommel durch Reibschluss mitnehmen.

Gesamtzeichnung erstellen:

Erstellen Sie von der Fliehkraftkupplung eine Gesamtzeichnung im Schnitt unter Verwendung des vorgegebenen Datensatzes.

Gesamtzeichnung auswerten:

1. Die Rillenkugellagerbezeichnung beinhaltet das Nachsetzzeichen 2Z. Erklären Sie diese Angabe und aus welchen Gründen wurde diese Lagerausführung gewählt?
2. Für die Rillenkugellager wurden an der Antriebsnabe (Pos. 1) das Passmaß $\varnothing$ 45k6 und an der Abtriebsnabe (Pos. 2) bzw. am Deckel (Pos. 4) das Passmaß $\varnothing$ 75H7 festgelegt. Welche Auswirkung hat dies für die Montage der Wälzlager?
3. Beschreiben Sie die komplette Montage der Fliehkraftkupplung.
4. Kupplungen kann man unter anderem nach dem Wirkprinzip einteilen. Nennen Sie die beiden Bereiche und geben Sie jeweils zwei Kupplungsbauarten an.
5. Eine Passfederverbindung überträgt das Drehmoment der Kraftmaschine (Motor) auf die Antriebsnabe (Pos. 1) der Fliehkraftkupplung. Geben Sie die mechanische Beanspruchung der Passfeder an.
6. Mit welchem Fertigungsverfahren kann die Passfedernut in der Antriebsnabe (Pos. 1) bzw. Abtriebsnabe (Pos. 2) hergestellt werden?
7. Nennen Sie die Bauteile, die sich beim Anfahren nicht mitdrehen.
8. Geben Sie den Kraftfluss durch die Fliehkraftkupplung an.
9. Der Reibbelag (Pos. 5.2) ist auf den Backen (Pos. 5.1) geklebt. Welche Anforderungen muss die Klebfläche erfüllen?
10. Welche Eigenschaften muss der Reibbelag (Pos. 5.2) besitzen?
11. Die Abtriebsnabe (Pos. 2) und das Gehäuse (Pos. 3) sind mit der Passung $\varnothing$ 136H7/h6 gefügt. Berechnen Sie die Grenzpassungen und stellen Sie die Toleranzfeldlage grafisch dar.
12. Welche Gestaltungsregeln sind bei Gussteilen wesentlich?
13. Die einzelnen Bauteile sind aus den Werkstoffen EN-GJS-700-2 bzw. E295 gefertigt. Erklären Sie die Bezeichnungen und begründen Sie die Werkstoffwahl.
14. Die im Sandguss hergestellten Bauteile werden an den Fügestellen spanend nachbearbeitet. Welche Oberflächenrauheit Rz wird beim Sandguss und beim Drehen bzw. Schleifen normalerweise erreicht?
15. Die Zylinderschrauben (Pos. 10) sollen gesichert werden. Nennen Sie verschiedene Möglichkeiten.

Einzelteilzeichnungen erstellen:

Erstellen Sie normgerechte Einzelteilzeichnungen im Maßstab 1:1 der Bauteile Antriebsnabe (Pos. 1), Abtriebsnabe (Pos. 2), Gehäuse (Pos. 3), Deckel (Pos. 4), Fliehgewicht (Pos. 5).

Beachten Sie bei der Zeichnungserstellung die auf der CD-ROM zusammengestellten Angaben.

Konstruktive Überarbeitung:

Die Abtriebsnabe (Pos. 2) soll alternativ auch mit einer Keilwellenverbindung DIN ISO 14-6x28x32 hergestellt werden.

Ändern Sie die Einzelteilzeichnung entsprechend ab.

6.7.3 Transportband

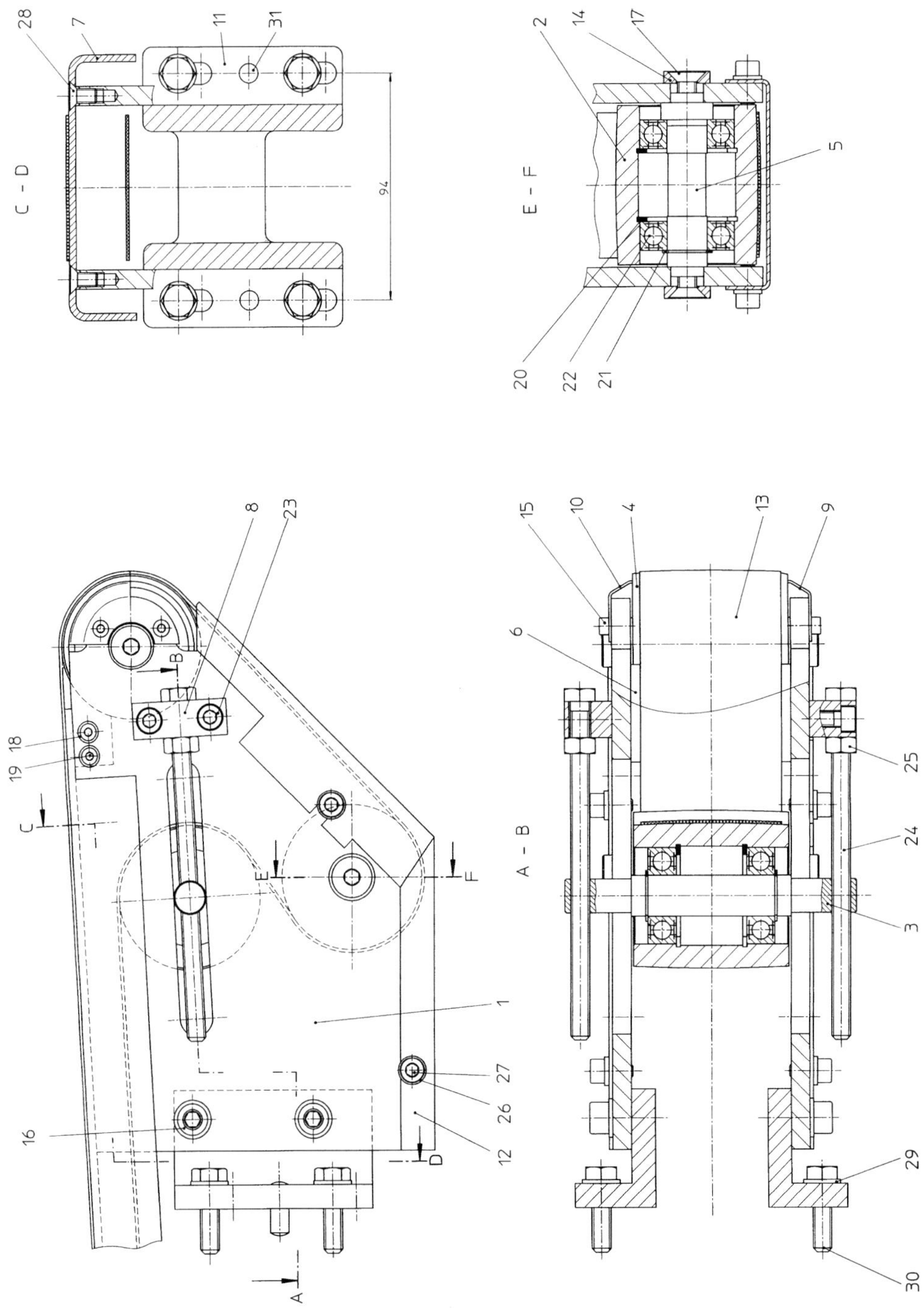

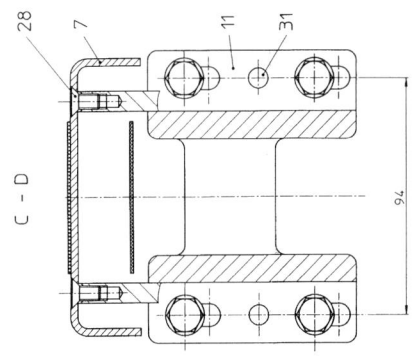

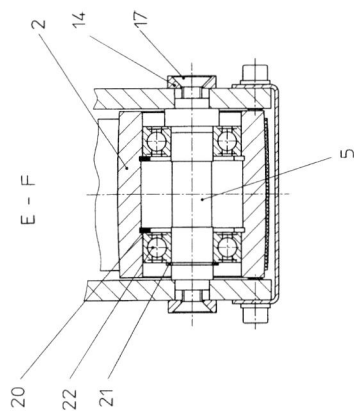

6

6.261 Gesamtzeichnung Transportband
Abdruck mit freundlicher Genehmigung der IHK Region Stuttgart (PAL)

Funktionsbeschreibung:

Das Transportband ist Teil einer Produktionsanlage zur Fertigung von Küchengeräten. Die aus der Spritzgussmaschine entnommenen Gehäuse werden auf dem Transportband zur nächsten Montagestation befördert.

Bearbeiten Sie mit dem vorgegebenen Datensatz für das Transportband die nachfolgenden Aufgaben.

Gesamtzeichnung auswerten:

1. Das Rillenkugellager (Pos. 22) auf der Verstellachse (Pos. 3) ist defekt. Beschreiben Sie die Demontage in der logischen Reihenfolge.

2. Legen Sie eine geeignete Passung für die Lagerung der Achse (Pos. 5) in der Platte (Pos. 1) fest.

3. In der Rolle (Pos. 2) ist ein Sicherungsring (Pos. 20) nach DIN 472 eingebaut. Wie groß ist die Toleranz T bei der Breite des Sicherungsrings bzw. bei der Nut? Berechnen Sie das Höchstspiel PSH und das Mindestspiel PSM.

4. Aus welchem Grund sind die Rollen an der Bandlauffläche leicht ballig ausgeführt?

5. Die Spannrolle (Pos. 4) soll, damit das Band ohne Durchhang läuft, um s = 30 mm axial verstellt werden. Ermitteln Sie die Anzahl der notwendigen Umdrehungen an der Sechskantschraube (Pos. 24).

6. Nennen Sie die Bauteile, die zur Verstelleinrichtung gehören.

7. Welche Funktion hat die Sechskantmutter (Pos. 25)?

8. Berechnen Sie die gestreckte Länge L für die Abdeckung (Pos. 7) mit dem Ausgleichswert v. Die Maße können aus der Gesamtzeichnung entnommen werden.

9. Die Abdeckung (Pos. 7) wird aus dem Blech DC05, t = 3 mm durch Kaltbiegen gefertigt. Ermitteln Sie den kleinsten zulässigen Biegeradius r nach DIN 6935.

10. Erklären Sie die Werkstoffbezeichnung für die Rolle (Pos. 2), Achse (Pos. 3) und die Abdeckung (Pos. 7).

11. Um Gewicht einzusparen wird überlegt, die Platte (Pos. 1) aus einer Aluminiumlegierung herzustellen. Wie viel % Gewichtsersparnis bringt dies bei gleicher Dimensionierung?

12. Aus welchem Grund sind an der Konsole (Pos. 11) Langlöcher vorgesehen und welche Aufgabe haben die Zylinderstifte (Pos. 31)?

13. Die Bohrungen für die Zylinderstifte (Pos. 31) müssen ausgerieben werden. Welchen Zweck hat das Reiben und welche Rautiefe Rz kann erreicht werden? Mit welchem Prüfmittel kann die geriebene Bohrung kontrolliert werden?

14. Der Befestigungsflansch (Pos.11) soll als Schweißkonstruktion aus kaltgewalztem Flachmaterial S235JR hergestellt werden. Die Grundplatte (11.1) und die beiden Stegplatten (11.2) sind zugeschnitten, entgratet und die Rohmaße geprüft. Beschreiben Sie die Arbeitsschritte bei der Herstellung der Schweißkonstruktion.

15. Erklären Sie, warum im Schnitt A-B der Zylinderstift (Pos. 31) nicht dargestellt ist.

Einzelteilzeichnungen erstellen:

Fertigen Sie normgerechte Einzelteilzeichnungen im Maßstab 1:1 der Bauteile Platte (Pos. 1), Rolle (Pos. 2), Verstellachse (Pos. 3) und der Achse (Pos. 5) an.

Beachten Sie bei der Zeichnungserstellung die auf der CD-ROM zusammengestellten Angaben.

Konstruktive Überarbeitung:

Die Konsole (Pos. 11) soll durch eine Schweißkonstruktion ersetzt werden.

Beachten Sie bei der Zeichnungserstellung die auf der CD-ROM zusammengestellten Angaben.

6

7 Maschinen- und Konstruktionselemente – Darstellung und Normung

7.1 Schraubverbindungen

7.1.1 Gewinde

Alle am Gewinde vorkommenden geometrischen Elemente sind in DIN 2244 (Gewinde, Begriffe) definiert.

Maße. Es gibt Außengewinde (Bolzengewinde, **7.1**) und Innengewinde (Muttergewinde, **7.2**). Beide werden miteinander verschraubt. Hierfür sind übereinstimmende Gewindeabmessungen notwendig.

Das Hauptmaß ist der Gewinde-Nenndurchmesser. Er wird beim Innengewinde mit D und beim Außengewinde mit d bezeichnet. Zieht man hiervon den Kerndurchmesser d_3 ab und halbiert das Ergebnis, ergibt sich die Gewindetiefe h_3. Das Maß P bezeichnet die Steigung des Gewindes. Ein Gewinde verläuft nach einer Schraubenlinie (s. Abschn. 3.4.6). Es ist eingängig, wenn die Windungen einer einzigen Schraubenlinie angehören. Sind mehrere Schraubenlinien vorhanden, wie an der zweigängigen Schnecke **7.3**, handelt es sich um ein mehrgängiges Gewinde.

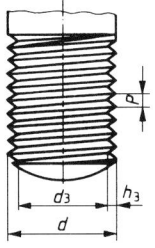

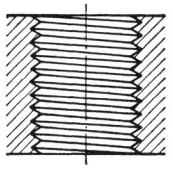

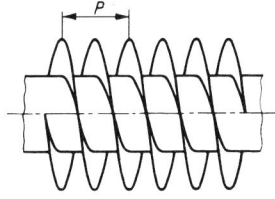

7.1 Außengewinde   **7.2** Innengewinde   **7.3** Zweigängige Schnecke

Die Steigung *P* ist das Maß, um das sich Außen- und Innengewinde in Richtung der Mittelachse gegeneinander verschieben, wenn eines davon eine ganze Umdrehung macht. Sie reicht bei eingängigem Gewinde von einer Windung bis zur nächsten, bei zweigängigem bis zur übernächsten usw.

Rechtsgewinde ist das übliche Gewinde. Hierbei steigen die Windungen am aufrechtstehenden Bolzen nach rechts an **7.1**, im aufgeschnittenen Innengewinde dagegen nach links, **7.2**. Beim Linksgewinde laufen die Steigungen entgegengesetzt.

Gewindeprofile. Die Form des Gewindeprofils richtet sich nach dem Verwendungszweck des Schraubteils. Genormt sind Spitz-, Trapez-, Sägen- und Rundgewinde. Spitzgewinde verwendet man überwiegend für Befestigungsschrauben und -muttern **7.4**, Trapezgewinde hauptsächlich auf Bewegungs- und Verstellspindeln, **7.5**. Sägengewinde kommt für Spindeln mit einseitig starker Druckbeanspruchung in Achsrichtung in Betracht, **7.6**. Rundgewinde nimmt man für Spindeln, die merklicher Abnutzung durch Schmutz und der Gefahr der Beschädigung durch Stöße unterliegen, und für in Blech gedrückte Gewinde (Edison-Gewinde, **7.7**), Zum Spitzgewinde zählen die Metrischen Gewinde, alle Whitworth-Gewinde und andere. Die einzelnen Arten unterscheiden sich besonders in den Abmessungen für Gewindetiefen und Steigungen.

7.4 Spitzgewinde   **7.5** Trapezgewinde   **7.6** Sägengewinde   **7.7** Rundgewinde

Tabelle 7.1 Metrisches ISO-Gewinde; Regelgewinde[1), Nennmaße nach DIN 13-1 (Auszug)

Gewinde-Nenn-durchmesser $d = D$ Reihe 1	Steigung P	Kerndurchmesser d_3	D_1	Gewindetiefe h_3	H_1	Spannungs-querschnitt A_s [2) in mm²
3	0,5	2,387	2,459	0,307	0,271	5,03
4	0,7	3,141	3,242	0,429	0,379	8,78
5	0,8	4,019	4,134	0,491	0,433	14,2
6	1	4,773	4,917	0,613	0,541	20,1
8	1,25	6,466	6,647	0,767	0,677	36,6
10	1,5	8,160	8,376	0,920	0,812	58,0
12	1,75	9,853	10,106	1,074	0,947	84,3
16	2	13,546	13,835	1,227	1,083	157
20	2,5	16,933	17,294	1,534	1,353	245
24	3	20,319	20,752	1,840	1,624	353

1) Regelgewinde genannt, weil es in der Regel allgemein anwendbar ist; Gewinde-Nenndurchmesser D/d und Steigung P haben eine bestimmte Zuordnung.

2) Der Spannungsquerschnitt ist nicht in DIN 13-1, sondern in DIN 13-28 enthalten. Er gilt als grundlegender Faktor für das Berechnen der Prüflast einer Schraube nach DIN EN ISO 898-1 (s. Norm).

$$A_s = \frac{\pi}{4}\left(\frac{d_2 + d_3}{2}\right)^2 : \text{hierin sind } d_2 \text{ und } d_3 \text{ Nennmaße.}$$

$D = d =$ Gewinde-Nenndurchmesser
$P =$ Steigung des eingängigen Gewindes
$H =$ Höhe des Profildreiecks 0,86603 P
$D_2 = d_2 =$ Flankendurchmesser
  $d - 0,64952\,P$
$D_1 =$ Kerndurchmesser (Mutter)
  $d - 2\,H_1 = d - 1,0825\,P$
$d_3 =$ Kerndurchmesser (Bolzen)
  $d - 1,22687\,P$
$h_3 =$ Gewindetiefe am Bolzen
  $0,61343\,P$
$H_1 =$ Flankenüberdeckung
  $0,54127\,P$
$R = \dfrac{H}{6} = 0,14434\,P$

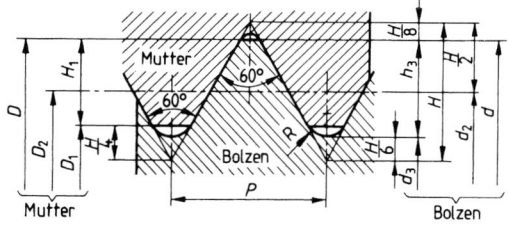

7.8 Nullprofile des Metrischen ISO-Gewindes (ohne Flankenspiel) nach DIN 13-19

Gewindedarstellung (DIN ISO 6410)

Gewindelinicn. Bei sichtbaren Gewinden in Seitenansichten und Schnitten sind die Gewindespitzen (Gewindedurchmesser D_1 bzw. d, **7.8**) durch eine breite Vollinie und der Gewindegrund (D bzw. d_3) durch eine schmale Volllinie darzustellen, **7.9** bis **7.12**. Bei verdeckten Gewinden sind die Gewindespitzen und der Gewindegrund durch eine Strichlinie darzustellen, **7.11** und **7.12**.

Der Abstand zwischen den Linien, die die Gewindespitzen bzw. den Gewindegrund darstellen, soll möglichst genau der Gewindetiefe h_3 bzw. H_1 (Tab. 7.1 und Bild **7.8**) entsprechen. Für Metrisches Gewinde nach DIN 13-1 sind die Werte der Tab. 7.1 zu entnehmen (der Kerndurchmesser beträgt danach etwa 80 % des Gewindedurchmessers).

Für Metrisches Feingewinde beträgt die Gewindetiefe h_3 etwa 65 % der in der Gewindebezeichnung angegebenen Steigung P des eingängigen Gewindes.

Die Gewindetiefen der anderen Gewinde sind den entsprechenden Normtabellen zu entnehmen. Der Abstand zwischen den Linien in der Darstellung darf jedoch nicht geringer sein als

– die zweifache Breite der breiteren Linie oder
– 0,7 mm, je nachdem, welcher Wert der größere ist.

Bei den im Schnitt dargestellten Gewindeteilen ist die Schraffur bis an die Linie heranzuziehen, die die Gewindespitzen darstellt, **7.10** bis **7.12**.

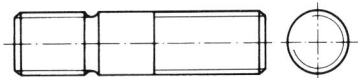

7.9 Bolzengewinde

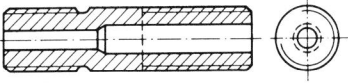

7.10 Bolzengewinde am geschnittenen Teil

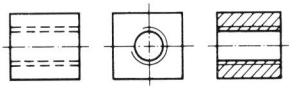

7.11 Muttergewinde

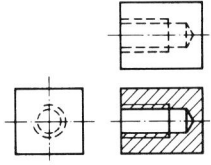

7.12 Gewindegrundloch

In der Ansicht in Achsrichtung auf ein sichtbar (nicht verdeckt) dargestelltes Gewinde ist der Gewindegrund durch einen beliebig liegenden $3/4$-Kreis darzustellen, der mit einer schmalen Volllinie zu zeichnen ist, **7.9** bis **7.11**. Bei verdeckt gezeichneten Gewinden ist der beliebig liegende $3/4$-Kreis mit einer Strichlinie zu zeichnen, **7.12**. Die breite Linie, die die Fase darstellt, wird im Regelfall in der Ansicht in Achsrichtung weggelassen, **7.9** und **7.10**.

Zugabe. Die Tiefe t bzw. t_1 eines Gewindegrundlochs (Sacklochs) ist größer als die nutzbare Gewindelänge b, **7.13** und **7.14**, die wiederum größer sein muss als die Einschraublänge des Bolzengewindes. Die Zugabe zur Länge b bis zur Gewindegrundlochtiefe t bzw. t_1 ist für den Gewindeauslauf und für etwa herunterfallende Späne beim Gewindeschneiden vorgesehen. Die Zugabe kann aus DIN 76-1 entnommen werden und beträgt im Regelfall:

für Gewinde	M3	M4	M5	M6	M8	M10	M12	M14 M16	M18 M20 M22	M24 M27	M30 M33	M36 M39	M42 M45	M48 M52
e_1	2,8	3,8	4,2	5,1	6,2	7,3	8,3	9,3	11,2	13,1	15,2	16,8	18,4	20,8
g_2	2,7	3,8	4,2	5,2	6,7	7,8	9,1	10,3	13	15,2	17,7	20	23	26

Die übliche Aussenkung unter 120 ° bis auf den Außendurchmesser des Gewindes wird gewöhnlich nicht gezeichnet, **7.12**. Andere Senkungen hingegen müssen dargestellt und bemaßt werden (s. Abschn. 7.1.3). Die Grenze der nutzbaren Gewindelänge ist bei sichtbaren Gewinden durch eine breite Volllinie und bei verdeckten Gewinden durch eine Strichlinie darzustellen. Diese Linie endet an der Linie, die die Gewindespitzen bzw. den Gewindegrund darstellt, s. **7.9**, **7.10**, **7.12** bis **7.16**).

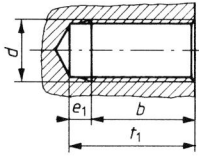

7.13 Gewindeauslauf

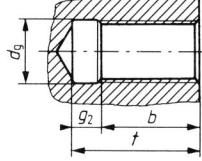

7.14 Gewindefreistich

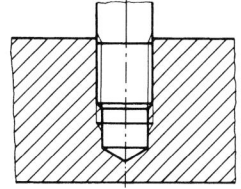

7.15 Zusammengebaute Gewindeteile, nutzbare Gewindelänge

> Bei zusammengebauten Gewindeteilen sind Teile mit Außengewinde stets so darzustellen, dass sie die Teile mit Innengewinde überdecken und nicht von diesen verdeckt werden, **7.15** und **7.16**.

Durchdringungskurven für Gewindelöcher sind nur für das Kernloch und nicht für die Gewindelinien zu zeichnen. Bei kleinen Bohrungen ergeben sich kleine Kurven; es ist daher zugelassen, die Körperkante geradlinig durchzuziehen, **7.17**.

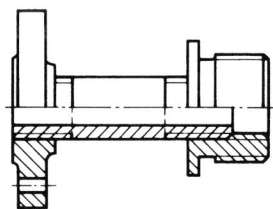

7.16 Zusammengebaute Gewindeteile

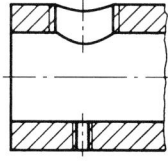

7.17 Durchdringungslinien

Gewindebezeichnungen. Gewinde werden durch Kurzzeichen näher bezeichnet, s. Tab. 7.2. Das Gewindekurzzeichen steht immer beim Nennmaß (D oder d) für den Gewindeaußendurchmesser, z. B. **7.8**, **7.90** und **7.91**.

Tabelle 7.2 Abgekürzte Gewindebezeichnungen (Auszug aus DIN 202)

Gewindeart		nach DIN	Kenn-buchstabe	Gewindebezeichnung	
				Maßangabe	Eintragungs-beispiele
Eingängiges Rechtsgewinde					
Spitzgewinde	Metrisches ISO-Gewinde	13-1	M	Gewindeaußendurchmesser in mm	M20
	Metr. ISO-Feingewinde	13-2 bis 13-11	M	Gewindeaußendurchmesser in mm × Steigung in mm	M30×1,5
	Metr. kegeliges Außengewinde (Kegel 1:16) [1]	158	M	Gewindeaußendurchmesser in mm × Steigung in mm und Kegel	M10×1keg DIN158
	Rohrgewinde	ISO 228-1 [2]	G	Gewinde-Nenngröße des Rohres in Zoll	G1/2
Metr. ISO-Trapez-gewinde		103-2	Tr	Gewindeaußendurchmesser in mm × Steigung in mm	Tr48×8
Metr. Sägengewinde		513-2	S	Gewindeaußendurchmesser in mm × Steigung in mm	S100×12
Rundgewinde		405-1	Rd	Gewindeaußendurchmesser in mm × Steigung in Zoll	Rd20×1/8
Besondere Angaben (Gewindetoleranzen s. nachstehend)					
Linksgewinde wird durch das Kurzzeichen „LH" (LH = Left-Hand) gekennzeichnet, das hinter die Gewindebezeichnung gesetzt wird.					M48×1,5-LH
Mehrgängiges Rechtsgewinde erhält hinter der Gewindebezeichnung einen Vermerk, bestehend aus P und der Teilung [3]. Als Steigung P_h des n-gängigen Gewindes gilt stets das Maß der Verschiebung in Richtung der Achse bei einer Umdrehung des Gewindes (d. h. $P_h = n \cdot P$).					Tr40×14 P7
Bei mehrgängigem Linksgewinde hängt man das Kurzzeichen „LH" und einen Vermerk, bestehend aus P und der Teilung [3] an. Als Steigung P_h des n-gängigen Gewindes gilt stets das Maß der Verschiebung in Richtung der Achse bei einer Umdrehung des Gewindes, d. h. $P_h = n \cdot P$.					Tr40×14 P7-LH
Bei Rechts- und Linksgewinde an einem Werkstück wird auch das Rechtsgewinde mit dem Kurzzeichen „RH" (RH = Right-Hand) gekennzeichnet.					Rd 20×1/8-RH
Gas- und dampfdichtes Gewinde erhält den Zusatz „dicht".					M20 dicht

1) Bei kegeligem Gewinde darf in der Bezeichnung statt der Abkürzung „keg" das Kegelsymbol „▷" verwendet werden, z. B. M20 × 1,5 ▷ – 1:16

2) Für Innengewinde der nichtselbstdichtenden Verbindung gibt es nur eine Toleranzklasse. Für Außengewinde die klassen A und B, also z. B. ISO 228/1 – G1/2 B.

3) **Beispiel:** Gangzahl $(n) = \dfrac{\text{Steigung } P_h}{\text{Teilung } P} = \dfrac{14}{7} = \mathbf{2gängig}$

Gewindetoleranzen. Festlegungen für die Ausführung und Maßgenauigkeit von Schrauben und Muttern sind in DIN EN ISO 4759-1 und DIN 267-2 enthalten. Falls in einzelnen Produktnormen nicht anders festgelegt, gelten für Metrische ISO-Gewinde die Toleranzen nach DIN ISO 965-1 bis -3. Für den Außendurchmesser d des Außengewindes **7.18** und für den Kerndurchmesser D_1 des Innengewindes sind Toleranzen (T_d und T_{D1}), abhängig von der Steigung P, vorgesehen; ebenso für beide Flankendurchmesser d_2 und D_2 (T_{d2} und T_{D2}), hier aber noch abhängig von der Einschraublänge des Gewindes. Es werden keine Toleranzen für den Flankenwinkel und die Steigung festgelegt, da diese durch die Flankendurchmesser-Toleranzen erfasst werden.

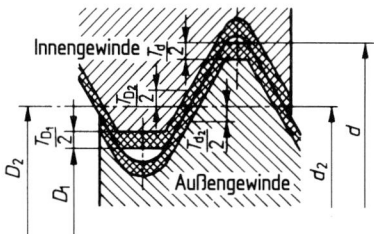

7.18 Gewindetoleranzen (Toleranzfeldlagen H und h)

Das System enthält die Toleranzfeldlagen G und H für Innengewinde und e, f, g und h für Außengewinde; sowie die Toleranzgrade 4, 5, 6, 7 und 8 für den Kerndurchmesser D_1 des Innengewindes; 4, 6 und 8 für den Außendurchmesser d des Außengewindes; 4, 5, 6, 7, 8 und 9 für den Flankendurchmesser d_2 des Außengewindes und 4, 5, 6, 7 und 8 für den Flankendurchmesser D_2 des Innengewindes, **7.19**. Die Toleranzklassen der Innen- und Außengewinde können beliebig gepaart werden. Um die Anzahl der Lehren zu begrenzen, sollten vorzugsweise die Toleranzklassen aus Tab. 7.3 gewählt werden.

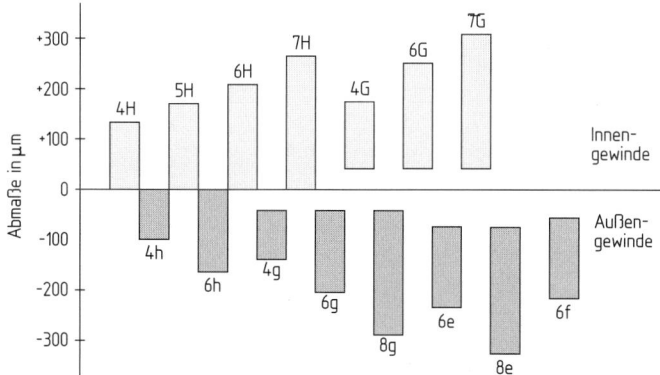

7.19 Schematische Darstellung empfohlener Toleranzfelder für Flankendurchmesser D_2 und d_2 von Innen- und Außengewinden (Einschraubgruppe N) am Beispiel des Regelgewindes M16

Tabelle 7.3 Empfohlene Toleranzklassen für Einschraubgruppe N nach DIN ISO 965-1 bis -3

Toleranzklasse	Innengewinde		Außengewinde			
	Toleranzfeldlage		Toleranzfeldlage			
	G	H	e	f	g	h
fein	–	5H	–	–	(4g)	4h
mittel	6G	**6H**	6e	6f	**6g**	6h
grob	(7G)	7H	8e	–	8g	–

Falls in Produktnormen nicht anders festgelegt, gelten für die Gewinde an handelsüblichen Verbindungselementen die Toleranzen nach DIN EN ISO 4759-1 (Tab. 7.4)

Tabelle 7.4 Toleranzklassen für die Metrischen ISO-Gewinde handelsüblicher Schrauben und Muttern

Produktklasse	Toleranzklasse	Innengewinde	Außengewinde
A und B	mittel	6H	6g
C	grob	7H	< 8.8: 8g ≥ 8.8: 6g

Da Lage und Größe der Toleranzen für Gewinde von denen der Flach- und der Rundpassungen abweichen, stehen die Zahlen hier vor den Buchstaben. Obendrein sind die mit Kleinbuchstaben bezeichneten Toleranzfelder dem Außengewinde und die mit Großbuchstaben bezeichneten Toleranzfelder dem Innengewinde zugeordnet (z. B. M10-8g für das Außengewinde bzw. M10-6G für das Innengewinde).

Ferner gelten die Toleranzfelder für Gewinde ohne Oberflächenschutz und bei Oberflächenschutz vor dem Aufbringen der Schutzschicht. Im Endzustand jedoch darf das Nullprofil des Gewindes (vgl. **7.8**) nicht überschritten worden sein. Ist keine Toleranz angegeben, gilt die Toleranzklasse „mittel".

Toleranzkurzzeichen. Für andere als die in der Tab. 7.4 genannten Toleranzen aber müssen, wie das in ausländischen Zeichnungen der Fall ist, Toleranzkurzzeichen eingeschrieben werden (DIN ISO 965). Bei gleichen Toleranzen für den Flankendurchmesser d_2 und den Außendurchmesser d des Außengewindes bzw. für den Flankendurchmesser D_2 und den Kerndurchmesser D_1 des Innengewindes wird das jeweils gemeinsame Kurzzeichen angegeben (z. B. M10-4g für das Außengewinde bzw. M10-6G für das Innengewinde).

Sind die Toleranzen des Gewindes aber verschieden, müssen beide Kurzzeichen eingesetzt werden, wobei das Kurzzeichen für den Flankendurchmesser dem anderen voransteht (z. B. M10-6g5g für den Bolzen bzw. M10-4G5G für die Mutter).

Eine Gewindepassung wird durch die Toleranzfelder des Innen- und des Außengewindes, getrennt durch einen Schrägstrich, angegeben (z. B. M10-8G/6e).

7.1.2 Schrauben und Muttern

Schlüsselweiten sind für alle zwei-, vier-, sechs- und achtkantigen Formen vorgesehen und für Schrauben, Armaturen und Fittings in DIN 475-1 (die Bezeichnungen eingeschlossen) genormt, **7.20**. Für die Schlüsselweiten von Sechskantschrauben und -muttern ist in DIN ISO 272 eine Auswahl festgelegt (Tab. 7.5).

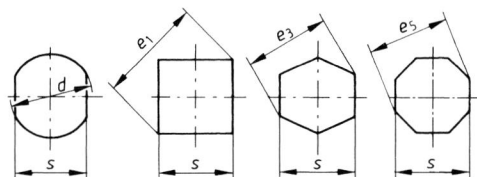

7.20
Schlüsselweiten und Eckenmaße für Schrauben, Armaturen und Fittings

Vierkante und Vierkantlöcher für Spindeln und Bedienteile werden nach DIN 79, Vierkante für Werkzeuge nach DIN 10 gewählt.

Tabelle 7.5 Schlüsselweiten und Eckenmaße für Teile nach **7.20** und Zuordnung nach DIN ISO 272 zu den Sechskantschrauben und -muttern

Schlüsselweite s Nennmaß[1] SW		$3{,}2$[6]	4[2]	5[2]	$5{,}5$[2]	7[2]	8[2]	10[2]	13[2]	16[2][3]	18[2][3]	20[3]	21[2][3]	24[2]
Schrauben Armaturen Fittings	2kt d	3,7	4,5	6	7	8	9	12	15	18	21	23	24	28
	4kt e_1	4,5	5,7	7,1	7,8	9,9	11,3	14,1	18,4	22,6	25,4	28,3	29,7	33,9
	6kt e_3[4]	3,41	4,32	5,45	6,01	7,71	8,84	11,05	14,38	17,77	20,03	22,23	23,36	26,75
	8kt e_5[4]												22,7	26
für Sechskantschrauben und -muttern nach DIN ISO 272 [5]		M1,6	M2	M2,5	M3	M4	M5	M6	M8	M10	M12		M14	M16

1) Für Schrauben, Armaturen und Fittings gleichzeitig das Größtmaß
2) entsprechen der Auswahlreihe für Sechskantschrauben und -muttern nach DIN ISO 272
3) SW, die vor allem im Kraftfahrwesen benutzt werden.
4) Mindestmaß
5) Maße s. Tab. 7.9

Schraubenenden werden verschieden ausgeführt (DIN EN ISO 4753). Sie erhalten gewöhnlich eine Linsenkuppe (**7.21**) oder eine Kegelkuppe (**7.22**), die stets in den Längenmaßen enthalten sind. Für Spann- und Druckschrauben werden kurze Zapfen (**7.23**) oder lange Zapfen (**7.24**) vorgesehen. Sie schränken eine Beschädigung des Gewindes ein. Ringschneiden (**7.25**) kommen für Stellschrauben an Stellringen in Betracht. Die Spitze und die abgeflachte Spitze (**7.26**) treten an Sicherungsschrauben auf und werden in kegelige Senkungen eingelassen. Die festgelegten Formen und Maße gelten für genormte und nicht genormte Gewindeteile.

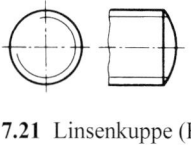

7.21 Linsenkuppe (RN)

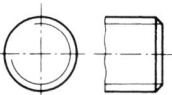

7.22 Kegelkuppe (CH)

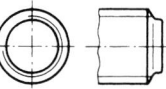

7.23 Kurzer Zapfen (SD)

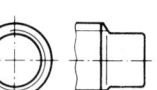

7.24 Langer Zapfen (LD)

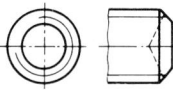

7.25 Ringschneide (CP)

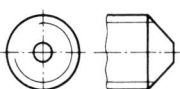

7.26 Spitze, abgeflacht (TC)

Der Gewindeauslauf (DIN 76-1) kann je nach dem Herstellungsverfahren bei Außengewinden unterschiedlich sein. Er liegt meist außerhalb der bemaßten Gewindelänge, **7.27** und **7.30**, und wird gewöhnlich nicht gezeichnet. **7.27** zeigt den Regelfall am Außengewinde. **7.28** zeigt den Gewindeabstand für Außengewinde. Maße für Gewindeausläufe, Gewindeabstände und Gewindefreistiche s. Tab. 7.6.

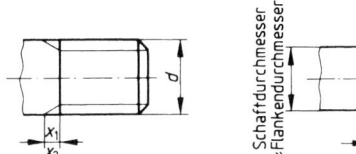
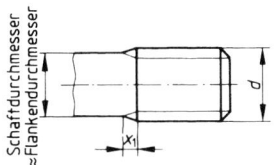
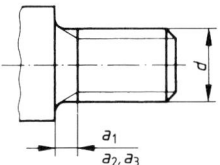

7.27 Gewindeausläufe für Außengewinde   **7.28** Gewindeabstand für Außengewinde

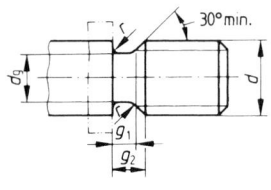
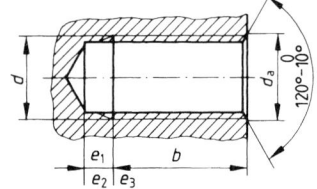
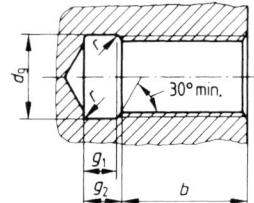

7.29 Gewindefreistich für Außen- **7.30** Gewindeauslauf in Gewinde- **7.31** Gewindefreistich in Ge-
gewinde   grundlöchern   windegrundlöchern, übrige
Form A: g_1 und g_2 Regelfall $d_{a\,min} = 1\,d$ Maße wie in **7.30**
Form B: g_1 und g_2 kurz $d_{a\,max} = 1{,}05\,d$ Form C: g_1 und g_2 Regelfall
   b = nutzbare Gewindelänge   Form D: g_1 und g_2 kurz

Tabelle 7.6   Gewindeausläufe, -abstände und -freistiche für Außengewinde und in Gewindegrundlöchern nach DIN 76-1

Regel-gewinde d	Gewinde-steigung P	Außengewinde						Gewindegrundloch			
		$x_1{}^{3)}$ max.	$a_1{}^{3)}$ max.	$d_g{}^{*)}$ h13	$g_1{}^{1)}$ min.	$g_2{}^{1)}$ max.	r ≈	$e_1{}^{3)}$	$d_g{}^{*)}$ H13	$g_1{}^{2)}$ min.	$g_2{}^{2)}$ max.
3	0,5	1,25	1,5	2,2	1,1	1,75	0,2	2,8	3,3	2	2,7
4	0,7	1,75	2,1	2,9	1,5	2,45	0,4	3,8	4,3	2,8	3,8
5	0,8	2	2,4	3,7	1,7	2,8	0,4	4,2	5,3	3,2	4,2
6	1	2,5	3	4,4	2,1	3,5	0,6	5,1	6,5	4	5,2
8	1,25	3,2	4	6	2,7	4,4	0,6	6,2	8,5	5	6,7
10	1,5	3,8	4,5	7,7	3,2	5,2	0,8	7,3	10,5	6	7,8
12	1,75	4,3	5,3	9,4	3,9	6,1	1	8,3	12,5	7	9,1
16	2	5	6	13	4,5	7	1	9,3	16,5	8	10,3
20	2,5	6,3	7,5	16,4	5,6	8,7	1,2	11,2	20,5	10	13
24	3	7,5	9	19,6	6,7	10,5	1,6	13,1	24,5	12	15,2
30	3,5	9	10,5	25	7,7	12	1,6	15,2	30,5	14	17,7

*)   Toleranzfelder nach DIN ISO 286-1
1)   Regelfall Form A   3)   Regelfall
2)   Regelfall Form C   Bei kurzem Gewindeauslauf gilt: $x_2 \approx 0{,}5 \cdot x_1$; $a_2 \approx 0{,}67\,a_1$; $e_2 \approx 0{,}625 \cdot e_1$
                                     Bei langem Gewindeauslauf gilt: $a_3 \approx 1{,}3\,a_1$; $e_3 \approx 1{,}6 \cdot e_1$

Gewindefreistiche (DIN 76-1) sind in **7.29**, **7.31** und Tab. 7.6 ausführlich dargestellt und bemaßt. Gewinderillen für Verschlussschrauben s. DIN 3852-1. In Zeichnungen kann die Bemaßung durch einen entsprechenden Hinweis auf DIN 76-1 ersetzt werden, z. B. **Gewindegrundloch DIN 76-C**.

Sind Sechskant-Muttern ausführlich darzustellen, werden die Fasenkanten vereinfacht als Kreisbögen gezeichnet. Die Lage der Mittelpunkte der Radien und die Formeln zum Ermitteln ihrer Maße zeigt **7.32**. Der Wert für das Maß e ist DIN ISO 272, die Mutterhöhe m der Maßnorm (z. B. DIN EN ISO 4032) zu entnehmen.

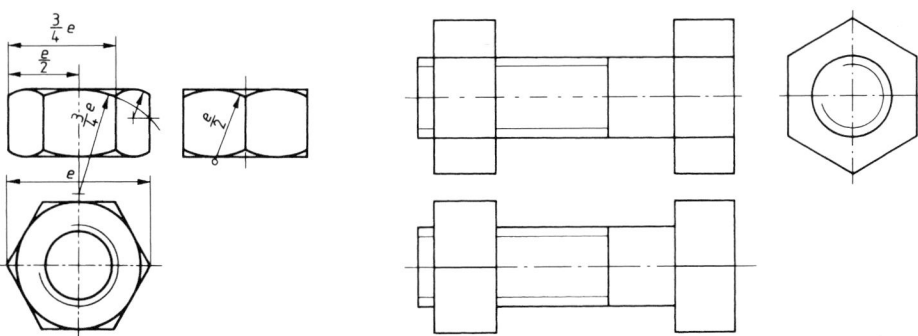

7.32 Konstruktion der Fasenbogen   **7.33** Vereinfachte Darstellung

Die Köpfe der Sechskantschrauben sind niedriger als die Muttern und nur an einer Seite abgefast. Bei der vereinfachten Darstellung der Sechskantschrauben und -muttern werden die Fasenbogen weggelassen und die üblichen Formen des Schraubenendes nicht dargestellt, **7.33**.

Schrauben, Muttern und ähnliche Gewindeteile sind weitgehend genormt. Nachstehend sind davon einige Teile dargestellt.

Der Kopf der Sechskantschraube gehört nicht zur Schraubenlänge. Sechskantschrauben nach DIN EN ISO 4014 u. a. haben in der Regel einen Telleransatz (**7.34**), der aber nicht immer mitgezeichnet zu werden braucht. Sie werden meist als Befestigungsschrauben verwendet und hierbei in Schaftrichtung auf Zug beansprucht (**7.35** und **7.36**). Ist das Schraubenende als Zapfen oder Spitze ausgeführt (**7.37** und **7.38**), wird es als Stell-, Halte- oder Abdrückschraube auf Druck beansprucht.

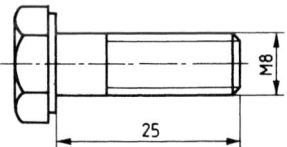  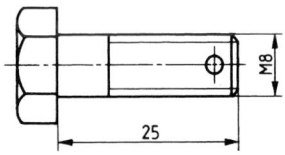

7.34 Sechskantschraube   **7.35** Sechskantschraube   **7.36** Sechskantschraube
ISO 4014-M8 × 25–8.8   ISO 4014-M8 × 25 – Sz, To -   ISO 4014-M8 × 25 – S, To
(s. DIN EN ISO 4014)   8.8, Form Sz und To[1]   - 8.8, Form S und To[1]
                          (s. DIN EN ISO 4014)   (s. DIN EN ISO 4014)

---

1) Zusätzliche Bestellangaben für Formen und Ausführungen von Sechskant- und Stiftschrauben sind in DIN 962 enthalten. Es bedeuten Sz: mit Schlitz, S: mit Splintloch, To: ohne Telleransatz, Sk: Drahtloch im Schraubenkopf.

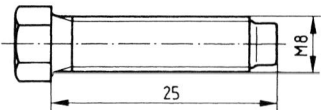
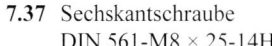

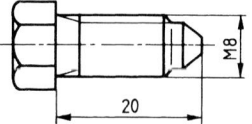

7.37 Sechskantschraube
        DIN 561-M8 × 25-14H

7.38 Sechskantschraube
        DIN564-M8 × 20-14H

Zylinderschrauben mit Innensechskant (7.39) werden vorwiegend im Werkzeugmaschinen-bau verwendet und mit einem Sechskantstiftschlüssel bedient. Die Köpfe sind in zylindrische Senkungen einzulassen.

Passschrauben (7.40) haben einen nach einer ISO-Toleranz, im Regelfall k6, hergestellten Schaftteil, der mit einer Bohrung H7 eine Passung bildet.

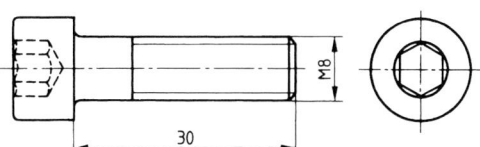

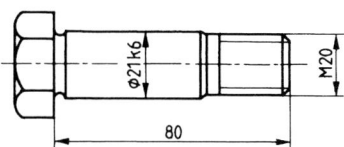

7.39 Zylinderschraube mit Innensechskant
        ISO 4762-M8 × 30-8.8

7.40 Sechskant-Passschraube
        DIN609-M20 × 80-8.8

Die genormten Bezeichnungen für Schrauben, Muttern und ähnliche Gewindeteile legen alle Merkmale fest.

Beispiel Sechskantschraube ISO 8765-M16 × 1,5 × 40-SC-8.8-B

Sechskantschraube	=	Benennung des Normteils
ISO 8765	=	Bezeichnung der Norm, in der Schraubenform und -maße angegeben sind (hier DIN EN ISO 8765)
M16 × 1,5	=	Metrisches Feingewinde, Gewindedurchmesser 16 mm, Steigung 1,5 mm
40	=	Länge des Schafts in mm einschließlich des Kegelansatzes
SC	=	Schabenut am Schraubenende
8.8	=	Kennzeichen der Festigkeitsklasse für Stahl
B	=	Kennzeichen für die Produktklasse der Schraube

Die Produktklasse bezieht sich nach DIN EN ISO 4759-1 bzw. DIN 267-2 auf die Oberflä-chenbeschaffenheit, auf Maßgenauigkeit (Toleranzen), auf zulässige Gewindetoleranzen, Mit-tigkeitsabweichungen und Unwinkligkeiten, z. B. des Schraubenkopfes zum Schaft. Es sind drei Produktklassen vorgesehen: A (bisher mittel), B (bisher mittelgrob) und C (bisher grob) (s. auch Tab. 7.4).

Die Kennzeichen der Festigkeitsklassen gelten nur für Außengewinde aus unlegiertem oder legiertem Stahl bis 39 mm Gewindedurchmesser und bestehen aus zwei durch einen Punkt getrennte Zahlen, z. B. 3.6 (Tab. 7.7).

Die erste Zahl entspricht 1/100 der Nennzugfestigkeit R_m nach Tab. 7.7. Die zweite Zahl gibt das 10fache des Verhältnisses der Nennstreckgrenze R_e bzw. $R_{p0,2}$ zur Nennzugfestigkeit R_m an, z. B. 6.8: (480/600) · 10 = 8. Die Multiplikation beider Zahlen ergibt die 1/10 der Nenn-streckgrenze in N/mm².

Tabelle 7.7 Festigkeitsklassen und Werkstoffkennwert für Schrauben aus unlegierten und legierten Stählen (DIN EN ISO 898-1)

Festigkeitsklassen		3.6	4.6	4.8	5.6	5.8	6.8	8.8 ≤M16	8.8 >M16	9.8	10.9	12.9
Nennzugfestigkeit R_m		300	400		500		600	800		900	1000	1200
Mindestzugfestigkeit $R_{m,min}$		330	400	420	500	520	600	800	830	900	1040	1220
untere Streck- grenze R_{eL}	Nennwert	180	240	320	300	400	480	–	–	–	–	–
	min.	190	240	340	300	420	480	–	–	–	–	–
0,2 % - Dehn- grenze $R_{p0,2}$	Nennwert	–	–	–	–	–	–	640	640	720	900	1080
	min.	–	–	–	–	–	–	640	660	720	940	1100

Schauben ≥ M5 sind mit der Festigkeitsklasse und dem Herstellerzeichen zu kennzeichnen (Kopfoberflächen oder Schlüsselfläche).

In DIN EN ISO 3506-1 sind für nichtrostende Stahlsorten Festigkeitsklassen für Schrauben und Muttern festgelegt. Die Bezeichnung der Stahlsorte besteht aus Buchstaben für die Stahlgruppe und einer Ziffer für die chem. Zusammensetzung, wobei A für austenitischen, B martensitischen und F für ferritischen Stahl steht. Die Festigkeitsklasse wird mit einer Zahl angegeben, die 1/10 der Zugfestigkeit entspricht, z. B. A2-70.

Bezeichnungsbeispiel: Sechskantschraube ISO 4014-M12×50-A2-70.

Galvanische Überzüge auf Schrauben werden durch das in DIN EN ISO 4042 festgelegte System angegeben. Für einen Überzug aus Zink (A), Schichtdicke 8µm (3), dem Glanzgrad matt, bläulich irisierend (B) lautet z. B. die Bezeichnung:

Sechskantschraube ISO 4014-M12×60-9.8-A3B

Das Kennzeichen für die Ausführung wird weggelassen, wenn für das Schraubteil normgemäß nur eine Ausführung besteht oder sie dem Hersteller überlassen bleiben soll. Sind Schraubteile in nur einer Ausführung und in nur einer Festigkeitseigenschaft festgelegt oder der Wahl des Herstellers überlassen, sind weder Ausführung noch Festigkeitseigenschaften anzugeben.

Schraubensonderformen

Vierkantschrauben nach DIN 478 werden als Spannschraube im Werkzeugmaschinenbau verwendet, wobei der Bund das Abgleiten des Schraubenschlüssels verhindert, **7.41**.

Halbrundschrauben nach DIN 607 sind rohe Schrauben und haben eine Nase, die ein Mitdrehen beim Anziehen und Lösen der Mutter verhindert, **7.42**. Für die Nasen sind Nuten vorzusehen.

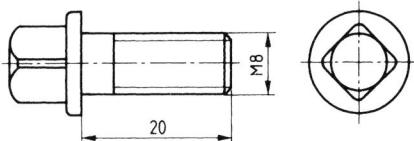

7.41 Vierkantschraube DIN 478-M8×20-5.8   **7.42** Halbrundschraube DIN 607-M8×20

Hammerschrauben mit Nase (7.43) nach DIN 188 haben schmale Köpfe, die seitlich in Vertiefungen anliegen (um Mitdrehen zu vermeiden) oder in Nuten eingelassen werden.

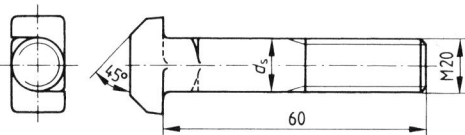

7.43
Hammerschraube DIN 188-M20×60

Stiftschrauben nach DIN 835, DIN 938 bis DIN 940 und 949 in den Festigkeitsklassen 5.6, 8.8 und 10.9, werden verwendet, wenn häufiges Lösen der Verbindung zum Verschleiß schwer ersetzbarer Innengewinde führen würde (z. B. Gehäuse). Sie werden mit einem sogenannten Festsitzgewinde (Übermaßgewinde) am Einschraubende geliefert und unterscheiden sich im Wesentlichen durch dessen Länge, **7.44** und Tab. 7.9.

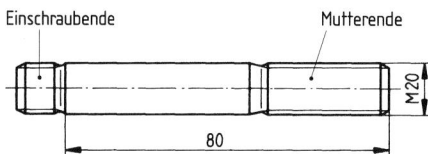

7.44
Stiftschraube DIN 938-M20× 80-8.8

Als Nennlänge der Stiftschrauben gilt die Länge des nach dem Einschrauben aus dem Werkstück ragenden Teils. Die Einschraublänge richtet sich nach der Werkstofffestigkeit des Innengewindes und schließt den Gewindeauslauf mit ein. Um Einschraub- und Mutterende sicher zu unterscheiden wird am Mutterende eine Linsenkuppe oder das Kennzeichen der Festigkeitsklasse auf der Kuppe angebracht.

Tabelle 7.8 Genormte Stiftschrauben

Norm	Einschraubende		Anwendung
	Gewindelänge	Gewindetoleranz	
DIN 949-1 Form A DIN 949-2 Form B	2d 2,5d	metrisches Festsitzgewinde DIN 8141-1 (MFS)	Leichtmetalle
DIN 940	2,5d	Festsitzgewinde DIN 13-51 (Sk6)	Leichtmetalle geringer Festigkeit
DIN 939	1,25d		Gusseisen
DIN 835	2d		Al-Legierungen
DIN 938	d		Stahl

d = Gewindedurchmesser

Sollen die Stiftschrauben mit unterschiedlichem Gewinde am Einschraub- und am Mutterende geliefert werden, so ist dies in der Bezeichnung anzugeben, wobei zuerst das Einschraubgewinde zu nennen ist:

Stiftschraube DIN938-M12-M12×1,5×80-8.8

Gewindestifte mit Spitze (**7.45**) oder mit Zapfen (**7.46**) haben Gewinde über die ganze Länge, weil sie vollständig in den Werkstoff eingeschraubt werden, Schaftschrauben (**7.47**) nur über einen Teil der Länge.

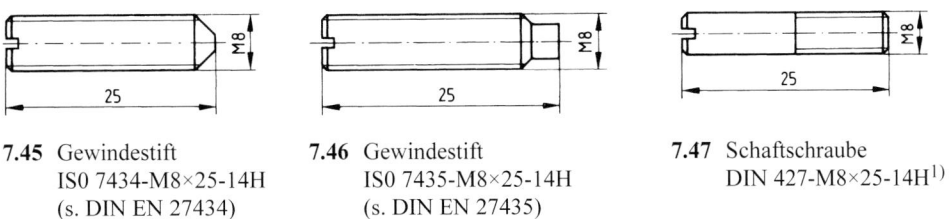

7.45 Gewindestift
ISO 7434-M8×25-14H
(s. DIN EN 27434)

7.46 Gewindestift
ISO 7435-M8×25-14H
(s. DIN EN 27435)

7.47 Schaftschraube
DIN 427-M8×25-14H[1]

Gewindestifte und Schaftschrauben werden hauptsächlich zur Sicherung der Lage von Teilen nach dem Zusammenbau benutzt (z. B. Stellringe auf Wellen). Gewindestifte mit Zapfen dienen zum Einstellen von Teilen, z. B. einer Membrane oder Führungsleiste. Gewindestifte mit Innensechskant sind in den Normen DIN EN ISO 4026 (mit Kegelkuppe), DIN EN ISO 4027 (mit Spitze), DIN EN ISO 4028 (mit Zapfen) und DIN EN ISO 4029 (mit Ringschneide) festgelegt.

Schlitzschrauben. Die Köpfe der Zylinderschraube (**7.48**), der Flachkopfschraube (**7.49**) und der Rändelschraube (**7.50**) gehören nicht zur Schraubenlänge (Nennlänge), dagegen wird der Kopf der Senkschraube (**7.51**) einbezogen.

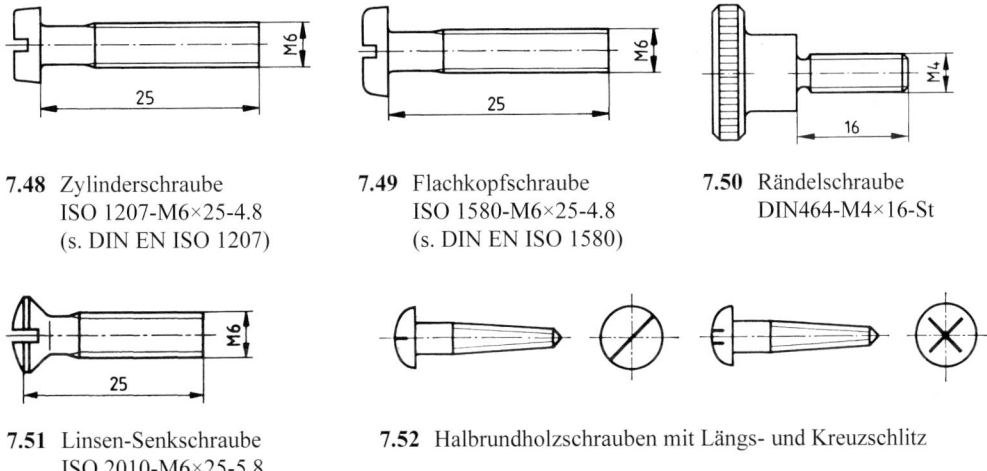

7.48 Zylinderschraube
ISO 1207-M6×25-4.8
(s. DIN EN ISO 1207)

7.49 Flachkopfschraube
ISO 1580-M6×25-4.8
(s. DIN EN ISO 1580)

7.50 Rändelschraube
DIN464-M4×16-St

7.51 Linsen-Senkschraube
ISO 2010-M6×25-5.8
(s. DIN EN ISO 2010)

7.52 Halbrundholzschrauben mit Längs- und Kreuzschlitz

Die Schlitzkanten der Schrauben werden beim Blick auf den Kopf in Richtung der Schraubenachse unter 45 °, bei Sechskantköpfen unter 60/30 ° gezogen, **7.53**. Ist eine dritte Ansicht erforderlich, zeichnet man auch dort den Schlitzquerschnitt. **7.52** zeigt vereinfacht dargestellte Schlitze.

---

1 Norm zurückgezogen

7.53 Schlitzlage in Übersichtszeichnungen

Muttern und Scheiben dienen der Herstellung von Durchsteckverschraubungen, **7.64**. Die Festigkeitsklassen der Muttern aus Stahl (m ≥ 0,8) mit voller Belastbarkeit werden mit einer Kennzahl angegeben, die 1/100 der Nennzugfestigkeit der verwendeten Stahlsorte entspricht (4, 5, 6, 8, 9, 10, 12). Niedrige Muttern (m =0,5d bis 0,8d) sind nicht voll belastbar und werden mit einer vorgesetzten Null gekennzeichnet (04; 05). Eine festigkeitsmäßig sichere Zuordnung von Schraube und Mutter ist gegeben, wenn die Festigkeitsklasse der Mutter der ersten Zahl der Festigkeitsklasse der Schraube entspricht (z. B. Mutter 10 und Schraube 10.9).

 7

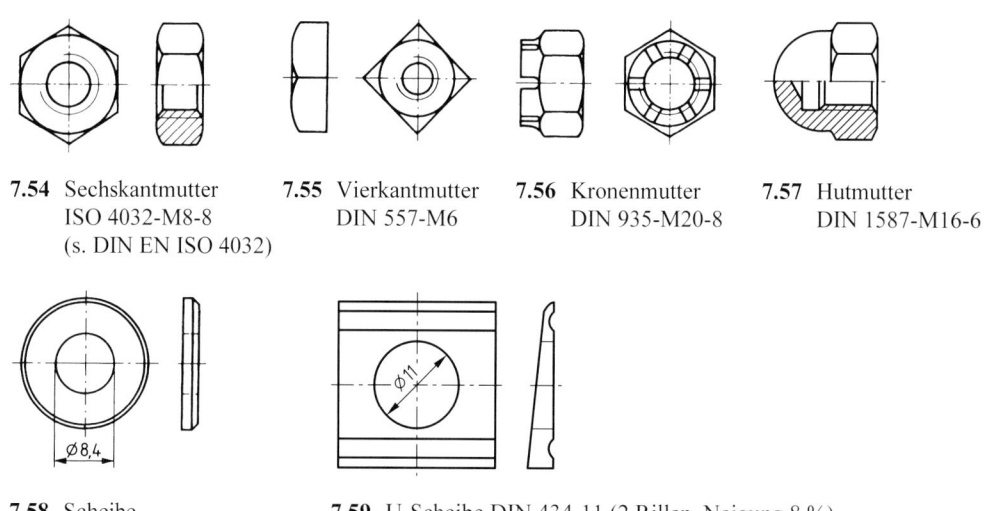

7.54 Sechskantmutter ISO 4032-M8-8 (s. DIN EN ISO 4032)

7.55 Vierkantmutter DIN 557-M6

7.56 Kronenmutter DIN 935-M20-8

7.57 Hutmutter DIN 1587-M16-6

7.58 Scheibe ISO 7090-8-200HV (s. DIN EN ISO 7090)

7.59 U-Scheibe DIN 434-11 (2 Rillen, Neigung 8 %)

Voll belastbare **Sechskantmuttern** (Typ 1) finden die meiste Anwendung, **7.54**. **Vierkantmuttern** haben nur auf einer Seite eine Fase und werden meist beim Verschrauben von Holzteilen benutzt, **7.55**. **Kronenmuttern** dienen zur Aufnahme eines Splints als formschlüssige Verliersicherung, **7.56**. **Hutmuttern** schließen die Verschraubung nach außen dicht ab, verhindern die Beschädigung des Gewindes und schützen vor Verletzungen, **7.57**.

Ist der Werkstoff der zu verbindenden Teile sehr weich, seine Oberfläche rau oder sollen Beschädigungen verhindert werden, sind Scheiben unterzulegen. Für Sechskantschrauben und -muttern verwendet man **flache Scheiben** mit Härteklasse 200 HV bis Festigkeitsklasse 8.8 (8) und bis 10.9 (10) mit Härteklasse 300 HV, **7.58**. Zum Ausgleich der Flanschneigungen bei U- und I-Trägern dienen keilförmige **Vierkantscheiben, 7.59**. **I-Scheiben** DIN 435 sind durch nur eine Rille gekennzeichnet (Neigung 14 %). Eine Zusammenstellung der Abmessungen gebräuchlicher Schrauben und Muttern sowie der zugehörigen Konstruktions- und Einbaumaße zeigt Tab. 7.9.

Tabelle 7.9 Gebräuchliche Verschraubungsteile und ihre Einbaumaße

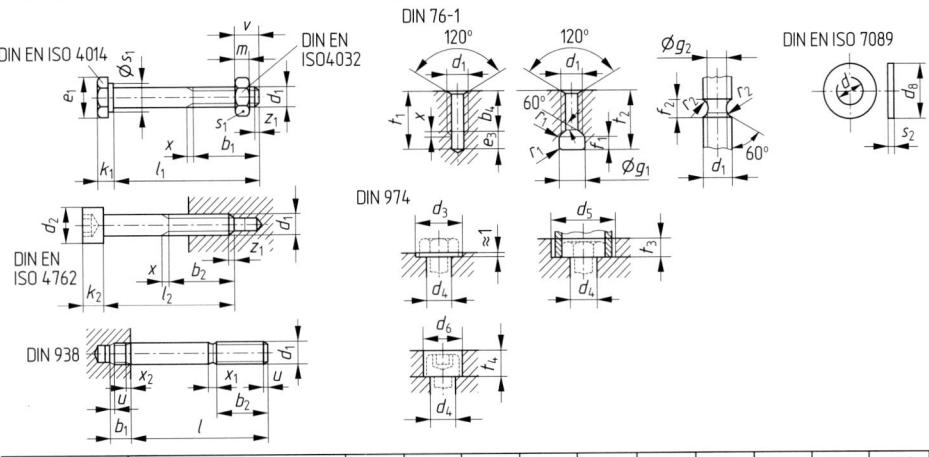

			M4	M5	M6	M8	M10	M12	M16	M20	M24	M30	M36
Sechskant-schraube DIN EN ISO 4014	Gewinde-Nenn Ø	d_1	M4	M5	M6	M8	M10	M12	M16	M20	M24	M30	M36
	Länge von	l_1	25	25	30	40	45	50	65	80	90	110	140
	bis		40	50	60	80	100	120	160	200	240	300	360
	Gewindelänge $l_1 \leq 125$		14	16	18	22	26	30	38	46	54	66	–
	für: $125 < l_1 \leq 200$	b_1	–	–	–	28	–	–	44	52	60	72	84
	$l_1 > 200$		–	–	–	–	–	–	–	–	73	85	97
	Kopfhöhe	k_1	2,8	3,5	4	5,3	6,4	7,5	10	13	15	19	23
	Eckenmaß	e_1	7,66	8,79	11,05	14,38	17,77	20,03	26,75	33,53	39,98	50,85	60,79
Sechskantmutter DIN EN ISO 4032	Schlüsselweite		7	8	10	13	16	18	24	30	36	46	55
	Mutternhöhe	m	3,2	4,7	5,2	6,8	8,4	10,8	14,8	18	21,5	25,6	31
	Schraubenüberstand[1] min	v	4,6	6,3	7,2	9,3	11,4	14,3	18,8	23	27,5	32,6	39
Zylinderschraube mit Innensechs-kant DIN EN ISO 4762	Länge von	l_2	6	8	10	12	16	20	25	30	40	45	45
	bis		40	50	60	80	100	120	160	250	250	200	200
	Gewinde-länge	b_2	20	22	24	28	32	36	44	52	60	72	84
	für l_2		≥ 30	≥ 30	≥ 35	≥ 40	≥ 45	≥ 55	≥ 65	≥ 80	≥ 90	≥ 110	≥ 120
	Kopfhöhe	k_2	4	5	6	8	10	12	16	20	24	30	36
	Kopf Ø	d_2	7	8,5	10	13	16	18	24	30	36	45	54
Stiftschraube DIN 938	Länge von	l	20	22	25	30	35	40	50	60	70	85	100
	bis		40	50	60	80	100	120	160	200	200	300	360
	Gewindelänge $l \leq 125$	b_2	14	16	18	22	26	30	38	46	54	66	78
	für: $125 < l \leq 200$		20	22	24	28	32	36	44	52	60	72	84
	Einschraubende ≈ 1 d	b_1	4	5	6	8	10	12	16	20	24	30	36
	Gewindeauslauf (≈ 2,5P)	x_1	1,75	2	2,5	3,2	3,8	4,3	5	6,3	7,5	9	10
Gewindefreistich Gewindeauslauf DIN-76-1	Kernlochüberstand	e_3	3,8	4,2	5,1	6,2	7,3	8,3	9,3	11,2	13,1	15,2	16,8
	Rillen Ø[2]	g_1	4,3	5,3	6,5	8,5	10,5	12,5	16,5	20,5	24,5	30,5	36,5
	Rillenbeite[2] (4P)	f_1	2,8	3,2	4	5	6	7	8	10	12	14	16
	Abrundungen[2]	r_1	0,35	0,4	0,5	0,6	0,75	0,9	1	1,25	1,5	1,75	2
	Rillen Ø[2]	g_2	2,9	3,7	4,4	6	7,7	9,4	13	16,4	19,6	25	30,3
	Rillenbeite[2] (3,5P)	f_2	2,45	2,8	3,5	4,4	5,2	6,1	7	8,7	10,5	12	14
	Abrundungen (≈ 0,5P)	r_2	0,4	0,4	0,6	0,6	0,8	1	1	1,2	1,6	1,6	2
Senkung für Sechskant- und Zylinderschraube DIN 974-1 DIN 974-2[4]	Durchgangsloch[3]	d_4	4,5	5,5	6,6	9	11	13,5	17,5	22	26	33	39
	Senkungs-Ø, Reihe 3	d_3	10	11	13	18	22	26	33	40	48	61	73
	Senkungs-Ø, Reihe 1	d_5	13	15	18	24	28	33	40	46	73	71	82
	Senktiefe	t_3	3,2	3,9	4,4	5,9	7	8,1	10,6	13,6	15,8	20	24
	Senkungs-Ø	d_6	8	10	11	15	18	20	26	33	40	50	58
	Senktiefe	t_4	4,4	5,4	6,4	8,6	10,6	12,6	16,6	20,6	24,8	34	37
Scheibe DIN EN ISO 7089 und DIN EN ISO 7090	Außen-Ø	d_8	9	10	12	16	20	24	30	37	44	56	66
	Dicke	s_2	0,8	1	1,6	1,6	2	2,5	3	3	4	4	5

1) Schraubenüberstand nach DIN 78: $v_{min} = m + 2P$
2) Aussenkung für gehärtete und/oder stoßartig beanspruchte Bauteile (nicht genormt)
3) Nach DIN EN ISO 273, Reihe mittel
4) Senktiefe t = Kopfhöhe k + Dicke des Unterlegteils s + Zugabe Z

Rändel (DIN 82) erhöhen die Griffsicherheit und entstehen durch Eindrücken spitzgezahnter, gehärteter Rändelräder (DIN 403) in den Mantel des sich drehenden Teils. Durch Herausquetschen des Werkstoffs wird der Nenndurchmesser d_1 größer als der Ausgangsdurchmesser d_2, **7.60**. Er lässt sich für Rändel mit Profilwinkel 90 ° (je nach Form des Rändels und Größe der Teilung) aus den in Tab. 7.10 angegebenen Formeln errechnen. Hierbei sind jedoch die beim Rändelvorgang entstehende Balligkeit der Riefen und die spezifischen Eigenschaften der zu rändelnden Werkstoffe nicht berücksichtigt. Rändel mit Profilwinkel 105 ° sind ebenfalls möglich. Der Drallwinkel der Formen RBR, RBL, RGE und RGV ist auf 30 ° festgelegt.

Folgende Teilungen t sind genormt: 0,5; 0,6; 0,8; 1,0; 1,2; 1,6.

An Stelle der Fase kann eine Rundung treten, Kreuzrändel wird bisweilen nur angedeutet, **7.63**.

Ein Kreuzrändel, Spitzen erhöht (RKE) mit einer Teilung t = 0,8 mm, wird bezeichnet: Rändel DIN 82-RKE 08.

Rändel werden vollständig oder teilweise durch breite Volllinien dargestellt und haben keine seitlichen Begrenzungslinien, wenn sie auf einer Wölbung auslaufen oder auf einem Teil des Mantels liegen, **7.62**.

7

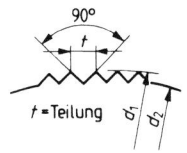 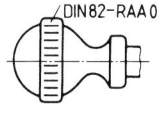 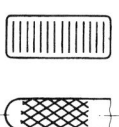 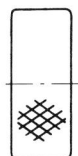

7.60 Aufwerfen des Werkstoffs **7.61** Kennzeichnung einer Rändelung **7.62** Fortfall der Begrenzungslinien **7.63** Andeutung eines Rändels

Tabelle 7.10 Formen und Benennungen der Rändel

Form	RAA	RBL	RBR	RGE	RGV	RKE	RKV
Benennung	Rändel mit achsparallelen Riefen	Links-rändel	Rechts-rändel	Links-Rechts-rändel, Spitzen-erhöht[1]	Links-Rechts-rändel, Spitzen-vertieft[2]	Kreuz-rändel, Spitzen erhöht	Kreuz-rändel, Spitzen vertieft
Darstellung							
Ausgangs-Ø d_2		$d_1 - 0,5\,t$		$d_1 - 0,67\,t$	$d_1 - 0,33\,t$	$d_1 - 0,67\,t$	$d_1 - 0,33\,t$

1) Alte Benennung „Kordel"
2) Alte Benennung „Negativ Kordel"

7.1.3 Verbindungen mit Schrauben und Muttern

Sie lassen sich beliebig oft ohne Zerstörung der Verbindungselemente auseinander nehmen und zusammensetzen. Daher heißen sie lösbare Verbindungen.

Durchsteckverschraubungen. Die zu verbindenden Teile haben durchgehende Löcher; Schrauben, Muttern und Unterlegscheiben werden nicht im Schnitt dargestellt. Die Schraubenlänge wählt man so, dass das Schaftende aus der Mutter nur herausragt, Tab. 7.9.

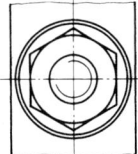
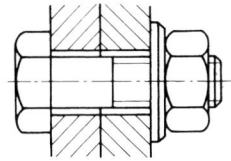

7.64
Durchsteckverschraubungen

Maße hierzu sind in DIN 78 enthalten. Die Trennlinie der zusammengeschraubten Werkstücke wird bis an den Schraubenschaft herangeführt.

Durchgangslöcher sind etwas größer als die Schraubendurchmesser und in DIN EN 20273 festgelegt, Tab. 7.11. Vereinfachte Darstellungen von Verbindungselementen für den Zusammenbau s. DIN ISO 5845-1.

7

Tabelle 7.11 Durchgangslöcher nach DIN EN 20273 für Schrauben (Reihe mittel)

Gewindedurchmesser d	3	4	5	6	8	10	12	16	20	24	30
Durchgangsloch d_h	3,4	4,5	5,5	6,6	9	11	13,5	17,5	22	26	33

Kopfschraubenverbindung (7.65). Ein Werkstück hat ein Gewindegrundloch, das andere ein Durchgangsloch. Von dem Gewindegrundloch ist nur der Teil zu zeichnen, der vom Schraubenschaft nicht verdeckt ist. In Gusseisen, Weich- und Leichtmetall können die ersten Gewindegänge durch häufiges Ein- und Ausschrauben beschädigt werden. Bei Verwendung von Stiftschrauben besteht diese Gefahr nicht.

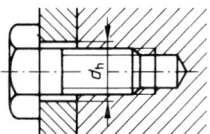
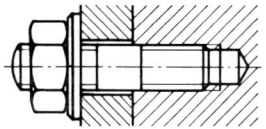
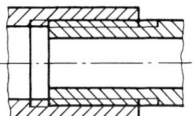

7.65 Kopfschrauben-
verbindung

7.66 Stiftschrauben-
verbindung

7.67 Rohrverschraubung

Stiftschraubenverbindung (7.66). Stiftschrauben werden in der ganzen Länge des Einschraubgewindes einschließlich des Gewindeauslaufs fest eingedreht. Die breite Gewindebegrenzungslinie gemäß ISO-Darstellung kennzeichnet stets das Ende der vollausgeschnittenen Gewindegänge. Sie wird daher am Einschraubende gegenüber der Oberkante des Gewindelochs um die Größe des Gewindeauslaufs versetzt, die DIN 76-1 entnommen werden kann, s. Tab. 7.6.

Rohrverschraubung (7.67). Bei der im Schnitt dargestellten Rohrverschraubung wird das Innengewinde des äußeren Rohrs durch das Außengewinde des inneren Rohrs verdeckt.

Senkungen (DIN EN ISO 15065 und DIN 974)

Senkungen für Senkschrauben mit Kopfform nach ISO 7721 werden bei Durchgangslöchern, Reihe mittel, angewendet und gelten für die gebräuchlichen Senkschrauben im Maschinenbau, **7.68**.

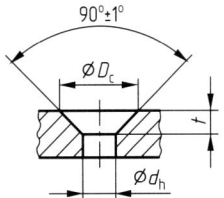

Für Senkholzschrauben (z. B. DIN 7997), Senkschrauben mit Innensechskant (DIN EN ISO 10642) und Stahlbau-Senkschrauben (DIN 7969) gelten Senkungen nach DIN 74.

7.68
Senkung nach DIN EN ISO 15065 (Maßbild)

Tabelle 7.12 Senkungen nach DIN EN ISO 15065

Metrische Gew.	d	M1,6	M2	M2,5	M3	M3,5	M4	M5	M5,5	M6	M8	M10
Blechschrauben-gewinde	d	–	–	ST2,2	ST2,9	ST3,5	ST4,2	ST4,8	ST5,5	ST6,3	ST8	ST9,5
Durchgangsloch mittel H13	d_h	1,80	2,40	2,90	3,40	3,90	4,50	5,50	6,00	6,60	9,00	11,00
Senk-Ø	D_c	3,60	4,40	5,50	6,30	8,20	9,40	10,40	11,50	12,60	17,30	20,00
Senktiefe	t	0,95	1,05	1,35	1,55	2,25	2,55	2,58	2,88	3,13	4,28	4,65

Die Maße der Senkungen nach DIN EN ISO 15065 werden so festgelegt, dass bei max. Kopfdurchmesser und einem Senkdurchmesser D_c mit Kleinstmaß der Senkpunkt mit der Werkstückoberfläche abschließt, Tab. 7.12.

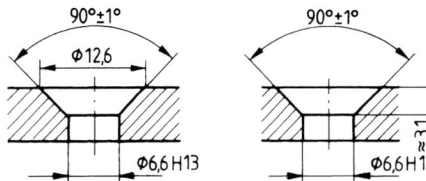

7.69 Bemaßung einer Senkung alternativ nach Senkdurchmesser D_c oder Senktiefe t

7.70 Angesenktes Anschlussteil

Senkungen können verschieden bemaßt werden, **7.69**. Der Mittelpunkt für das Winkelmaß liegt im Schnittpunkt der verlängerten Kegelseiten. Ist die Senktiefe größer als die Dicke des Werkstoffs, wird auch das Anschlussteil ausgesenkt, und zwar etwas weiter, da die Schraube sonst nicht anzieht, **7.70**. Besonders in Kleindarstellungen können an Stelle der Maße Kurzzeichen treten, **7.71**.

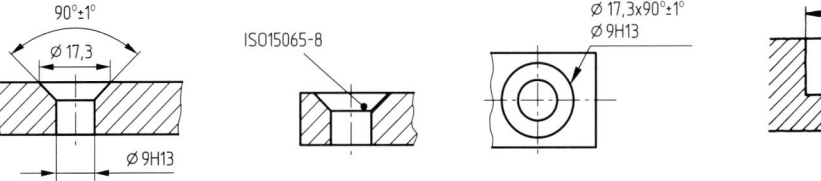

7.71 Senkung ISO 15065-8. Vollständige Bemaßung und vereinfachte Darstellung

7.72 Senkung nach DIN 974 (Maßbild)

Senkungen für Zylinderschrauben werden nach DIN 974-1 ausgeführt, **7.72**. Die Konstruktionsmaße des Senkdurchmessers sind von der Schraubenart und dem vorgesehenen Unterlegteil abhängig, Tab. 7.13. Die Senktiefe ist nicht festgelegt, sie ist dem jeweiligen Anwendungsfall entsprechend zu wählen. Es wird empfohlen, die Senktiefe für einen bündigen Abschluss aus der Summe der Maximalwerte der Kopfhöhe der Schraube und der Höhe des Unterlegteiles sowie einer Zugabe zu berechnen.

Senkungen für Sechskantschrauben und -muttern sind in DIN 974-2 festgelegt. In Abhängigkeit von der Art der Schraubwerkzeuge werden zwei Reihen für Senkdurchmesser ausgeführt, Tab. 7.13. Sie gelten unabhängig davon, ob Unterlegteile vorgesehen sind. Die Senktiefe wird analog zu den Senkungen für Zylinderschrauben errechnet.

Tabelle 7.13 Senkdurchmesser für Zylinderschrauben und Sechskantschrauben und -muttern nach DIN 974-1 und DIN 974-2

Gewinde-Nenndurchmesser d	Senkdurchmesser d_1 für Zylinderschrauben – H13					Senkdurchmesser d_1 für Sechskantschrauben und -muttern – H13		
	Reihe 1	Reihe 2	Reihe 4	Reihe 5	Reihe 6	Reihe 1	Reihe 2	Zugabe für Senktiefe t
3	6,5	7	7	9	8	11	11	0,4
4	8	9	9	10	10	13	15	0,4
5	10	11	11	13	13	15	18	0,4
6	11	13	13	15	15	18	20	0,4
8	15	18	16	18	20	24	26	0,6
10	18	24	20	24	24	28	33	0,6
12	20	–	24	26	33	33	36	0,6
16	26	–	30	33	43	40	46	0,6
20	33	–	36	40	48	46	54	0,6
24	40	–	43	48	58	58	73	0,8
30	50	–	54	61	73	73	82	1,0

Reihe 1: Für Schrauben nach ISO 1207, ISO 4762, DIN 6912 und DIN 7984 ohne Unterlegteile	Reihe 1: für Steckschlüssel nach DIN 659, DIN 896, DIN 3112 oder Steckschlüsseleinsätze nach DIN 3124
Reihe 2: für Schrauben nach ISO 1580 und DIN 7985 ohne Unterlegteile	
Reihe 4: für Schrauben mit Zylinderkopf mit folgenden Unterlegteilen: Scheiben nach DIN EN ISO 7092 und DIN 6902 Form C [1] Federscheiben nach DIN 137 Form AH[1] Federringe nach DIN 127, DIN 128 und DIN 6905 [1] Zahnscheiben nach DIN 6797[1] Fächerscheiben nach DIN 6798 und DIN 6907[1]	Reihe 2: für Ringschlüssel nach DIN 838, DIN 897 oder Steckschlüsseleinsätze nach DIN 3129. (Unabhängig von der unter den Reihen 1 und 2 getroffenen Werkzeugordnung können in vielen Fällen Werkzeuge, die unter Reihe 2 genannt sind, auch in Senkungen der Reihe 1 eingesetzt werden. Dies ist im Einzelfall zu prüfen.)
Reihe 5: für Schrauben mit Zylinderkopf mit folgenden Unterlegteilen: Scheiben nach DIN EN ISO 7090 und DIN 6902 Form A Federscheiben nach DIN 137 Form B und DIN 6904[1]	
Reihe 6: für Schrauben mit Zylinderkopf mit Spannscheiben nach DIN 6796 und DIN 6908.	

1) Normen ersatzlos zurückgezogen

7

Schraubensicherungen

Die Vorspannkraft von Schraubenverbindungen kann durch zwei völlig verschiedene Ursachen abfallen und zum Versagen der Verbindung führen: Durch **Lockern** infolge plastischer Verformung der Fügeflächen (Setzen) und durch selbsttätiges **Losdrehen** nach Aufhebung der Selbsthemmung durch Querschwingungen (Vibration).

Der Wirksamkeit nach wird unterschieden zwischen

– **Setzsicherungen** zur Kompensierung von Setzbeträgen,
– **Losdrehsicherungen**, die in der Lage sind, das innere Losdrehmoment zu blockieren und
– **Verliersicherungen**, die ein teilweises Lösen nicht verhindern können, wohl aber das vollständige Auseinanderfallen (verlieren) der Verbindung, Tab. 7.14.

Eine Auswahl marktgängiger Sicherungselemente soll kurz vorgestellt werden. Sie sind teilweise gegen Losdrehen unwirksam und nicht mehr genormt, Tab. 7.14.

Mitverspannte federnde Elemente

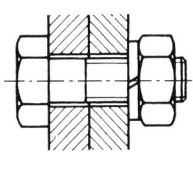

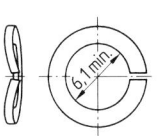

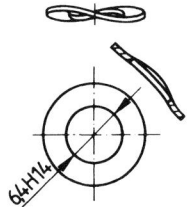

7.73 Sicherung durch
     Federring

7.74 Federring
     DIN 128-A6 [1)]

7.75 Federscheibe
     DIN 137-B6 [1)]

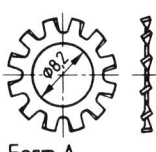

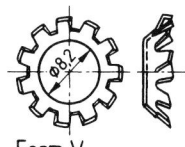

7.76
Zahnscheibe DIN 6797-A8,2 [1)]
Zahnscheibe DIN 6797-V8,2 [1)]

Form A   Form V

Formschlüssige Elemente

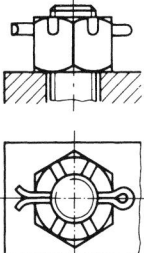

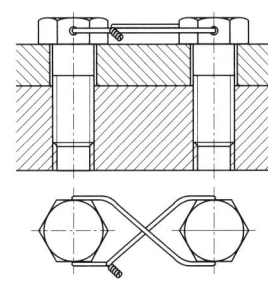

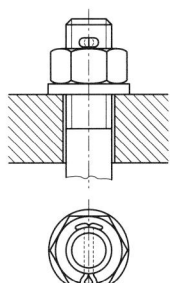

7.77 Kronenmutter mit Splint   **7.78** Drahtsicherung   **7.79** Splintsicherung

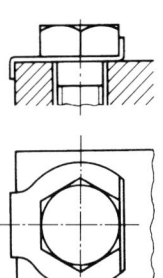 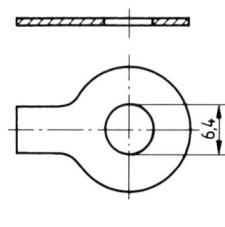 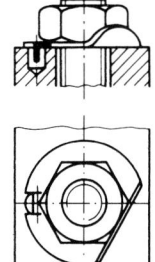 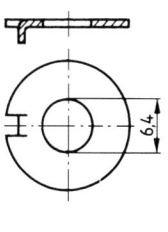

7.80 Sicherung durch Scheibe mit Lappen

7.81 Scheibe DIN 93-6,4-St [1]

7.82 Sicherung durch Scheibe mit Außennase

7.83 Scheibe DIN 432-6,4-St [1]

Klemmende (kraftschlüssige) Elemente

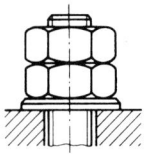 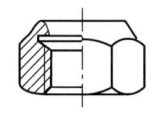 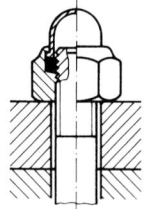

7.84 Kontermutter

7.85 Sechskantmutter ISO 7042-M10-8 (mit Klemmteil)

7.86 Hutmutter DIN 986-M10-8 (mit nichtmetallischem Einsatz)

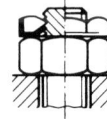 

7.87 Sicherung durch Sicherungsmutter

7.88 Sicherungsmutter DIN 7967-M6[1] (Federmutter, Pal-Mutter)

Sperrende Elemente

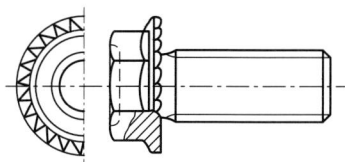 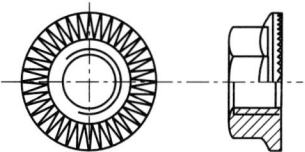

7.89 Sperrzahnschraube und -mutter

---

1) Norm zurückgezogen

7

Die gesicherte Mutter allein ist noch keine wirksame Sicherung der Schraubenverbindung, auch der Bolzen sollte gesichert sein. In der Regel müssen nur sehr kurze Schrauben der unteren Festigkeitsklassen in dynamisch längsbelasteten Verbindungen und kurze bis mittellange Schrauben in dynamisch querbelasteten Verbindungen gesichert werden.

Tab 7.14 gibt eine Übersicht über die Einteilung und Wirksamkeit der Schraubensicherungen.

Tabelle 7.14 Schraubensicherungen. Einteilung und Wirksamkeit

Funktion des Elements	Beispiel	Bild	Norm	Wirksamkeit
mitverspannt-federnd	Federring	7.74	zurückgezogen	Setzsicherung (können Losdrehen nicht verhindern)
	Federscheibe	7.75	zurückgezogen	
	Zahnscheibe	7.76	zurückgezogen	
formschlüssig	Kronenmutter	7.77	DIN 935	Verliersicherung (können nur begrenztes Losdrehmoment aufnehmen)
	Drahtsicherung	7.78	–	
	Splintsicherung	7.79	–	
	Scheibe mit Lappen	7.81	zurückgezogen	
	Scheibe mit Außennase	7.82	zurückgezogen	
klemmend (kraftschlüssig)	Kontermutter	7.84	–	Verliersicherung (Losdrehen möglich)
	Mutter mit Klemmteil	7.85	DIN EN ISO 7042	
	Hutmutter mit nichtmetallischem Einsatz	7.86	DIN 986	
	Sicherungsmutter	7.88	zurückgezogen	
sperrend	Schraube/Mutter mit Sperrzähnen	7.89	–	Losdrehsicherung
stoffschlüssig (klebend)	Flüssigklebstoff	–	–	Losdrehsicherung (nur bis 90 °C einsetzbar)
	mikroverkapselte Klebstoffe im Gewinde	–	–	

7.1.4 Vereinfachte Darstellung von Gewinden, Schrauben und Muttern

Gewinde, Schrauben und Muttern können vereinfacht gezeichnet werden, wobei nur wesentliche Merkmale gezeigt werden. Fasen von Muttern und Schraubenköpfen, Gewindeausläufe, Gewindeenden und Freistiche werden nicht gezeichnet (Tab. 7.15).

Tabelle 7.15 Vereinfachte Darstellung von Schrauben und Muttern nach DIN ISO 6410-3

Nr.	Bezeichnung	Vereinfachte Darstellung	Nr.	Bezeichnung	Vereinfachte Darstellung
1	Sechskantschraube		5	Zylinderschraube mit Kreuzschlitz	
2	Vierkantschraube		6	Linsensenkschraube mit Schlitz	
3	Innensechskantschraube		7	Linsensenkschraube mit Kreuzschlitz	
4	Zylinderschraube (Flachkopf) mit Schlitz		8	Senkschraube mit Schlitz	

Fortsetzung s. nächste Seite.

Tabelle 7.15 Fortsetzung

Nr.	Bezeichnung	Vereinfachte Darstellung	Nr.	Bezeichnung	Vereinfachte Darstellung
9	Senkschraube mit Kreuzschlitz		13	Sechskantmutter	
10	Stiftschraube mit Schlitz		14	Kronenmutter	
11	Holz- und selbstschneidende Schraube mit Schlitz		15	Vierkantmutter	
12	Flügelschraube		16	Flügelmutter	

Es ist zulässig, die Darstellung sowie die Angabe von Maßen zu vereinfachen, wenn

– der Durchmesser (in der Zeichnung) kleiner als 6 mm ist
– es ein regelmäßiges Muster von Löchern oder Gewinden derselben Art und Größe gibt.

Die Bezeichnung muss alle Merkmale einschließen, die in einer konventionellen Darstellung oder Maßeintragung dargestellt sind. Die Bezeichnung erscheint auf der Hinweislinie, die auf die Mittellinie des Loches weist und mit einem Pfeil endet, **7.90** bis **7.93**.

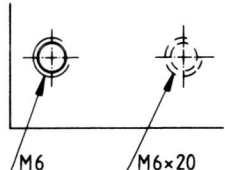

7.90 Vereinfachte Maßeintragung

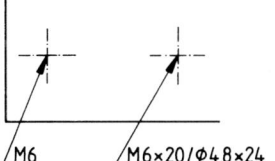

7.91 Vereinfachte Darstellung und Maßeintragung

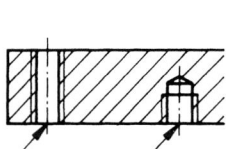

7.92 Vereinfachte Maßeintragung

7.93 Vereinfachte Darstellung und Maßeintragung

Besonderheiten. Bei gedrückten Gewinden muss hinter dem Gewindekurzzeichen die Angabe „gedrückt" stehen, **7.94**. Blechdurchzüge mit Innengewinde (s. DIN 7952-1 bis DIN 7952-4) sind nach **7.95** zu bemaßen; dabei bedeuten: V = vertieft, A = aufwärts. Wird Gewinde in eine Buchse erst nach dem Einnieten geschnitten, sind in der Darstellung der Buchse nur das Kernloch vorzusehen (**7.96**) und das Gewinde in der Gesamtzeichnung anzugeben, **7.97**.

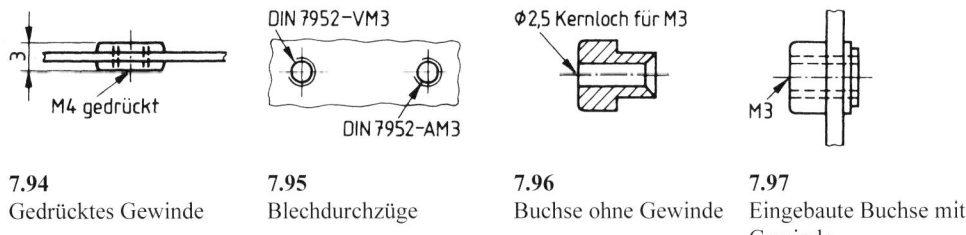

7.94
Gedrücktes Gewinde

7.95
Blechdurchzüge

7.96
Buchse ohne Gewinde

7.97
Eingebaute Buchse mit
Gewinde

7.2 Nietverbindungen

Nietverbindungen sind unlösbar, ein Auseinandernehmen ohne Zerstörung der Niete oder
der verbundenen Teile ist nicht möglich. Der geschlagene Niet besteht aus Setzkopf, Schaft
und Schließkopf. Der Setzkopf befindet sich am Schaft des Rohniets, während der Schließkopf
erst bei der Nietarbeit am anderen Schaftende entsteht. Die Gesamtdicke der zu verbindenden
Teile heißt Klemmlänge.

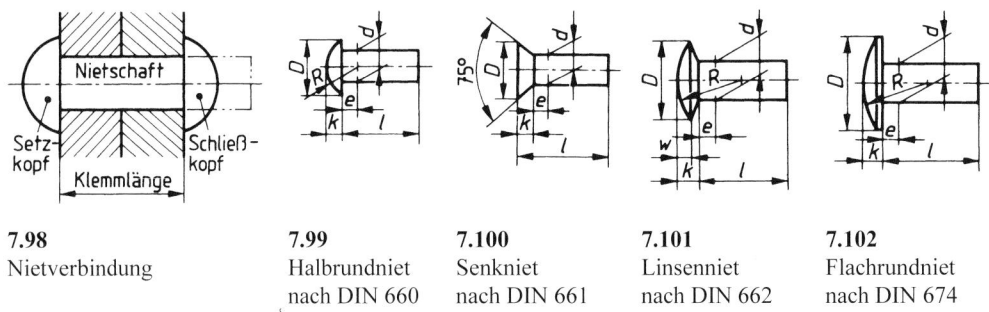

7.98
Nietverbindung

7.99
Halbrundniet
nach DIN 660

7.100
Senkniet
nach DIN 661

7.101
Linsenniet
nach DIN 662

7.102
Flachrundniet
nach DIN 674

Es gibt Halbrundniete (**7.99**), Senkniete (**7.100**), Linsenniete (**7.101**), Flachrundniete (**7.102**),
Rohrniete (**7.106**) und andere. Der Schließkopf kann eine vom Setzkopf abweichende Form
haben.

Der Durchmesser des geschlagenen Niets, der *Nietlochdurchmesser* d_1, richtet sich nach der
kleinsten zur Verbindung gehörenden Plattendicke und ist für die Berechnung ausschlag-
gebend.

7.2.1 Arten

Es gibt feste, feste und dichte sowie dichte Nietverbindungen. Feste Nietverbindungen sollen
vornehmlich Kräfte übertragen. Hierzu gehören die Nietverbindungen des Stahl- und Leicht-
metallbaus, für Stützen, Brücken, Krane, Dachkonstruktionen, Blechträger u. a. Feste und
dichte Nietverbindungen hatten Bedeutung im Druckbehälterbau. Dichte Nietverbindungen
sind im Behälterbau erforderlich.

Übereinander geschobene und vernietete Bleche ergeben eine Überlappungsnietung, **7.103**.
Wird über stumpf aneinander stoßende Bleche eine Lasche gelegt, handelt es sich um eine
Laschennietung, **7.104**. Bei der Doppellaschennietung (**7.105**) liegen auf beiden Seiten der
Bleche Laschen. Es gibt ferner einschnittige (**7.103** und **7.104**) und mehrschnittige (**7.105**)
Vernietungen, je nachdem, ob die Klemmlänge aus den Dicken zweier oder mehrerer Bleche

besteht, der Nietschaft also ein- oder mehrmals auf Abscheren beansprucht wird. Überlappungsnietungen und einfache Laschennietungen sind demnach einschnittig, Doppellaschennietungen hingegen zweischnittig und demgemäß haltbarer.

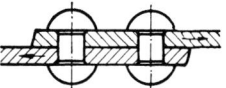 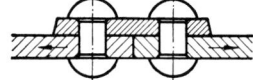 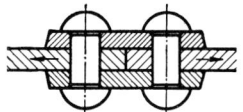

7.103 Zweireihige   **7.104** Einreihige   **7.105** Einreihige Doppellaschen-
         Überlappungsnietung   Laschennietung   nietung

Die Maße für Nietverbindungen ergeben sich aus Festigkeitsberechnungen und Erfahrungswerten (s. Zahlentafeln in technischen Handbüchern). Nietverbindungen verlieren jedoch an Bedeutung; sie werden mehr und mehr durch Schweißverbindungen ersetzt.

7.2.2 Niete unter 10 mm Durchmesser

Sie werden kalt genietet, **7.99** bis **7.102** und **7.106**. Solche Verbindungen sind nicht sehr dicht und halten nur geringen Kräften stand. Der Schaftdurchmesser d wird im Abstand e vom Kopf gemessen. Der Nietbezeichnung werden DIN-Nummer, Durchmesser und Länge des Niets und Werkstoffangabe beigefügt, z. B. „Niet DIN 660-5×20-CuZn". Als Nietlänge gilt bei Halbrund-, Flachrund- und Linsennieten die Schaftlänge allein, bei Senknieten die Schaftlänge mit Setzkopf.

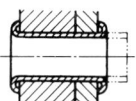

7.106
Geschlagener Rohrniet nach DIN 7340 (Form B)

Weitere Niete sind: Flachsenkniete (Riemenniete) DIN 675, Nietstifte DIN 7341, ferner Hohlniete DIN 7331 und 7339, Niete für Brems- und Kupplungsbeläge DIN 7338 u. a. Vereinfachte Darstellungen für Niete und Schrauben s. Abschnitt 7.2.4.

7.2.3 Stahlbauniete

Sie haben Durchmesser von 10 bis 36 mm und werden warm genietet, **7.107** und **7.108**.

Rohnietdurchmesser d in mm	**10**	**12**	14	**16**	18	**20**	22	**24**	27	**30**	33	**36**
Nietlochdurchmesser d_1 in mm[1]	**10,5**	**13**	15	**17**	19	**21**	23	**25**	28	**31**	34	**37**

1) $d_1 = d + 1$ mm. Die fett gedruckten Größen werden bevorzugt.

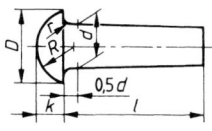 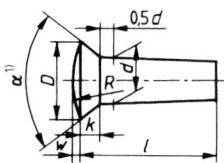

1) $\alpha = 75\,°$ für $d \leq 18$ mm
$\alpha = 60\,°$ für 20 mm $\leq d \leq 27$ mm
$\alpha = 45\,°$ für $d \geq 30$ mm

7.107 Halbrundniet nach DIN 124   **7.108** Senkniet nach DIN 302

Die Klemmlänge soll aus Gründen der Herstellung nicht größer sein als der 4- bis 5fache Nietlochdurchmesser. Bei Senknieten soll die Klemmlänge 6,5 d_1 nicht überschreiten. Für die
Wahl der Nietlängen sind die Normen nach folgender Übersicht heranzuziehen:

Nietlängen in Abhängigkeit von den Klemmlängen für	Stahlbauniete
Halbrundsetzkopf und Halbrundschließkopf (Form A)	DIN 124
Halbrundsetzkopf und Senkschließkopf (Form B)	DIN 124
Senksetzkopf und Senkschließkopf (Form B)	DIN 302
Senksetzkopf und Halbrundschließkopf (Form A)	DIN 302

Die vollständige Bezeichnung eines Senkniets von d = 16 mm und l = 30 mm lautet:

Niet DIN 302-16×30-St

Halbrundniete sind zwischen Nietschaft und Setzkopf mit r = d/20 gerundet, **7.107**. Hierfür
wird das Nietloch unter 90 ° ausgesenkt, **7.109**. Die Senktiefe a ist gleich dem Halbmesser r.

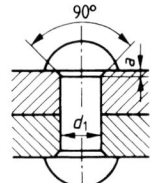

7.109
Stahlbau-Halbrundniet, warm geschlagen

7.2.4 Nietdarstellungen

Niete werden in der Längsachse nicht geschnitten gezeichnet, **7.110**. Beim Blick auf die Nie-
tung in Richtung der Nietachsen (Seitenansicht) werden die Niete meist so dargestellt, als seien
die Köpfe abgebrochen. Ein Niet wird somit durch einen schraffierten Lochkreis dargestellt,
auch wenn es sich um einen Senkniet handelt. Sind die Kreise bei kleinen Zeichnungsmaßstä-
ben jedoch so klein, dass das Zeichnen Schwierigkeiten bereitet, zeichnet man die Kreise der
Köpfe. Die Schraffur fällt dann fort.

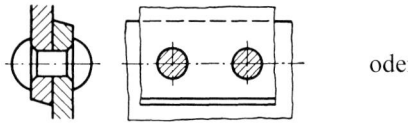

7.110 Darstellung einer Nietverbindung

Nietverbindungen können vereinfacht dargestellt werden:

Tabelle 7.16 Kleindarstellungen (DIN 30 : 1970-12)[1]

Vorderansicht		Draufsicht	
vereinfacht	weiter vereinfacht	vereinfacht	weiter vereinfacht
DIN660-5x14-Al	DIN660-5x14-Al mit Senk-Schließkopf		
		DIN660-5x14-Al mit Senk-Schließkopf	DIN660-5x14-Al mit Senk-Schließkopf

1) Norm zurückgezogen

7.3 Bolzen- und Stiftverbindungen

Bolzen sind Verbindungselemente für Gelenke, werden gewöhnlich mit Spielpassung gelagert und durch Scheiben und Splinte gesichert.

Es sind mehrere Arten genormt: Bolzen ohne Kopf (**7.111** und **7.112**) und Bolzen mit Kopf (**7.113** und **7.114**). Ausführung B ist mit einem Splintloch bzw. zwei Splintlöchern versehen. Maße s. Tab. 7.17. Auf der Splintseite werden Scheiben verwendet, **7.115**.

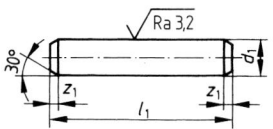

7.111 Bolzen ohne Kopf
Form A nach
DIN EN 22340

7.112 Bolzen ohne Kopf
Form B nach
DIN EN 22340

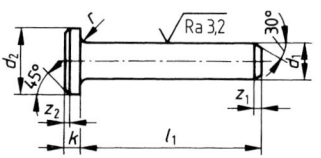

7.113 Bolzen mit Kopf
Form A nach
DIN EN 22341

7

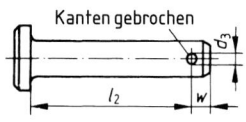

7.114 Bolzen mit Kopf
Form B nach DIN EN 22341

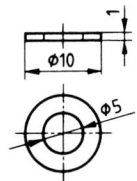

7.115 Scheibe ISO 8738-5-160HV
(s. DIN EN 28738)

Tabelle 7.17 Bolzen nach DIN EN 22340, DIN EN 22341 (Auszug)

d_1	h 11	3	4	5	6	8	10	12	14	16	18	20	22	24
d_2	h 14	5	6	8	10	14	18	20	22	25	28	30	33	36
d_3	H 13	0,8	1	1,2	1,6	2	3,2	3,2	4	4	5	5	5	6,3
k	js 14	1	1	1,6	2	3	4	4	4	4,5	5	5	5,5	6
r		0,6	0,6	0,6	0,6	0,6	0,6	0,6	0,6	0,6	1	1	1	1
w		1,6	2,2	2,9	3,2	3,5	4,5	5,5	6	6	7	8	8	9
z_1	max.	1	1	2	2	2	2	3	3	3	3	4	4	4
z_2	≈	0,5	0,5	1	1	1	1	1,6	1,6	1,6	1,6	2	2	2

Stufung der Länge l_1: 6 bis 32 Stufung 2 mm, 35 bis 95 Stufung 5 mm, 100 bis 200 Stufung 20 mm

Werkstoff: St = Automatenstahl, Härte 125 bis 245 HV; andere Werkstoffe nach Vereinbarung

Bolzen haben genormte Bezeichnungen. Für einen Bolzen nach DIN EN 22341 mit Splintloch (Form B), einem Nenndurchmesser $d = 20$ mm, einer Nennlänge $l_1 = 100$ mm aus Stahl lautet die Bezeichnung: Bolzen ISO 2341 -B-20×100-St

Maße für Schmierlöcher in Bolzen s. DIN 1442.

Der Splint (**7.116**) hat einen kleineren Durchmesser als das Splintloch. Er ist abhängig von dem Bolzen- bzw. Schraubendurchmesser. Angaben hierüber enthält DIN EN ISO 1234, s. Tab. 7.18. Die Verteilung der Splinte an Bolzen- und Schraubenenden (**7.117**) sind den Maßnormen, z. B. DIN 962, zu entnehmen.

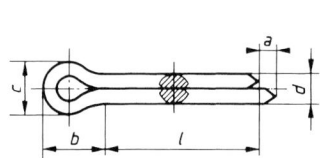

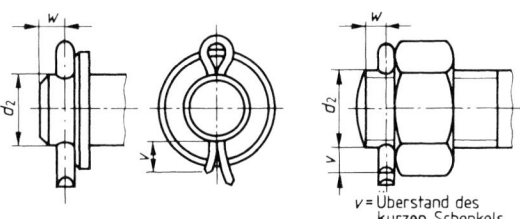

v = Überstand des kurzen Schenkels

7.116 Splint nach DIN EN ISO 1234   **7.117** Splinte an Bolzen und Schraubenenden

Tabelle 7.18 Splinte nach DIN EN ISO 1234

Nenngröße[1)			0,6	0,8	1	1,2	1,6	2	2,5	3,2	4	5	6,3	8	10	13	16	20
d		max.	0,5	0,7	0,9	1	1,4	1,8	2,3	2,9	3,7	4,6	5,9	7,5	9,5	12,4	15,4	19,3
		min.	0,4	0,6	0,8	0,9	1,3	1,7	2,1	2,7	3,5	4,4	5,7	7,3	9,3	12,7	15,7	19
a		max.	1,6	1,6	1,6	2,5	2,5	2,5	2,5	3,2	4	4	4	4	6,3	6,3	6,3	6,3
b		≈	2	2,4	3	3	3,2	4	5	6,4	8	10	12,6	16	20	26	32	40
c		min.	0,9	1,2	1,6	1,7	2,4	3,2	4	5,1	6,5	8	10,3	13,1	16,6	21,7	27	33,8
		max.	1	1,4	1,8	2	2,8	3,6	4,6	5,8	7,4	9,2	11,8	15	19	24,8	30,8	38,6
Für Durchmesserbereich d_2	Schrauben	über	–	2,5	3,5	4,5	5,5	7	9	11	14	20	27	39	56	80	120	170
		bis	2,5	3,5	4,5	5,5	7	9	11	14	20	27	39	56	80	120	170	–
	Bolzen	über	–	2	3	4	5	6	8	9	12	17	23	29	44	69	110	160
		bis	2	3	4	5	6	8	9	12	17	23	29	44	69	110	160	–
v		min.	3	3	4	5	5	6	6	8	8	10	12	14	16	20	25	32

1) Nenngröße gleich Durchmesser des Splintloches (H14)

Stufung der Länge l: 4, 5, 6, 8, 10, 12, 14, 16, 18, 20, 22, 25, 28, 32, 36, 40, 45, 50, 56, 63, 71, 80, 90, 100, 112, 125, 140, 160, 180, 200, 224, 250, 280

Werkstoff: Stahl (St), Kupfer-Zink-Legierung (CuZn), Kupfer (Cu), Aluminiumlegierung (Al), austenitischer nichtrostender Stahl (A)

Splinte haben genormte Bezeichnungen. Für einen Splint nach DIN EN ISO 1234 mit dem Nenndurchmesser d = 5 mm und einer Länge von 50 mm aus Stahl lautet die Bezeichnung:

Splint ISO 1234-5×50-St

Kegelstifte haben Durchmesser von 0,6 bis 50 mm, den Kegel 1:50 und eine geschliffene (Ra 0,8) oder gedrehte (Ra 3,2) Mantelfläche, **7.118**. Sie dienen als Haltestifte zur Befestigung von Werkstücken (wie Ringe auf Wellen **7.120**) oder als Passstifte zur Sicherung der gegenseitigen Lage der Teile und stellen bei wiederholtem Zusammenbau infolge zentrierender Wirkung die alte Lage wieder her. Der Durchmesser d wird am dünnen Ende gemessen; l ist die tragende Länge (Maße s. Tab. 7.19).

Die Bezeichnung eines Kegelstifts nach DIN EN 22339, Typ B (gedreht), von d = 4 mm Durchmesser und l = 26 mm Länge aus Stahl lautet:

Kegelstift ISO 2339-B-4×26-St

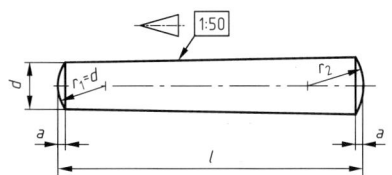

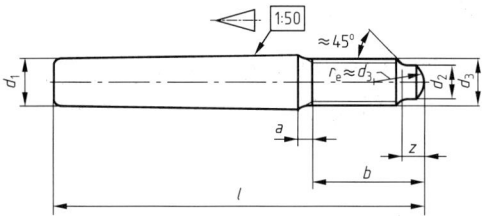

7.118 Kegelstift nach DIN EN 22339 (Maßbild)

7.119 Kegelstift mit Gewindezapfen nach DIN EN 28737 (z. B. mit $d_1 = 6$ und $l = 50$ mm : Kegelstift ISO 8737 – 6×50-St)

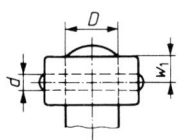

7.120
Befestigung mit Kegelstift nach DIN EN 22339

Kegelstifte mit Gewindezapfen (**7.119**) haben entweder konstante Zapfenlängen (DIN EN 28737) oder konstante Kegellängen (DIN 258). Es gibt auch Kegelstifte mit Innengewinde (DIN EN 28736). Die Befestigungslöcher für alle Kegelstifte müssen kegelig aufgerieben werden.

Zylinderstifte haben Durchmesser von 0,8 bis 50 mm (Auswahl aus DIN EN ISO 2338 s. Tab. 7.19) und unterscheiden sich in den Toleranzen. Werkstoff ist ungehärteter oder nichtrostender Stahl. Stifte mit Toleranzfeld m6 (**7.121**) sind hauptsächlich Passstifte. Stifte mit Toleranzfeld h8 (**7.121**) werden meist als Verbindungs- und Befestigungsstifte gebraucht. Die Toleranzklasse ist nicht an der Form des Stiftendes erkennbar. **7.122** zeigt eine Zylinderstiftverbindung. Gehärtete Zylinderstifte, Toleranzfeld m6 s. DIN EN ISO 8734, Zylinderstifte mit Innengewinde s. DIN EN ISO 8733 und DIN EN ISO 8735.

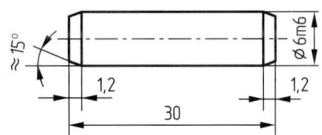

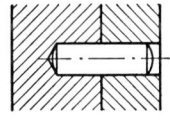

7.121 Zylinderstift ISO 2338-6m6×30-St (s. DIN EN ISO 2338)

7.122 Zylinderstiftverbindung

Spannstifte sind durchgehend geschlitzte Hohlzylinder, bestehend aus Federstahl und sind in schwerer und in leichter Ausführung in DIN EN ISO 8752 bzw. DIN EN ISO 13337 genormt (**7.123**).

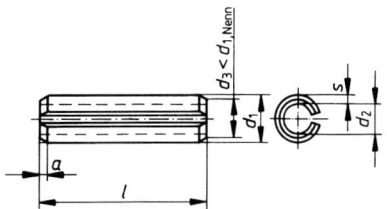

Bezeichnung eines Spannstifts von 10 mm Nenndurchmesser und Länge $l = 40$ mm:
Spannstift ISO 8752-10×40-St

7.123 Spannstift nach DIN EN ISO 8752

Tab. 7.19 enthält die Maße für die gebräuchlichen Stiftarten nach den Bildern **7.118**, **7.121**, **7.123** und **7.129**.

Tabelle 7.19 Stifte (Auswahl)

Stiftart		Nennmaß d_1												
		1,5	2	2,5	3	4	5	6	8	10	12	16	20	25
Zylinderstifte DIN EN ISO 2338 (St, A1) m6: Ra ≤ 0,8 µm h8: Ra ≤ 1,6 µm (7.121)	Schräge c	0,3	0,35	0,4	0,5	0,63	0,8	1,2	1,6	2	2,5	3	3,5	4
	l von	4	6	6	8	8	10	12	14	18	22	26	35	50
	bis	16	20	24	30	40	50	60	80	95	140	180	200	200
Kegelstifte DIN EN 22339 (Automatenstahl) Typ A: Ra = 0,8 µm Typ B: Ra = 3,2 µm (7.118)	Kuppe a	0,2	0,25	0,3	0,4	0,5	0,63	0,8	1	1,2	1,6	2	2,5	3
	l von	8	10	10	12	14	18	22	22	26	30	40	45	50
	bis	24	35	35	45	55	60	90	120	160	180	200	200	200
Spannstifte geschlitzt, schwere Ausführung DIN EN ISO 8752 (St, A, C; gehärtet) (7.123) 1) vor den Einbau	Schräge a	0,45	0,55	0,6	0,7	0,85	1,1	1,4	2,0	2,4	2,4	2,4	3,4	3,4
	d_1 max [1]	1,8	2,4	2,9	3,5	4,6	5,6	6,7	8,8	10,8	12,8	16,8	20,9	25,9
	s	0,3	0,4	0,5	0,6	0,8	1	1,2	1,5	2	2,5	3	4	5
	l von	4	4	4	4	4	5	10	10	10	10	10	10	14
	bis	20	20	30	40	50	80	100	120	160	180	200	200	200
Mindestabscherkraft, 2-schnittig	kN	1,58	2,82	4,38	6,32	11,24	17,54	26,04	42,76	70,16	104,1	171	280,6	438,5
Kerbstifte DIN EN ISO 8739 (bis DIN EN ISO 8745) (St, A1) (7.129)	d_2	1,6	2,15	2,65	3,2	4,25	5,25	6,3	8,3	10,35	12,35	16,4	20,5	25,5
	Kuppe a	0,2	0,25	0,3	0,4	0,5	0,63	0,8	1	1,2	1,6	2	2,5	3
	l von	8	8	10	10	10	14	14	14	14	18	22	26	26
	bis	20	30	30	40	60	60	80	100	100	100	100	100	100
Mindestabscherkraft, 2-schnittig	kN	1,6	2,84	4,4	6,4	11,3	17,6	25,4	45,2	70,4	101,8	181	283	444

Stufung der Länge l: 3 4 5 6 8 10 … 30 32 35 40 45 … 90 95 100 120 140 160 180 200

Kerbstifte haben Durchmesser bis 25 mm (**7.124** bis **7.129**) und sind durch eingedrückte Kerben so weit aufgekeilt, dass gegenüber dem Loch Übermaß vorhanden ist. Sie werden in ungeriebene Bohrungen eingetrieben, sitzen sehr fest und sind vielseitig verwendbar.

In Leichtmetall sind sie jedoch nur für untergeordnete Zwecke zulässig. Passkerbstifte mit Hals s. DIN 1469.

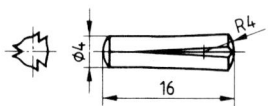

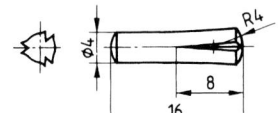

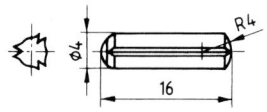

7.124 Kegelkerbstift
ISO 8744-4×16
(s. DIN EN ISO 8744)

7.125 Passkerbstift
ISO 8745-4×16
(s. DIN EN ISO 8745)

7.126 Zylinderkerbstift
ISO 8740-4×16
(s. DIN EN ISO 8740)

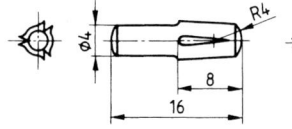

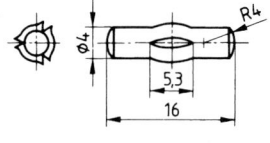

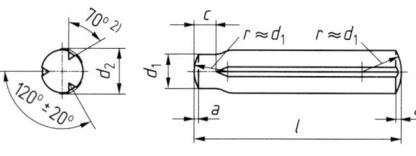

7.127 Steckkerbstift
ISO 8741-4×16
(s. DIN EN ISO 8741)

7.128 Knebelkerbstift
ISO 8742-4×16
(s. DIN EN ISO 8742)

7.129 Zylinderkerbstift mit Einführende nach
DIN EN ISO 8739, Maßbild

Kerbnägel (**7.130** und **7.131**) verwendet man nur zu solchen Verbindungen, die nicht belastet
und nicht gelöst werden, z. B. zur Befestigung von Schildern.

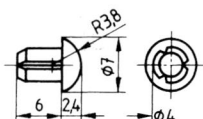

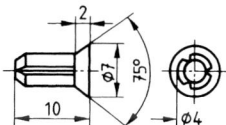

7.130 Halbrundkerbnagel
ISO 8746-4×6
(s. DIN EN ISO 8746)

7.131 Senkkerbnagel
ISO 8747-4×10
(s. DIN EN ISO 8747)

7.4 Sicherungsringe (Halteringe)

Sicherungsringe sind Verbindungselemente zur Arretierung von Bauelementen auf Wellen
bzw. in Bohrungen (z. B. Zahnräder, Federn, Wälzlager). Sie sind zur Aufnahme von Längs-
kräften geeignet. Sicherungsringe für Wellen sind in DIN 471 und solche für Bohrungen in
DIN 472 genormt, Tab. 7.20 und 7.21.

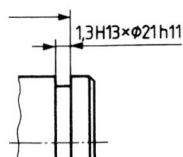

7.132
Einstich für Sicherungsring

Einstiche für Sicherungsringe dürfen vereinfacht nach **7.132** bemaßt werden. Die Tabellen
7.20 und 7.21 enthalten auszugsweise die Maße für Sicherungsringe und Nuten für Wellen und
Bohrungen.

Tabelle 7.20 Sicherungsringe für Wellen DIN 471 in Regelausführung (Auswahl)

Maße in mm

Nenn maß d_1	Ring					Nut			DIN 471
	s	d_3	d_5 min.	a max.	b	d_2 zul. Abweich.	m H13	n min.	Form für $d_1 = 10$ bis 165 ungespannt
10	1	9,3	1,5	3,3	1,8	9,6 $\begin{matrix}0\\-0,06\\(h\,10)\end{matrix}$	1,1	0,6	
12	1	11	1,7	3,3	1,8	11,5	1,1	0,8	
15	1	13,8	1,7	3,6	2,2	14,3 $\begin{matrix}0\\-0,11\\(h\,11)\end{matrix}$	1,1	1,1	
18	1,2	16,5	2	3,9	2,4	17	1,3	1,5	
20	1,2	18,5	2	4	2,6	19 $\begin{matrix}0\\-0,13\\(h\,11)\end{matrix}$	1,3	1,5	
22	1,2	20,5	2	4,2	2,8	21	1,3	1,5	$d_4 = d_1 + 2,1a$ (größter achszentrischer Durchmesser des Einbauraums während der Montage)
25	1,2	23,2	2	4,4	3	23,9	1,3	1,7	
28	1,5	25,9	2	4,7	3,2	26,6 $\begin{matrix}0\\-0,21\\(h\,12)\end{matrix}$	1,6	2,1	
30	1,5	27,9	2	5	3,5	28,6	1,6	2,1	
32	1,5	29,6	2,5	5,2	3,6	30,3	1,6	2,6	
35	1,5	32,3	2,5	5,6	3,9	33	1,6	3	
38	1,75	35,2	2,5	5,8	4,2	36 $\begin{matrix}0\\-0,25\\(h\,12)\end{matrix}$	1,85	3	
40	1,75	36,5	2,5	6	4,4	37,5	1,85	3,8	
45	1,75	41,5	2,5	6,7	4,7	42,5	1,85	3,8	
50	2	45,8	2,5	6,9	5,1	47	2,15	4,5	
55	2	50,8	2,5	7,2	5,4	52 $\begin{matrix}0\\-0,30\\(h\,12)\end{matrix}$	2,15	4,5	
60	2	55,8	2,5	7,4	5,8	57	2,15	4,5	

Regelausführung: $d_1 = 3 \ldots 300$ mm; schwere Ausführung: $d_1 = 15 \ldots 100$ mm
Werkstoff: Federstahl C67, C75 oder Ck75
Bezeichnung eines Sicherungsringes für Wellendurchmesser (Nennmaß)
$d_1 = 30$ mm und Ringdicke $s = 1,5$ mm: **Sicherungsring DIN 471-30×1,5**

Tabelle 7.21 Sicherungsringe für Bohrungen DIN 472 in Regelausführung (Auswahl)

Maße in mm

Nenn maß d_1	Ring					Nut			DIN 472 ungespannt
	s	d_3	d_5 min.	a max.	b	d_2 zul. Abweich.	m H13	n min.	
16	1	17,3	1,7	3,8	2	16,8 $\begin{smallmatrix}+0,11\\0\end{smallmatrix}$ (H 11)	1,1	1,2	
19	1	20,5	2	4,1	2,2	20 $\begin{smallmatrix}+0,13\\0\end{smallmatrix}$	1,1	1,5	
22	1	23,5	2	4,2	2,5	23 (H 11)	1,1	1,5	
24	1,2	25,9	2	4,4	2,6	25,2	1,3	1,8	
26	1,2	27,9	2	4,7	2,8	27,2 $\begin{smallmatrix}+0,21\\0\end{smallmatrix}$	1,3	1,8	
28	1,2	30,1	2	4,8	2,9	29,4 (H 12)	1,3	2,1	$d_4 = d_1 - 2{,}1a$ (kleinster achszentrischer Durchmesser des Einbauraums während der Montage)
30	1,2	32,1	2	4,8	3	31,4	1,3	2,1	
32	1,2	34,4	2,5	5,4	3,2	33,7	1,3	2,6	
35	1,5	37,8	2,5	5,4	3,4	37	1,6	3	
37	1,5	39,8	2,5	5,5	3,6	39 $\begin{smallmatrix}+0,25\\0\end{smallmatrix}$ (H 12)	1,6	3	
40	1,75	43,5	2,5	5,6	3,9	42,5	1,85	3,8	
42	1,75	45,5	2,5	5,9	4,1	44,5	1,85	3,8	
47	1,75	50,5	2,5	6,4	4,4	49,5	1,85	3,8	
52	2	56,2	2,5	6,7	4,7	55	2,15	4,5	
55	2	59,5	2,5	6,8	5	58	2,15	4,5	
62	2	66,2	2,5	7,3	5,5	65 $\begin{smallmatrix}+0,30\\0\end{smallmatrix}$ (H 12)	2,15	4,5	
68	2,5	72,5	3	7,8	6,1	71	2,65	4,5	
72	2,5	76,5	3	7,8	6,4	75	2,65	4,5	

Regelausführung: $d_1 = 8 \dots 300$ mm; schwere Ausführung: $d_1 = 20 \dots 100$ mm

7

7.5 Welle-Nabe-Verbindungen

7.5.1 Keile

Nach der Richtung des Eintreibens zur Achse unterscheidet man Querkeile und Längskeile, nach dem Verwendungszweck Befestigungs-, Spann- und Nachstellkeile. Keile bestehen gewöhnlich aus gezogenem Stahl E295+C oder für Dicken > 25 mm E335+C. Die Abmessungen am Querschnitt des Keilstahls sind toleriert.

Keile erzeugen durch ihren Anzug Pressungen; Keilverbindungen sind mithin Spannungsverbindungen und halten die Werkstücke meist durch Selbsthemmung zusammen. Die Keilneigung ist 1:15 bis 1:25, wenn die Verbindung oft gelöst werden muss, sonst 1:30 oder 1:40 und für Dauerverbindungen bis 1:100.

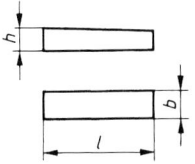   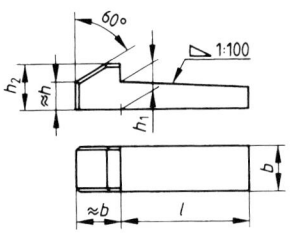

7.133 Treibkeil (Keil DIN 6886-B)   **7.134** Nasenkeil nach DIN 6887

Längskeile dienen vorwiegend zur Befestigung von Zahnrädern und Riemenscheiben auf Wellen, damit Drehbewegungen übertragen werden können. Sie erfordern einen strammen Sitz der zu verbindenden Teile und liegen meist in der Wellen- und der Nabennut, **7.143**. Die Neigung der Längskeile und Nabennuten ist 1:100. Durch die Neigung entstehen beim Eintreiben Pressungen zwischen den Rückenflächen des Keils und den Nutgründen in Nabe und Welle. Das festgekeilte Rad kann dadurch Schlag bekommen.

Treibkeile haben gerade Stirnflächen, **7.133**.

Nasenkeile sind wegen der Unfallgefahr lediglich an geschützten Stellen zu verwenden, wenn nur von einer Seite ein- und ausgetrieben werden kann, **7.134**. Treibkeile und Nasenkeile können große Kräfte übertragen.

Flachkeile sind nicht so tief in die Nut eingelassen (**7.135** und **7.136**) und können auch auf einer Abflachung der Welle liegen.

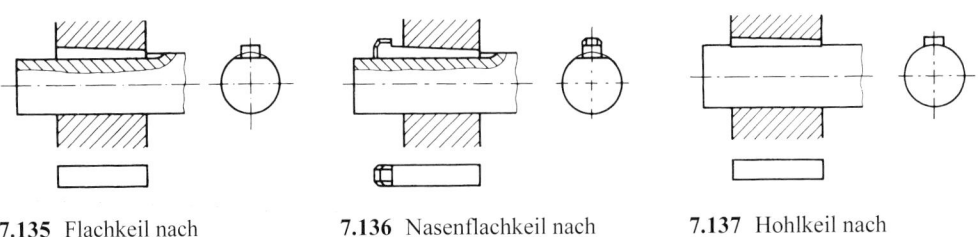

7.135 Flachkeil nach
         DIN 6883

7.136 Nasenflachkeil nach
         DIN 6884

7.137 Hohlkeil nach
         DIN 6881

Hohlkeile (**7.137** und **7.138**) sitzen lediglich durch Reibung auf der Welle fest und übertragen nur geringe Kräfte.

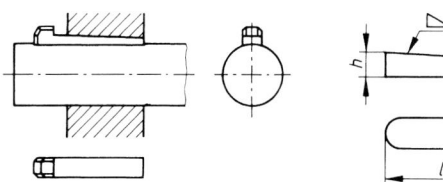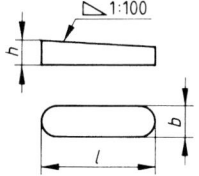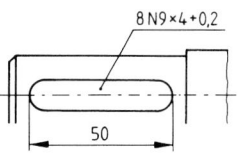

7.138 Nasenhohlkeil nach
DIN 6889

7.139 Einlegekeil (Keil A)
nach DIN 6886

7.140 Passfedernut

Einlegekeile (**7.139**) haben runde Stirnflächen und werden an Stelle der Treibkeile und Nasenkeile gebraucht, wenn der Platz zum Aus- und zum Eintreiben fehlt. Der Einlegekeil wird vor dem Aufschieben des Nabenteils in die Wellennut eingelegt.

Zweckmäßige Bemaßung einer Naben- und einer Wellennut zeigen die Bilder **7.141** und **7.142**, Maße der Keilverbindungen nach DIN 6886 und DIN 6887 sind aus den Bildern **7.143** und **7.144** sowie Tab. 7.22 zu ersehen. Zeichnerische Darstellung nach DIN 406-11.

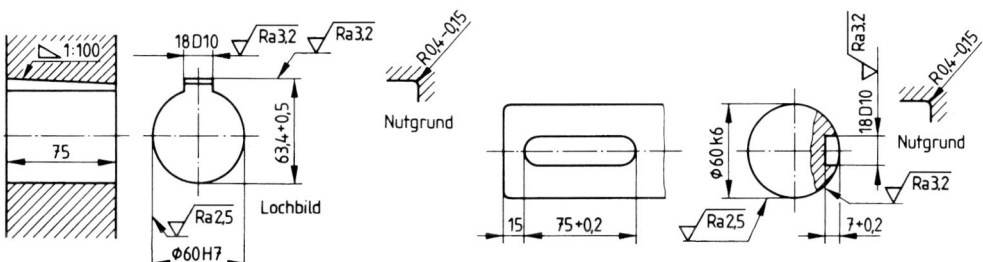

7.141 Keilnut in der Nabe   **7.142** Keilnut in der Welle

Die Richtung der Neigung wird durch ein Symbol angegeben, **7.139**. Sie ist (abgesehen von Einlegekeilen) zugleich die Richtung, in der die Keile eingetrieben werden. An die Anzugsfläche der Keile wird ein Bezugshaken mit der Bemerkung „eingepasst in lfd. Nr. ...“ gesetzt, **7.143** und **7.144**. Meist fasst man Bohrungsdurchmesser und Nuttiefe zu einem Maß zusammen ($63{,}4 + 0{,}5$ in **7.141**). Als Tiefe der Nabennut gilt stets die größte Tiefe. Vereinfacht kann sie mittels einer Hinweislinie angegeben werden, wobei die Toleranzangaben direkt dem zutreffenden Nennmaß zugeordnet werden, **7.142**.

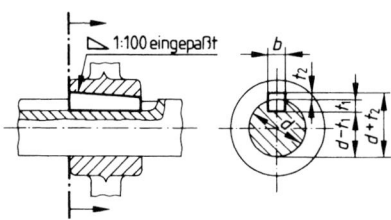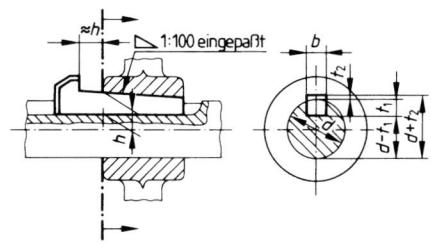

7.143 Keilverbindung mit rundstirnigem
Einlegekeil nach DIN 6886

7.144 Keilverbindung mit Nasenkeil nach
DIN 6887

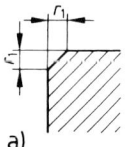

a)

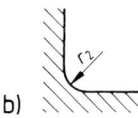

b)

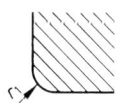

7.145
Keil- und Nutgestaltung
a) Kantenbrechung (allseitig), Schrägung/Rundung nach Wahl
   des Herstellers
b) Rundung des Nutgrunds für Welle und Nabe

Tabelle 7.22 Keilverbindungen nach DIN 6886 und DIN 6887 (Auswahl), s. 7.134, 7.143 und 7.144

Keilbreite	b h9	6	10	14	16	22
Keilhöhe	h Nennmaß	6	8	9	10	14
für Wellen-durchmesser $d^{1)}$	über	17	30	44	50	75
	bis	22	38	50	58	85
Keilhöhe	h_1	6,1	8,2	9,2	10,2	14,2
	Grenzabmaße	− 0,1	− 0,2	− 0,2	− 0,2	− 0,2
Nasenhöhe	h_2	10	12	14	16	22
Nutbreite	b D10	6	10	14	16	22
Wellennuttiefe	t_1	3,5	5	5,5	6	9
	Grenzabmaße	+ 0,1	+ 0,2	+ 0,2	+ 0,2	+ 0,2
Nabennuttiefe	t_2	2,2	2,4	2,9	3,4	4,4
	Grenzabmaße	+ 0,1	+ 0,2	+ 0,2	+ 0,2	+ 0,2
Schrägung oder Rundung r_1	min.	0,25	0,4	0,4	0,4	0,6
	max.	0,4	0,6	0,6	0,6	0,8
Rundung des Nutgrunds r_2	max.	0,25	0,4	0,4	0,4	0,6
	min.	0,16	0,25	0,25	0,25	0,4
Länge l	von	16	25	40	45	70
	bis	70	110	160	180	250

1) Für Anschlussmaße, besonders von Wellenenden, ist die Zuordnung des Keilquerschnitts zu den Wellendurch-
   messern unbedingt einzuhalten.

Keile haben genormte Bezeichnungen. Ein Treibkeil, geradstirnig (Form B), von 12 mm
Breite, 8 mm Höhe und 70 mm Länge wird bezeichnet: Keil DIN 6886-B12×8×70.

Die Tiefe eines parallel zur Kegelachse liegenden Nutgrunds wird unter Berücksichtigung der
Toleranzen möglichst von der Mantelfläche einer benachbarten Zylinderform aus bemaßt
(**7.146**a), sonst von der Kegelachse aus (**7.146**b). Bleibt an einer kegeligen Nabenbohrung ein
Teil der zylindrisch vorgedrehten Bohrung erhalten, wird der Nutgrund vom gegenüberliegenden Scheitel der Bohrung aus angegeben (**7.146**c), andernfalls von der Mittelachse aus
(**7.146**d). Die Bemaßung der Tiefe einer parallel zur Kegelseitenlinie laufenden Nut geschieht
nach **7.146**e und f.

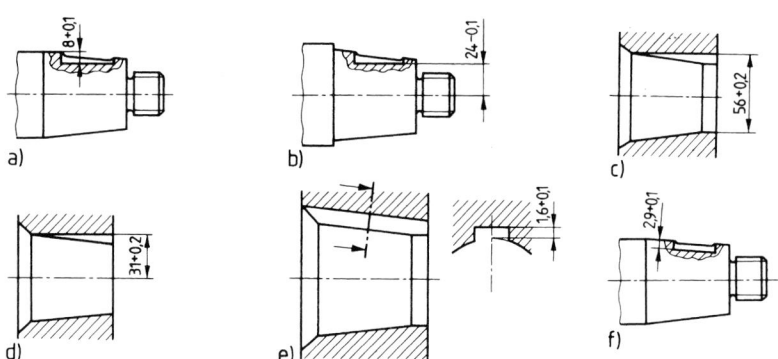

7.146 Besondere Bemaßung der Nuttiefen (DIN 406-11)

Tangentkeile (DIN 271) übertragen sehr große Kräfte, z. B. von Kurbelwellen auf Schwung-
räder, und werden paarweise verwendet, **7.147**. Tritt wie in Walzwerken stoßartiger Wechsel-
druck auf, werden Tangentkeile mit größeren Abmessungen gewählt (DIN 268).

7

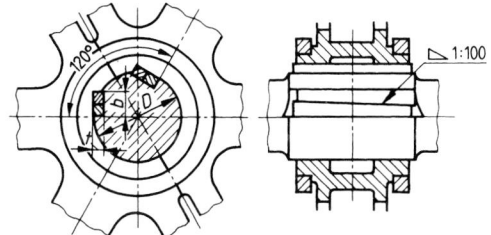

7.147
Tangentialkeilverbindung nach DIN 271 für
gleichbleibende Beanspruchung
(D = 60 bis 630 mm)

7.5.2 Pass- und Scheibenfedern

Passfedern haben keine Neigung, also keinen Anzug, und tragen nur mit den schmalen Längs-
seitenflächen, den Flanken, **7.148**. Sie übertragen Drehbewegungen und erlauben die Ver-
schiebung von Bohrung oder Welle in Achsrichtung. Diese Verbindungen sind spannungsfrei
und heißen Mitnehmerverbindungen. Es gibt drei Ausführungen:

– hohe Passfedern, DIN 6885-1 (**7.151**),
– hohe Passfedern für Werkzeugmaschinen, DIN 6885-2,
– niedrige Passfedern, DIN 6885-3.

Passfedern sind rund- oder geradstirnig, je nachdem, ob sie in eine mit dem Schaft- oder mit
dem Scheibenfräser gefertigte Nut gelegt werden (**7.151**, Form A und B). Alle geradstirnigen
Federn und die rundstirnigen, sofern sie zur Führung hin- und hergleitender Teile dienen, sind
mit Zylinderschrauben zu befestigen (**7.149** und Tab. 7.23). Federn unter 8×7-Querschnitt
werden verstiftet, verstemmt oder fest eingepasst. Zum bequemen Lösen aus der Nut dienen
Abdrückschrauben (Form E und F) oder Schrägungen (Form G und H, **7.151**).

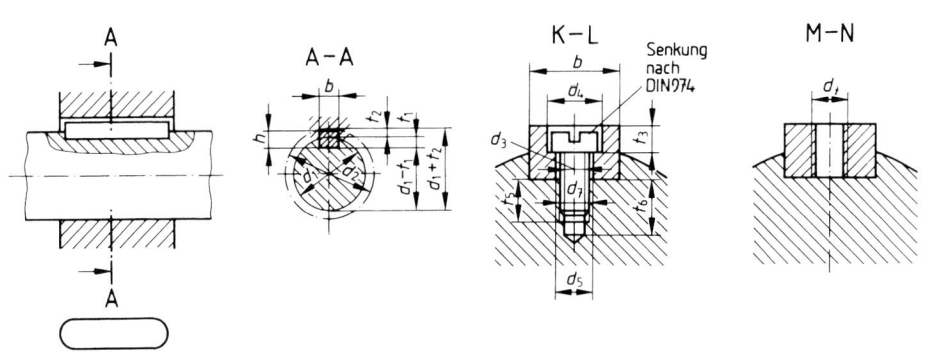

7.148 Passfeder DIN 6885-A

7.149 Festgeschraubte
Passfeder

7.150 Gewindeloch für
Abdrückschraube

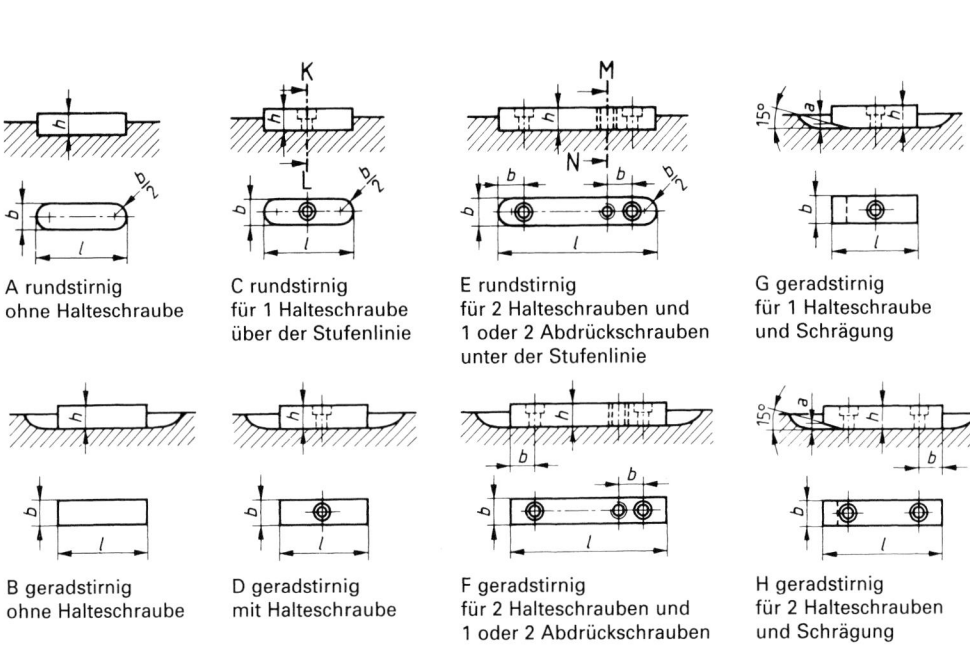

A rundstirnig
ohne Halteschraube

C rundstirnig
für 1 Halteschraube
über der Stufenlinie

E rundstirnig
für 2 Halteschrauben und
1 oder 2 Abdrückschrauben
unter der Stufenlinie

G geradstirnig
für 1 Halteschraube
und Schrägung

B geradstirnig
ohne Halteschraube

D geradstirnig
mit Halteschraube

F geradstirnig
für 2 Halteschrauben und
1 oder 2 Abdrückschrauben

H geradstirnig
für 2 Halteschrauben
und Schrägung

Die Passfeder der Form J ist geradstirnig, mit Schrägung und Bohrung für eine Spannhülse.

7.151 Passfedern DIN 6885-1 (Auszug)

Tabelle 7.23 Maße für Nute und Passfedern nach DIN 6885-2 (Auswahl)

Passfeder-Querschnitt (Keilstahl nach DIN 6880)		Breite b		10	12	14	16	18
		Höhe h		8	8	9	10	11
Für Wellendurchmesser d_1 [1]		über		30	38	44	50	58
		bis		38	44	50	58	65
Wellennut	Breite b	fester Sitz	P9	10	12	14	16	18
		leichter Sitz	N9					
	Tiefe	t_1	$+0,2$ / 0	6	6	6,5	7,5	8
Nabennut	Breite b	fester Sitz	P9	10	12	14	16	18
		leichter Sitz	JS9					
	Tiefe	t_2	$+0,2$ / 0	2,1	2,1	2,6	2,6	3,1
d_2 Mindestmaß [2]		$d_1 +$		5,5	6	7	8	8,5

Länge l	Grenzabmaß Feder	Grenzabmaß Nut	Zuordnung der Längen durch × gekennzeichnet				
25	0 / $-0,2$	$+0,2$ / 0	×				
28			×				
32			×	×			
36			×	×			
40			×	×	×		
45			×	×	×	×	
50	0 / $-0,3$	$+0,3$ / 0	×	×	×	×	×
56			×	×	×	×	×
63			×	×	×	×	×
70			×	×	×	×	×
80			×	×	×	×	×
90			×	×	×	×	×
100	0 / $-0,5$	$+0,5$ / 0	×	×	×	×	×
110			×	×	×	×	×

Bohrungen für Halte- und Abdrück-schrauben	Bohrungen der Passfeder	d_5	3,4	4,5	5,5		6,6
		d_4	6	8	10		11
		d_7	M3	M4	M5		M6
		t_3	2,4	3,2	4,1		4,8
	Bohrungen der Welle	d_7	M3	M4	M5		M6
		t_5	5	6	6		6
		t_6	8	10	10		11
Halteschraube (Zylinderschraube nach DIN 7984 oder DIN 6912)			M3×10	M4×10	M5×10		M6×12

1) Für Anschlussmaße, besonders von zylindrischen Wellenenden, ist die Zuordnung der Passfeder-Querschnitte zu den Wellen-Nenndurchmessern unbedingt einzuhalten. Die Zuordnung der Passfeder-Querschnitte zu kegeligen Wellenenden und die Maße für die Nuttiefen sind den Normen über kegelige Wellenenden zu entnehmen.

2) Die Werte für d_2 entsprechen dem kleinsten Durchmesser von Teilen, die zentrisch über die Passfeder übergeschoben werden können.

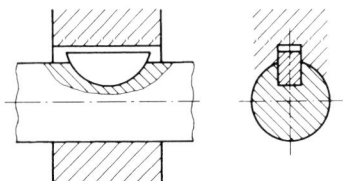

7.152 Scheibenfedern nach DIN 6888

Scheibenfedern haben Seitenflächen in Form von Kreisabschnitten und sind besonders an Werkzeugmaschinen üblich, **7.152**. Die Herstellung ist verhältnismäßig billig, doch wird die Welle durch die tiefere Nut merklich geschwächt. (S. auch DIN 748-1 und DIN 748-3, Zylindrische Wellenenden.)

Passfedern haben genormte Bezeichnungen. Für eine Feder der Form A von 20 mm Breite, 12 mm Höhe und 100 mm Länge lautet die Bezeichnung:

Passfeder DIN 6885-A20×12×100

7.5.3 Keilwellen und Kerbverzahnungen

Keilwellenverbindungen übertragen große Kräfte. Keilwellenverbindungen mit geraden Flanken (**7.153**) eignen sich besonders für Verschieberäder in Hochleistungsschaltgetrieben und sind in DIN ISO 14, DIN 5464, DIN 5466-1, DIN 5471 und DIN 5472 genormt. Die vorstehenden Rippen haben überall gleiche Höhe, also keinen Anzug, und sind als einzelne Längsfedern anzusehen. Zahnnaben- und Zahnwellenprofile mit Evolventenflanken s. DIN 5480 (mehrere Teile) und DIN 5481-1 und DIN 5481-3.

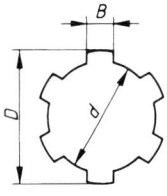

7.153 Keilwellen und Keilnaben-
profil mit geraden Flanken
DIN ISO 14

7.154 Kerbverzahnung DIN 5481-1

Kerbverzahnungen schwächen die Welle in nur geringem Maße, zentrieren die Nabe zwangsläufig und übertragen große Kräfte, **7.154**. Voraussetzungen sind genaue Zahnteilungen und Zahnflankenwinkel.

Eine vollständige Darstellung von Keilwellen ist in technischen Zeichnungen nicht notwendig und zu vermeiden. Im Regelfall ist eine vereinfachte Darstellung nach DIN ISO 6413 zweckmäßig. Ähnlich der Darstellung von Zahnrädern werden die gezahnten Teile als ganzes Teil ohne Zähne dargestellt. Die Bezeichnung der Verbindung besteht aus einem grafischen Symbol und Angaben der betreffenden Norm. Beispiele für die vereinfachte Darstellung und Bezeichnung siehe **7.156** bis **7.158**.

7.155 Symbole
  a) Keilwelle oder -nabe mit geraden Flanken
  b) Zahnwelle oder -nabe und Kerbverzahnung
     mit Evolventenflanken

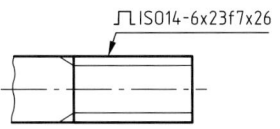

7.156 Darstellung und Bezeichnung
  einer Keilwelle

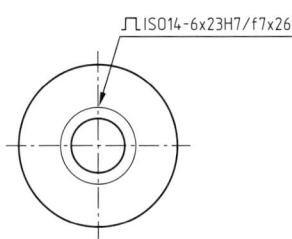

7.157 Darstellung und Bezeichnung einer Keilnabe

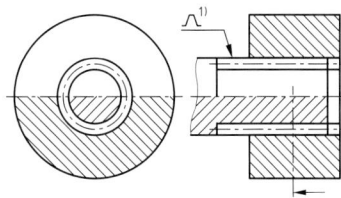

7.158 Darstellung einer Zahnwellenverbindung
  1) Bei Bedarf Bezeichnung eintragen, z. B.
     DIN 5480 – 40×2×30×18×9H 8f

7.6 Schweiß- und Lötverbindungen

Durch Schweißen und Löten werden Werkstoffe unter Aufwand von Wärme und/oder Druck stoffschlüssig miteinander verbunden. Das geschieht mit oder ohne Beigabe von Zusatz-Werkstoffen. Die Schweißverfahren lassen sich unterscheiden

- **nach der Art der Grundwerkstoffe** in Schweißen von Metallen, Kunststoffen, anderen Werkstoffen und von Werkstoffkombinationen,
- nach **dem Zweck des Schweißens** in Verbindungsschweißen, bei dem die Teile zusammengefügt werden, und Auftragsschweißen, das im stellenweisen Beschichten der Werkstücke besteht,
- **nach dem Ablauf des Schweißens** in Pressschweißen, wenn die hoch zu erhitzenden Verbindungsstellen unter Druck vereinigt werden, und Schmelzschweißen, bei dem die Verbindung der bis zum flüssigen Zustand erhitzten Stellen meist unter gleichzeitigem Schmelzen des Zusatzwerkstoffes geschieht,
- nach **der Art der Fertigung** in Schweißen von Hand, in teilmechanisiertes, vollmechanisiertes und automatisches Schweißen.

(Die Angaben gelten für das Löten sinngemäß)

Zum Pressschweißen zählen Feuer-, Widerstandsschweißen und andere. Beim Feuerschweißen[1] werden die Teile bis zum teigigen Zustand erhitzt, dann durch Hämmern, Walzen oder Pressen verbunden. Beim Widerstandsschweißen erhitzt man die Berührungsstellen durch elektrischen Strom. Hierzu gehören das Pressstumpfschweißen, bei dem die Stücke mit den Stirnflächen verbunden werden, das Punkt- und das Rollennahtschweißen.

Zum Schmelzschweißen gehören das Gasschweißen, bei dem die Werkstücke an den Schweißstellen und ggf. der Schweißstab als Zusatzwerkstoff durch eine Acetylen-Sauerstoff- oder eine Wasserstoff-Sauerstoffflamme bis zum Schmelzfluss erhitzt werden, und das Licht-

---

1) Kaum mehr angewandt

bogenschweißen. Die Hitze wird hier durch einen elektrischen Lichtbogen zwischen Schweiß-stab und Werkstück oder zwischen zwei Elektroden erzeugt.

Kunststoffe werden durch warme Luft, durch Heizelemente, durch Reiben, durch hochfrequente Ströme oder durch Ultraschall erwärmt.

Folgende Normen sind unbedingt zu beachten: DIN 8593-6 (Fügen durch Schweißen), DIN EN 14610 (Metallschweißprozesse) und DIN EN ISO 4063 (Referenznummern für Schweißprozesse).

7.6.1 Darstellung (DIN EN 22553)

Zu schweißende Teile werden am Schweißstoß durch Schweißnähte zu einem Schweißteil gefügt. Eine Schweißgruppe entsteht durch Schweißen von Schweißteilen. Das fertige Teil kann aus einer oder mehreren Schweißgruppen bestehen.

Schweißstoß ist der Bereich, in dem die Teile durch Schweißen vereinigt werden. Die Stoßart wird durch die konstruktive Anordnung der Teile zueinander bestimmt (Verlängerung, Verstärkung, Abzweigung, Tab. 7.24). Die Stoßform dagegen wird durch die Vorbereitung der Teile und durch Maße und Lageangaben am Stoß festgelegt (z. B. Fuge).

Schweißnaht. Sie vereinigt die Teile am Schweißstoß. Die Nahtart wird bestimmt z. B. durch die Art des Schweißstoßes, Art und Umfang einer Vorbereitung, den Werkstoff oder das Schweißverfahren.

Tabelle 7.24 Schweißstoßarten

Art	Kennzeichen	Merkmale
Stumpfstoß		Die Teile liegen in einer Ebene und stoßen stumpf gegeneinander.
Parallelstoß		Die Teile liegen parallel aufeinander.
Überlappstoß		Die Teile liegen parallel aufeinander und überlappen sich.
T-Stoß		Die Teile stoßen rechtwinklig (T-förmig) aufeinander.
Doppel-T-Stoß (Kreuzstoß)		Zwei in einer Ebene liegende Teile stoßen rechtwinklig (kreuzend, Doppel-T) gegen ein dazwischenliegendes drittes.
Schrägstoß		Ein Teil stößt schräg gegen ein anderes.
Eckstoß		Zwei Teile stoßen unter beliebigem Winkel aneinander (Ecke).
Mehrfachstoß		Drei oder mehr Teile stoßen unter beliebigem Winkel aneinander.
Kreuzungsstoß		Zwei Teile liegen kreuzend übereinander.

Man unterscheidet:

– **Stumpfnaht.** Die Teile liegen in einer Ebene und sind durch Schweißen gefügt (z. B. I-Naht).

– **Kehlnaht.** Hier bilden die Teile eine Kehlfuge zur Aufnahme der Schweißnaht. Es gibt die Kehl- und die Doppelkehlnaht.

– **Sonstige Nähte,** bei denen gleichzeitig verschiedene Fugen- und Kehlformen angewendet werden (z. B. HV-Naht mit Kehlnaht, HY-Naht mit Kehlnähten am Schrägstoß, Liniennaht am Überlappstoß). – Nahtvorbereitung s. DIN EN ISO 9692-1.

Kennzeichnung. Schweiß- und Lötverbindungen müssen eindeutig gekennzeichnet und sollen den allgemeinen Regeln für technische Zeichnungen entsprechend eingetragen sein. Zur Vereinfachung verwendet man grafische Symbole und Kennzeichen (z. B. für die Bewertungsgruppen). Wenn sie nicht eindeutig sind, sind die Nähte gesondert zu zeichnen und vollständig zu bemaßen (bildliche Darstellung, **7.159**). Die Schweißnähte werden bevorzugt symbolhaft dargestellt. In der bildlichen Darstellung wird der Nahtquerschnitt geschwärzt und in der Ansicht durch kurze, der Nahtform angepasste Querstriche gezeichnet, z. B. Tab. 7.25 und **7.159**.

Grafische Symbole kennzeichnen die Form, Vorbereitung und Ausführung der Naht. Sie sind nicht an bestimmte Schweiß- und Lötverfahren gebunden.

Das allgemeine grafische Symbol darf eingetragen werden, wenn die Art und Ausführung der Naht freigestellt ist, **7.184**.

Tab. 7.25 zeigt die Grundsymbole. Sie enthält auch Beispiele zur Anwendung von Zusatzsymbolen für die Oberflächenform und zur Nahtausführung (Tab. 7.26 und 7.27). Sind keine Zusatzsymbole enthalten, ist die Oberflächenform bzw. Nahtausführung freigestellt. Ergänzungssymbole weisen auf den Nahtverlauf (z. B. „ringsum"-verlaufend) und die Baustellennähte hin, Tab. 7.28. Zusammengesetzte grafische Symbole bestehen aus Kombinationen von Grundsymbolen, Tab. 7.29. Wenn die symbolische Darstellung zu schwierig ist, ist eine derartige Kombination gesondert darzustellen.

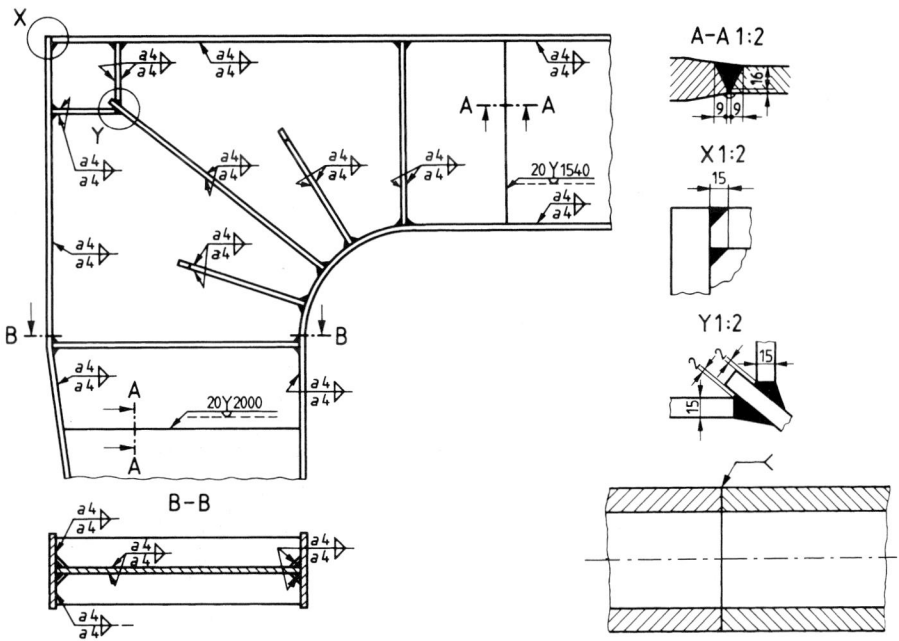

7.159 Rahmenecke (Darstellung mit Hilfe grafischer Symbole)

7.160 Allgemeines grafisches Symbol

Tabelle 7.25 Grundsymbole und Anwendungsbeispiele (Auszug aus DIN EN 22553)

Nr.	Benennung und Symbol-nummer	Darstellung		symbolische Darstellung
		räumlich	erläuternd	wahlweise
1	Bördelnaht ⋏ 1			
2	I-Naht ‖ 2			
3				
4				
5	V-Naht ∨ 3			
6				
7	HV-Naht ⋁ 4			
8				
9				
10				
11	Y-Naht Y 5			

Fortsetzung s. nächste Seite.

Tabelle 7.25 Fortsetzung

Nr.	Benennung und Symbol-nummer	Darstellung räumlich	Darstellung erläuternd	symbolische Darstellung wahlweise
12	HY-Naht ⊬ 6			
13				
14	U-Naht Y 7			
15	HU-Naht (Jot-Naht) ⊬ 8			
16				
17				
18				
19	Kehlnaht △ 10			
20				
21				
22	Lochnaht ⊓ 11			

Fortsetzung s. nächste Seite.

Tabelle 7.25 Fortsetzung

Nr.	Benennung und Symbol- nummer	Darstellung räumlich	erläuternd	symbolische Darstellung wahlweise	
23					
24					
25	Punktnaht ○ 12				
26					
27	Liniennaht ⊖ 13				

Tabelle 7.26 Zusatzsymbole

Form der Oberflächen oder der Naht	Symbol
a) flach (üblicherweise flach nachbearbeitet)	▬
b) konvex (gewölbt)	⌒
c) konkav (hohl)	⌣
d) Nahtübergänge kerbfrei	⊔
e) verbleibende Beilage benutzt	⌐M⌐
f) Unterlage benutzt	⌐MR⌐

Tabelle 7.27 Anwendungsbeispiele für Zusatzsymbole

Benennung	Darstellung	Symbol
Flache V-Naht		
Gewölbte Doppel-V-Naht		
Hohlkehlnaht	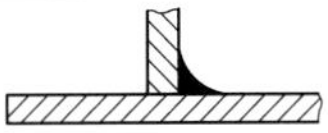	
Flache V-Naht mit flacher Gegenlage		
Y-Naht mit Gegenlage		
Flach nachbearbeitete V-Naht		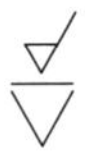 1)
Kehlnaht mit kerbfreiem Naht- übergang	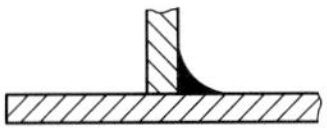	

Tabelle 7.28 Ergänzungssymbole

Bedeutung	grafisches Symbol	Bedeutung	grafisches Symbol
Ringsum-Naht	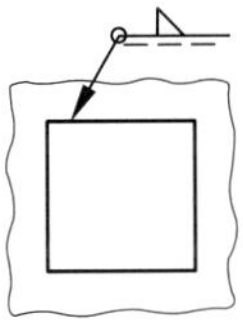	Schweißprozess (nach DIN EN ISO 4063)	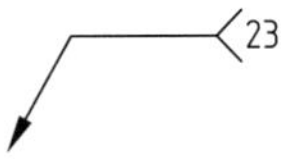 23
Baustellennaht		Bezugsangabe	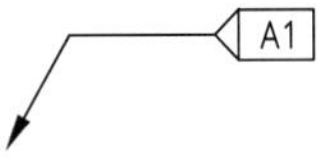 A1

7

---

1) Symbol nach ISO 1302; es kann auch das Hauptsymbol √ benutzt werden.

Tabelle 7.29 Zusammengesetzte grafische Symbole

Tabelle 7.30 Beispiele für die Kombination von Grund- und Zusatzsymbolen

Die Schnittflächen in Schweißteilzeichnungen haben unterschiedliche Schraffur. Eine Kennzeichnung soll sich in der Zeichnung nicht wiederholen. In den Tabellen sind jedoch die Schweißstellen sowohl im Schnitt als auch in der Ansicht gekennzeichnet, um beide Möglichkeiten zu zeigen.

Das Bezugszeichen (**7.161**) besteht

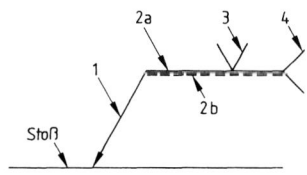

– aus der Bezugslinie (zwei Parallellinien, und zwar der Bezugs-
   volllinie und der Bezugsstrichlinie, die je nach Projektionsmethode über oder unter der Bezugsvolllinie angegeben werden
   kann); bei symmetrischen Nähten darf sie entfallen;

– aus einer Pfeillinie je Stoß;

– aus der Gabel (nur erforderlich bei Angaben über Verfahren,
   Bewertungsgruppe, Schweißposition, Zusatzwerkstoffe und
   Hilfsstoffe);

– aus dem grafischen Symbol, das auf die Seite der Bezugsvolllli-
   nie oder Bezugsstrichlinie gesetzt werden darf, **7.162**.

7.161 Bezugszeichen
1   Pfeillinie
2a Bezugslinie (Volllinie)
2b Bezugslinie (Strichlinie)
3   Symbol
4   Gabel

Die Bezugslinie soll waagerecht zur Zeichnungshauptlage
oder (wenn dies nicht möglich ist) senkrecht dazu verlaufen.

Das grafische Symbol steht senkrecht zur Bezugslinie. Die Lage der Naht am Stoß wird durch
die Stellung des Symbols zur Bezugslinie gekennzeichnet.

– Wenn das Symbol auf der Seite der Bezugs-Volllinie angeordnet wird, befindet sich die Naht (die
   Nahtoberseite) auf der Pfeilseite des Stoßes, **7.162**a.

– Wenn das Symbol auf der Seite der Bezugs-Strichlinie angeordnet wird, befindet sich die Naht (die
   Nahtoberseite) auf der Gegenseite des Stoßes, **7.162**b. Bei Punktschweißungen, die durch Buckel-
   schweißen hergestellt werden, gilt die Buckelseite als Nahtoberseite.

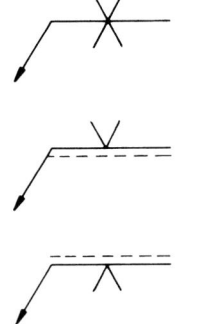

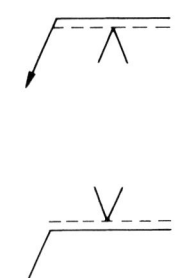

a) Naht, ausgeführt von der Pfeilseite   b) Naht, ausgeführt von der Gegenseite

7.162 Lage des Symbols zur Bezugslinie

Bei einseitigen Kehlnähten wird unterschieden zwischen Pfeil- und Gegenseite. Die Pfeilseite
ist die Seite, auf die die Pfeillinie weist, **7.163**. Das grafische Symbol steht oberhalb der Bezugslinie, wenn die Kehlnaht auf der Pfeilseite liegt, und unterhalb, wenn sie sich auf der Gegenseite befindet. Dabei zeigt die Spitze des grafischen Symbols für die Kehlnaht nach rechts.

Die Richtung der Pfeillinie zur Naht hat nur Bedeutung bei unsymmetrischen Nähten (HV-,
HY- und HU-Nähte). In diesen Fällen muss die Pfeillinie zu dem Teil zeigen, an dem die
Nahtvorbereitung vorgenommen wird, **7.164**a. Um das bearbeitete Teil eindeutig zu kenn-
zeichnen, darf die Pfeillinie auch gewinkelt dargestellt werden, **7.164**b.

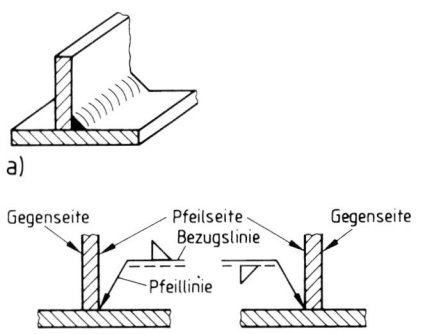

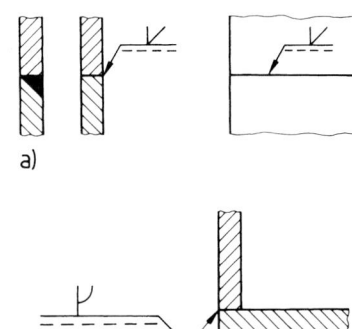

7.163 Stellung des grafischen Symbols für Kehlnähte
  a) Illustration
  b) symbolhafte Darstellung

7.164 Richtung der Pfeillinie
  a) bei einer HV-Naht
  b) bei gewinkelter Pfeillinie (HU-Naht)

7

7.6.2 Bemaßung (DIN EN 22553)

Die symbolische Darstellung von Schweiß- und Lötnähten und die Maßeintragung in Zeichnungen sind unabhängig vom Schweiß- bzw. Lötverfahren. Sie müssen klar und unmissverständlich sein. Reichen die Schweißzeichen zum Kennzeichnen der Vorbereitung und des Endzustands nicht aus, werden Einzelheiten gesondert, ggf. vergrößert dargestellt (z. B. die vorzubereitende Fugenform).

Die Form der Schweißfugen hängt ab vom Werkstoff, der Dicke des Werkstücks, der Stoßart, dem Schweißverfahren, der Schweißposition und der Fertigungsmöglichkeit. Fugenformen an Stählen für Unterpulverschweißen s. DIN EN ISO 9692-2; Fugenformen für Stumpfstoßverbindungen an Stahlrohren siehe DIN 2559-1 und DIN 2559-2.

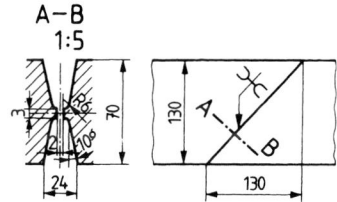

7.165 U-Naht mit vorbereiteter Fuge

Zur Bemaßung darf jedem Nahtsymbol eine bestimmte Anzahl von Maßen zugeordnet sein:

– Hauptquerschnittsmaße werden auf der linken Seite des Symbols,
– Längenmaße auf der rechten Seite des Symbols eingetragen.

Das Maß, das den Abstand der Naht zum Werkstückrand festlegt, erscheint nicht in der Symbolisierung, sondern in der Zeichnung. Das Fehlen einer Angabe nach dem Symbol bedeutet, dass die Naht durchgehend über die gesamte Länge des Werkstückes läuft.

Tabelle 7.31 Schweißnähte – Hauptmaße

Nr.	Benennung	Darstellung	Definition		Eintragung
1	Stumpfnaht		s:	Mindestmaß von der Werkstückoberfläche bis zur Unterseite des Einbrandes; es kann nicht größer sein als die Dicke des dünneren Werkstückes.	$\vee$
					$s\,\|\|$
					$s\,\curlyvee$
2	Bördelnaht		s:	Mindestmaß von der Nahtoberfläche bis zur Unterseite des Einbrandes.	1)
3	Durchgehende Kehlnaht		a:	Höhe des größten gleichschenkligen Dreiecks, das sich in die Schnittdarstellung eintragen lässt.	$a\,\triangle$
			z:	Schenkel des größten gleichschenkligen Dreiecks, das sich in die Schnittdarstellung eintragen lässt.	$z\,\triangle$
4	Unterbrochene Kehlnaht		l:	Einzelnahtlänge (ohne Krater)	
			(e):	Nahtabstand	$a\,\triangle\,n \times l(e)$
			n:	Anzahl der Einzelnähte	$z\,\triangle\,n \times l(e)$
			a z	(s. Nr. 3)	
5	Versetzte, unterbrochene Kehlnaht		l (e) n	(s. Nr. 4)	$\frac{a\triangleright}{a\triangleright}\,\frac{n \times l}{n \times l}\,\frac{(e)}{(e)}$
			a z	(s. Nr. 3)	$\frac{z\triangleright}{z\triangleright}\,\frac{n \times l}{n \times l}\,\frac{(e)}{(e)}$
6	Langlochnaht		l (e) n	(s. Nr. 4)	$c\,\square\,n \times l(e)$
			c:	Lochbreite	
7	Liniennaht		l (e) n	(s. Nr. 4)	$c\,\ominus\,n \times l(e)$
			c:	Breite der Naht	
8	Lochnaht		n:	(s. Nr. 4)	$d\,\square\,n(e)$
			(e):	Abstand	
			d:	Lochdurchmesser	
9	Punktnaht		n:	(s. Nr. 4)	$d\,\bigcirc\,n(e)$
			(e):	Abstand	
			d:	Punktdurchmesser	

1) Gilt bei nicht durchgeschweißtem Bördel als I-Naht. Eintragung: $s\,\|\|$

Stumpfnähte. Hier wird die Nahtdicke s (Mindestmaß von der Oberfläche des Teiles bis zur Unterseite der Durchschweißung) nur angegeben, wenn der Querschnitt nicht voll durchgeschweißt werden soll. Sie steht dann vor dem grafischen Symbol für die Nahtart. Die Nahtlänge l in mm gibt man nur bei Nähten an, die nicht über die ganze Stoßlänge verbunden sind. Das Maß steht hinter dem Nahtartsymbol. Wenn nicht anders angegeben, gelten Stumpfnähte als voll angeschlossen.

Bei unterbrochenen Nähten (z. B. Heftnähten) stehen nach dem grafischen Symbol die Anzahl n und die Länge l der jeweiligen Einzelnähte sowie die Länge der Zwischenräume e[1].

Bei Bördelnähten wird die Nahtdicke s nicht angegeben, wenn der Bördel vollständig niedergeschmolzen ist. Soll er dies nicht, wendet man das grafische Symbol für die I-Naht und die Nahtdicke an.

Bei Kehlnähten gibt es für die Angabe von Maßen zwei Methoden, **7.166**. Deshalb ist der Buchstabe a oder z stets vor das entsprechende Maß zu setzen. Für Kehlnähte mit tiefem Einbrand wird die Nahtdicke mit s angegeben, **7.167**.

Kehlnähte können je nach dem Nahtquerschnitt eine hohle (konkave), flache (ebene) oder gewölbte (konvexe) Oberflächenform haben (**7.168** bis **7.170**) Für die Nahtlängen gelten die gleichen Bemaßungsgrundsätze wie für Stumpfnähte, wobei jedoch Krater, Nahtanfänge und -enden nicht zur Nahtlänge zählen.

7

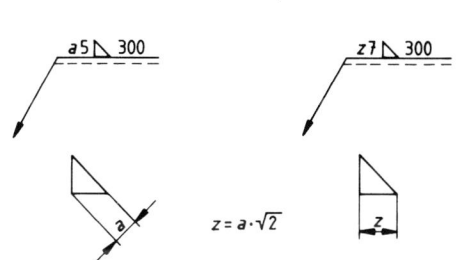

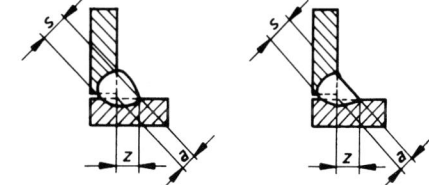

Für Kehlnähte mit tieferem Einbrand werden die Maße z. B. angegeben mit s8a6 ◺

7.167 Eintragungsart für Kehlnähte mit tiefem Einbrand

7.166 Eintragungsart für Kehlnähte

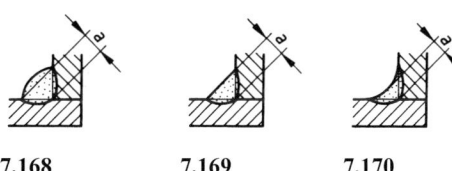

7.168   **7.169**   **7.170**

Lochnähte. Das kreisförmige oder längliche Loch ist mit Schweiß- oder Lötgut ausgefüllt. Schweißt man bei größeren Löchern nur Kehlnähte am Lochumfang, handelt es sich um Lochnähte. Bei einer Loch- oder Schlitznaht mit schrägen Flanken gilt das Maß am Grund des Lochs.

Punkt- und Liniennaht. Die Bemaßung geht aus Tab. 7.31 hervor.

---

1) e ist bei symbolhafter Darstellung stets in Klammern zu setzen

Schweiß-Zusatzwerkstoffe

Umhüllte Stabelektroden für das Verbindungsschweißen von unlegierten Stählen und Feinkornstählen sind in DIN EN ISO 2560 genormt. Aus der Bezeichnung der Stabelektroden kann der Verbraucher die Auswahl und Anwendung der Elektroden ersehen (Einzelheiten s. Norm).

Gasschweißstäbe für das Verbindungsschweißen von Stahl sind in DIN EN 12536 festgelegt.

Schweiß-Zusatzwerkstoffe für Aluminium-Werkstoffe s. DIN EN ISO 18273, für Kupfer und Kupferlegierungen s. DIN EN 14640, für Nickel und Nickellegierungen s. DIN EN ISO 18274, für nichtrostende und hitzebeständige Stähle s. DIN EN ISO 14343, für das Schweißen von Gusseisen s. DIN EN ISO 1071, für Auftragschweißen (Hartauftragung) s. DIN EN 14700, für das Unterpulverschweißen s. DIN EN 756, für das Schutzgas-Lichtbogenschweißen s. DIN EN ISO 14341, DIN EN ISO 17632, DIN EN ISO 636 und DIN EN ISO 17633.

Nachbehandlung und Prüfung werden durch Angaben, wie „spannungsfrei geglüht", „Dichtheitsprüfung mit 10 bar", „Durchschallung" u. a. sowie durch besondere Abnahmevorschriften unter Hinweis darauf z. B. „DIN 18800-1 und DIN 18800-7, „Germanischer Lloyd" usw.) festgelegt.

Zur eindeutigen symbolhaften Darstellung sind folgende Angaben auf dem Bezugszeichen erforderlich (**7.171**):

① bei Schweißnähten: Nahtdicke s in mm, wenn der Querschnitt nicht voll durchgeschweißt wird; bei Kehlnähten: Nahtdicke a in mm; bei Loch-, Punkt- und Liniennähten: Lochbreite c, Lochlänge l, Punktdurchmesser d bzw. Breite der Liniennaht c;

② grafisches Symbol für die Naht;

③ Anzahl der Nahtlängen × Nahtlänge bei unterbrochenen Nähten;

④ Nahtabstand bei unterbrochenen Nähten;

⑤ Zusätzliche Angaben in dieser Reihenfolge und durch Schrägstriche voneinander abgegrenzt: Verfahren (z. B. Kennzahl nach DIN EN ISO 4063)/Bewertungsgruppe (z. B. nach DIN EN ISO 5817)/Arbeitsposition nach DIN EN ISO 6947/Schweißzusatzwerkstoff (z. B. nach DIN EN ISO 2560).

Sofern die Angaben nicht in der Gabel, sondern getrennt aufgeführt werden sollen, ist in der Gabel eine Bezugsangabe einzutragen und die Gabel zu schließen, **7.171**. Die Erläuterung für die Bezugsangabe ist anzugeben, z. B. in der Nähe des Zeichnungsschriftfelds.

7.171 Angaben auf dem Bezugszeichen   **7.172** Bezugsangabe

Die Arbeitsposition wird durch die Lage der Schweißung im Raum und durch die Arbeitsrichtung bestimmt. Durch Neigung und Drehung definierte Hauptpositionen werden durch Kurzzeichen beschrieben und erleichtern die Angabe. Die Wannenlage (PA) z. B. ist durch waagerechtes Arbeiten mit oberer Decklage und senkrechter Nahtmittellinie definiert. Die weiteren Hauptpositionen PB, PC, PD, PE, PF und PG s. DIN EN ISO 6947.

7.7 Lager

7.7.1 Wälzlager

Wälzlager sind einbaufertige Maschinenteile, die aus Wälzkörpern (Kugeln, Kegelrollen usw.) und Rollbahnen (dem auf der Welle sitzenden Innenring und dem im Gehäuse angeordneten Außenring) bestehen. Ihr Aufbau richtet sich nach den zu übertragenden Radial- und/oder Axialkräften.

Genormt sind u. a. die folgenden Wälzlager:

Einreihige Radial-Schulterkugellager (DIN 615, Tab. 7.32), einreihige Radial-Rillenkugellager ohne Füllnuten (DIN 625-1, Tab. 7.33), ein- und zweireihige Radial-Schrägkugellager (DIN 628-1 u.-3, Tab. 7.35), Radial-Pendelkugellager mit zylindrischer und kegeliger Bohrung (DIN 630, Tab. 7.36), einseitig wirkende Axial-Rillenkugellager (DIN 711, Tab. 7.37) und einreihige Zylinderrollenlager mit Käfig (DIN 5412-1, Tab. 7.38) sowie Nadellager mit Käfig (DIN 617, Tab. 7.39).

Außer den genannten sind für die Anwendung der Wälzlager hauptsächlich folgende Normen zu beachten:

DIN 611, in der die Systematik der Wälzlager enthalten ist; DIN 616, die die Übersicht für Außenmaße enthält, und DIN 5418 (Tab. 7.40), die die Anschlussmaße für Wälzlager festlegt.

Lagerreihe und Maßreihe dienen zur Bildung der Kennungen normgerechter Bezeichnungen für Wälzlager (s. DIN 623-1). Die Kennungen für die Lagerreihe ist aus Zeichen für die Lagerart und die Maßreihe zusammengesetzt (Lagerreihe 202 bedeutet z. B.: Lagerart 2 und Maßreihe 02). Die Zeichen der Maßreihe bestehen aus dem Kennzeichen für die Breiten- oder Höhenreihe und der Durchmesserreihe (s. DIN 616). Maßreihe 30 bedeutet z. B.: Breitenreihe 3 der Durchmesserreihe 0.

Tabelle 7.32 (Radial-)Schulterkugellager, einreihig (DIN 615)[1]

Kurz-zeichen	d	D[2]	B	r	r_1	Kurz-zeichen	d	D[2]	B	r	r_1	
*E 3	3	16	5	0,15	0,1	* E 13	13	30	7	0,3	0,15	
*E 4	4	16	5	0,15	0,1	* E 15	15	35	8	0,3	0,15	
*E 5	5	16	5	0,15	0,1	* BO 15	15	40	10	0,6	0,3	
*E 6	6	21	7	0,3	0,15	* L 17	17	40	10	0,6	0,3	
*E 7	7	22	7	0,3	0,15	* BO 17	17	44	11	0,6	0,3	
*E 8	8	24	7	0,3	0,15	* E 19	19	40	9	0,6	0,2	Die Außenmaße
*E 9	9	28	8	0,3	0,15	* E 20	20	47	12	1	0,6	der mit einem *
*E 10	10	28	8	0,3	0,15	L 20	20	47	14	1	0,6	versehenen Lager
*E 11	11	32	7	0,3	0,15	M 20	20	52	15	1,1	0,6	und die Maße für r_1
*E 12	12	32	7	0,3	0,15	L 25	25	52	15	1	0,6	stimmen nicht mit
						L 30	30	62	16	1	0,6	ISO 15 (DIN 616) überein

Beispiel Lagerreihe L (folgt keinem System), d = 17 mm, D = 40 mm, B = 10 mm:
Schulterkugellager DIN 615 - L 17

---

1) Innenring mit Kugelkranz ist vom Außenring trennbar
2) oberes Grenzabmaß + 0,010, unteres Grenzabmaß 0

Tabelle 7.33 Wälzlager, Rillenkugellager (DIN 625-1), Auswahl

Lagerreihe 60					Lagerreihe 160[1]			
Kurzzeichen	d	D	B	r_S	Kurzzeichen	B	r_S	
6000	10	26	8	0,3	–	–	–	
6001	12	28	8	0,3	–	–	–	
6002	15	32	9	0,3	16002	8	0,3	
6003	17	35	10	0,3	16003	8	0,3	
6004	20	42	12	0,6	16004	8	0,3	
6005	25	47	12	0,6	16005	8	0,3	
6006	30	55	13	1	16006	9	0,3	
6007	35	62	14	1	16007	9	0,3	
6008	40	68	15	1	16008	9	0,3	
6009	45	75	16	1	16009	10	0,6	
6010	50	80	16	1	16010	10	0,6	

1) d und D wie Lagerreihe 60

Beispiel   Lagerreihe 60 mit d = 12 mm: Rillenkugellager DIN 625-6001

Tabelle 7.34 Rillenkugellager, zweireihig (DIN 625-3), Auszug

Lagerreihe 42					Lagerreihe 43[1]			
Kurzzeichen	d	D	B	r_S min	Kurzzeichen	D	B	r_S min
4200	10	30	14	0,6	–	–	–	–
4201	12	32	14	0,6	4301	37	17	1
4202	15	35	14	0,6	4302	42	17	1
4203	17	40	16	0,6	4303	47	19	1
4204	20	47	18	1	4304	52	21	1,1
4205	25	52	18	1	4305	62	24	1,1
4206	30	62	20	1	4306	72	27	1,1
4207	35	72	23	1,1	4307	80	31	1,5
4208	40	80	23	1,1	4308	90	33	1,5
4209	45	85	23	1,1	4309	100	36	1,5
4210	50	90	23	1,1	4310	110	40	2

1) d wie Lagerreihe 42

Beispiel   Lagerreihe 42, Maßreihe 22, d = 25 mm: Rillenkugellager DIN 625-4205

Tabelle 7.35 Ein- und zweireihige Radial-Schrägkugellager, selbsthaltend (DIN 628), Auswahl

einreihig (DIN 628-1)						zweireihig (DIN 628-3)		
Lagerreihe 72 Maßreihe 02						Lagerreihe 32[1] Maßreihe 32		
Kurzzeichen	d	D	B	r	r_1	Kurzzeichen	B	
7200 B	10	30	9	0,6	0,3	3200	14,0	
7201 B	12	32	10	0,6	0,3	3201	15,9	
7202 B	15	35	11	0,6	0,3	3202	15,9	
7203 B	17	40	12	0,6	0,6	3203	17,5	
7204 B	20	47	14	1	0,6	3204	20,6	
7205 B	25	52	15	1	0,6	3205	20,6	
7206 B	30	62	16	1	0,6	3206	23,8	
7207 B	35	72	17	1,1	0,6	3207	27,0	zweireihig ohne Bild
7208 B	40	80	18	1,1	0,6	3208	30,2	
7209 B	45	85	19	1,1	0,6	3209	30,2	
7210 B	50	90	20	1,1	0,6	3210	30,2	

1) d, D und r wie Lagerreihe 72

Beispiel Lagerreihe 72, Maßreihe 02, d = 30 mm: Schrägkugellager DIN 628-7206 B

Tabelle 7.36 (Radial-)Pendelkugellager; zylindrische und kegelige Bohrung (DIN 630), Auswahl

Lagerreihe 12[1] Maßreihe 02					Lagerreihe 22[1][2] Maßreihe 22		
Kurzzeichen[1]	d	D	B	r	Kurzzeichen[1]	B	
1200	10	30	9	0,6	2200	14	
1201	12	32	10	0,6	2201	14	
1202	15	35	11	0,6	2202	14	
1203	17	40	12	0,6	2203	16	
1204	20	47	14	1,1	2204	18	
1205	25	52	15	1	2205	18	
1206	30	62	16	1	2206	20	
1207	35	72	17	1,1	2207	23	
1208	40	80	18	1,1	2208	23	
1209	45	85	19	1,1	2209	23	
1210	50	90	20	1,1	2210	23	

1) Mit kegeliger Bohrung erst ab $d \geq 20$ mm; Lagerreihen und Kurzzeichen erhalten den Zusatzkennbuchstaben K; Kegelverhältnis 1:12

2) d, D und r wie Lagerreihe 12

Beispiele Lagerreihe 12, Maßreihe 02, d = 30 mm, zylindrisch: Pendelkugellager DIN 630-1206; dasselbe mit kegeliger Bohrung: Pendelkugellager DIN 630-1206K

Tabelle 7.37 Axial-Rillenkugellager, einseitig wirkend (DIN 711), Lagerreihe 512, Maßreihe 12 (Auswahl)

Kurzzeichen	d	D_1	D	T	r_s
512/8	8	8	22	9	0,3
51200	10	12	26	11	0,6
51201	12	14	28	11	0,6
51202	15	17	32	12	0,6
51203	17	19	35	12	0,6
51204	20	22	40	14	0,6
51205	25	27	47	15	0,6
51206	30	32	52	16	0,6
51207	35	37	62	18	1
51208	40	42	68	19	1
51209	45	47	73	20	1
51210	50	52	78	22	1

Beispiel einseitig wirkendes Axial-Rillenkugellager, von $d = 20$ mm Bohrungsdurchmesser der Wellenscheibe und $D = 40$ mm Manteldurchmesser der Gehäusescheibe: Axial-Rillenkugellager DIN 711-512 04

Tabelle 7.38 Radial-Zylinderrollenlager, einreihig mit Käfig (DIN 5412-1), Auswahl

Kurzzeichen	d	D	B	r_1	r_2	F_W
NU 202 E	15	35	11	0,6	0,3	19,3
NU 203 E	17	40	12	0,6	0,3	22,1
NU 2004 E	20	42	14	0,6	0,3	25,5
NU 2005 E	25	47	14	0,6	0,3	30,5
NU 2006 E	30	55	16	1	0,6	36
NU 2007 E	35	62	17	1	0,6	41,5
NU 2008 E	40	68	18	1	0,6	47
NU 2009 E	45	75	19	1	0,6	52,5
NU 2010 E	50	80	19	1	0,6	57,5
NU 2011 E	55	90	22	1,1	1	64
NU 2012 E	60	95	22	1,1	1	69
NU 2013 E	65	100	22	1,1	1	74

Bauform NU

zwei feste Borde am Außenring, bordfreier Innenring, zerlegbar

Beispiel Bauform NU, Maßreihe 20, verstärkte Ausführung (E), $d = 40$ mm:
Zylinderrollenlager DIN 5412-NU 2008 E

Tabelle 7.39 Nadellager mit Käfig und Innenring (DIN 617) Maßreihe 49 (Auswahl)

Kurzzeichen	d	D	B	r_s	F_W
NA 4900	10	22	13	0,3	14
NA 4901	12	24	13	0,3	16
NA 4902	15	28	13	0,3	20
NA 4903	17	30	13	0,3	22
NA 4904	20	37	17	0,3	25
NA 49/22	22	39	17	0,3	28
NA 4905	25	42	17	0,3	30
NA 49/28	28	45	17	0,3	32
NA 4906	30	47	17	0,3	35
NA 49/32	32	52	20	0,6	40
NA 4907	35	55	20	0,6	42
NA 4908	40	62	22	0,6	48
NA 4909	45	68	22	0,6	52
NA 4910	50	72	22	0,6	58

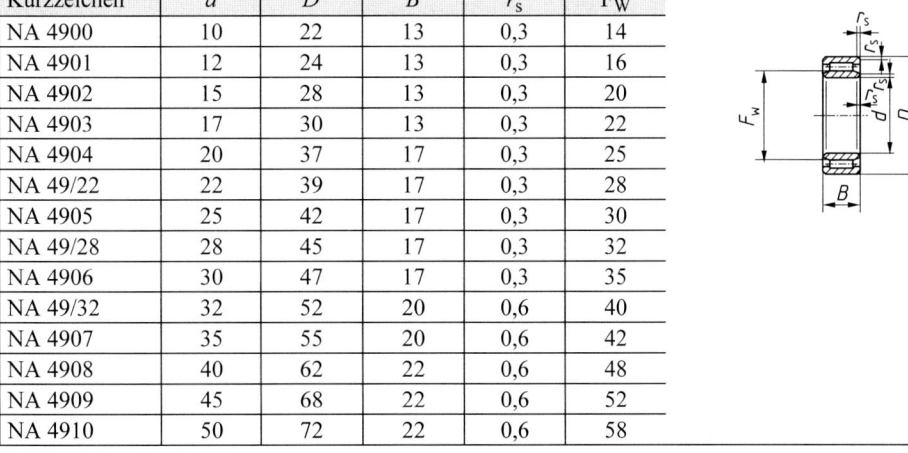

Beispiel Nadellager mit Innenring (NA), Maßreihe 49, $d = 30$ mm: Nadellager DIN 617-NA 4906

Wälzlager-Anschlussmaße können nach Tabelle 7.40 ermittelt werden. Die Einhaltung der Werte für die Ausführung der Schultern von Wellen und Gehäusen schützen vor Verspannungen durch unzweckmäßige Radien und ermöglichen einen leichten Ein- und Ausbau. Es wird eine genügende seitliche Anlage der Wälzlagerringe sichergestellt und das Ansetzen von Abziehvorrichtungen ermöglicht.

Tabelle 7.40 Rundungen und Schulterhöhen für den Einbau von Radiallagern (ohne Kegelrollenlager) nach DIN 5418 (Auswahl)

Kantenabstand am Wälzlager r_s min	Hohlkehlradius Welle, Gehäuse r_{as}, r_{bs} max	Schulterhöhe h min Durchmesserreihe		
		8; 9; 0	1; 2; 3	4
0,1	0,1	0,3	0,6	–
0,15	0,15	0,4	0,7	–
0,2	0,2	0,7	0,9	–
0,3	0,3	1	1,2	–
0,6	0,6	1,6	2,1	–
1	1	2,3	2,8	–
1,1	1	3	3,5	4,5
1,5	1,5	3,5	4,5	5,5
2	2	4,4	5,5	6,5
2,1	2,1	5,1	6	7
3	2,5	6,2	7	8
4	3	7,3	8,5	10
5	4	9	10	12
6	5	11,5	13	15

Beispiel Anschlussmaße für Rillenkugellager 6006 (∅-Reihe 0) mit $r_s = 1$ mm:
Welle und Gehäuse $r_{as} = r_{bs} \leq 1$ mm, $h \geq 2,3$ mm

Die Darstellung von Wälzlagern darf vereinfacht werden, wenn es nicht nötig ist Einzelheiten zu zeigen. Für allgemeine Zwecke wird ein Wälzlager durch ein Quadrat oder Rechteck und ein freistehendes aufrechtes Kreuz in der Mitte des Quadrates dargestellt (DIN ISO 8826-1, **7.173**). Detaillierte vereinfachte Darstellungen von Wälzlager-Bauformen (DIN ISO 8826-2) zeigt **7.176**. Schraffuren sind in vereinfachten Darstellungen zu vermeiden. Falls schraffiert werden muss, sind alle Einzelteile des Wälzlagers in derselben Richtung zu schraffieren, **7.174**.

Wenn Wälzlager rechtwinklig zur Wälzachse gezeichnet werden, wird ein Wälzelement als Kreis unabhängig von seiner eigentlichen Form (Kugel, Rolle usw.) und seiner Größe gezeichnet, **7.175**.

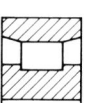
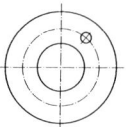

7.173 Allgemeine, vereinfachte Darstellung von Wälzlagern

7.174 Vereinfachte Schraffur

7.175 Vereinfachte Darstellung von Wälzlagern rechtwinklig zur Wälzachse

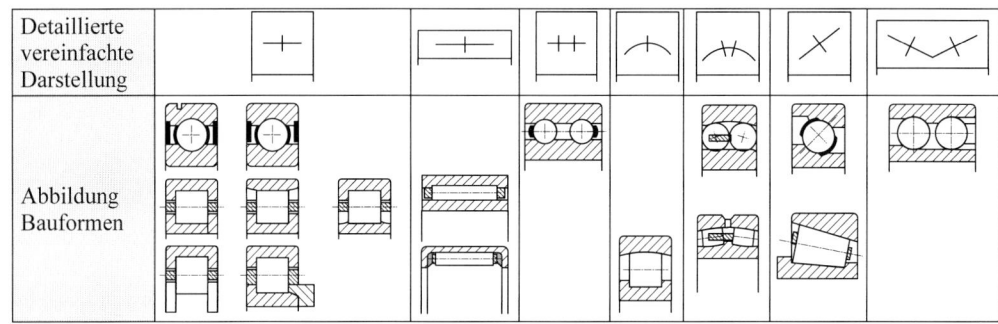

7.176 Anwendung der detaillierten vereinfachten Darstellung von Wälzlagern verschiedener Bauformen (DIN ISO 8826-2)

Die häufig in Lagerungen benutzten Wellendichtringe, aber auch Profil- und Labyrinthdichtungen, lassen sich nach DIN ISO 9222 vereinfacht darstellen, **7.179**. Für allgemeine Zwecke wird die Dichtung durch ein Quadrat und ein freistehendes diagonales Kreuz in der Mitte des Quadrates dargestellt. Die Dichtrichtung kann durch einen Pfeil angegeben werden, **7.177**. **7.178** zeigt einen Wellendichtring ohne Staublippe als übliche Abbildung und in detaillierter vereinfachter Darstellung. Ein Beispiel für die vereinfachte Darstellung von Wälzlagern und Dichtungen zeigt **7.179**.

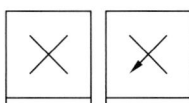

7.177 Allgemeine, vereinfachte Darstellung von Dichtungen ohne und mit Angabe der Dichtrichtung

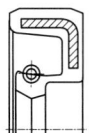 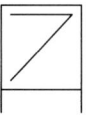

7.178 Wellendichtring als Abbildung und detaillierter, vereinfachter Darstellung

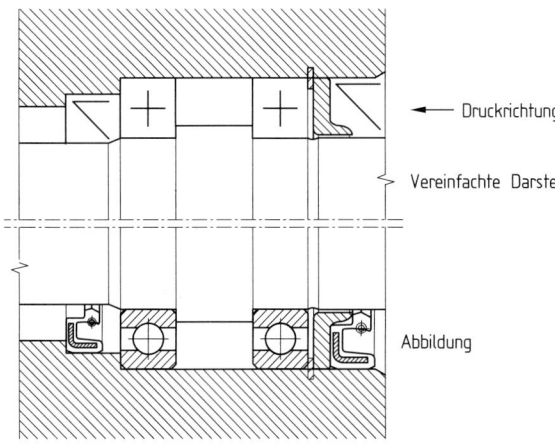

Druckrichtung

Vereinfachte Darstellung

Abbildung

7.179
Lagerung als Abbildung (untere Bildhälfte) und in detaillierter, vereinfachter Darstellung (obere Bildhälfte)

7.7.2 Gleitlager

Als eigentliches Führungs- oder Lagerungselement (Gleitflächenträger) werden bei Gleitlagern vielfach Buchsen z. B. aus Kupferlegierungen, Sintermetallen, Kunstkohle oder Kunststoffen eingesetzt. Diese Buchsen werden in die betreffenden Gehäuse, Gehäuseteile, Lagerböcke u. a. eingepresst, -geklebt oder -gespannt.

Eine Auswahl genormter Buchsen für Gleitlager zeigt Tab. 7.41.

Schmierung von Gleitlagerbuchsen. DIN ISO 12128 bietet die Möglichkeit, Ausführungsformen der Schmierstoffzuführung und -verteilung den Buchsen für Gleitlager nach DIN ISO 4397, DIN 1850-5 und DIN 1850-6 sowie Ausführungsformen der Zu- und Abführung der Medien den Buchsen aus Kunstkohle nach DIN 1850-4 zuzuordnen. Buchsen aus Sintermetall sind mit Schmierstoff getränkt, Buchsen aus Kunstkohle werden nicht mit Öl oder Fett geschmiert. Die Maße und Formen der Schmierlöcher, Schmiernute und Schmiertaschen für Buchsen nach dieser Form sind in DIN ISO 12128 festgelegt.

Tabelle 7.41 Buchsen für Gleitlager nach DIN ISO 4379 und DIN 1850-3 bis DIN 1850-6

aus Kupferlegierungen (ISO 4379)

Bezeichnung
z. B. Form C mit $d_1 = 20$ mm,
$d_2 = 24$ mm, $b_2 = 20$ mm,
Einpressfase $C_2 = 15°$ aus CuSn8P
nach ISO 4382-2

Buchse
ISO 4379-C20 × 24 × 20Y-CuSn8P

Werkstoff:
Kupfer-Gusslegierungen nach ISO 4382-1,
Kupfer-Knetlegierungen nach ISO 4382-2

Form C mit d_3

aus Sintermetall (DIN 1850-3)

Bezeichnung
z. B. Form J von $d_1 = 18$ mm mit G7,
$d_2 = 24$ mm mit r6 und $l = 18$ mm,
aus Sinterbronze Sint-B50, getränkt:

Buchse
DIN1850-J18G7×24r6×18Sint-B50

Werkstoff:
Sintermetall DIN 30910-3, s. Norm

Form J, V[3] ($d_1 = 1$ bis 20), K[3] ($d_1 = 1$ bis 40); J $d_1 = 1$ bis 60

Maße[1]

		20	22	25	28	30	32	35	38	40	42	45	48	50	55	60
d_1																
d_2	C u. F Reihe 1	23	25	28	32	34	36	39	42	44	46	50	53	55	60	65
	C u. F Reihe 2	26	28	32	36	38	40	45	48	50	52	55	58	60	65	75
	C	24	26	30	34	36	38	41	45	48	50	53	56	58	63	70
b_1		15		20		30				40						
		20		30		40				50						60
		30		40												80
b_2		1,5	1,5	1,5		2			2						2,5	2,5
		3		4		4			5							7,5
c_1, c_2 45° max.		0,5										0,8				
c_2 15° max.		2										3				
d_3	F Reihe 1	26	28	31	36	38	40	43	46	48	50	55	58	60	65	70
	F Reihe 2	32	34	38	42	44	46	50	54	58	60	63	66	68	73	83
U		1,5				2						3				
Form	d_1															
J u. V	d_2 r6	3	4	5	5	6	6	8	9	9	10	11	12	14	14	16
J	b_1 js 13	1	1	2	2	2	3	3	4	4	4	5	6	6	6	8
V		2	2	3	3	3	4	3	4	4	4	5	6	6	6	8
K	c_{max}	0,7	1	1	1,2	1,5	2	2	2,5	3	3	3,5	4	4	4,5	4,5
K	d_4 h 11	3	4,5	5	5	6	8	10	12	12	14	16	16	18	18	19
K	$d_5 \approx$	2,2	3,3	4	4,5	4,5	5,3	6	7,9	7,9	9,8	11,6	11,6	13,4	13,4	13,4
J		0,2						0,3								
V u. K	f_{max}	0,2						0,3								0,4
V	r_{max}							0,3								0,6

Tabelle 7.41 Fortsetzung

DIN 1850-4 — Buchsen für Gleitlager (Bezeichnung, Werkstoff)

aus Kunstkohle

Form M[3] $d_1 = 3$ bis 100 Form N[4] $d_1 = 3$ bis 100

Bezeichnung

z. B. Form M von $d_1 = 18$ mm mit D8, $d_2 = 24$ mm mit z8 und $l = 18$ mm, aus Kunstkohle:

Buchse DIN 1850-M18D8×24z8×18

Werkstoff: Kunstkohle, Sorte bei Bestellung vereinbaren

Maße[1]:

d_1	3	4	6	8	10	12	14	16	18	20
d_2	9	10	12	14	16	18	20	22	24	26
d_3	12	13	16	18	20	22	25	28	30	32
b	2			3			4		5	
$f=r$		0,2				0,3			0,4	

DIN 1850-5 — aus Duroplasten

Form P $d_1 = 3$ bis 250 Form R[5] $d_1 = 3$ bis 250

Bezeichnung

z. B. Form P von $d_1 = 20$ mm, $b_1 = 20$ mm aus FS74:

Buchse DIN 1850-P20×20-FS74

Werkstoff: z. B. DIN7708-FS74

Wegen der zahlreichen Modifikationen zwischen Lieferer und Abnehmer zu vereinbaren.

Maße[1]:

		3	4	6	8	10	12	14	16	18	20
d_1		3	4	6	8	10	12	14	16	18	20
d_2		6	8	10	12	16	18	20	22	24	26
d_3	d 13	9	12	14	16	20	22	25	27	30	34
b_1	js 13	3	—	6		10		15	20	30	40
b_2		1,5		2		3					4
$f_{max.}$, $r_{max.}$			0,2				0,3				

DIN 1850-6 — Einpressbuchsen aus Thermoplasten

Form S $d_1 = 6$ bis 200 Form T $d_1 = 6$ bis 200

Bezeichnung

z. B. Form S von $d_1 = 20$ mm, $b_1 = 30$ mm aus PA6:

Buchse DIN 1850-S20×30-PA6

Werkstoff: Thermoplast PA 6, PA 66, PA 6G, PA 11, PA 12, PBTP PETP, PE, POM (Kurzzeichen s. DIN 7728-1)

Maße[1]:

		20	22	25	28	30	32	35	38	40	42	45	48	50	55	60
d_1		20	22	25	28	30	32	35	38	40	42	45	48	50	55	60
d_2[6]		26	28	32	36	38	40	45	48	50	52	55	58	60	65	75
d_3	d 13	32	34	38	42	44	50	54	58	60	63	66	68	73		83
b_1	h 13	15	15	20	20	20	30	30	30	40	40	40	50	60		
b_2	h 13	3	3	4	4	4	5	5	5	5	5	5	5	5	5	7,5
f	max.	0,8	0,8	0,8	0,8	0,8	1,2	1,2	1,2	1,2	1,2	1,2	1,2	1,2	1,2	1,2
r	≈	0,5	0,5	0,5	0,5	0,5	0,8	0,8	0,8	0,8	0,8	0,8	0,8	0,8	0,8	0,8

---

1) übrige Maße s. Normen. Maße in Klammern sind hier nicht übernommen worden.
2) übrige Maße wie Form C
3) übrige Maße wie Form J
4) übrige Maße wie Form V
5) übrige Maße wie Form P
6) Grenzabmaße f. Toleranzgruppe A: für $d_1 = 20$ bis 25: + $0,45/+ 0,15$, für $d_1 = 28$ bis 32: + $0,60/+ 0,20$, für $d_1 = 35$ bis 40: + $0,89/+ 0,23$, für $d_1 = 42$ bis 45: + $0,90/+ 0,30$, für $d_1 \geq 60$ nach Vereinbarung. Für Toleranzgruppe B: zb ll

7

7.8 Zahnräder

Zahnräder dienen zur Übertragung von Kräften sowie zur Änderung von Drehzahlen, Drehsinn und Drehrichtungen.

7.8.1 Maße

Modul. Zur Einteilung der Zähne dient der Teilkreis, **7.180**. Die Teilung p ist der Abstand von Mitte zu Mitte Zahn, als Bogenmaß in mm am Teilkreis gemessen. Wird sie durch π geteilt, ergibt sich der Modul m in mm als Kenngröße der betreffenden Verzahnung. Er wird auch Durchmesserteilung genannt. Die Moduln sind in einer Reihe (Modulreihe) nach DIN 780-1 und DIN 780-2 genormt, Tab. 7.42.

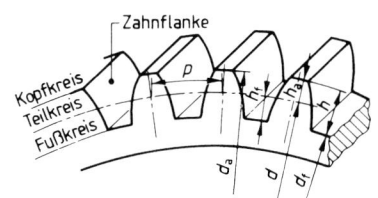

Der Modul ist also $m = \dfrac{p}{\pi}$ und die Teilung $p = \pi \cdot m$.

Beispiel 1 Bei einer Teilung p = 15,7 mm ist der Modul

$$m = \frac{p}{\pi} = \frac{15,7 \ mm}{3,14} = \textbf{5 mm}$$

7.180 Bezeichnungen am Zahnrad

Tabelle 7.42 Moduln für Stirnrädern (DIN 780-1) in mm

Die Moduln gelten für die Normalschnitte von Stirnrädern nach DIN 3960 und von entsprechenden Schraubrädern (s. DIN 868). Reihe I soll gegenüber Reihe II bevorzugt angewendet werden.												
Reihe	Moduln											
I	0,05		0,06		0,08		0,1		0,12		0,15		0,20		0,25		0,3		0,4
II		0,055		0,07		0,09		0,11		0,14		0,18		0,22		0,28		0,35		0,45
I	0,5		0,6		0,7		0,8		0,9		1		1,25		1,5		2		2,5
II		0,55		0,65		0,75		0,85		0,95		1,125		1,375		1,75		2,25		2,75
I	3		4		5		6		8		10		12		16		20		25
II		3,5		4,5		5,5		7		9		11		14		18		22		28
I	32		40		50		60												
II		36		45		55		70											

Beispiel 2 Bei einem Modul $m = 4$ mm ist die Teilung $p = \pi \cdot m = 3,14 \cdot 4 \ mm = \textbf{12,56 mm}$.

Moduln für Zylinderschneckengetriebe (DIN 780-2) gelten für Axialschnitte der Zylinderschnecken nach DIN 3975 und für die Teilkreise der zugehörigen Schneckenräder (s. Norm).

Der Umfang des **Teilkreises** wird durch Multiplizieren des Teilkreisdurchmessers d mit π oder durch Multiplizieren der Zähnezahl z mit der Teilung p berechnet:

$$U = \pi \cdot d = z \cdot p$$

Mit $\pi \cdot m$ für p wird $\pi \cdot d = z \cdot \pi \cdot m$ und daraus $d = z \cdot m$ und $m = \dfrac{d}{z}$

Beispiel 1 Der Teilkreisdurchmesser eines Zahnrads mit z = 48 Zähnen und dem Modul m = 3 mm ist
d = z · m = 48 · 3 mm = **144 mm**.

Beispiel 2 Der Modul eines Zahnrads mit z = 25 Zähnen und einem Teilkreisdurchmesser d = 87,5 mm ist

$$m = \frac{d}{z} = \frac{87,5\ mm}{25} = \textbf{3,5 mm}$$

Es sind allgemein die

Zahnkopfhöhe h_a = 1 · m

Zahnfußhöhe h_f = 1 · m + c_P

Zahnhöhe h = 2 · m + c_P,

wobei c_P = Kopfspiel = c_P^* (Kopfspiel-Faktor) · m = 0,1 bis 0,4; je nach Verzahnungswerkzeug und speziellen Anforderungen an das Getriebe.

Beispiel 3 Für Modul m = 12 mm und c_P^* = 0,167 sind die

Zahnkopfhöhe	h_a = 1 · m = 1 · 12 mm	= **12 mm**
Zahnfußhöhe	h_f = 1 · m + c_P^* · m = 12 mm + 0,167 · 12 mm	= **14 mm**
Zahnhöhe	$h = h_a + h_f$ = 12 mm + 14 mm	= **26 mm**

7

Der Kopfkreisdurchmesser d_a ergibt sich durch Addieren der doppelten Kopfhöhe (2 h_a= 2 m) zum Teilkreisdurchmesser d:

d_a = d + 2 m

Eine Ausnahme hiervon besteht bei korrigierten Zahnrädern (s. DIN 3992).

Der Fußkreisdurchmesser d_f wird berechnet, indem die doppelte Fußhöhe h_{fP} vom Teilkreisdurchmesser d abgezogen wird:

Beispiel An einem Zahnrad mit dem Teilkreisdurchmesser d = 600 mm sind die Kopfhöhe h_a = 12 mm und die Fußhöhe h_f = 14 mm. Es sind dann der

Kopfkreisdurchmesser d_a = d + 2 m = 600 mm + 2 · 12 mm = **624 mm**,

Fußkreisdurchmesser d_f = d – 2 h_{fP} = 600 mm – 2 · 14 mm = **572 mm.**

Berechnung des Moduls aus Kopfkreisdurchmesser und Zähnezahl

Aus d_a = d + 2m ist

$d = d_a - 2m$.

Es ist aber auch

$d = z · m$.

$$\begin{aligned} z · m &= d_a - 2m \\ z · m + 2m &= d_a \\ m\,(z + 2) &= d_a \\ m &= \frac{d_a}{z + 2} \end{aligned}$$

Der Modul wird also gefunden, indem der Kopfkreisdurchmesser durch die um 2 vermehrte Zähnezahl geteilt wird. Diese Art der Berechnung des Moduls ist sehr wichtig, da sich Kopfkreisdurchmesser und Zähnezahl an einem vorhandenen Zahnrad leicht feststellen lassen.

Beispiel   Für ein Zahnrad mit $d_a = 75$ mm und $z = 23$ ist

$$m = \frac{d_a}{z + 2} = \frac{75 \text{ mm}}{23 + 2} = \frac{75 \text{ mm}}{25} = \mathbf{3 \text{ mm}}.$$

Nun können Teilung, Teilkreisdurchmesser usw. berechnet werden.

Zahnradpaar. Zwei miteinander arbeitende Zahnräder bilden ein Zahnradpaar, **7.181**. Ein einwandfreies Arbeiten der Zahnräder miteinander (Kämmen) ist nur dann möglich, wenn sie gleiche Teilung, also gleichen Modul haben. Die zu übertragende Kraft geht von dem treibenden Zahnrad auf das getriebene über. Wird ein größeres Zahnrad angetrieben, ist das eine Übersetzung in die kleinere, umgekehrt in die größere Drehzahl.

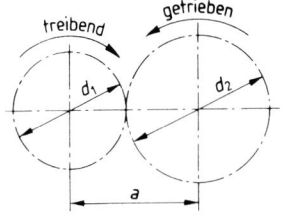

Den Bezeichnungen für das treibende Rad wird eine ungerade Zahl (hier 1) und denen für das getriebene Rad eine gerade Zahl (hier 2) angehängt, z. B. d_1 und d_2. Der Abstand von Mitte zu Mitte Zahnrad ist so zu bemessen, dass sich die Teilkreise beider Zahnräder berühren. Demgemäß ist der Abstand a gleich der halben Summe der beiden Teilkreisdurchmesser d_1 und d_2:

7.181 Zahnradpaar

$$a = \frac{d_1 + d_2}{2}$$

7.8.2 Zahnformen

Die Zahnflanken sollen sich mit möglichst geringer Reibung aufeinander abwälzen. Sie haben meist Evolventenform, **7.182**. Zahnflanken an Zahnstangen sind gerade, **7.183**.

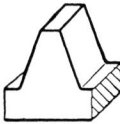

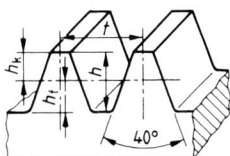

7.182 Evolventenform   **7.183** Gerade Zahnflanken   **7.184** Zahnstange

Bei der Evolventenverzahnung (DIN 867) ist die Zahnflanke ein Teil der Evolvente. Zwei in Eingriff stehende Zahnflanken berühren sich an einer Stelle, die sich durch die Drehung beider Zahnräder geradlinig fortbewegt und die Eingriffslinie bildet, **7.185**. Sie ist die die Evolvente erzeugende Gerade und wird vom Punkt P auf dem Teilkreis unter einem Winkel von 20 ° (Eingriffswinkel) gezogen. Der kürzeste Abstand der Geraden vom Mittelpunkt des Teilkreises ist der Halbmesser des Grundkreises. Das Bogenstück von 0 bis zur senkrechten Mittellinie wird gleichmäßig unterteilt, ebenso der Bogen nach der anderen Seite. Durch eine vom Teilpunkt 1 auf der Tangente T_1, angetragene Strecke wird der Evolventenpunkt P_1 gefunden. Sie setzt sich aus der von 0 bis 1 reichenden Bogenlänge und dem Stück von 0 bis P zusammen. Für den Punkt P_1' ist die Strecke von 0 bis P, vermindert um die Bogenlänge 0 bis 1', auf T_1 von 1' aus abzutragen. Evolventenpunkt P_2 wird durch Abtragen der Bogenlänge von

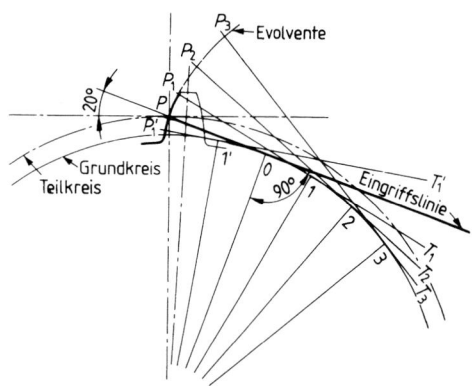

2 bis 0 und der Strecke 0 bis P auf T_2 von 2 aus ermittelt usw. Der zwischen dem Grundkreis und dem Fußkreis liegende Teil der Zahnflanke wird von P'_1 aus als Tangente weitergeführt und mit einer Rundung versehen. Die Punkte 1', 0, 1, 2, 3 ... auf dem Grundkreis können als Mittelpunkte für Kreisbögen mit den Halbmessern $1'P'$, OP, $1 P_1$ ... dienen. Die Bogen gehen ineinander über und sind Teile der gesuchten Evolvente. Zahnflanken an Zahnstangen bilden miteinander einen Winkel von 40 °, **7.185**.

7.185 Entstehung der Evolventenform

7.8.3 Zahnradgetriebe

Teilkreise sind als Strichpunktlinien und Kopfkreise als breite Volllinien in rechnerisch richtigem Abstand voneinander zu zeichnen (**7.186**, **7.187**). Wenn erforderlich, ist der Zahnfußkreis durch eine schmale Volllinie zu kennzeichnen, **7.186**. Die Zähne werden nicht mitgeschnitten. Die Zahnform legt man entweder durch Hinweis auf eine Norm oder durch eine Zeichnung fest. Bei Kettenrädern ist die Zahnform stets anzudeuten oder als Einzelheit zu zeichnen, **7.206**.

Sind aus irgendeinem Grund einige Zähne des Rads darzustellen, wird empfohlen, die Flankenlinien unter Einhaltung der Zahnmaße freihändig zu entwerfen und dann einfach als Kreisbogen mit angenommenem Halbmesser nachzuziehen, **7.186**. Es empfiehlt sich, die Flankenlinien nach der Werkstoffseite zu versetzen (**7.187**), weil sonst die Zahnlücken zu klein erscheinen.

7.186 Angenäherte Evolventenform

7.187 Lage der ausgezogenen Flankenlinie

Vereinfachte Darstellungen von Zahnrädern und Räderpaarungen sind in DIN 37 (1961-12)[1] und DIN ISO 3952-2 u. -4genormt; sie kommen in Betracht, wenn die ausführliche Wiedergabe des Zahnrads nicht nötig ist (**7.195** und **7.196**). Die Vereinfachung kann so weit gehen, dass die Räder nur durch Mittellinien und Teilkreise angedeutet werden. Erforderlichenfalls ist in der Draufsicht auf die verzahnte Fläche in einer Darstellung parallel zu den Radachsen die Flankenrichtung am Zahnrad oder an der Zahnstange durch Kennzeichen (**7.188**) in schmalen Volllinien anzugeben. Bei Radpaaren sollte man die Flankenrichtung nur an einem Zahnrad zeigen.

---

1) zurückgezogen

Ein allgemeiner Härtevermerk (wie „einsatzgehärtet"), der sich in **7.190** nur auf die Zahn-flanken bezieht, genügt, wenn kein Härtewert eingetragen zu werden braucht. Sonst verfährt man wie in **7.189** oder Abschn. 8.5.3.

Toleranz. Zum Aufspannen des Rads zur Bearbeitung, zum Ansetzen von Mess- und Prüfge-räten und aus anderen Gründen kann eine Tolerierung von Maßen des Radkörpers notwendig sein. So kann z. B. die zulässige Rund- und Planlauf-Abweichung des Außenzylinders zur Bohrung durch Form- und Lagetoleranzen eingeengt werden, **7.190** und **7.197**.

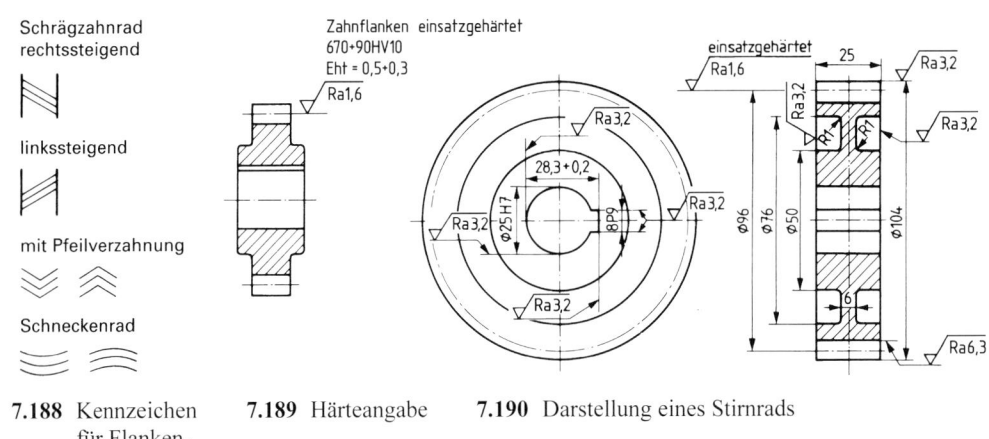

7.188 Kennzeichen   7.189 Härteangabe   7.190 Darstellung eines Stirnrads
       für Flanken-
       richtung

Bei einem Radpaar werden die ineinander greifenden Teile beider Räder nicht sichtbar ge-zeichnet, wenn das vorn liegende Rad einen beträchtlichen Teil des anderen Rads verdeckt, **7.200**. Sind beide Räder im Axialschnitt dargestellt, wobei ein Zahnrad Teile eines anderen verdeckt, ist freigestellt, welches der beiden Räder sichtbar dargestellt wird. In beiden Fällen sind verdeckte Kanten nur dann darzustellen, wenn sie zur Klarheit der Zeichnung erforderlich sind, **7.200**.

Stirnräder übertragen Kräfte zwischen parallelen Wellen, haben zylindrische Grundform und sind meist außenverzahnt (**7.190**, **7.191** und **7.197**).

7.192 zeigt ein Stirnradpaar, **7.193** die ungeschnittene Seitenansicht. Ein Stirnradpaar mit Innenverzahnung ist in **7.194** dargestellt. Vereinfachte Darstellungen zeigen **7.195** und **7.196**.

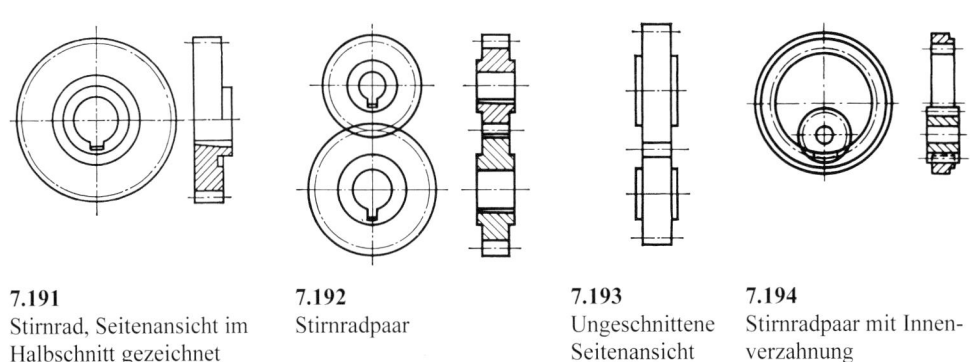

7.191   7.192   7.193   7.194
Stirnrad, Seitenansicht im   Stirnradpaar   Ungeschnittene   Stirnradpaar mit Innen-
Halbschnitt gezeichnet   Seitenansicht   verzahnung

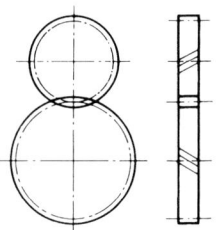

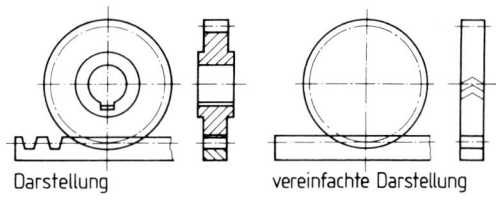

7.195 Vereinfachte Darstellung eines Stirnrad-getriebes nach DIN 37

7.196 Stirnrad mit Zahnstange nach DIN 37

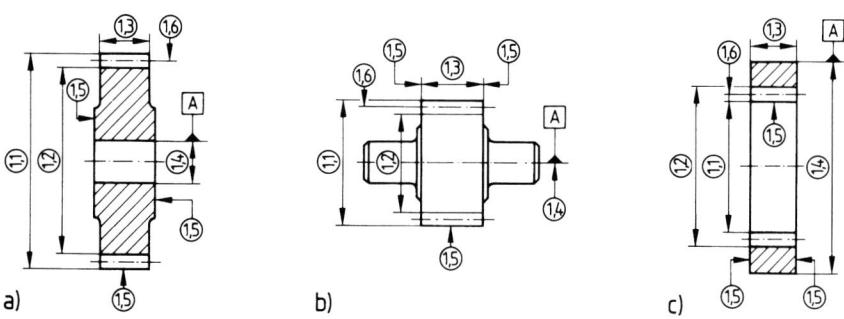

7.197 Maße und Kennzeichen in der Zeichnung (DIN 3966-1)
a) Außenverzahnung mit Lagerbohrung, b) mit Lagerzapfen, c) Innenverzahnung

7

Angaben zu **7.197**

	Lfd. Nr.	Benennung	Maß	Bemerkungen
Maße und Kennzeichen in der Zeichnung	1.1	Kopfkreisdurchmesser	d_a	bei Bedarf mit Angabe der Abmaße
	1.2	Fußkreisdurchmesser	d_f	bei Bedarf, wenn keine Zahnhöhe h angegeben wird, bei Bedarf mit Angabe der Abmaße
	1.3	Zahnbreite	b	
	1.4	Kennzeichen der Bezugs-elemente	–	Bezugselement für Rund- und Planlauftolerie-rung ist die Radachse (Eintragung nach DIN EN ISO 1101)
	1.5	Rundlauf- und Planlauftoleranz sowie Parallelität der Stirnflä-chen des Radkörpers	–	wenn die Anforderungen über DIN ISO 2768-2 hinausgehen, sind Rundlauf- und Planlauf-tole-ranzen nach DIN EN ISO 1101 festzulegen
	1.6	Oberflächen-Kennzeichen für die Zahnflanken nach DIN EN ISO 1302	–	erforderlichenfalls sind auch Oberflächen-Kennzeichen für die Zahnfuß- und Fußrun-dungsflächen anzugeben
	1.7	Kennzeichnung der Arbeits-flanken	–	bei Bedarf, z. B. durch den Hinweis „Arbeits-flanke" in einem Stirnschnitt (s. DIN 868)

Fortsetzung s. nächste Seite.

Angaben zu **7.197**, Fortsetzung

	Lfd. Nr.	Benennung	Maß	Bemerkungen
	2.1	Modul	m	es ist ein Normalmodul m_n anzugeben
	2.2	Zähnezahl	z	
	2.3	Bezugsprofil der Verzahnung		bei Schrägstirnrädern gilt das Bezugsprofil für den Normalschnitt
	2.4	Werkzeug-Bezugsprofil		DIN 3972 oder DIN 58412 bzw. bes. Zeichnung
	2.5	Schrägungswinkel	β	DIN 3960
	2.6	Flankenrichtung		bei Schrägstirnrädern
	2.7	Teilkreisdurchmesser	d	ergibt sich aus den voranstehenden Verzahnungsdaten, wird für Erzeugung und Prüfung nicht gebraucht; Angabe daher nicht nötig
	2.8	Grundkreisdurchmesser	d_b	kann weggelassen werden, wenn nicht für die Erzeugung oder Prüfung der Verzahnung nötig
	2.9	Profilverschiebungsfaktor	x	ist mit den Vorzeichen „ + “ oder „–“ anzugeben
	2.10	Zahnhöhe	h	angegeben wird das Nennmaß der Zahnhöhe h, das auch die Kopfhöhenänderung $k \cdot m_n$ enthält, so dass aus dem Kopfkreisdurchmesser in der Zeichnung und der Zahnhöhe h das Nennmaß des Fußkreisdurchmessers zu berechnen ist

(Die erste Spalte enthält vertikal: Angaben in besonderer Tabelle)

Kegelräder übertragen Kräfte zwischen sich in einer Ebene schneidenden Wellen, **7.198**. Für die Herstellung eines Kegelrades sind neben den Maßen für den Radkörper weitere Angaben (**7.199**) von Wichtigkeit.

Begriffe und Bestimmungsgrößen von Kegelrädern und Kegelradpaaren enthält DIN 3971; die Eintragung von Toleranzen erfolgt nach DIN 3965-1 bis DIN 3965-4; die Tragfähigkeitsberechnung nach DIN 3991-1 bis DIN 3991-4.

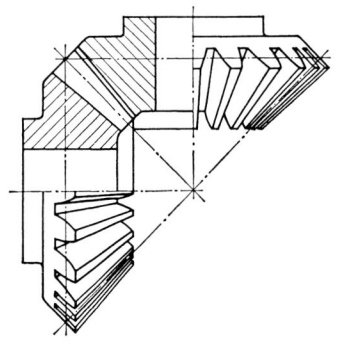

7.198 Kegelräderpaar

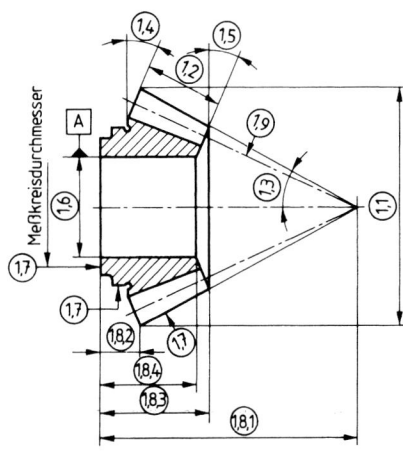

7.199 Maße und Kennzeichen in der Zeichnung (DIN 3966-2)

Angaben zu **7.199**

<table>
<tr><td rowspan="2"></td><td>Lfd.
Nr.</td><td>Benennung</td><td>Maß-
buchstabe</td><td>Bemerkungen</td></tr>
<tr></tr>
</table>

	Lfd. Nr.	Benennung	Maß-buchstabe	Bemerkungen
Maße und Kennzeichen in der Zeichnung	1.1	Kopfkreisdurchmesser	d_a	mit Grenzabmaßen
	1.2	Zahnbreite	b	
	1.3	Kopfkegelwinkel	δ_a	
	1.4	Komplementwinkel des Rücken-kegelwinkels	δ	
	1.5	Komplementwinkel des inneren Ergänzungskegelwinkels		bei Bedarf
	1.6	Kennzeichen des Bezugsele-ments		Bezugselemente für die Rundlauf- und Planlauftolerierung ist die Radachse (Eintragung nach DIN EN ISO 1101)
	1.7	Rundlauf- und Planlauftoleranz des Radkörpers		wenn die Anforderungen über DIN ISO 2768-2 hinausgehen, sind Rundlauf- und Planlauftoleranzen nach DIN EN ISO 1101 festzulegen
	1.8	Axiale Abstände von der Bezugsstirnfläche 1.8.1 Einbaumaß 1.8.2 Äußerer Kopfkreisabstand 1.8.3 Innerer Kopfkreisabstand 1.8.4 Hilfsebenenabstand		gegebenenfalls tolerieren
	1.9	Oberflächen-Kennzeichen für die Zahnflanken nach DIN ISO 1302		erforderlichenfalls auch für die Zahnfuß- und Fußrundungsflächen
	1.10	Kennzeichnung der Arbeitsflanke in einem Stirnabschnitt		bei Bedarf, z. B. durch den Hinweis „Arbeitsflanke" (s. DIN 868)
Angaben in besonderer Tabelle	2.1	Modul	m	
	2.2	Zähnezahl	z	
	2.3	Teilkegelwinkel	δ	
	2.4	Äußerer Teilkreisdurchmesser	d_e	
	2.5	Äußere Teilkegellänge	R_e	
	2.6	Planradzähnezahl	z_P	
	2.7	Zahndicken-Halbwinkel	ψ_P	
	2.8	Fußwinkel oder Fußkegelwinkel	ϑ_f δ_f	
	2.9	Profilwinkel	α_P	
	2.10	Verzahntoleranzen und deren Prüfmaße		
	2.11	Verzahnungsqualität		Angaben nach DIN 3965-1 bis DIN 3965-4
	2.12	Zahndicke und Zahndickengrenzabmaße		wenn kein anderes Prüfmaß vorgeschrieben ist, Nennmaß der Zahndickensehne im Rücken mit Grenzabmaßen und die zugehörige Höhe über der Sehne

7

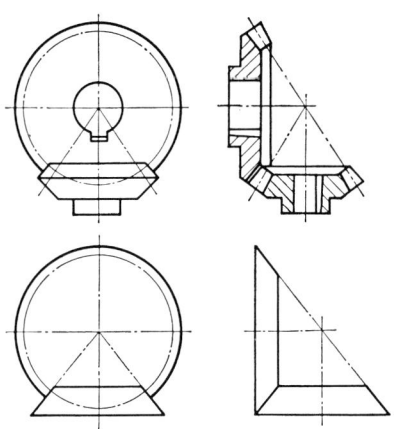 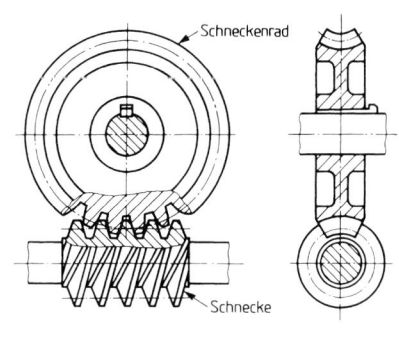

7.200 Darstellung und vereinfachte Darstellung eines Kegelradpaars (DIN ISO 2203 bzw. DIN 37)

7.201 Zylinderschneckengetriebe

Schneckengetriebe bestehen aus Schnecke und Schneckenrad. Sie liegen zwischen sich in verschiedenen Ebenen kreuzenden Wellen **(7.201** bis **7.204)**. Die Schnecke ist eine ein- oder mehrgängige Schraube mit trapezförmigem Gewindequerschnitt und greift in die ihm angepasste Evolventenverzahnung des Schneckenrads ein.

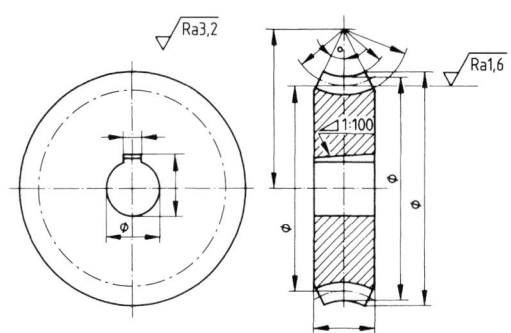 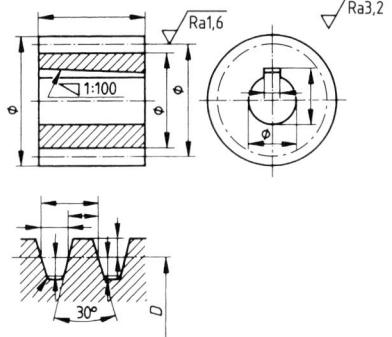

Zähne im Einsatz gehärtet und geschliffen

Modul … mm, Zähnezahl …, Zahndicke im Teilkreis … mm, für Schnecke … gängig, rechts (links), Steigung … mm, Flankenwinkel der Schnecke 30 °

7.202 Fertigungszeichnung eines Schneckenrads

Zähne im Einsatz gehärtet und geschliffen

Steigung … mm, Steigungswinkel bezogen auf Durchmesser …, …gängig, rechts (links), Modul des zugehörigen Schneckenrades … mm

7.203 Fertigungszeichnung einer Schnecke

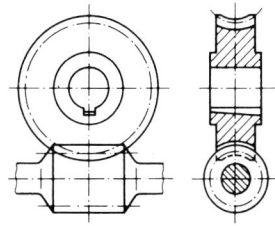 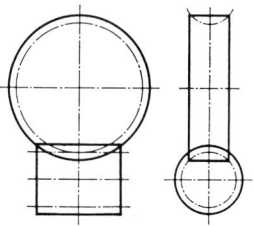

7.204 Darstellung und vereinfachte Darstellung eines Schneckengetriebes (DIN ISO 2203 bzw. DIN 37)

In den meisten Fällen treibt die Schnecke das Schneckenrad an, und zwar mit großer Übersetzung ins Langsame. Soll aber das Schneckenrad die Schnecke antreiben, muss sie eine sehr
große Steigung haben. Dies erreicht man durch die Wahl mehrerer Gänge. Schneckengetriebe
sind „selbsthemmend", wenn sie sich vom Schneckenrad aus nicht in Drehbewegung versetzen
lassen.

Schraubenräder sitzen auf sich kreuzenden Wellen und haben gewindeähnliche Verzahnung,
7.205. In Schnittzeichnungen wird der verdeckte Teil eines Zahnes gestrichelt wiedergegeben.
Die Drehrichtung der Räder kann in allen Darstellungen durch Pfeile gekennzeichnet werden,
7.205, Kettenräder werden wie in **7.206** dargestellt.

Weitere Hinweise auf Normen s. DIN-Katalog für technische Regeln.

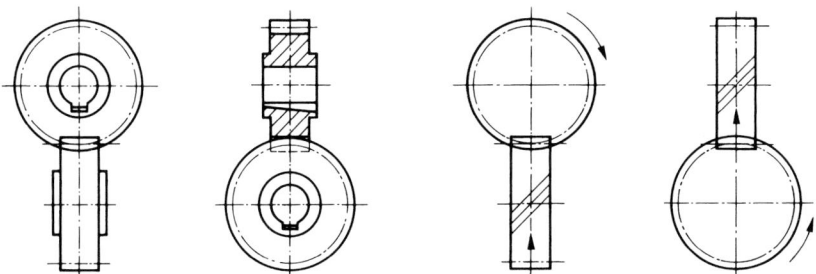

7.205 Darstellung und vereinfachte Darstellung eines Schraubenradgetriebes (DIN ISO 2203 bzw. DIN 37)

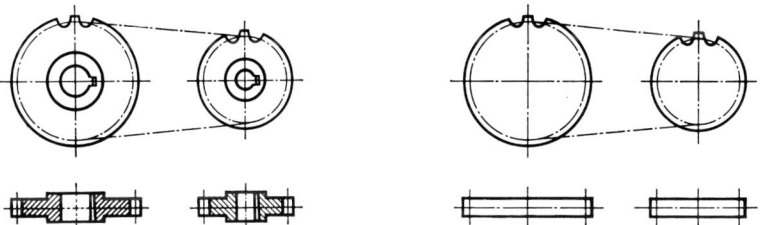

7.206 Darstellung und vereinfachte Darstellung eines Kettenradgetriebes (DIN ISO 2203 bzw. DIN 37)

7.9 Schraubenfedern

Schraubenfedern sind schraubenlinig, gewöhnlich rechtsgewundene federnde Metalldrähte mit
rundem, seltener viereckigem Querschnitt. Sie werden als elastische Werkstücke zwischen
andere Teile eingebaut und auf Druck, Zug oder Drehung beansprucht.

7.9.1 Zylindrische Druckfedern (DIN 2095)

Druckfedern mit Drahtdurchmessern bis 10 mm werden kalt, solche mit Durchmessern zwischen 10 und 17 mm je nach Werkstoff, Verwendung und Beanspruchung der Feder kalt oder
warm geformt.

Zum Vermeiden einseitiger Beanspruchung wird an jedem Ende eine ganze nicht federnde
Windung angebogen. Die Drahtenden liegen auf entgegengesetzten Seiten der Federachse und
werden bis auf den vierten Teil des Drahtdurchmessers heruntergeschliffen, **7.207**.

Bei Federn unter 0,5 mm Drahtdurchmesser ist meist kein Planschliff erforderlich. Es wird der äußere Windungsdurchmesser bemaßt, wenn die Feder in einer Bohrung arbeitet (D_h) oder der innere, wenn sie über einem Dorn sitzt (D_d). Der Durchmesser der Bohrung oder des Bolzens sollte im Text angegeben sein. Der mittlere Windungsdurchmesser dient zur Berechnung der Drahtlänge. Die Federlänge (L_0) bezieht sich stets auf den ungespannten Zustand. Linksgewundene Federn erhalten zum Durchmesser den Zusatz LH „linksgewickelt" – auch dann, wenn dieser Windungssinn aus der Darstellung bereits hervorgeht. Eine Grenzabweichung (e_1) der Mantellinie von der Senkrechten an der unbelasteten Feder kann eingetragen werden, wenn sie für die Wirksamkeit bedeutungsvoll ist. Dasselbe gilt für eine auf den Außendurchmesser bezogene zulässige Abweichung (e_2) in der Parallelität der geschliffenen Auflageflächen.

Notwendige Angaben:

Anzahl der wirksamen Windungen ..., dazu angebogen je Ende eine bis auf $\dfrac{1}{4}\,d$ heruntergeschliffene Windung = ... Gesamtwindungen

Durchmesser des Bolzens in der Feder ... mm

Als Fertigungsausgleich werden freigegeben: Federlänge, Anzahl der wirksamen Windungen und Drahtdurchmesser

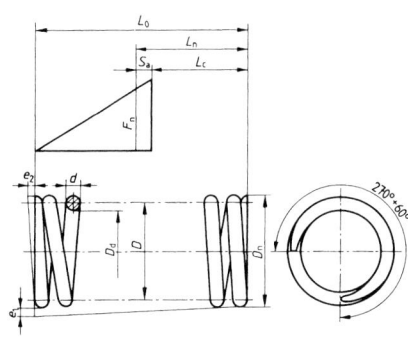

7.207 Zylindrische Druckfeder (DIN 2095)

D_d Dorndurchmesser in mm
D_h Hülsendurchmesser in mm
D mittlerer Windungsdurchmesser in mm
L_0 Länge der unbelasteten Feder in mm
L_c Blocklänge der Feder in mm (alle Windungen liegen aneinander)
L_n kleinste zul. Prüflänge in mm
F_n höchste zul. Federkraft in N, zugeordnet der Federlänge L_n
R Federrate in N/mm
d Drahtdurchmesser in mm
S_a Summe der lichten Mindestabstände zwischen den wirksamen Windungen
s_n größter zul. Federweg, zugeordnet der Federkraft F_n
i_f Anzahl der federnden Windungen
i_g Anzahl der gesamten Windungen

Belastungsprüfung. Wird die Belastung der Feder geprüft, ist ein Kraft-Weg-Diagramm zu zeichnen, **7.207**. Darin gibt man in der Regel an: die im Gebrauch auftretende größte Federkraft und die Prüfkraft (F_n) mit den dazugehörigen Längen (L_n), die Blocklänge (L_c), bei der alle Windungen aneinander liegen, und die Summe (S_a) der Mindestabstände zwischen den Windungen.

Als Fertigungsausgleich der Feder müssen zur Herstellung einige Angaben freigegeben und gekennzeichnet werden, und zwar:
– bei einer vorgeschriebenen Federkraft und vorgeschriebener Länge (L_0) die Zahl der wirksamen Windungen und entweder der Drahtdurchmesser (d) oder der innere oder äußere Windungsdurchmesser,
– bei zwei vorgeschriebenen Federkräften dieselben Werte, außerdem die Federlänge (L_n).

Normen. Runder Federdraht ist in DIN 2076 (Maßnorm) und DIN 17223-1 und DIN 17223-2 (Gütevorschriften) genormt. Die Bezeichnung eines Drahts von 2,5 mm Durchmesser der Maßgenauigkeitsklasse C nach DIN 2076 aus vergütetem Federdraht nach DIN 17223-1

(Stahlsorte C) lautet: Draht DIN 2076-C2,5-C. Federn werden auch aus Kupferknetlegierungen u. a. hergestellt. In DIN ISO 2162 sind die bildliche und die sinnbildliche Darstellung der bekanntesten Federn genormt (**7.208** bis **7.210**).

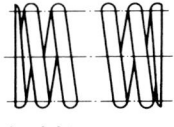 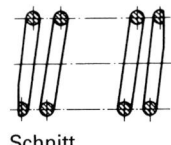 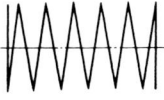 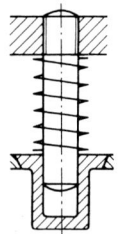

Ansicht   Schnitt

7.208 Darstellungen einer Druckfeder

7.209 vereinfachte Darstellung

7.210 eingebaute Druckfeder

Die Windungen im Mittelteil fallen sowohl in Ansichts- als auch in Schnittzeichnungen weg. Häufig reicht die Darstellung einer Feder durch eine breite Zickzacklinie aus.

Berechnung und Konstruktion der zylindrischen Druckfedern aus rundem Werkstoff s. DIN 2089-1, aus Flachstahl s. DIN 2090; Angaben und Vordruck für Druckfedern s. DIN 2099-1. In DIN 2098-1 sind kaltgeformte zylindrische Druckfedern verschiedener Größen angegeben (Maße s. Tab. 7.43). Eine Druckfeder mit dem Drahtdurchmesser 2,5 mm, mittlerem Windungsdurchmesser 20 (**7.207**) und der Baulänge 54 mm wird bezeichnet:

Druckfeder DIN 2098-2,5 × 20 × 54.

Tabelle 7.43 Federn nach DIN 2098-1 und DIN 2098-2, Fortsetzung s. nächste Seite

d	D	F_n	Dorn D_d max.	Hülse D_h min.	$i_f = 3,5$ L_0 ≈	L_n	s_n ≈	R	$i_f = 5,5$ L_0 ≈	L_n	s_n ≈	R	$i_f = 8,5$ L_0 ≈	L_n	s_n ≈	R
0,4	5	4,09	4,1	6,0	**10,9**	3,2	7,7	0,53	**16,4**	4,4	12,0	0,34	**24,7**	6,1	18,6	0,22
	4	5,03	3,2	5,0	**7,9**	3,1	4,8	1,04	**11,7**	4,2	7,6	0,66	**17,5**	5,8	11,7	0,43
	3,2	6,12	2,5	4,0	6	3,0	3,0	2,04	**8,7**	4,0	4,7	1,30	**12,8**	5,5	7,3	0,84
	2,5	7,47	1,8	3,3	**4,7**	2,9	1,7	4,27	**6,7**	3,9	2,7	2,72	**9.6**	5,4	4,2	1,76
	2	8,72	1,3	2,8	**3,9**	2,9	1,0	8,34	**5,5**	3,8	1,6	5,31	**7,8**	5,3	2,5	3,44
0,5	6,3	6,70	5,3	7,5	**13,5**	4,3	9,2	0,74	**20**	6,0	14,0	0,47	**30**	8,7	21,3	0,31
	5	8,20	4,0	6,2	**9,4**	3,9	5,5	1,49	**14**	5,4	8,6	0,95	**20,5**	7,6	12,9	0,62
	4	9.50	3,1	5,0	7	3,7	3,3	2,89	**10**	5,1	4,9	1,85	**15**	7,1	7,9	1,19
	3,2	10,2	2,4	4,1	**5,5**	3,7	1,8	5,68	**7,9**	5,1	2,8	3,60	**11,5**	7,1	4,4	2.33
	2,5	10,6	1,7	3,4	**4,4**	3,5	0,9	11,8	**6,1**	4,7	1,4	7,57	**8,7**	6,5	2,2	4,89
0,63	8	10,2	6,8	9,4	**16**	5,1	10,9	0,91	**24,5**	7,1	17,4	0,58	**37**	10,2	26,8	0,38
	6,3	12,7	5,1	7,6	**11,5**	4,6	6,9	1,87	**17**	6,2	10,8	1,19	**25,5**	8,9	16,6	0,77
	5	15,8	3,9	6,1	**8,5**	4,3	4,2	3,76	**12,5**	5,8	6,7	2,40	**18,5**	8,2	10,3	1,55
	4	17,5	3,0	5,0	**6,7**	4,3	2,4	7,30	**9,6**	5,8	3,8	4,64	**14**	8,2	5,8	3,00
	3,2	21,4	2,3	4,2	**5,5**	4,0	1,5	14,3	**7,8**	5.4	2,4	9,08	**11**	7,5	3,5	5,88
0,8	10	15,7	8,6	11,6	**20**	6,9	13.1	1,22	**30**	9,8	20,2	0,77	**45,5**	14,3	31,2	0,50
	8	19,9	6,6	9,6	**14,5**	6,1	8,4	2,37	**21,5**	8,4	13,1	1,51	**32**	12,0	20,0	0,98
	6,3	24,5	5,0	7,7	**10,5**	5,6	4,9	4,86	**15,5**	7,7	7,8	3,09	**23**	10,9	12,1	2,00

Tabelle 7.43 Fortsetzung

d	D	F_n	Dorn D_d max.	Hülse D_h min.	$i_f=3{,}5$ L_0 ≈	L_n	s_n ≈	R	$i_f=5{,}5$ L_0 ≈	L_n	s_n ≈	R	$i_f=8{,}5$ L_0 ≈	L_n	s_n ≈	R
	5	26,5	3,8	6,3	**8,3**	5,6	2,7	9,72	**12**	7,7	4,3	6,19	**17,5**	10,9	6,6	4,00
	4	32,5	2,8	5,3	**6,9**	5,2	1,7	18,9	**9,7**	7,0	2,7	12,1	**14**	9,8	4,2	7,82
1	12,5	22,4	10,8	14,4	**24**	9,4	14,6	1,52	**36,5**	13,4	23,1	0,97	**55,5**	19,4	36,1	0,62
	10	27,9	8,4	11,8	**17,5**	8,0	9,5	2,96	**26**	11,2	14,8	1,89	**39**	16,0	23,0	1,22
	8	33,8	6,5	9,6	**13**	7,3	5,7	5,79	**19**	10,1	8,9	3,68	**28,5**	14,3	14,2	2,38
	6,3	34,8	4,9	7,8	**10**	7,3	2,7	1,8	**14,5**	10,1	4,4	7,54	**21,5**	14,3	7,2	4,88
	5	44,6	3,6	6,5	**8,5**	6,6	1,9	23,7	**12**	9,0	3,0	15,1	**17**	12,6	4,4	9,76
1,25	16	55,3	14,1	18,2	**40,5**	9,1	31,4	1,76	**62**	12,9	49,1	1,12	**94**	18,5	75,5	0,73
	12,5	70,4	10,6	14,6	**27**	8,2	18,8	3,70	**41,5**	11,6	29,9	2,36	**62,5**	16,5	46,0	1,52
	10	87,1	8,2	11,9	**20**	7,7	12,3	7,23	**29,5**	10,8	18,7	4,60	**44,5**	15,2	29,3	2,98
	8	107	6,1	9,9	**15**	7,4	7,6	14,6	**22**	10,5	11,5	9,10	**33**	14,9	18,1	5,95
	6,3	136	4,7	8,1	**12**	7,2	4,8	29,6	**17**	9,8	7,2	18,4	**25**	13,8	11,2	12,0
1,6	20	86,5	17,5	22,6	**48**	12,4	35,6	2,43	**73,5**	17,6	55,9	1,55	**110**	25,5	84,5	1,01
	16	108	13,7	18,5	**34**	11,0	23,0	4,74	**51,5**	15,5	36,0	3,02	**77,5**	22,2	55,3	1,96
	12,5	138	10,3	14,7	**24**	10,0	14,0	9,95	**36**	14,1	21,9	6,35	**53,5**	20,1	33,4	4,12
	10	173	7,9	12,1	**18,5**	9,4	9,1	19,5	**27**	13,2	13,8	12,4	**40,5**	18,9	21,6	8,03
	8	216	5,9	10,1	**14,5**	9,0	5,5	38,0	**21,5**	12,6	8,9	24,2	**31,5**	17,9	13,6	15,7
2	25	130	22,0	28,0	**58**	15,0	43,0	3,04	**88,5**	21,4	67,1	1,94	**135**	31,0	104	1,25
	20	162	17,1	22,9	**41**	13,6	27,4	5,94	**62**	19,2	42,8	3,78	**94**	27,6	66,4	2,44
	16	202	13,4	18,6	**30**	12,5	17,5	11,6	**45**	17,7	27,3	7,38	**68**	25,5	42,5	4,78
	12,5	259	9,9	15,1	**22,5**	11,7	10,8	24,4	**33**	16,4	16,6	15,5	**49,5**	23,5	26,0	10,0
	10	324	7,5	12,5	**18**	11,2	6.8	47,5	**26,5**	15,6	10,9	30,3	**38,5**	22,0	16,5	19,6
2,5	32	186	28,3	36,0	**71,5**	19,3	52,2	3,55	**110**	27,9	82,1	2,26	**170**	40,7	129	1,46
	25	238	21,6	28,4	**49**	16,8	32,2	7,43	**74,5**	24,0	50,5	4,73	**115**	34,8	80,2	3,06
	20	298	16,8	23,2	**36**	15,5	20,5	14,5	**54**	21,9	32,1	9,23	**81,5**	31,5	50,0	5,97
	16	372	12,9	19,1	**27,5**	14,6	12,9	28,3	**41**	20,5	20,5	18,0	**61**	29,3	31,7	11,7
	12,5	477	19,4	15,6	**22**	14,0	8,0	59,5	**32**	19,5	12,5	37,9	**47,5**	27,8	19,7	24,5
3,2	40	294	35,6	44,6	**82**	21,2	60,8	4,85	**125**	29,7	95,3	3,09	**190**	42,3	148	2,00
	32	368	27,6	36,5	**58,5**	19,8	38,7	9,49	**88,5**	27,4	61,1	6,04	**135**	38,8	96,2	3,90
	25	470	21,1	28,9	**42,5**	19,1	23,4	19,8	**63,5**	26,3	37,2	12,6	**943**	37,1	57,4	8,18
	20	588	16,1	23,9	**33,5**	18,5	15,0	38,9	**49,5**	25,9	23,6	24,7	**74**	37,1	36,9	16,0
	16	735	12,2	19,8	**27,5**	17,8	9,7	75,8	**40**	24,9	15,1	48,3	**59**	35,4	23,6	31,3
4	50	435	4:4,0	56,0	**99**	27,4	71,6	6,07	**150**	38,6	111	3,86	**230**	55,4	175	2,50
	40	534	34,8	45,2	**71**	25,2	45,8	11,9	**105**	35,1	69,9	7,55	**160**	50,0	110	4,88
	32	679	27,0	37,0	**53,5**	24,0	29,5	23,2	**79,5**	33,3	46,2	14,7	**120**	47,2	72,8	9,53
	25	869	20,3	29,7	**41**	22,9	18,1	48,6	**60,5**	32,2	28,3	30,9	**89,5**	46,0	43,5	20,0
	20	1090	15,3	24,7	**33,5**	22,2	11,3	94,9	**49**	31,0	18,0	60,4	**72**	44,2	27,8	39,1

Federn mit Drahtdurchmessern d = 0,1, 0,12, 0,16, 0,2, 0,25, 0,32 bzw. 5, 6,3, 8 und 10 mm und Anzahl der federnden Windungen i_f = 12,5 und 18,5 s. Normen.

7.9.2 Zylindrische Zugfedern (DIN 2097, DIN EN 10270-1)

Zugfedern bis 17 mm Werkstoffdurchmesser werden gewöhnlich aus federhartem Werkstoff und mit Vorspannung kaltgeformt. Federn mit größeren Werkstoffdurchmessern und für hohe Beanspruchung schon ab 10 mm Durchmesser werden schlussvergütet. Sie haben dann keine Vorspannung; aneinander liegende Windungen sind deshalb nicht notwendig. Statt des äußeren Windungsdurchmessers (D_a) kann der innere bemaßt werden, **7.211**. Die Länge (L_0) der unbelasteten Feder reicht von Innenkante zu Innenkante der Ösen und setzt sich aus der Länge (L_K) des Federkörpers und den zwei Abständen (L_H) bis zu den Öseninnenkanten zusammen. Ferner ist die Weite (m) der Ösenöffnung anzugeben.

Im Prüfdiagramm sind gewöhnlich erforderlich: die Vorspannkraft (F_0), die größere Betriebskraft (F_1), die Prüfkraft (F_n) und die dazugehörigen Längen (L_0, L_1, und L_n).

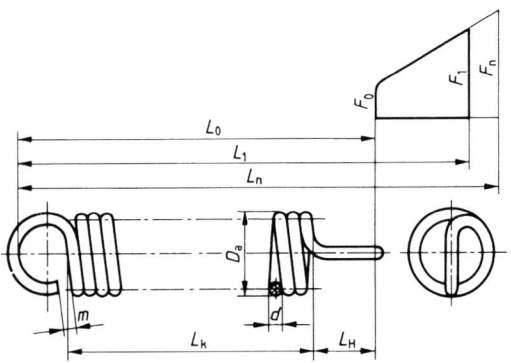

Anzahl der federnden Windungen ..., dazu angebogen je Ende eine ganze deutsche Öse. Als Fertigungsausgleich werden freigegeben: Anzahl der federnden Windungen, Werkstoffdurchmesser (d) und Vorspannkraft (F_0).

7.211
Zylindrische Zugfeder mit einer ganzen deutschen Öse (DIN 2097)

Die Ausführung der Ösen ist sehr verschieden; Näheres darüber s. DIN 2097. Zu bevorzugen ist die ganze deutsche Öse (**7.211**), bei der L_H = 80 % des inneren Durchmessers ist. Die Ösen einer Feder stehen in der Regel parallel zueinander oder um 90 ° gegenseitig versetzt.

Als Fertigungsausgleich müssen freigegeben und gekennzeichnet werden:

- wenn eine Federkraft, Länge (L_0) und Vorspannkraft (F_0) vorgeschrieben sind: Die Anzahl der federnden Windungen und entweder der Werkstoffdurchmesser (d) oder der äußere oder innere Windungsdurchmesser.
- bei zwei vorgeschriebenen Federkräften die gleichen Größen, außerdem die Vorspannkraft (F_0).

Ansicht, Schnitt und vereinfachte Darstellung einer Zugfeder mit einer ganzen deutschen Öse zeigt **7.212**.

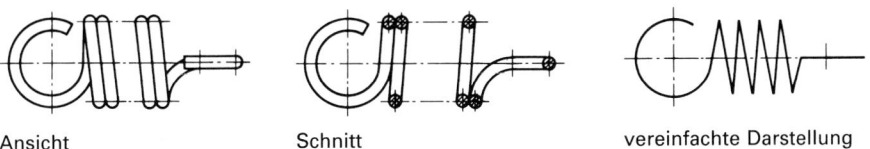

Ansicht   Schnitt   vereinfachte Darstellung

7.212 Angaben und Vordruck für zylindrische Zugfedern s. DIN 2099-2

Tellerfedern sind in DIN 2093 angegeben; ihre Berechnung erfolgt nach DIN 2092. Ansichten, Schnitte und vereinfachte Darstellung zeigt Tab. 7.44.

Tabelle 7.44 Darstellung von Tellerfedern nach DIN ISO 2162

	Ansicht	Schnitt	Vereinfachte Darstellung
Tellerfeder			
Tellerfederpaket (Teller in gleicher Richtung angeordnet)			
Tellerfederpaket (Teller der Reihe nach abwechselnd angeordnet			

Darstellung anderer Federn nach DIN ISO 2162-1 s. **7.213** und **7.214**.

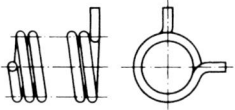

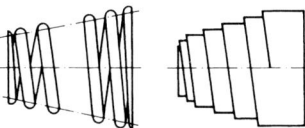

7.213 Zylindrische Schraubendrehfeder (DIN 2088)

7.214 Kegelige Druckfedern mit rundem und mit rechteckigem Querschnitt

8 Werkstoffe, Wärmebehandlungen und Beschichtungen

8.1 Werkstoffauswahl

Alle technischen Produkte werden aus Werkstoffen hergestellt. Die geforderte Qualität, Funktionalität, Umweltverträglichkeit und Wirtschaftlichkeit hängen entscheidend vom verwendeten Werkstoff ab. Die Summe aller Beanspruchungen, die ein Bauteil ertragen muss wird Anforderungsprofil genannt. Die Beanspruchungen finden in den Einflussbereichen *Festigkeit* (z. B. Spannungen, Verformungen), *Korrosion, Temperatur* (z. B. Wärmeausdehnung, Festigkeitsverlust durch Wärme) und *Reibung* (z. B. Verschleiß, Werkstoffverluste) statt.

Dem Anforderungsprofil an das Bauteil steht das Eigenschaftsprofil des Bauteilwerkstoffes gegenüber. Dieses lässt sich gliedern in *mechanische Eigenschaften* (z. B. Zugfestigkeit, Bruchdehnung*), technologische Eigenschaften* (z. B. Schwindmaß, Härtetiefe), *thermische Eigenschaften* (z. B. Zeitstandfestigkeit, Kerbschlagarbeit) und *chemische Eigenschaften* (z. B. Seewasserbeständigkeit, Korrosionsgeschwindigkeit).

Es ist stets zu prüfen, ob das Eigenschaftsprofil des Bauteilwerkstoffes dem Anforderungsprofil an das Bauteil entspricht. Der Werkstoff für einfache Werkstücke wird oft nach der Verfügbarkeit, dem Preis, den Fertigungsmöglichkeiten oder aus der Erfahrung heraus unter Zuhilfenahme von Werkstofftabellen (Tab. 8.1 bis 8.6) gewählt.

In die Herstellungskosten eines Produkts gehen auch die Werkstoffpreise ein. Einen ersten Überblick kann man sich durch die volumenbezogenen Relativkosten verschaffen. Nachfolgend ist ein Rundstab aus Baustahl S235 (Bezugsobjekt) mit der gleichen Halbzeugform anderer Stahlsorten, NE-Metallen oder Kunststoffen verglichen (Klammerwerte).

Stähle: Baustahl S235 (1,0), Einsatzstähle (1,1 ... 2,3), Vergütungsstähle (1,2 ... 1,7), Nitrierstähle (2,6), nichtrostende Stähle (3 ... 6).

NE-Metalle: CuZn-Legierungen (7 ... 8), CuSn-Legierungen (17), Reinaluminium (2,3), Al-Knetlegierungen (3 ... 4), Titan-Legierungen (40).

Kunststoffe: PVC (1), Polyamid (3,3), PTFE „Teflon" (15), Hartgewebe (6,8).

8.2 Bezeichnung, Verwendung und Eigenschaften der Werkstoffe

8.2.1 Stähle und Stahlguss

Stahl ist ein Werkstoff, dessen Massenanteil an Eisen größer ist als der jedes anderen Elementes, dessen Kohlenstoffgehalt im Allgemeinen kleiner ist als 2 % und der andere Elemente enthält. Nach DIN EN 10020 erfolgt eine Einteilung in unlegierte, nichtrostende und andere legierte Stähle.

Unlegierte Stähle, die keinen der festgelegten Grenzwerte (s. Norm) erreichen, gliedern sich in unlegierte *Qualitätsstähle* mit im Allgemeinen festgelegten Anforderungen (z. B. Bruchzähigkeit, Umformbarkeit) und *Edelstähle* mit verbesserten Eigenschaften (z. B. hohe Streckgrenze, hoher Reinheitsgrad).

Nichtrostende Stähle mit einem Chromgehalt von mindestens 10,5 %, einem Nickelgehalt < 2,5 % oder ≥ 2,5 % und einem Kohlenstoffgehalt von höchstens 1,2 % werden nach den Haupteigenschaften korrosionsbeständig, hitzebeständig und warmfest unterschieden. Sie werden nicht in Qualitäts- und Edelstähle unterteilt.

Andere legierte Stähle erreichen mindestens einen der zur Unterscheidung notwendigen Grenzwerte. Sie lassen sich unterscheiden in *legierte Qualitätsstähle* mit im Allgemeinen festgelegten Anforderungen (mechanische Eigenschaften, Korngröße usw.) die nicht zum Vergüten oder Randschichthärten vorgesehen und in *legierte Edelstähle* mit verbesserten Eigenschaften durch besondere Herstell- und Prüfbedingungen. Dazu zählen z. B. legierte Einsatz- und Vergütungsstähle, Werkzeug- und Wälzlagerstähle.

Nach DIN EN 10027-1 erfolgt die Bezeichnung der Stähle durch Kurznamen, die aus Haupt- und Zusatzsymbolen bestehen und ohne Leerstellen aneinandergereiht werden. Es gibt zwei Gruppen von Kurznamen: Die mit Hinweisen für die Verwendung und die mechanischen und physikalischen Eigenschaften und die nach der chemischen Zusammensetzung.

Bezeichnung der Stähle nach ihrem Verwendungszweck und ihren mechanischen oder physikalischen Eigenschaften

Die Kurznamen mit Hinweisen auf Verwendung und Eigenschaften beginnen mit einem Hauptsymbol für das Einsatzgebiet:

S   Stähle für den allgemeinen Stahlbau   L   Stähle für den Rohrleitungsbau
P   Stähle für den Druckbehälterbau   E   Maschinenbaustähle

Diesen Buchstaben folgt die Angabe der Mindeststreckgrenze in N/mm^2 für die kleinste Erzeugnisdicke. Danach folgen Zusatzsymbole für Stahl und Stahlerzeugnisse.

Weitere Hauptsymbole sind: B (Betonstähle), Y (Spannstähle), R (Schienenstähle), H und D (Flacherzeugnisse zum Kaltumformen), T (Verpackungsblech) und M (Elektroblech). Wenn die Festlegungen für Gussstücke gelten (Stahlguss) ist dem Kurznamen der Kennbuchstabe G und für pulvermetallurgisch erzeugten Stahl PM voranzustellen.

Die Zusatzsymbole für Stahl werden in zwei Gruppen unterteilt. Die zur ersten Gruppe gehörenden Symbole betreffen die Kerbschlagarbeit für unlegierte Baustähle oder bezeichnen andere Eigenschaften.

Kerbschlagarbeit in Joule			Prüftemperatur	Andere Eigenschaften:	
27 J	40 J	60 J	°C	A	ausscheidungshärtend
JR	KR	LR	+ 20	E	vorgeschriebener max. Schwefelgehalt
J0	K0	L0	0	M	thermomechanisch gewalzt
J2	K2	L2	– 20	N	normalgeglüht oder normalisierend gewalzt
J3	K3	L3	– 30		
J4	K4	L4	– 40		
J5	K5	L5	– 50		
J6	K6	L6	– 60		

Zusatzsymbole zu Gruppe 2 bezeichnen eine Eignung für besondere Verwendungszwecke oder Produktionsformen (Auswahl): C (mit besonderer Kaltumformbarkeit), D (für Schmelztauchüberzüge), H (Hohlprofile bzw. Hochtemperatur), L (für tiefe Temperaturen), W (wetterfest).

Die *Zusatzsymbole für Stahlerzeugnisse* umfassen besondere Anforderungen, den Behandlungszustand oder die Art des Überzuges. Sie sind von den vorhergehenden Symbolen durch ein Pluszeichen (+) zu trennen. So bedeuten z. B. + H (mit Härtbarkeit), + CH (mit Kernhärtbarkeit), + Z25 (Mindestbrucheinschnürung senkrecht zur Oberfläche 25 %), + A (feueraluminiert), + CE (elektrolytisch spezialverchromt), + CU (Kupferüberzug), + OC (organisch beschichtet), + S (feuerverzinnt), + Z (feuerverzinkt), + ZE (elektrolytisch verzinkt), + A (weichgeglüht), + AR (wie gewalzt), + AT (lösungsgeglüht), + CR (kaltgewalzt), + DC (Lieferzustand dem Hersteller überlassen), + N (normalgeglüht), + Q (abgeschreckt), + QT (vergütet), + SR (spannungsarmgeglüht), + T (angelassen). Es ist zu beachten, dass die Zusatzsymbole in der Regel nur bestimmten Hauptgruppen zugeordnet sind.

Bezeichnungsbeispiele mit Erläuterungen

S355K2W+N: Stahl für den Stahlbau (S), mit einer Mindeststreckgrenze R_e = 355 N/mm^2 (355), Kerbschlagarbeit von 40 J bei –20 °C (K2), Verwendung als wetterfester Stahl (W), Behandlungszustand normalgeglüht (+N).

P460NH: Druckbehälterstahl (P) mit einer Mindeststreckgrenze R_e = 460 N/mm^2 (460), normalgeglüht oder normalisierend umgeformt (N), für hohe Temperaturen geeignet (H).

Bezeichnung der Stähle nach der chemischen Zusammensetzung

Bei den Kurznamen nach der chemischen Zusammensetzung werden 4 Fälle unterschieden.

1. *Unlegierte Stähle mit mittlerem Mn-Gehalt < 1 %* (ohne Automatenstähle) erhalten den Kennbuchstaben C und eine Kennzahl, die dem hundertfachen Gehalt des Kohlenstoffs entspricht. Zusatzsymbole wie vorstehend. Bezeichnungsbeispiel mit Erläuterung:

C45E+QT ist ein unlegierter Stahl mit einem mittleren Mn-Gehalt < 1 % (C), einem mittleren C-Gehalt (45)/100 = 0,45 %, einem vorgeschriebenen max. S-Gehalt (E), im Behandlungszustand vergütet (+QT), Verwendung als Vergütungsstahl.

2. *Unlegierte Stähle mit einem Mn-Gehalt ≥ 1 % und unlegierte Automatenstähle und legierte Stähle (außer Schnellarbeitsstählen) mit Gehalten der einzelnen Legierungselemente unter 5 %* werden nach ihrem Kohlenstoffgehalt und ihren Legierungselementen klassifiziert. Der mittlere C-Gehalt wird als das Hundertfache angegeben. Es folgen die Symbole der Legierungselemente und die Zahlen, die dem mittleren Gehalt der Elemente, multipliziert mit den nachstehenden Faktoren entsprechen. Es werden nur Zusatzsymbole für Stahlerzeugnisse verwendet.

4	für	Cr	Co	Mn	Ni	Si	W				
10	für	Al	Be	Cu	Mo	Nb	Pb	Ta	Ti	V	Zr
100	für	Ce	N	P	S						
1000	für	B									

Bezeichnungsbeispiel mit Erläuterungen:

34CrNiMo6+A ist ein legierter Stahl mit einem Kohlenstoffgehalt von 0,34 % (34/100), bei dem der mittlere Gehalt der einzelnen Legierungselemente unter 5 % liegt, beinhaltet 1,5 % Chrom (6/4), Anteile an Ni und Mo nicht genannt (Ni, Mo), weichgeglüht (+A), Verwendung als Vergütungsstahl.

3. *Nichtrostende und andere legierte Stähle (außer Schnellarbeitsstählen), sofern der Gehalt eines Legierungselementes ≥ 5 % beträgt,* erhalten den Kennbuchstaben X, gefolgt von einer Zahl, die dem Hundertfachen des mittleren C-Gehaltes entspricht. Dem folgen die chemischen Symbole der Legierungselemente sowie Zahlen, getrennt durch einen Bindestrich. Sie geben den Gehalt der Legierungselemente in % an. Es werden nur Zusatzsymbole für Stahlerzeugnisse verwendet.

Bezeichnungsbeispiel mit Erläuterungen:

X5CrNi18-10 ist ein legierter Stahl, bei dem der mittlere Gehalt bei einem Element über 5 % liegt (X), mit 0,05 % C (5/100) und 18 % Cr (18), sowie 10 %Ni (10), Verwendung als nichtrostender Stahl.

4. *Schnellarbeitsstähle* werden mit HS und den Gehalten in % an Wolfram (W), Molybdän (Mo), Vanadium (V) und Kobalt (Co) in der gegebenen Reihenfolge bezeichnet, z. B. HS10-4-3-10.

Bezeichnung der Stähle nach der Werkstoffnummer (DIN EN 10027-2)

Die Werkstoffnummern bestehen aus der Werkstoff-Hauptgruppennummer (1 für Stahl) gefolgt von einem Punkt, einer zweistelligen Stahlgruppennummer und einer ebenfalls zweistelligen Zählnummer. Sie werden für jede Stahlsorte durch die europäische Stahlregistratur vergeben und eignen sich besonders für die Datenverarbeitung.

So trägt z. B. der warmgewalzte unlegierte Baustahl mit dem Kurznamen S235J2 die Werkstoffnummer 1.0117 (1 für Stahl, 01 für allgemeine Baustähle mit $R_m < 500 N/mm^2$ und der Zählnummer 17). Anhaltswerte für die Auswahl von Stählen bietet die Tabelle 8.1.

8.2.2 Gusseisenwerkstoffe

Gusseisenwerkstoffe werden nach DIN EN 1560 entweder durch Werkstoffkurzzeichen oder durch Werkstoffnummern bezeichnet.

Die Bezeichnung durch Kurzzeichen darf höchstens 6 Positionen haben. Als Position 1 wird die Vorsilbe EN- vorangestellt. Als Position 2 folgt das Symbol GJ (G Guss, J Eisen). In Position 3 ist die Grafitstruktur durch Kennbuchstaben anzugeben, z. B. L lamellar, S kugelig, M Temperkohle.

Falls es notwendig ist, die Mikro- oder Makrostruktur zu kennzeichnen, folgt als Position 4 ein weiterer Kennbuchstabe, z. B. A Austenit, P Perlit, M Martensit, Q abgeschreckt, B nicht entkohlend geglüht, W entkohlend geglüht. Nach einem Bindestrich folgen als Position 5 Zahlenwerte für Angaben zu mechanischen Eigenschaften oder zur chemischen Zusammensetzung: Mindestzugfestigkeit in N/mm^2, falls gefordert nach einem Bindestrich die Mindestbruchdehnung in Prozent, die Prüftemperatur für die Schlagzähigkeit (RT oder LT), Art der Härteprüfung (HB, HV, HR) mit Wert, Probenherstellung (S, U oder C) und bei hochlegierten Sorten die chemische Zusammensetzung (wie bei Stahl) mit dem Buchstaben X beginnend. Zusätzliche Anforderungen sind an Position 6 einzusetzen, z. B. H wärmebehandeltes Gussstück, W Schweißeignung, D Rohgussstück.

Bezeichnungsbeispiel mit Erläuterungen:

EN-GJMW-360-12S-W: Europäische Norm (EN), entkohlend geglühter (weißer) Temperguss (G Guss, J Eisen, M Temperkohle, W entkohlend geglüht), Mindestwert der Zugfestigkeit 360 N/mm^2 (360), Mindestwert der Dehnung 12 % (12), hergestellt mit getrennt gegossenem Probestück (S), Schweißeignung für Verbindungsschweißen (W).

Die Bezeichnung der Gusseisenwerkstoffe durch Nummern muss aus 9 Zeichen bestehen. An erster Stelle steht ein EN für europäische Norm. Nach einem Bindestrich folgt J (Eisen) und ein Buchstabe, der die Grafitstruktur angibt, z. B. L lamellar, S kugelig, N grafitfrei. Danach bestimmt eine einstellige Zahl das Hauptmerkmal des Werkstoffs, z. B. 1 Zugfestigkeit, 2 Härte, 3 chemische Zusammensetzung, eine zweistellige Zahl von 00–99 stellt den einzelnen Werkstoff dar und die letzte Ziffer steht für besondere Werkstoffanforderungen, z. B. 0 keine besonderen Anforderungen, 1 getrennt gegossene Probestäbe, 6 festgelegte Schweißeignung.

Bezeichnungsbeispiel mit Erläuterungen:

EN-JL1040: Europäische Norm (EN), Gusseisen (J), lamellarer Grafit (L), Zugfestigkeit als Hauptmerkmal (1), fortlaufende Zählziffer (04), keine besonderen Anforderungen (0).

Anhaltswerte für die Auswahl von Gusseisenwerkstoffen bietet die Tabelle 8.2.

Tabelle 8.1 Stähle und Stahlguss (Auswahl)

Stahlsorte		Bruchdehnung A % min	Zugfestigkeit R_m N/mm²	Streckgrenze[1] R_e N/mm² min	Eigenschaften Verwendung
Kurzname	Werkstoffnummer				
Unlegierte Baustähle, warmgewalzt nach DIN EN 10025-2					ohne Eignung zur Wärmebehandlung, Verwendung bei Umgebungstemperatur in geschweißten und geschraubten Bauteilen
S185	1.0035	18	290 … 510	185	Schweißeignung nicht gewährleistet; untergeordnete Bauteile bei geringer Belastung
S235JR S235J0 S235J2	1.0038 1.0114 1.0117	26	360 … 510	235	üblicher Stahl im Stahl- und Maschinenbau bei mäßiger Beanspruchung; Schweißeignung und Zähigkeit steigt von Gütegruppe JR bis J2; geschweißte Tragwerke, Maschinenständer, Gehäuse
S275JR S275J0 S275J2	1.0044 1.0143 1.0145	22	410 … 560	275	mäßig beanspruchte Bauteile; gut bearbeitbar, Eignung zum Schmelzschweißen; Achsen, Wellen, Hebel
S355JR S355J0 S355J2 S355K2	1.0045 1.0553 1.0577 1.0596	22	470 … 630	355	hoch beanspruchte Tragwerke im Stahl-, Kran-, Brücken- und Maschinenbau; hohe Streckgrenze, Schmelzschweißeignung und Sprödbruchsicherheit steigt von Gütegruppe JR bis K2
S450J0	1.0590	17	550 … 720	450	Maschinenbaustahl ohne besondere Anforderung an Schweißeignung und Zähigkeit (ohne Werte für die Kerbschlagarbeit), pressschweißbar
E295	1.0050	20	470 … 610	295	meist verwendeter Stahl bei mittlerer Beanspruchung; Wellen, Achsen, Bolzen
E335	1.0060	16	570 … 710	335	für höher beanspruchte verschleißfeste Teile; Wellen, Spindeln, Ritzel
E360	1.0070	11	670 … 830	360	höchst beanspruchte verschleißfeste Teile; Walzen, Gesenke, Steuerungsteile

8

8

Tabelle 8.1 Fortsetzung

Stahlsorte Kurzname	Werkstoffnummer	Bruchdehnung A % min	Zugfestigkeit R_m N/mm²	Streckgrenze [1] R_e N/mm² min	Eigenschaften Verwendung
Schweißgeeignete Feinkornbaustähle, warm gewalzt DIN EN 10025-3: normalgeglüht/normalisierend gewalzt (N) (obere Zeile) DIN EN 10025-4: thermomechanisch gewalzt (M) (untere Zeile), nicht warm umformbar					zähe, sprödbruch- und alterungsunempfindliche Qualitäts- bzw. Edelstähle mit hoher Streckgrenze und guter Schweißbarkeit
S275N S275M	1.0490 1.8818	24	370 … 510 370 … 530	275	hoch beanspruchte Schweißkonstruktionen im Kran-, Brücken- und Maschinenbau, Leichtbau von Nutzfahrzeugen, Großrohre, Offshore-Technik, Behälter, Stahlwasserbauten (kaltzähe Sorten erhalten ein angehängtes L, z. B. S420NL)
S355N S355M	1.0545 1.8823	22	470 … 630	355	
S420N S420M	1.8902 1.8825	19	520 … 680	420	
S460N S460M	1.8901 1.8827	17	550 … 720 540 … 720	460	
Automatenstähle nach DIN EN 10087					unlegierte Qualitätsstähle mit guter Zerspanbarkeit durch einen Mindestschwefelgehalt von 0,1 %, bleilegierte Sorten ermöglichen höhere Schnittgeschwindigkeit und Standzeit
11SMn30 11SMnPb30	1.0715 1.0718	–	380 … 570	–	zur Wärmebehandlung nicht geeignet; Kleinteile mit geringer Beanspruchung; Bolzen, Stifte, Wellen, Massendrehteile
10S20 10SPb20	1.0721 1.0722	–	360 … 530	–	zum Einsatzhärten geeignet; verschleißfeste Kleinteile; Bolzen, Wellen, Geräteteile
15SMn13	1.0725	–	430 … 600	–	(Festigkeitswerte in unbehandeltem Zustand)
35S20 35SPb20	1.0726 1.0756	15	630 … 780	430	direkt härtend; große Teile mit hoher Beanspruchung; Wellen, Spindeln, Gewindeteile
44SMn28 44SMnPb28	1.0762 1.0763	16	700 … 850	480	(Festigkeitswerte im vergüteten Zustand)

Tabelle 8.1 Fortsetzung

Kurzname	Werkstoffnummer	Bruchdehnung A % min	Zugfestigkeit R_m N/mm²	Streckgrenze [1] R_e N/mm² min	Eigenschaften Verwendung
Vergütungsstähle, unlegiert nach DIN EN 10083-2 und legiert nach DIN EN 10083-3, im vergüteten Zustand (+ QT)					
C22E	1.1151	20	500 ... 650	340	gering beanspruchte Teile mit kleinem Vergütungsdurchmesser; Wellen, Achsen, Pressmatrizen, Druckstücke, Kurbelwellen, Kurbelzapfen, Zahnräder
C35E	1.1181	17	630 ... 780	430	
C45E	1.1191	14	700 ... 850	490	
C60E	1.1221	11	850 ... 1000	580	
28Mn6	1.1170	13	800 ... 950	590	
41Cr4	1.7035	11	1000 ... 1200	800	höher beanspruchte Bauteile mit großem Vergütungsdurchmesser; Einlassventile, Wellen, Zahnräder, Bolzen, Schnecken, Fräsdorne
41CrS4	1.7039				
34CrMo4	1.7220				
34CrMoS4	1.7226				
25CrMo4	1.7218	12	900 ... 1100	700	hoch beanspruchte Bauteile zum Schmelzschweißen; Wellen, Kurbelwellen, Ventile, Bolzen
25CrMoS4	1.7213				
34CrNiMo6	1.6582	9	1200 ... 1400	1000	höchst beanspruchte Bauteile mit großem Vergütungsdurchmesser; große Getriebewellen, Turbinenläufer, Zahnräder
30CrNiMo8	1.6580	9	1250 ... 1450	1050	
Einsatzstähle nach DIN EN 10084 (Kerneigenschaften nach der Einsatzhärtung)					
C10E	1.1121	16	500	310	Maschinenbaustähle mit niedrigem C-Gehalt, die an der Oberfläche aufgekohlt und dann gehärtet werden; für dauerfeste Bauteile mit harter, verschleißfester Oberfläche
C15E	1.1141	14	800	545	
17Cr3	1.7016	11	800	545	direkt härtbare kleine Teile mit niedriger Kernfestigkeit; Bolzen, Buchsen, Zapfen, Gelenke
28Cr4	1.7030	10	900	620	Teile mit hoher Beanspruchung; kleinere Zahnräder und Wellen, Rollen, Spindeln, Messzeuge
16MnCr5	1.7131	10	1000	695	

8

Tabelle 8.1 Fortsetzung

Stahlsorte Kurzname	Werkstoffnummer	Bruchdehnung A % min	Zugfestigkeit R_m N/mm²	Streckgrenze [1] R_e N/mm² min	Eigenschaften Verwendung
20MnCr5	1.7147	8	1200	850	direkt härtbare Teile mit hoher Kernfestigkeit; Zahnräder und Wellen im Getriebe- und Fahrzeugbau
20MoCr4	1.7321	10	900	620	
22CrMoS3-5	1.7333	8	1100	775	direkt härtbare Getriebeteile mit hoher Zähigkeit
20NiCrMo2-2	1.6523	10	1100	775	
17CrNi6-6	1.5918	9	1200	850	Teile mit höchster Beanspruchung; Ritzel, Wellen, Nocken, Kettenglieder
18CrNiMo7-6	1.6587	8	1200	850	

Nitrierstähle nach DIN EN 10085 im vergüteten Zustand (+QT)

Stahlsorte Kurzname	Werkstoffnummer	Bruchdehnung A % min	Zugfestigkeit R_m N/mm²	Streckgrenze [1] R_e N/mm² min	Eigenschaften Verwendung
					härtbare legierte Edelstähle, die Nitridbildner (Al, Cr, Mo, V) enthalten und dadurch für das Nitrieren besonders geeignet sind; Nitrierschichten verbessern Verschleißverhalten, Dauerfestigkeit und Korrosionsbeständigkeit der Fertigteile
31CrMo12	1.8515	10	1030 ... 1230	835	dickwandige Verschleißteile; Stangen, Schmiedestücke
31CrMoV9	1.8519	9	1100 ... 1300	900	Ventilspindeln, Schleifmaschinenspindeln, Messwerkzeuge
34CrAlMo5-10	1.8507	14	800 ... 1000	600	dauerstandfeste Armaturenteile bis Temperaturen über 450 °C
34CrAlNi7-10	1.8550	10	900 ... 1100	680	große Bauteile; schwere Tauchkolben, Kolbenstangen, Spindeln

Nichtrostende Stähle nach DIN EN 10088-3
Lieferform: Halbzeuge, Stangen und Profile. Wärmebehandlungszustand: ferritische und austenitische Stähle: geglüht (+A); martensitische Stähle: vergütet (+QT)

Stahlsorte Kurzname	Werkstoffnummer	Bruchdehnung A % min	Zugfestigkeit R_m N/mm²	Streckgrenze [1] R_e N/mm² min	Eigenschaften Verwendung
					hohe Beständigkeit gegen chemisch angreifende Stoffe durch Bildung von Deckschichten, enthalten mindestens 10,5 % Chrom und höchstens 1,2 % Kohlenstoff
X2CrNi12	1.4003	20	450 ... 600	260	**Ferritische Stähle** (gute Schweißeignung, warmfest, kaltumformbar, schwer zerspanbar) korrosionsträge; Fördertechnik, Fahrzeug- und Containerbau

Tabelle 8.1 Fortsetzung

Stahlsorte Kurzname	Werkstoffnummer	Bruchdehnung A % min	Zugfestigkeit R_m N/mm²	Streckgrenze[1] R_e N/mm² min	Eigenschaften Verwendung
X6Cr13	1.4000	20	400 ... 630	230	geschliffen beständig gegen Dampf und Wasser; Beschläge, Spindeln für Armaturen, Haushaltsgeräte
X6Cr17	1.4016	20	400 ... 630	240	gut kaltumformbar, polierbar; Verbindungselemente, Tiefziehteile, Innenausbau
X6CrMoS17	1.4105	20	430 ... 460	250	Automatenstahl, weniger korrosionsbeständig; Dreh- und Frästeile, Befestigungselemente
X20Cr13	1.4021	13	700 ... 850	500	**Martensitische Stähle** (härtbar, hohe Festigkeit) Achsen, Wellen, Flansche, Federn, Armaturen, Turbinenteile, Pflugscharen
X39CrMo17-1	1.4122	12	750 ... 950	550	beständig gegen organische Säuren, warmfest; Wellen, Spindeln, Ventile, Verschleißteile
X14CrMoS17	1.4104	12	650 ... 850	500	Automatenstahl, weniger korrosionsbeständig, gut schweißbar; weichmagnetischer Ventilstahl
X5CrNi18-10	1.4301	45	500 ... 700	190	**Austenitische Stähle** (gut schweiß- und kaltumformbar, unmagnetisch, schlecht zerspanbar) Standardstahl; Bauwesen, Fahrzeugbau, Nahrungsmittelindustrie; Fahrtreppen, Aufzüge, Fassaden, Container, Spültische, Operationstische,
X5CrNiMo17-12-2	1.4401	40	500 ... 700	200	Nahrungsmittel-, Textil- und Bauindustrie; Lagertanks, Kessel, Sudwerke, Schlachtereieinrichtungen
X1NiCrMoCu25-20-5	1.4539	35	530 ... 730	230	beständig gegen Phosphor-, Schwefel- und Salzsäure; chemische Industrie, Textilveredelung, Rohre
X8CrNiS18-9	1.4305	35	500 ... 750	190	Automatenstahl, weniger korrosionsbeständig; Verbindungselemente, Dreh- und Frästeile

8

8

Tabelle 8.1 Fortsetzung

Stahlsorte		Bruchdehnung A % min	Zugfestigkeit R_m N/mm²	Streckgrenze [1] R_e N/mm² min	Eigenschaften Verwendung
Kurzname	Werkstoffnummer				
Federstähle, warmgewalzt, nach DIN EN 10089 in vergütetem Zustand (+QT)					Elastische Verformbarkeit wird durch höhere Anteile an Kohlenstoff und Legierungsanteile von Silicium, Mangan, Chrom, Molybdän und Vanadium, sowie durch Vergüten erreicht.
38Si7	1.5023	8	1300 … 1600	1150	federnde Schraubensicherungen, Spannmittel
46Si7	1.5024	7	1400 … 1700	1250	Schraubenfedern, Blattfedern
56SiCr7	1.7106	6	1500 … 1800	1350	Fahrzeugblattfedern, Schrauben und Tellerfedern
55Cr3	1.7176	3	1400 … 1700	1250	hoch beanspruchte Blatt- und Schraubenfedern, Stabilisatoren
51CrV4	1.8159	6	1350 … 1650	1200	höchst beanspruchte Blatt- und Schraubenfedern, Drehstab- und Tellerfedern.
52CrMoV4	1.7701	6	1450 … 1750	1300	höchst beanspruchte Federn mit größeren Abmessungen
Stahlguss für allgemeine Anwendungen nach DIN EN 10293 (Es bedeuten: +N → Normalglühen, +QT → Vergüten)					
GE200+N	1.0420	25	380 … 530	200	**unlegierter Stahlguss** wird im Temperaturbereich zwischen −10 °C und +300 °C für Bauteile mit mittlerer Beanspruchung eingesetzt; Maschinenständer, Zahnräder, Pleuelstangen, Bremsscheiben
GE240+N	1.0446	22	450 … 600	240	
GE300+N	1.0558	15	600 … 750	300	
G17Mn5+QT	1.1131	24	450 … 600	240	**niedrig legierter Stahlguss**, Einsatz bis +300 °C, für dynamisch hoch beanspruchte Bauteile; Zahnkränze, Walzenständer, Turbinenteile, Ventil- und Schiebergehäuse
G20Mn5+QT	1.6220	22	500 … 650	300	
G28Mn6+QT2	1.1165	10	700 … 850	550	
G34CrMo4+QT2	1.7230	10	830 … 980	650	
G35CrNiMo6-6+QT2	1.6579	10	900 … 1050	800	

Tabelle 8.1 Fortsetzung

Stahlsorte Kurzname	Werkstoffnummer	Bruchdehnung A % min	Zugfestigkeit R_m N/mm²	Streckgrenze[1] R_e N/mm² min	Eigenschaften Verwendung
GX3CrNi13-4+QT	1.6982	15	700 … 900	500	**nichtrostender Stahlguss**, hoch beständig durch einen Cr-Gehalt von mindestens 12 %; Turbinen- und Ventilgehäuse, Laufräder, Apparateteile
GX4CrNi16-4+QT2	1.4421	10	1000 … 1200	830	
GX4CrNiMo16-5-1+QT	1.4405	15	760 … 960	540	
Werkzeugstähle nach DIN EN ISO 4957					zum Be- und Verarbeiten von Werkstoffen, sowie Handhaben und Messen von Werkstücken geeignete Edelstähle hoher Härte und Verschleißfestigkeit
		Härtetemperatur °C	Anlasstemperatur °C	Härte HRC min	**Kaltarbeitsstähle** (Einsatztemperatur unter 200 °C)
C45U	1.1730	810	180	54	Handwerkszeuge, Meißel, Aufbauteile von Werkzeugen
C105U	1.1545	780	180	61	Präge- und Ziehwerkzeuge, Reibahlen, Matrizen einfacher Schneidwerkzeuge
102Cr6	1.2067	840	180	60	Bördelrollen, Stempel, Lehren, Bohrer, Fräser
60WCrV8	1.2550	910	180	58	Präge-, Fließpress-, Schneid- und Pressluftwerkzeuge, Lochstempel
X153CrMoV12	1.2379	1020	180	61	Schneid-, Gewindewalz-, Press-, Präge- und Holzbearbeitungswerkzeuge, Tafel- und Kreisscherenmesser
X210CrW12	1.2436	970	180	62	
55NiCrMoV7	1.2714	850	500	42	**Warmarbeitsstähle** (für Einsatztemperaturen über 200 °C) warmzäh, durchhärtend; Warmschermesser, mittlere Hammergesenke
X37CrMoV5-1	1.2343	1020	550	48	warmfest, temperaturwechselbeständig; Druckgussformen, Pressmatrizen und -stempel, Gesenke
HS6-5-2	1.3339	1220	560	64	**Schnellarbeitsstähle** (Einsatztemperatur über 600 °C) Spiralbohrer, Kreissägeblätter, Reibahlen, Fräser, Schneidwerkzeuge

8

Tabelle 8.1 Fortsetzung

Stahlsorte		Bruchdehnung A % min	Zugfestigkeit R_m N/mm²	Streckgrenze [1] R_e N/mm² min	Eigenschaften Verwendung
Kurzname	Werkstoffnummer				
HS6-5-2-5	1.3243	1210	560	64	höchstbeanspruchte Spiralbohrer, Fräser und Drehmeißel, Schruppwerkzeuge mit hoher Zähigkeit
HS10-4-3-10	1.3207	1230	560	66	Drehmeißel für Automatenbearbeitung
HS2-9-1-8	1.3247	1190	550	66	Fräser und Schneidräder zur Schrupp- und Schlichtbearbeitung hochwarmfester Stähle

1) Bei Baustählen für Erzeugnisdicke $\leq$ 16 mm

Tabelle 8.2 Gusseisen (Auswahl)

Werkstoffbezeichnung		Bruchdehnung A % min	Zugfestigkeit R_m N/mm² min	0,2 %-Dehngrenze $R_{p0,2}$ N/mm² min	Eigenschaften Verwendung
Kurzname	Werkstoffnummer				
Gusseisen mit Lamellengrafit nach DIN EN 1561					meist verwendeter Gusswerkstoff; für verwickelte und dünnwandige Teile; spröde, hohe Bruchfestigkeit; gutes Formfüllungsvermögen, große innere Dämpfung, sehr gut zerspanbar
EN-GJL-100	EN-JL1010	–	100	–	bei besonderen Anforderungen an Wärmeleitfähigkeit, Dämpfung und Bearbeitbarkeit; Bauguss, Handelsguss
EN-GJL-150	EN-JL1020	–	150	–	für höher beanspruchte dünnwandige Teile ; leichter Maschinenguss
EN-GJL-200	EN-JL1030	–	200	–	mittlerer bis schwerer Maschinenguss; Gehäuse, Hebel, Riemenscheiben
EN-GJL-250	EN-JL1040	–	250	–	druckdichter und wärmebeständiger Guss; Zylinder, Armaturen, Pumpen
EN-GJL-300	EN-JL1050	–	300	–	für hoch beanspruchte Teile; Maschinenständer, Bremsscheiben, Lagerschalen
EN-GJL-350	EN-JL1060	–	350	–	bei höchster Beanspruchung, Teile mit gleichmäßiger Wanddicke; Pressenständer, Turbinengehäuse
Gusseisen mit Kugelgrafit nach DIN EN 1563					Kohlenstoff liegt überwiegend in Form von kugeligem Graphit vor, stahlähnliche Eigenschaften, gut gieß- und bearbeitbar
EN-GJS-350-22	EN-JS1015	22	350	220	Gut bearbeitbar, hohe Zähigkeit; Pumpen und Getriebegehäuse, Achsschenkel, Absperrklappen, Pressenständer
EN-GJS-400-18	EN-JS1020	18	400	250	
EN-GJS-450-10	EN-JS1040	10	450	310	
EN-GJS-500-7	EN-JS1050	7	500	320	gut bearbeitbar, mittlere Verschleißfestigkeit; Lenk- und Getriebegehäuse, Bremsenteile, Radnaben, Kurbelwellen, Kolben
EN-GJS-600-3	EN-JS1060	3	600	370	
EN-GJS-700-2	EN-JS1070	2	700	420	
EN-GJS-800-2	EN-JS1080	2	800	480	hohe Oberflächenhärte und Verschleißfestigkeit; Zahnräder, Umformwerkzeuge, Kupplungsteile
EN-GJS-900-2	EN-JS1090	2	900	600	

8

8

Tabelle 8.2 Fortsetzung

Temperguss nach DIN EN 1562

Werkstoffbezeichnung		Bruchdehnung A % min	Zugfestigkeit R_m N/mm² min	0,2 %-Dehngrenze $R_{p0.2}$ N/mm² min	Eigenschaften Verwendung
Kurzname	Werkstoffnummer				
EN-GJMW-350-4	EN-JM1010	4	350	–	**entkohlend geglühter (weißer) Temperguss für dünnwandige Gussstücke** gering beanspruchte Teile, Fittings, Schlossteile, Förderkettenglieder
EN-GJMW-360-12	EN-JM1020	12	360	190	besonders schweißgeeignet; Verbundkonstruktionen mit Walzstahl
EN-GJMW-400-5	EN-JM1030	5	400	220	Standardsorte, gut schweißbar; Schraubzwingen, Rohrverbinder, Fittings, Tretlagergehäuse
EN-GJMW-450-7	EN-JM1040	7	450	260	gut zerspanbar, schlagfest; Fahrwerksteile, Schalungs- und Gerüstteile, Getriebeschalthebel
EN-GJMW-550-4	EN-JM1050	4	550	340	
EN-GJMB-300-6	EN-JM1110	6	300	–	**nicht entkohlend geglühter (schwarzer) Temperguss** für druckdichte Teile ; Hydraulikguss, Steuerblöcke
EN-GJMB-350-10	EN-JM1130	10	350	200	zäh, gut zerspanbar; Gehäuse, Kettenglieder, Kupplungsteile, LKW-Bremsträger, Schaltgabeln, Steckschlüssel
EN-GJMB-450-6	EN-JM1140	6	450	270	
EN-GJMB-500-5	EN-JM1150	5	500	300	
EN-GJMB-550-4	EN-JM1160	4	550	340	Alternative zu Schmiedeteilen, ideal für Randschichthärtung; Kurbelwellen, Federböcke, Radnaben, Gehäuse, Gelenkgabeln
EN-GJMB-600-3	EN-JM1170	3	600	390	
EN-GJMB-650-2	EN-JM1180	2	600	430	hohe Festigkeit bei ausreichender Zerspanbarkeit, verschleißbeanspruchte Teile, vergütbar; Gabelköpfe, kleine Gehäuse, Pleuel, Kreiskolben, Tellerräder
EN-GJMB-700-2	EN-JM1190	2	700	530	
EN-GJMB-800-1	EN-JM1200	1	800	600	

8.2.3 Aluminiumlegierungen

Die Bezeichnung der Aluminiumwerkstoffe regeln die Normen DIN EN 1780 (Gussstücke) und DIN EN 573 (Halbzeuge). Beide Normen sehen eine Bezeichnung nach Nummern oder nach der chemischen Zusammensetzung vor.

Bezeichnung nach Werkstoffnummern: Die Bezeichnung nach Werkstoffnummern enthält in 4 Datenblöcken 11 Zeichen. Die ersten 3 Stellen enthalten EN mit anschließendem Leerzeichen. Die vierte Stelle besteht nur aus dem Zeichen A als Symbol für Aluminium. Die fünfte Stelle besteht aus einem Symbol, das die Erzeugnisart bezeichnet, z. B. C bedeutet Gussstück (casting), M steht für Vorlegierung (master alloy) und W für Halbzeug (wrought products). An der sechsten Stelle steht ein Bindestrich. Der letzte Datenblock enthält 5 Zeichen, von denen die ersten 4 Ziffern sind und die fünfte eine Ziffer oder ein Buchstabe. Die erste Ziffer (Stelle 7) gibt das Hauptlegierungselement an: 1 Reinaluminium, 2 Cu, 3 Mn, 4 Si, 5 Mg, 6 Mg + Si und 7 Zn. Die zweite Ziffer (Stelle 8) bezeichnet Verunreinigungen oder Legierungsabwandlungen, z. B. 0 für Knetlegierungen. Die dritte und vierte Ziffer (Stelle 9 und 10) ist eine laufende Nummer, die die Legierungen einer Gruppe durchnummeriert. Die letzte Stelle kann bei Knetlegierungen ein Buchstabe sein.

Bezeichnungsbeispiel mit Erläuterung:
EN AW-6082: Europäische Norm (EN), Aluminium-Knetlegierung (AW), Hauptlegierungselemente Silicium und Magnesium (60). Unter diesen Legierungen handelt es sich um Nr. 82.

Bezeichnung nach der chemischen Zusammensetzung: Sie folgt einem ähnlichen Schema wie bei allen NE-Metallen. Sie beruht auf ihren chemischen Symbolen, denen die Zahlen zur Angabe des Nenngehaltes des betreffenden Legierungselements oder des Reinheitsgrades bei Reinaluminium folgt. Vorzugsweise sollte diese Bezeichnung in eckige Klammern gesetzt und der aus 5 Ziffern bestehenden numerischen Bezeichnung nachgestellt werden. Wird nur die aus den chemischen Symbolen bestehende Bezeichnung verwendet, so muss die Vorsilbe EN davorstehen gefolgt von einem Zwischenraum. Danach kommt der Buchstabe A für Aluminium gefolgt von einem Buchstaben für die Erzeugnisform (G Gussstücke, W Halbzeug) und danach ein Bindestrich.

Beispiel: EN AC-51300[AlMg5] oder **EN AC-AlMg5**

Hierbei handelt es sich um eine Gusslegierung (C) der Legierungsgruppe Aluminium/Magnesium mit dem Hauptlegierungselement Magnesium (Mg), Massenanteil 5 % (5), Rest-Aluminium.

Der Bezeichnung können Kurzzeichen für die Gießverfahren folgen, z. B. S Sandguss, K Kokillenguss, D Druckguss, L Feinguss; des weiteren Abkürzungen für die Werkstoffzustände, z. B. F Gusszustand, O weichgeglüht, H kaltverfestigt, H111 geglüht mit nachfolgender geringer Kaltverfestigung; kaltverfestigt mit Härtegrad: H12 ($^1/_4$-hart), H14 ($^1/_2$-hart), H16 ($^3/_4$-hart) und H18 ($^4/_4$-hart); H22 kaltverfestigt und rückgeglüht, T wärmebehandelt; T3 lösungsgeglüht, kalt umgeformt und kalt ausgelagert; T4 lösungsgeglüht und kalt ausgelagert, T6 lösungsgeglüht und warm ausgelagert.

Die vollständige normgerechte Bezeichnung des Werkstoffes, des Gießverfahrens und des Werkstoffzustandes ist z. B. für ein Gussstück nach DIN EN 1706 in folgender Form auf der Zeichnung anzugeben:

EN 1706 AC-21000ST4 (numerisch) oder **EN 1706 AC-AlCu4MgTiST4** (chemisch)
Es bezeichnet ein Sandgussstück (S) aus der Aluminium-Gusslegierung (21000), lösungsgeglüht und kaltausgelagert (T4).

Anhaltswerte für die Auswahl von Aluminiumlegierungen bietet die Tabelle 8.3.

Tabelle 8.3 Aluminium und Aluminiumlegierungen (Auswahl)

Werkstoffbezeichnung		Zustand	Dicke $\leq$ mm	Bruchdehnung A % min	Zugfestigkeit R_m N/mm² min	0,2 %-Dehngrenze $R_{p0,2}$ N/mm² min	Eigenschaften und Verwendung
Kurzzeichen	Nummer						
							Aluminium und Aluminium-Knetlegierungen, nicht aushärtbar (DIN EN 485, 754-2, 755-2)
ENAW-Al99,5	ENAW-1050A	O,H111 H14 H18	50 25 3	20 2 ... 6 2	65 105 140	20 85 120	korrosionsbeständig, gut umformbar, schweiß- und lötbar, schlecht spanbar; Behälter, Apparate, Rohrleitungen für Lebensmittel und Getränke, Verpackungen
ENAW-AlMn1Cu	ENAW-3003	O,H111 H14 H18	50 25 3	15 2 ... 5 2	95 145 190	35 125 170	höhere Festigkeit als Reinaluminium, gute Beständigkeit gegen Alkalien, gut schweiß-, löt- und kaltumformbar, gute Warmfestigkeit; Dachdeckungen, Fahrzeugaufbauten, Dosenunterteile, Kochgeschirre
ENAW-AlMg5	ENAW-5019	O,H111 H12, H22 H14,H24	80 40 25	16 8 4	250 270 300	110 180 210	erhöhte Korrosionsbeständigkeit gegen Seewasser, gut kaltumformbar, Automatendrehteile, vorwiegend anodisiert und eingefärbt; Schrauben, Stifte, Drahtwaren
ENAW-AlMg4,5 Mn0,7	ENAW-5083	O,H111 H14 H16	50 25 4	11 2 ... 4 2	275 340 360	125 280 300	sehr gut beständig gegen Seewasser und Witterung, schweißgeeignet, Tieftemperatureigenschaften (bis 4 K); Druckbehälter, Tieftemperaturtechnik, Schweißkonstruktionen, Tankfahrzeuge
							Aluminium-Knetlegierungen, aushärtbar (DIN EN 485-2, 754-2, 755-2)
ENAW-AlCu4 PbMgMn	ENAW-2007	T3 T3	30 80	7 6	370 340	240 220	Automatenlegierung, nur im Zustand kaltausgehärtet in Form von Stangen und Rohren lieferbar, nicht schweißgeeignet, geringe chemische Beständigkeit; Dreh- und Frästeile

Tabelle 8.3 Fortsetzung

Werkstoffbezeichnung Kurzzeichen	Nummer	Zustand	Dicke $\leq$ mm	Bruchdehnung A % min	Zugfestigkeit R_m N/mm² min	0,2 %-Dehngrenze $R_{p0,2}$ N/mm² min	Eigenschaften und Verwendung
ENAW-AlSi1 MgMn	ENAW-6082	O,H111 T4 T5 T6	alle 25 5 25	14 14 8 10	160 205 270 310	110 110 230 260	hohe Festigkeit, Zähigkeit und Korrosionsbeständigkeit, gut kalt und warm umformbar; Profile und Schmiedestücke für Fahrzeug- und Maschinenbau, Blechformteile, Bierfässer, Niete, Schrauben
ENAW-AlZn4,5 Mg1	ENAW-7020	T6	40	10	350	290	Höchste Festigkeit bei geringer Beständigkeit, gute Kaltumformbarkeit in weichem Zustand, härtet nach dem Schweißen selbsttätig aus; Profile, Bleche und Rohre für geschweißte Bauteile im Fahrzeug- und Maschinenbau
							Aluminium-Gusslegierungen (DIN EN 1706)
ENAC-AlCu4 MgTi	ENAC-21000	S T4 K T4 L T4		5 8 5	300 320 300	200 200 220	einfachere Gussstücke mit höchster Festigkeit und Zähigkeit, aushärtbar, gut zerspanbar, bedingt schweißbar; als Feinguss (L) für verwickelte dünnwandige Gussstücke im Maschinen- und Flugzeugbau
ENAC-AlSi8Cu3	ENAC-46200	S F K F D F		1 1 1	150 170 240	90 100 140	sehr gutes Formfüllungsvermögen, geringe Lunkerneigung, gute Warmfestigkeit, geringe Zähigkeit und Beständigkeit, schweißbar, nicht aushärtbar; für verwickelte dünnwandige Gussstücke, Gehäuse für Maschinen-, Geräte- und Flugzeugbau
ENAC-AlMg5	ENAC-51300	S F K F L F		3 4 3	160 180 170	90 100 95	sehr gute Korrosionsbeständigkeit, sehr gut zerspanbar, anodisch oxidierbar, nicht aushärtbar; Beschläge, Maschinen für Lebensmittel und Getränkeverarbeitung, Haushaltsgeräte

8.2.4 Kupferlegierungen

Sie haben oft durch keine andere Werkstoffgruppe ersetzbare Eigenschaftskombinationen, wie beste Gleiteigenschaften bei hoher Verschleißfestigkeit, gute Leitfähigkeit bei hoher Korrosionsbeständigkeit. Kupfer und Kupferlegierungen können durch Werkstoffnummern oder nach der chemischen Zusammensetzung benannt werden.

Das europäische Werkstoffnummernsystem nach DIN EN 1412 besteht aus 6 Zeichen. Die erste Stelle besteht aus dem Buchstaben C (Copper). Die zweite Stelle benennt ein Buchstabe zur Angabe der Erzeugnisart, z. B. C (Gusserzeugnis); F (Schweißzusatz); S (Schrott); W (Knetwerkstoff); X (nicht genormter Werkstoff). Die Zeichen für die dritte, vierte und fünfte Stelle bilden eine Zahl zwischen 000 und 999 (Zählnummer). Die sechste Stelle bezeichnet mit einem Buchstaben die Werkstoffgruppe, z. B. C oder D (niedrig legierte Kupferlegierung); G (CuAl-Legierung); K (CuSn-Legierung); L oder M (CuZn-Zweistofflegierung); N oder P (CuZnPb-Automatenlegierung).

Beispiel   CW713R ist eine Kupfer-Knetlegierung (CW) aus der Gruppe der Kupfer-Zink-Mehrstofflegierungen (R) mit der Nummer 713.

Die Bezeichnung mit Werkstoffkurzzeichen (chemische Zusammensetzung) erfolgt -wie bei NE-Metallen üblich- durch das Basiselement und weitere Hauptlegierungselemente mit fallenden Gehalten in Prozent.

In DIN EN 1173 wird ein System von Materialzuständen für Kupfer und Kupferlegierungen festgelegt. Es besteht aus einem Buchstaben und drei Ziffern für bestimmt Eigenschaftswerte, z. B. A008 (Bruchdehnung A = 8 %), D (gezogen, ohne vorgeschriebene Eigenschaften), H120 (Härte HV120), R800 (Mindestzugfestigkeit R_m = 800 N/mm^2), Y360 (0,2 %-Dehngrenze R_{p02} = 360 N/mm^2). Sie folgt der Werkstoffbezeichnung und wird von dieser durch einen Bindestrich getrennt.

An das Kurzzeichen für Gusslegierungen wird stets ein C und kann die Bezeichnung für das Gießverfahren angehängt werden: GS (Sandguss), GM (Kokillenguss), GZ (Schleuderguss), GC (Strangguss) und GP (Druckguss).

Beispiel   **CuZn33Pb2-C-GZ** (CC750S-GZ) ist eine Kupfer-Zink-Mehrstoffgusslegierung (C), vergossen als Schleuderguss (GZ), Basismetall Kupfer (65 %), Hauptlegierungsbestandteile Zink 33 % und Blei 2 %.

Anhaltswerte für häufig verwendete Kupferlegierungen enthält die Tabelle 8.4.

Tabelle 8.4 Kupferlegierungen (Auswahl)

Werkstoffbezeichnung		Zustand	Durchmesser mm	Bruchdehnung A % min	Zugfestigkeit R_m N/mm² min	0,2 %-Dehngrenze $R_{p0,2}$ N/mm² min	Eigenschaften und Verwendung
Kurzzeichen	Nummer						
CuBe2	CW101C	R600 R1150	25…80 2…80	10 2	600 1150	480 1000	**Kupfer-Zink-Knetlegierungen** (DIN EN 12163) für höchste Ansprüche an Härte, Elastizität und Verschleiß, aushärtbar, gut lötbar; Federn, Membranen, Stirn- und Schneckenräder, Lagersteine, funkensichere Werkzeuge
CuNi2Si	CW111C	R690 R800	2…80 2…30	10 10	690 800	570 780	gute Leitfähigkeit und Korrosionsbeständigkeit, hohe Zeitstand- und Wechselfestigkeit, gute Gleiteigenschaften, aushärtbar; Gleitbahnen, Druckscheiben, Buchsen, hochfeste Schrauben, Freileitungsmaterial
CuZn37	CW508L	R310 R370	2…80 2…40	30 12	310 370	120 300	**Kupfer-Zink-Mehrstoff-Knetlegierungen** (DIN EN 12163) sehr gut kalt umformbar, gut löt- und schweißbar, korrosionsbeständig gegen Süßwasser, polierbar; Tiefzieh-, Drück- und Prägeteile, Schrauben, Federn, Kühlerbänder
CuZn40Mn2Fe1	CW723R	R460 R540	5…40 5…14	20 8	460 540	270 320	witterungsbeständig, gut lötbar, kalt und warm umformbar; Apparate- und Maschinenbau, Armaturen, Kälteapparate
CuSn6	CW452K	R340 R400 R470	2…60 2…40 2…12	45 26 15	340 400 470	230 250 350	**Kupfer-Zinn-Knetlegierungen** (DIN EN 12163) sehr gut kalt umformbar, gut schweiß- und lötbar, beständig gegen Seewasser und Industrieatmosphäre; Federn, Membranen, Schlauch- und Federrohre, Buchsen, Zahnräder

8

8

Tabelle 8.4 Fortsetzung

CuSn8 CuSn8P	CW453K CW459K	R390 R450 R550	2 … 60 2 … 40 2 … 12	45 26 15	390 450 550	260 280 430	ähnlich wie CuSn6, aber erhöhte Abriebfestigkeit und Korrosionsbeständigkeit; dünnwandige Gleitlagerbuchsen, Holländermesser; CuSn8P als Lagermetall bei stoßartiger Belastung
							Kupfer-Zink-Blei-Knetlegierungen (DIN EN 12164)
CuZn36Pb3	CW603N	R340 R400 R480	40...80 2 … 25 2 … 12	20 12 8	340 400 480	160 250 380	sehr gut zerspanbar und warm umformbar; Automatendrehteile, dünnwandige Strangpressprofile
CuZn37Mn3Al2 PbSi	CW713R	R540 R590	6 … 80 6 … 50	15 12	540 590	280 320	hohe Festigkeit, hoher Verschleißwiderstand, gut beständig gegen atmosphärische und Ölkorrosion; Konstruktionsteile im Maschinenbau, Gleitlager, Ventilführungen, Getriebeteile
							Kupfer-Aluminium-Knetlegierungen (DIN EN 12163)
CuAl10Fe3Mn2	CW306G	R590 R690	10...80 10...50	12 6	590 690	330 510	gute Korrosionsbeständigkeit, meerwasserbeständig, beständig gegen Erosion, Kavitation und Verzunderung, warmfest; chemischer Apparatebau, zunderbeständige Teile, Wellen, Schrauben, Zahnräder
CuAl11Fe6Ni6	CW308G	R750 R830	10...80 10...80	10 –	750 830	450 680	ähnlich CW306G, höchst belastete Konstruktionen; Lager- und Verschleißteile, Ventilsitze
							Kupfer-Zinn-Gusslegierungen (DIN EN 1982)
CuSn10-C	CC480K	GS GM GC GZ		18 10 10 10	250 270 280 280	130 160 170 160	korrosions- und kavitationsbeständig, meerwasserbeständig; Pumpengehäuse, Armaturen, Schnecken- und Zahnräder
CuSn12-C	CC483K	GS GM GC GZ		7 5 6 5	260 270 300 280	140 150 150 150	Standardlegierung, gute Gleit-, Verschleiß- und Notlaufeigenschaften, korrosionsbeständig; Lagerschalen, Buchsen, Gleitelemente

Tabelle 8.4 Fortsetzung

CuZn33Pb2-C	CC750S	GS, GZ	12	180	70	**Kupfer-Zink-Gusslegierungen** (DIN EN 1982) kostengünstig, gut zerspanbar, mittlere Leitfähigkeit, beständig gegen Brauchwasser; Konstruktionsteile, Gehäuse, Gas- und Wasserarmaturen
CuZn34Mn3Al2Fe1-C	CC764S	GS GZ	15 14	600 620	250 260	hohe Festigkeit und Härte; für statisch hoch beanspruchte Konstruktionsteile, Ventil- und Steuerteile, Sitze
CuSn5Zn5Pb5-C	CC491K	GS GM GZ, GC	13 6 13	200 220 250	90 110 110	**Kupfer-Zinn-Zink-(Blei-)Gusslegierungen (Rotguss) und Kupfer-Zinn-Blei-Gusslegierungen** (DIN EN 1982) Stammlegierung, nicht für Gleitzwecke, ausgezeichnete Korrosionsbeständigkeit, gute Festigkeits-, Bearbeitungs- und Gießeigenschaften; Armaturen, Ventile, Zahnräder, druckdichte Gussteile
CuSn7Zn4Pb7-C	CC493K	GS GM GZ, GC	15 12 12	230 230 260	120 120 120	Standard-Gleitwerkstoff mit besten Notlaufeigenschaften, mittlere Festigkeit und Härte; Lagerbuchsen, Gleitleisten, Druckwalzen
CuAl9-C	CC330G	GM GZ	20 15	500 450	180 160	**Kupfer-Aluminium-Gusslegierungen** (DIN EN 1982) beständig gegen Schwefelsäure, Essigsäure und Meerwasser; Schiffs- und Apparatebau, Armaturen, Ventilsitze, Beizanlagen
CuAl10Fe5Ni5-C	CC333G	GS GM GZ, GC	13 7 13	600 650 650	250 280 280	hohe Wechselfestigkeit auch bei Korrosionsbeanspruchung, hoher Widerstand gegen Kavitation und Erosion; Schiffspropeller, Laufräder, Pumpengehäuse

8

8.2.5 Kunststoffe

Kunststoffe haben auf Grund ihres Eigenschaftsprofils viele klassische Werkstoffe ersetzt. Durch die Vielfalt bei der Herstellung bringen sie zum Teil völlig neue Eigenschaften mit, die die Verwirklichung bestimmter technischer Forderungen erst ermöglichen. Sie werden als Polymere aus Monomeren (z. B. C, H, N, S) hergestellt. Für die Bezeichnung von Polymer-Werkstoffen gibt es mehrere Normen. In DIN EN ISO 1043-1 sind Kurzzeichen für Kunststoffe nach ihrer chemischen Zusammensetzung festgelegt, siehe Tabelle 8.5.

Die Kurzzeichen sind aus Großbuchstaben zusammengesetzt, mit denen die Komponenten und ggf. zusätzliche Eigenschaften gekennzeichnet werden.

Zur Kennzeichnung besonderer Eigenschaften können Kennbuchstaben mit Bindestrich angehängt werden, z. B. C (chloriert, kristallin), D (Dichte), E (verschäumt, elastomer), F (flexibel, flüssig), H (hoch, homo), I (schlagzäh), L (linear, niedrig), O (orientiert), P (weichmacherhaltig).

So bezeichnet z. B. **PVC-LD** ein Polyvinylchlorid niedriger Dichte und **PP-HI** ein hoch schlagzähes Polypropylen.

Kennbuchstaben und Kurzzeichen für Füll- und Verstärkungsstoffe, sowie für Struktur und Form enthält DIN EN ISO 1043-2. Beispiele für Füll- und Verstärkungsstoffe: B (Bor), C (Kohlenstoff), G (Glas), L (Cellulose), M (Metall, Mineral), Q (Silikat), T (Talg). Beispiele für Form und Struktur: B (Perlen, Kugeln, Bällchen), C (Chips, Schnitzel), D (Pulver), F (Fasern), P (Papier), W (Gewebe). So bezeichnen z. B. GF Glasfaser, WD Holzmehl und MD25 Mineralmehlanteil von 25 %.

Kurzzeichen für Kunststoffgemische (blends) werden in Klammern gesetzt, z. B. (ABS+PC).

Bei gefüllten Kunststoffen folgen der Werkstoffbezeichnung hinter einem Schrägstrich Angaben über Füll- und Verstärkungsstoffe und deren prozentualen Anteile. Ein Polypropylen-Homopolymer mit 30 % Glasfasern trägt z. B. die Bezeichnung PP-H/GF30.

Einen Überblick über häufig im Maschinenbau verwendete Kunststoffe gibt die Tabelle 8.6.

Tabelle 8.5 Kurzzeichen für Basis-Polymere (Auswahl)

Kurzzeichen	Bedeutung	Gruppe [1]	Kurzzeichen	Bedeutung	Gruppe [1]
ABS	Acrylnitril-Butadien-Styrol	T	PS	Polystyrol	T
EP	Epoxid	D	PTFE	Polytetraflourethylen	T
MF	Melamin-Formaldehyd	D	PUR	Polyurethan	D
PA	Polyamid	T	PVC	Polyvinylchlorid	T
PC	Polycarbonat	T	SAN	Styrol-Acrylnitril	T
PE	Polyethylen	T	SB	Styrol-Butadien	T
PF	Phenol-Formaldehyd	D	SI	Silikon	D
PMMA	Polymethylmethacrylat	T	UF	Urea-Formaldehyd	D
POM	Polyoxymethylen	T	UP	Ungesättigter Polyester	D
PP	Polypropylen	T	VCE	Vinylchlorid-Ethylen	T

[1] D Duroplaste,   T Thermoplaste

Tabelle 8.6 Eigenschaften häufig verwendeter Kunststoffe (Auswahl)

Werkstoff Name (Handelsname)	Kurzz.	Bruchdehnung %	Zugfestigkeit N/mm²	Einsatz-Temperatur °C	Eigenschaften	Verwendungsbeispiele
Polycarbonat (Lexan, Makrolon)	PC	100	60	–100 … 130	hohe Festigkeit, gute Zähigkeit, sehr gute elektrische Isoliereigenschaften, nicht beständig gegen Alkalien und organische Lösungsmittel	Formteile aller Art: Gehäuse, Sicherungskästen, Schutzhelme, Zeichendreiecke, Geschirr, Sicherheitsverglasungen
Polyamid (Ultramid B, Durethan B)	PA6	200	70	–30 … 100	starke Neigung zur Wasseraufnahme, zäh, abriebfest, schwingungsdämpfend, schweißbar	Konstruktionsteile hoher Festigkeit: Zahnräder, Gleitelemente, Lagerbuchsen, Dübel, Gehäuse, Seile
Polyoxymethylen (Hostaform, Delrin)	POM	25	65	–40 … 100	günstige Steifigkeit und Festigkeit bei ausreichender Zähigkeit, sehr gutes Gleit- und Verschleißverhalten, unbeständig gegen starke Säuren	anspruchsvolle Konstruktionsteile: Lagerbuchsen, Gehäuseteile, Federelemente, Zahnräder
Polytetrafluorethylen (Hostaflon, Teflon)	PTFE	350 … 550	25	–200 … 270	geringe Festigkeit, flexibel, geringste Reibung, klebwidrig, chemikalienbeständig, teuer	für höchste thermische und chemische Beanspruchung: Gleitlager, Isolatoren, Dichtungen, Pumpenteile, Antihaftbeschichtung
Polyethylen (Lupolen, Hostalen)	PE-HD PE-LD	80 … 400 600	20 … 35 8 … 20	–50 … 80	chemisch widerstandsfähig, gute elektrische Isolierfähigkeit	Dichtungen, Flaschen, Behälter, Mülltonnen, Ski-Gleitbeläge, Rohre, Folien
Aminoplaste (Bakelite, Hornit)	MF, UF z. B. Typ 131 Typ 152	1	30	<70	gute elektrische Isoliereigenschaften und chemische Beständigkeit, für Lebensmittelzwecke zugelassen	Verwendung nur gefüllt, hellfarbige Gehäuse, Schalter, Elektroisolierteile, Essgeschirr, Schichtstoffplatten (Füllstoffe: z. B. Cellulose, Gesteinsmehl, Textilfasern)

8

Tabelle 8.6 Fortsetzung

Werkstoff Name (Handelsname)	Kurzz.	Bruchdehnung %	Zugfestigkeit N/mm²	Einsatz-Temperatur °C	Eigenschaften	Verwendungsbeispiele
Polyesterharze, ungesättigt (Menzolit, Palatal)	UP UP GM40 UP GC60	2 3,3 3,4	60 160 340	<150	in verstärktem Zustand hohe Festigkeit (wie unlegierter Stahl), gute elektrische Isoliereigenschaften	Verwendung meist gefüllt; Bedachungen, Windschutzwände, Tanks, Behälter, Karosserien, Propeller, Boote, Hochsprungstangen
Epoxidharze (Araldit, Epikote)	EP EPGC201 EPGC203	2	340	<155	abhängig vom Aufbau des Harzes, vom Verstärkungsstoff und vom Bearbeitungsverfahren, als Laminate sehr hohe Festigkeit und Steifigkeit, wenig schlagempfindlich, chemisch beständig	unverstärkt: Vergussmasser, Gleitbahnen, Prototypwerkzeuge verstärkt: Verkleidungen und Funktionsteile, Rohre, Behälter, Rotorblätter
Polyurethanelastomere (Vulkollan, Urepan)	PUR	450	20	–25 ... 80	elastisch, verschleißfest, starke Dämpfung, beständig gegen Kraftstoffe und Öle, Versprödung durch UV-Strahlen	Zahnriemen, Dichtungen, Kupplungselemente, Laufrollen, Lagerelemente
Naturkautschuk, Isopren-Kautschuk	NR	600	22	–60 ... 80	hohe Festigkeit und Elastizität, guter Abriebwiderstand, Quellung in Öl, Fett und Benzin	Gummifedern, Gummilager, Membranen, LKW-Reifen, Scheibenwischerblätter
Acrylnitril-Butadien-Kautschuk (Perbunan N, Hycar)	NBR	450	6	–40 ... 100	beständig gegen Öle und Kraftstoffe, abriebfest, alterungsbeständig	Standardkautschuk für technische Anwendungen: O-Ringe, Wellendichtringe, Faltenbälge, Benzinschläuche
Silikonkautschuk (Silastic, Silopren)	MVQ	250	1	–100 ... 200	wärme-, kälte-, licht- und ozonbeständig, geringe Gasdurchlässigkeit, sehr gute elektrische Isoliereigenschaft, beständig gegen Öle und Fett, unbeständig gegen Kraftstoffe und Wasserdampf, schwer benetzbar	Formdichtungen hoher Wärmebeständigkeit und Kälteflexibilität, Schläuche, nicht haftende Förderbänder

8.3 Werkstoff- und Halbzeugangaben in Zeichnungen und Stücklisten

Der Werkstoff für das herzustellende Teil muss aus der Zeichnung und/oder der Stückliste eindeutig hervorgehen. In der Regel wird unter zugrundelegen der betreffenden Maßnorm eine Normbezeichnung nach DIN 820-2 gebildet. Die Bezeichnung genormter Gegenstände besteht danach aus einem Benennungsblock und einem Identifizierungsblock, der wiederum aus dem internationalen Norm-Nummernblock und dem Merkmaleblock, z. B. Rundstab EN 10060-32×3550E, Stahl EN 10025-S235JR, besteht. Werkstoffe können danach als Werkstoffart (z. B. Aluminium), Werkstoffgruppe (z. B. Aluminium-Knetlegierung nach DIN EN 573-3) oder Werkstoffsorte (z. B. ENAW-3103 nach DIN EN 573-3) festgelegt werden. Die Werkstoffsorte darf dabei als Werkstoff-Kurzzeichen, als Werkstoffnummer oder verschlüsselt (z. B. A2) angegeben werden, siehe Tab. 8.1 bis 8.4. Gütenormen enthalten stets ein Bezeichnungsbeispiel und Bestellangaben.

Die Internationale Norm DIN ISO 5261 enthält Festlegungen für die vereinfachte Angabe von Stäben und Profilen in Zusammenbau- und Einzelteilzeichnungen, s. Abschn. 6.1.6. Sie besteht aus der entsprechenden ISO-Bezeichnung und – bei Erfordernis – der Länge der Profile oder Stäbe, die durch einen Mittelstrich voneinander getrennt werden. Dies gilt auch für das Ausfüllen von Stücklisten.

Beispiel   Winkelprofil ISO 657-1-40×40×4-1600

Weiterhin sind grafische Symbole für Stäbe (z. B. Ø, □, △, ▭, ◠) und für Profile (z. B. ∟, ⊤, I, ⊏, ⊤, Ⱶ) festgelegt. Diese dürfen für Profile durch Kurzzeichen (Großbuchstaben) ersetzt werden, z. B. L, T, I, H, U, Z.

In der zurückgezogenen DIN 1352-2 waren noch immer anzutreffende Abkürzungen enthalten, z. B. Bl (Blech), Dr (Draht), Fl (Flach), Rd (Rund), 4kt (Vierkant).

Bezeichnungsbeispiele:

Rundstab EN 10600-50×1250E
Stahl EN 10025-S355JR
warmgewalzter Rundstab nach EN 10060, Durchmesser 50 mm, Genaulänge (E) 1250 mm, aus unlegiertem Baustahl mit der Bezeichnung S355JR (bzw. 1.0045) nach EN 10025-2

Rohr – 30×ID26 – EN 10305-1 – E 235 + N – Genaulänge 1800 mm
nahtlos kaltgezogenes Präzisionsstahlrohr mit einem Außendurchmesser von 30 mm und einem Innendurchmesser von 26 mm nach EN 10305-1, gefertigt aus der Stahlsorte E235 im normal geglühten Zustand (+ N), geliefert in Genaulänge 1800 mm + 3 mm

Flach EN 10278 - 80×16 – 140
EN 10277-5 – 25CrMoS4 + C + QT (oder 1.7213 + C + QT) – Klasse 3
blanker Flachstahl („Blankstahl") der Breite 80 mm, der Dicke 16 mm und der Genaulänge 140 mm nach EN 10278 (Maßnorm), hergestellt aus Vergütungsstahl der Sorte 25CrMoS4 im Lieferzustand kaltgezogen (+ C) und vergütet (+ QT), Oberflächengüteklasse 3, nach EN 10277 (Werkstoffnorm)

U-Profil DIN 1026 – U240 – S355J2
warmgewalzter U-Profilstahl mit geneigten Flanschflächen (U) mit einer Höhe von 240 mm nach DIN 1026-1, aus Stahl mit dem Kurznamen S355J2 nach EN 10025-2

L EN 10056-1 – 70×50×6 - Stahl EN 10025-4 – S355ML

warmgewalzter ungleichschenkliger Winkel nach EN 10056-1 mit den Schenkelbreiten 70 mm und 50 mm, der Schenkeldicke 6 mm, aus schweißgeeignetem Feinkornbaustahl der Sorte S355ML nach EN 10025-4

Blech EN 10051 – 4,0×1200GK×2500
Stahl EN 10025-6 – S690QL

warmgewalztes Blech nach EN 10051 mit der Nenndicke 4,0 mm, Nennbreite 1200 mm, mit geschnittenen Kanten (GK), Nennlänge 2500 mm, aus der Stahlsorte S690QL nach EN 10025-6 (Baustahl (S) mit einer Mindeststreckgrenze von 690 N/mm^2 in vergütetem Zustand (Q) und in Gütegruppe (L)).

8.4 Kennzeichnung von Stoffen durch Schraffuren

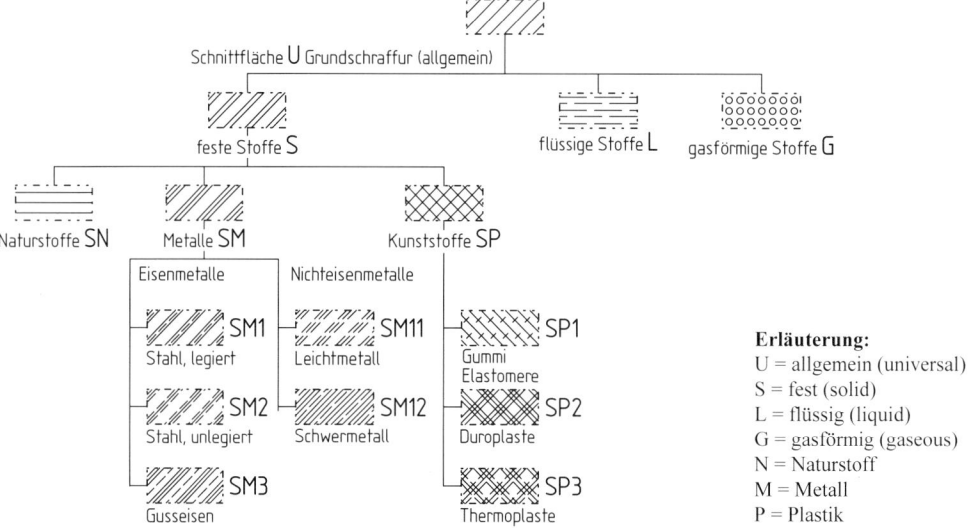

8.1 Kennzeichnung von Stoffen durch Schraffuren nach DIN ISO 128-50 (Anhang NB) (Auszug)

Schnittflächen sind im Allgemeinen ohne Rücksicht auf den Werkstoff mit der Grundschraffur U zu kennzeichnen. In manchen Zeichnungen kann es sinnvoll sein, unterschiedliche Stoffe zu charakterisieren. Dies kann durch Variation der Schraffur (Linienarten und geometrische Grundfiguren) erfolgen. In DIN ISO 128-50 (Anhang NB) findet zunächst eine Unterteilung in feste (S), flüssige (L) und gasförmige (G) Stoffe statt. Die Schraffuren fester Stoffe können dann weiter unterschieden werden in Naturstoffe (SN), Metalle (SM) und Kunststoffe (SP). Diese Gruppen können dann bei Bedarf weiter untergliedert werden, **8.1**.

Beachte: Wird diese besondere Darstellung durch Schraffuren angewandt, ist die Bedeutung deutlich auf der Zeichnung zu definieren, z. B. durch einen Hinweis auf ISO 128-50, Bilder, Wortangaben, chemische Formeln usw.

Beispiele für die Kennzeichnung von Werkstoffen im Bauwesen zeigen die Bilder **8.2**, **8.3** und **8.4**.

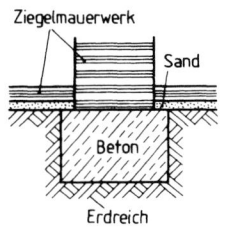

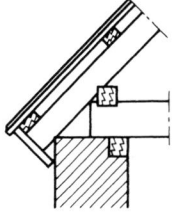

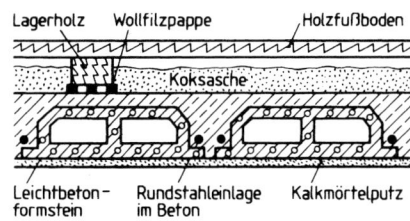

8.2 Grundmauerwerk   **8.3** Dachtraufe   **8.4** Stahlbeton-Rippendecke

8.5 Wärmebehandlungsangaben

8.5.1 Begriffe der Wärmebehandlung

Durch Wärmebehandlungen werden die Eigenschaften von Werkstoffen (z. B. Festigkeit, Härte, Umformbarkeit) verändert. Diese Stoffeigenschaftsänderungen finden wir im Zusammenhang mit Stählen. So ist das Härten von Stählen eine sehr häufig benutzte Wärmebehandlung. DIN EN 10052 definiert die wichtigsten Begriffe für die Wärmebehandlung von Eisenwerkstoffen, Tab. 8.7.

Tabelle 8.7 Begriffe der Wärmebehandlung nach DIN EN 10052

Abschrecken	Rasches Abkühlen eines Werkstücks mit größerer Geschwindigkeit als an ruhender Luft. Das zu verwendende Abschreckmittel sollte mit angegeben werden (z. B. Wasserabschrecken, Ölabschrecken).
Anlassen	Ein- oder mehrmaliges Erwärmen eines gehärteten Werkstücks auf eine vorgegebene Temperatur, Halten bei dieser Temperatur mit folgendem, zweckentsprechendem Abkühlen.
Aufkohlen	Wärmebehandlung eines Werkstücks in einem Kohlenstoff abgebenden Mittel zum Anreichern der Randschicht mit Kohlenstoff. Es wird empfohlen, das Aufkohlungsmittel mit anzugeben (z. B. Gasaufkohlen, Pulveraufkohlen).
Carbonitrieren	Thermochemisches Behandeln eines Werkstücks zum Anreichern der Randschicht mit Kohlenstoff und Stickstoff.
Einhärtungstiefe (nach Randschichtharten)	Senkrechter Abstand von der Oberfläche eines gehärteten Werkstücks bis zu der Schicht, deren Vickershärte HV1 80 % des für die Oberflächenhärte vorgegebenen Mindesthärtewerts beträgt (s. DIN EN 10328).
Einsatzhärten	Aufkohlen oder carbonitrieren mit anschließender zur Härtung führender Behandlung.
Einsatzhärtungstiefe	Senkrechter Abstand von der Oberfläche eines einsatzgehärteten Werkstücks bis zu der Schicht, deren Vickershärte im Regelfall 550 HV1 beträgt
Härten	Wärmebehandlung eines Werkstücks unter Bedingungen, die eine Härtezunahme des Werkstoffs zur Folge haben.
Nitrieren	Wärmebehandlung in einem Stickstoff abgebenden Mittel zum Anreichern der Randschicht eines Werkstücks mit Stickstoff. Es wird empfohlen, das Nitriermittel anzugeben (z. B. Gasnitrieren, Pulvernitrieren).
Randschichthärten	Auf die Randschicht eines Werkstücks beschränktes Härten. Es ist zweckmäßig, den Begriff durch die Art des Wärmens zu kennzeichnen {z. B. Flammhärten, Induktionshärten, Laserstrahlhärten). Einsatzhärteverfahren fallen nicht darunter.
Vergüten	Härten mit nachfolgendem Anlassen, um eine gewünschte Kombination von Werkstoffeigenschaften zu erreichen. In der Regel soll die Zähigkeit gegenüber dem gehärteten Zustand verbessert werden.

8.5.2 Härteprüfverfahren

Soll ein Werkstück gehärtet werden, muss in der Zeichnung die gewünschte Härte angegeben werden. Die Härte gibt zugleich einen Hinweis auf das anzuwendende Prüfverfahren. Zur genormten Prüfung der Härte metallischer Werkstoffe dienen die Verfahren Brinell, Vickers und Rockwell.

Härteprüfung nach Brinell (DIN EN ISO 6506-1). Ein Eindringkörper – Kugel aus Hartmetall mit dem Durchmesser D – wird senkrecht in die Oberfläche einer Probe eingedrückt und der Durchmesser d des Eindrucks gemessen, der in der Oberfläche nach Wegnahme der Prüfkraft F zurückbleibt, **8.5**. Das Verfahren eignet sich für NE-Metalle, ungehärteten Stahl und Gusseisen.

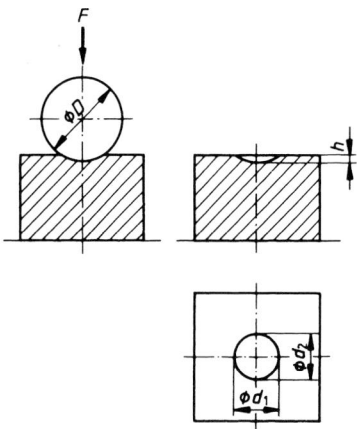

Die Brinellhärte ist proportional dem Quotienten aus der Prüfkraft und der gekrümmten Oberfläche des Eindrucks, von dem man annimmt, dass er kalottenförmig ist mit einem Krümmungsradius, der den halben Durchmesser wie der Eindringkörper hat. Dabei ist die Prüfkraft F so zu wählen, dass der Eindruckdurchmesser $d = (d_1 + d_2)/2$ zwischen den Werten 0,24 D und 0,6 D liegt.

Die Angabe der Brinellhärte setzt sich zusammen aus dem Härtewert (ohne Einheit), dem Symbol und den Prüfbedingungen. Der Härtewert steht vor dem Symbol HBW, dem die Prüfbedingungen folgen.

8.5 Härteprüfung nach Brinell, Prüfprinzip

Die Prüfbedingungen, durch Schrägstriche getrennt, setzen sich zusammen aus:

- dem Kugeldurchmesser in mm,
- einer Zahl, die die Prüfkraft kennzeichnet,
- der Einwirkdauer der Prüfkraft in s, falls diese von der in der Norm festgelegten Zeitspanne abweicht.

Beispiele **600 HBW 1/30/20** bedeutet, dass der Brinellhärtewert 600 mit einer Kugel von Durchmesser 1 mm, einer Prüfkraft von 294,2 N (30 · 9,81) und einer Einwirkdauer von 20 s bestimmt worden ist.

140 HBW 5/250 bedeutet, dass der Brinellhärtewert 140 mit einer Kugel von Durchmesser 5 mm, einer Prüfkraft von 2452 N (250 · 9,81) und einer Einwirkdauer von 10 bis 15s bestimmt worden ist.

Härteprüfung nach Rockwell (DIN EN ISO 6508-1). Hierzu wird ein Eindringkörper (Kegel aus Diamant mit gerundeter Spitze oder Kugel aus Hartmetall) in zwei Stufen in die Probe eingedrückt. Die bleibende Eindringtiefe dieses Eindringkörpers wird unter bestimmten Bedingungen ermittelt, aus der Eindringtiefe die Rockwellhärte abgeleitet. Das Verfahren eignet sich für alle metallischen Werkstoffe. Die Probenoberfläche muss geschliffen sein.

Die Rockwellhärte für die Skalen A, B, C, D, E, F, G, H und K wird angegeben durch das Kurzzeichen HR, dem der Härtewert (ohne Einheit) vorangesetzt wird und ein die Skale kennzeichnender Buchstabe folgt. Für die Skalen N und T folgen außerdem eine Zahl (Prüfgesamtkraft) und ein Buchstabe.

Beispiele **60 HRC** bedeutet, dass die Rockwellhärte, gemessen in der Skale C, 60 beträgt.

70 HR 30 N bedeutet, dass die Rockwellhärte, gemessen in der Skale N mit einer Gesamtprüfkraft von 294,2 N (30 · 9,81), 70 beträgt.

Härteprüfung nach Vickers (DIN EN ISO 6507-1). Ein Eindringkörper aus Diamant in Form einer geraden Pyramide mit quadratischer Grundfläche (mit einem Winkel von $\alpha = 136\,^\circ$ zwischen gegenüberliegenden Flächen) wird in die Oberfläche einer Probe eingedrückt und die Diagonalen d_1 und d_2 des Eindrucks gemessen, der in der Oberfläche nach Wegnahme der Prüfkraft F zurückbleibt, **8.6** und **8.7**. Das Verfahren eignet sich für Werkstoffe aller Härtegrade und dünne Randschichten.

Die Vickershärte ist proportional dem Quotienten aus der Prüfkraft und der Oberfläche des Eindrucks, der als gerade Pyramide mit quadratischer Grundfläche und gleichem Winkel wie der Eindringkörper angenommen wird.

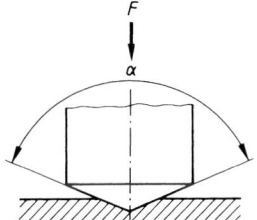

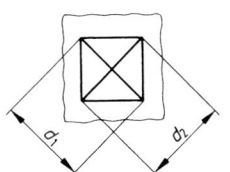

8.6 Eindringkörper (Diamantpyramide)   **8.7** Vickers-Eindruck

Die Angabe der Vickershärte setzt sich zusammen aus dem Härtewert und den Prüfbedingungen. Der Härtewert steht vor den Prüfbedingungen. Die Prüfbedingungen setzen sich zusammen aus:
– den Kennbuchstaben HV,
– einer Zahl, die die Prüfkraft kennzeichnet,
– nach einem Schrägstrich die Einwirkdauer der Prüfkraft in s, falls diese von der in der Norm festgelegten Zeitspanne abweicht.

Beispiele **640 HV 30** bedeutet, dass der Vickershärtewert 640 mit einer Prüfkraft von 294,2 N (30 · 9,81) und einer Einwirkdauer von 10 s bis 15 s bestimmt worden ist.

545 HV 1/20 bedeutet, dass der Vickershärtewert 545 mit einer Prüfkraft von 9,81 N (1 · 9,81) und einer Einwirkdauer von 20 s bestimmt worden ist.

Für die nach den einzelnen Verfahren gemessenen Härtewerte besteht keine lineare Beziehung. Auf Grund von Versuchsreihen sind Umwertungstabellen aufgestellt worden, s. DIN EN ISO 18265.

Für den schnellen Vergleich können folgende Näherungsbeziehungen gelten:
Brinellhärte HB $\approx 0,95 \cdot$ HV
Rockwellhärte HRC $\approx 0,1 \cdot$ HV (bis ca. 500 HV)

8

8.5.3 Zeichnungsangaben für Wärmebehandlungen nach DIN 6773

Die Zeichnung muss, außer dem Werkstoff, den gewünschten **Endzustand** des Teiles beschreiben und die notwendigen Angaben für die Härte und gegebenenfalls die Wärmebehandlungstiefe enthalten. Für Angaben wie dieser Zustand erreicht wird, sind ergänzende Fertigungsunterlagen, wie Wärmebehandlungsanweisungen (WBA, s. DIN 17023) in die Zeichnung aufzunehmen. Werden wärmebehandelte Teile nachträglich noch bearbeitet, muss ein entsprechendes Bearbeitungsaufmaß berücksichtigt werden. Durch geeignete Hinweise, wie Vorbearbeitungsmaße (in [ ]), zusätzliche Darstellungen (Einbauzustand oder Zustand nach der Wärmebehandlung) oder zusätzliche Wortangaben, wie z. B. „nach dem Schleifen" ist zu verdeutlichen, auf welchen Zustand sich die Zeichnungsangaben beziehen.

Wärmebehandlungszustand. Den gewünschten Endzustand nach der Wärmebehandlung bestimmt man als „gehärtet", „vergütet", „nitriert", „randschichtgehärtet", „aufgekohlt" oder „normalgeglüht" durch entsprechende Einzelangaben. Sind mehrere Wärmebehandlungen erforderlich, so sind sie entsprechend der Reihenfolge der Durchführung aufzuzählen und mit „und" zu verknüpfen, z. B. „einsatzgehärtet und angelassen" (**8.10**, **8.16**).

Die Wahl des Verfahrens bestimmen die Gebrauchseigenschaften. Sofern es für den Endzustand erheblich ist, müssen in ergänzenden Unterlagen verfahrenstechnische Einzelheiten festgelegt werden.

Härteangaben. Die *Oberflächenhärte* wird als Rockwellhärte oder als Vickershärte angegeben, s. 8.5.2. Sollen die Teile im Endzustand an der Oberfläche Bereiche mit unterschiedlicher Härte aufweisen (z. B. für stellenweise angelassene Bereiche), sind zusätzliche Härtewerte anzugeben, **8.14**.

Die *Kernhärte* trägt man in die Zeichnung nur ein, wenn ihre Prüfung notwendig und vorgeschrieben ist. Dabei ist eine Beschädigung des Werkstückes unumgänglich. Sie wird als Vickershärte, als Brinellhärte oder als Rockwellhärte (B und C) angegeben, s. 8.5.2. Allen Härtewerten ist eine größtmögliche Plus-Toleranz zuzuordnen. Muss die Messstelle in der Zeichnung gekennzeichnet werden, trägt man das grafische Symbol für Messstelle ein, **8.8**. Man kann es direkt mit einer Kennzahl mit der Messstelle verbinden und die Lage entsprechend bemaßen, **8.9**.

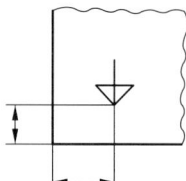   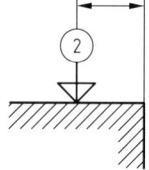

8.8 Messstelle, mit Symbol und Bemaßung   8.9 Messstelle 2, bemaßt

Härtetiefe ist der senkrechte Abstand von der Oberfläche des wärmebehandelten Werkstückes bis zu dem Punkt, an dem die Härte einem festgelegten Grenzwert entspricht. Sie wird entsprechend dem jeweiligen Wärmebehandlungsverfahren als Einhärtungsriefe (Rht), Einsatzhärtungstiefe (Eht), Randschichtschmelzhärtetiefe (Sht) oder Nitrierhärtetiefe (Nht) angegeben. Allen Härtetiefenwerten ist eine größtmögliche obere Grenzabweichung zuzuordnen, Tab. 8.8.

Beispiel Die Angabe einer Einsatzhärtungstiefe besteht mindestens aus dem Kurzzeichen (Eht) und dem Betrag der Einsatzhärtungstiefe in mm (z. B. 0,8 mm) mit oberer Grenzabweichung (z. B. 0,4 mm nach Tab. 8.8) und der vereinbarten Grenzhärte (550HV1): Eht = 0,8 + 0,4. Wird von dieser Regel abgewichen, lautet die Angabe z. B.: Eht 600HV3 = 0,8 + 0,4.

Weitere Zeichnungsangaben können die Aufkohlungstiefe At (z. B. $At_{0,35} = 1,2 + 0,5$), die Verbindungsschichtdicke VS als äußerer Bereich der Nitrierschicht (z. B. VS = 10 μm + 5 μm) und der Gefügezustand sein (z. B. „max. Restaustenitanteil").

Tabelle 8.8 Mindest-Härtetiefe und zugehörige obere Grenzabweichung (DIN 6773, Auszug)

Erforderliche Mindesthärtetiefe mm	obere Grenzabweichung in mm				
	Induktions-härten (Rht)	Laser-/Elektro-nenstrahlhärten (Rht)	Einsatzhärten (Eht)	Nitrierhärten (Nht)	Randschicht-schmelzhärten (Sht)
0,1	0,1	0,1	0,1	0,05	0,1
0,2	0,2	0,1	0,2	0,1	0,1
0,3	0,3	0,2	0,2	0,1	0,15
0,4	0,4	0,2	0,3	0,2	0,2
0,5	0,5	0,3	0,3	0,3	0,3
0,6	0,6	0,3	0,3	0,3	0,3
0,8	0,8	0,4	0,4	0,3	0,4
1,0	1,0	0,5	0,5	–	0,5
1,2	1,1	0,6	0,5	–	0,6
1,6	1,3	0,8	0,6	–	0,8
2,0	1,6	1,0	0,8	–	1,0

Festigkeitswerte werden nur angegeben, wenn Form und Maße eines Teiles bzw. einer mitbehandelten Probe, eine Prüfung auf Festigkeit zulassen. Die Stelle, an der eine Probe entnommen werden kann, legt man erforderlichenfalls maßlich fest. Sind Festigkeitsangaben erforderlich, entfällt die Angabe der Kernhärte. Dem Festigkeitswert ist eine Toleranz zuzuordnen, **8.12**. Erreichbare Werte können den Werkstoffnormen entnommen werden, s. Tab. 8.1.

Die Angaben über die Wärmebehandlung trägt man zweckmäßig in der Nähe des Schriftfeldes ein. Zu beachten ist der Unterschied zwischen der Wärmebehandlung des ganzen Teiles und der örtlich begrenzten Wärmebehandlung.

Wärmebehandlung des ganzen Teiles. Bei allseitig gleichen Anforderungen kennzeichnet man die erforderliche Wärmebehandlung durch Wortangaben. Muss nach dem Härten angelassen werden, so genügt die Angabe „gehärtet" nicht. Die vollständige Angabe muss „gehärtet und angelassen" lauten, **8.10**.

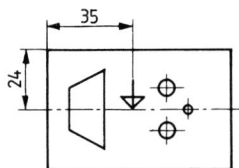

gehärtet und angelassen
58 + 4 HRC

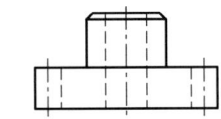

nitriert
≥ 800HV3
Nht HV 0,3 = 0,1 + 0,05

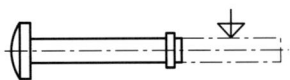

vergütet
$R_m = 900 + 100$ N/mm²
$R_{p0,2} ≥ 650$ N/mm²
$A_5 > 10$ %

8.10 Teil mit gleichmäßiger Härte

8.11 Angabe der Nitrierhärte bei von HV 0,5 abweichender Prüflast

8.12 Werkstück mit mitbehandelter Probe

Wird bei der Prüfung der Nitrierhärtungstiefe (Nht) eine andere Prüflast als HV 0,5 (Regelfall) benutzt, so ist dies bei der Nht-Angabe anzugeben, **8.11**. Wird zur Prüfung des vergüteten Zustandes ein Abschnitt des wärmebehandelten Teiles abgetrennt, kann die Kennzeichnung nach **8.12** erfolgen.

Bei Teilen mit unterschiedlichen Härtewerten versieht man die Bereiche jeweils mit Kennzahl und Maßangaben und wiederholt sie unter den Wortangaben mit den geforderten Härtewerten.

Muss die Wärmebehandlung entsprechend einer Wärmebehandlungsanweisung (WBA) durchgeführt werden und weist das Teil in einzelnen Bereichen unterschiedliche Härtewerte auf, so kann eine Darstellung entsprechend **8.13** gewählt werden. Die wärmebehandelte Ritzelwelle **8.14** muss an den Messstellen 1,2 und 3 die angegebenen Werte der Oberflächenhärte und Einhärtungstiefe aufweisen.

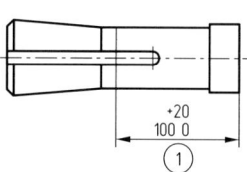

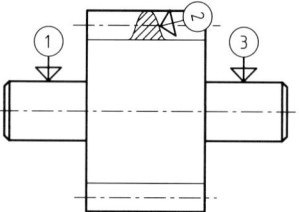

gehärtet und angelassen
nach WBA X Y Z
45 + 4 HRC
① 58 + 4 HRC

einsatzgehärtet und angelassen
① und ③ 60 + 4 HRC
Eht = 0,8 + 0,4
② 700 + 100 HV10
Eht = 0,5 + 0,3

8.13 Hinweis auf Wärmebehandlungs-
        anweisung (WBA)

8.14 Unterschiedliche Oberflächenhärte und
        Einhärtungstiefe

Die örtlich begrenzte Wärmebehandlung ist meist mit Mehraufwand verbunden und sollte daher sorgfältig geprüft werden. Man kennzeichnet diejenigen Bereiche eines Teiles, *die wärmebehandelt sein müssen*, durch eine *breite Strichpunktlinie* (ISO 128-24, 04.2) außerhalb der Körperkontur. Bei rotationssymmetrischen Teilen genügt es, eine Mantellinie (die „Erzeugende") zu kennzeichnen, **8.15**. Größe und Lage des Bereiches sind, so weit erforderlich, durch Maße und Toleranzen festzulegen.

Der Übergang zwischen wärmebehandeltem und nicht behandeltem Bereich liegt innerhalb der Toleranzen für die Länge des behandelten Bereiches.

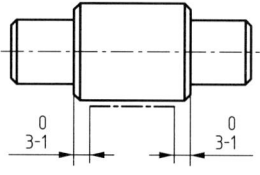

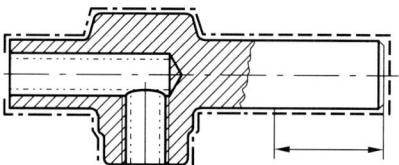

—·—   randschichtgehärtet
       620 + 160HV50
       Rht 500 = 0,8 + 0,8

—·—   einsatzgehärtet und ganzes Teil angelassen
       58 + 4 HRC
       Eht = 1,0 + 0,5

8.15 Örtlich begrenzte Randschichthärten

8.16 Bereiche die wärmebehandelt (– – –) bzw.
        nicht wärmebehandelt (– ·· –) sein dürfen

Bereiche, *die wärmebehandelt sein dürfen*, kennzeichnet man durch eine *breite Strichlinie* (ISO 128-24, 02.2) außerhalb der Körperkontur und bemaßt sie, wenn erforderlich, **8.16**. Dies kann die Durchführung der örtlichen Wärmebehandlung erleichtern und Verzug vermeiden.

Bereiche, die bei Ganzhärtung oder innerhalb der breiten Strichpunktlinie oder breiten Strichlinie *nicht wärmebehandelt sein dürfen*, kennzeichnet man mit einer *schmalen Strich-Zweipunktlinie* (ISO 128-24, 05.1), **8.16**.

Je nach Durchführung des Randschichthärtens können Bereiche geringerer Oberflächenhärte und/oder anderer Einhärtungstiefe entstehen (Schlupfstellen, -zonen). Die zulässige Lage der Schlupfzone wird durch eine Bemaßung festgelegt, **8.17**. Mit der Angabe „nach WBP XYZ" wird auf eine zusätzliche Fertigungsunterlage (Wärmebehandlungsplan) verwiesen.

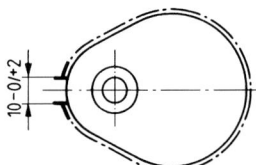

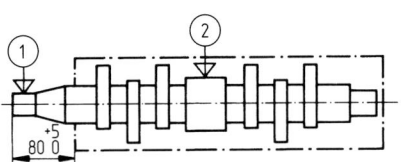

−·−   randschichtgehärtet nach WBP XYZ
50 + 4 HRC
Rht 400 = 1,3 + 1,1

−·−   einsatzgehärtet und ganzes Teil gehärtet und
angelassen
① 25 + 15HRC
② 58 + 4HRC
Eht = 1,0 + 0,5

8.17 Angabe der Schlupfzone

8.18 Wärmebehandlungsbild

Ein **Wärmebehandlungsbild** fügt man der Darstellung hinzu, wenn sie durch die Angaben unübersichtlich wird oder eine Verwechslung mit anderen Behandlungsverfahren möglich scheint.

Es wird als „Wärmebehandlungsbild" gekennzeichnet und in der Nähe des Schriftfeldes angeordnet, braucht nicht maßstabsgetreu und kann auch ein Teilbild sein. Die für die Wärmebehandlung nötigen Angaben muss es enthalten, auf nicht unbedingt erforderliche zeichnerische Einzelheiten wird verzichtet, **8.18**. Man kann Wärmebehandlungsbilder auch als Einzelheit darstellen, d. h. den betreffenden Bereich durch eine schmale Volllinie eingerahmt oder eingekreist und durch Großbuchstaben identifiziert, darstellen.

8.6 Zeichnungsangaben für Beschichtungen

Beschichten ist das Aufbringen einer fest haftenden Schicht aus formlosem Stoff auf ein Werkstück (DIN 8580). Man unterscheidet Beschichten aus dem gas-/dampfförmigen (z. B. Aufdampfen), dem flüssigen/breiigen (z. B. Anstreichen), dem ionisierten (z. B. Galvanisieren) und dem festen (z. B. Pulveraufspritzen) Zustand.

Hauptanwendungen für Schichten sind der Korrosionsschutz, der Verschleißschutz sowie die Verbindungstechnik.

Ähnliche Regeln wie für die Kennzeichnung von Wärmebehandlungen gelten auch für die Bezeichnung von Beschichtungen. DIN 50960-2 (Galvanische Überzüge – Zeichnungsangaben) legt fest, wie in technischen Zeichnungen Angaben über galvanische Überzüge mit Hilfe der vorstehenden Kurzzeichen nach DIN EN 1403 auf einem grafischen Symbol für Oberflächenangaben (DIN EN ISO 1302) einzutragen sind, z. B. **8.19**.

Im Bezeichnungsbeispiel entsprechend EN 12329 (galvanische Zinküberzüge)

Galvanischer Überzug EN 12329-Fe/HT(180)2/Zn10//D/T2

bedeuten:
– Fe   Grundwerkstoff, Stahl
– HT (180)2   Wärmebehandlung des Grundwerkstoffes vor der Metallabscheidung bei 180 °C Mindesttemperatur über 2 Stunden
– Zn 10   10 μm dicker Zinküberzug
– //   fehlende Stufe: keine Wärmebehandlung nach der Metallabscheidung
– D   undurchsichtiger Chromatierüberzug
– T2   anorganisches Versiegelungsmittel

Weitere Symbole sind z. B.:
– Grundmetall: Zn (Zink), Cu (Kupfer), Al (Aluminium)
– galvanische Überzüge: Cd (Cadmium), Ni (Nickel), Cr (Chrom), Sn (Zinn)
– Chromat-Umwandlungsüberzüge: A (klar), B (gebleicht), C (irisierend)
– zusätzliche Behandlung: T1 (Anwendung von Farben, Lacken), T3 (Färben), T4 (Anwendung von Fetten, Ölen), T5 (Anwendung von Wachsen)

Für Überzüge durch *Feuerverzinken* gilt DIN EN ISO 1461 (Stückverzinken). Da in dieser Norm keine Kennzeichen festgelegt sind wird empfohlen, die bisher in DIN 50976 gebrauchte Bezeichnung beizubehalten.

Im Bezeichnungsbeispiel **Überzug DIN 50976-tZno**, steht (t) für thermisch und (o) für ohne Anforderung für eine Nachbehandlung. Das Kurzzeichen tZnb steht für das Feuerverzinken und Beschichten und tZnk für Feuerverzinken und keine Nachbehandlung vornehmen.

Phosphatüberzüge werden durch Behandeln des Metalls mit phosphorhaltiger Lösung hergestellt. Sie dienen dem Korrosionsschutz, der elektrischen Isolation, zur Verminderung der Reibung und zur Erleichterung der Kaltumformung. Die Bezeichnung der Überzüge wird nach DIN EN 12476 (Phosphatüberzüge auf Metallen) gebildet.

Das Bezeichnungsbeispiel **Phosphatumwandlungsüberzug EN 12476-Fe//Znph/r/5/T2/T1** benennt einen Überzug aus Zinkphosphat (Znph), der zum Korrosionsschutz (r) auf einen Eisenwerkstoff (Fe) mit einer flächenbezogenen Masse von (5) g/m^2 aufgebracht wird und durch Versiegelung (T2) und Anstrich (Tl) nachbehandelt wurde. Weitere Kurzzeichen für Überzüge sind (ZnCaph) für Zinkcalciumphosphat, (Mnph) für Manganphosphat und (Feph) für Phosphate vom behandelten Metall.

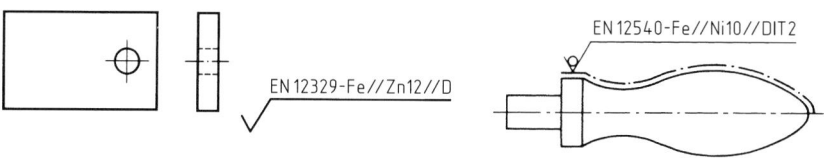

8.19 Allgemeine Angabe für allseitigen Überzug   **8.20** Kennzeichnung eines beschichteten Bereichs mit zugeordneter Angabe der Überzugsart

Ein einheitlicher allseitiger Überzug wird in der Nähe des Schriftfeldes bzw. im Schriftfeld der Teilzeichnung angegeben, **8.19**. Alle Flächen des Teiles gelten dann als wesentliche Flächen (Funktionsflächen).

Begrenzte Bereiche sind durch besondere Linien zu kennzeichnen. Wenn an einem Teil nur einzelne Bereiche einen Überzug erhalten müssen, werden diese durch eine breite Strichpunktlinie (DIN ISO 128-24, 04.2) gekennzeichnet (wesentliche Flächen). Die Angabe der Überzugsart erfolgt an der Strichpunktlinie (**8.20**) oder als Erklärung der Strichpunktlinie (**8.21**) oder als allgemeine Angabe (**8.23**).

Flächen, die einen Überzug erhalten dürfen, obwohl dies nicht erforderlich ist (Fertigungserleichterung), werden durch eine breite Strichlinie (DIN ISO 128-24, 02.2) gekennzeichnet, **8.23**.

Wenn an einem Teil einzelne Bereiche ohne Überzug bleiben müssen, sind sie durch eine schmale Strich-Zweipunktlinie (DIN ISO 128-24, 05.1) zu kennzeichnen und gegebenenfalls zu bemaßen, **8.23**.

Eine Fertigmaßbeschichtung (z. B. für Passmaße) ist besonders anzugeben. Dabei wird das Vorbearbeitungsmaß und das Fertigmaß festgelegt. Vorbearbeitungsmaße werden dabei nach DIN 406-11 durch eckige Klammem gekennzeichnet, **8.22**.

Wird die Darstellung eines Teiles durch die Beschichtungsangaben unübersichtlich oder mehrdeutig, so wird auf der Zeichnung ein Beschichtungsbild hinzugefügt oder eine getrennte Beschichtungszeichnung angefertigt, also getrennte Zeichnungen für das vorgearbeitete und das fertige Teil. Eine maßstabsgetreue Darstellung ist nicht erforderlich. Das Beschichtungsbild ist als solches zu kennzeichnen und mit allen notwendigen Angaben zu versehen, **8.23**.

8

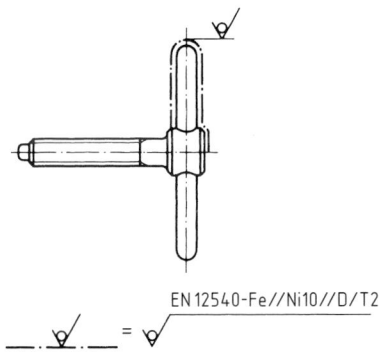

EN 12540-Fe//Ni10//D/T2

8.21 Kennzeichnung eines beschichteten Bereichs und Erklärung der Strichpunktlinie

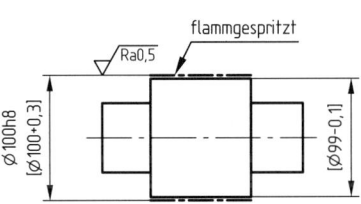

8.22 Fertigmaßbeschichtung

Die in **8.23** nicht direkt angegeben Maße a und b dürfen in einer Tabelle stehen, in der z. B. das Fertigmaß, das Vorbearbeitungsmaß, die Grenzabmaße und die Schichtdicke enthalten sind. Wenn es erforderlich ist, die Oberflächenbeschaffenheit vor und nach der Beschichtung anzugeben, wird dies wie im Beispiel **8.23** angegeben.

DIN 50960-1-Cu//Ag(99.9)10

$$\sqrt{}^{x} = \sqrt{}$$

Durch-messer	Fertigmaß mm	Grenzabmaß mm	Vorbearbeitungsmaß mm	Schichtdicke µm
a	Ø 22,24 h9	$^{0}_{-0,52}$	Ø 22,208 + 0/− 0,04	10 bis 16
b	Ø 21,85 h8	$^{0}_{-0,033}$	Ø 21,818 + 0/− 0,021	

8.23 Beschichtungsbild

Die gemeinsame Angabe von Beschichtung und Rauheit kann nach **8.24** erfolgen. Für Textangaben (z. B. Berichte) darf statt des grafischen Symbols das Kurzzeichen NMR (No material removed, d. h. Materialabtrag unzulässig), gefolgt von den Beschichtungsangaben und nach einem Strichpunkt der Oberflächenkenngröße, **8.24**b.

EN 12540-Fe//Ni10//C
Rz1

NMR EN 12540-Fe//Ni10//C ; Rz1

a) in Zeichnungen   b) im Text

8.24 Angabe einer Beschichtung und der Rauheitsanforderung

9 Grafische Symbole und Pläne

Für Energieversorgungsnetze, Gas-, Wasser- und Elektroinstallationen, für Regel- und Steuerungsanlagen, fluidtechnische Systeme sowie für elektrische Geräte und Schaltanlagen dienen in der Regel grafische Symbole zur Darstellung der einzelnen Anlagenelemente (Funktionselemente) und deren funktionale Zusammenhänge.

9.1 Rohrleitungsanlagen

Als Planungs- und Ausführungsunterlagen (Konstruktionsunterlagen) für Rohrleitungen werden Fließbilder sowie orthogonale und/oder isometrische Rohrleitungszeichnungen (Rohrleitungspläne) angefertigt.

In Fließbildern werden die einzelnen Rohrleitungsteile, Zubehörteile, Maschinen, Ventile usw. mithilfe grafischer Symbole vereinfacht dargestellt und ihr funktionaler Zusammenhang aufgezeigt, Tab. 9.1.

Rohre werden mittels einer breiten Volllinie dargestellt, Tab. 9.1.

Tabelle 9.1 Grafische Symbole für Rohrleitungen (DIN 2429-2) (Auszug)
Bereiche, die nicht Gegenstand des betreffenden grafischen Symbols sind (z. B. Leitungsanschlüsse), sind als Strich-Zweipunktlinie dargestellt.

	Grundleitung mit Angabe der Fließrichtung		Flanschverbindung
	Grundleitung mit Heizung oder Kühlung		Klammerverbindung
	Leitung mit Dampf beheizt		Schraubverbindung
	Rohr mit Dämmung		Einsteckmuffe
	Überschneidung von Rohrleitungen ohne Verbindung		Kupplung
	Verbindung von Rohrleitungen (Kreuzung mit Verbindungsstelle)		Schweiß- oder Lötverbindung
	T-förmige Verbindung		Reduzierung allgemein oder konzentrisch
	Verschluss allgemein	DN 200/150 DN 100/80	
	Blindflansch		Trichter
	Kompensator allgemein		Rückschlagklappe

Fortsetzung s. nächste Seite.

Tabelle 9.1 Fortsetzung

	Wellrohr-Kompensator		Brandschutzklappe
	Lyra-Kompensator		Be- und Entlüftungsarmatur
	Schiebemuffe ⊢⊢ ▭ ⊣⊢ geflanscht ●▭ ● geschweißt		Stellantrieb mit rotierendem System – allgemein
			– mit Elektromotor
	Schauglas, allgemein		
	Absperrarmatur, allgemein ⊢⋈⊣ geflanscht ●⋈● geschweißt ⊐⋈ eingesteckt ●⋈ eingesteckt und geschweißt ⊐⋈⊏ geschraubt		Stellantrieb mit Kolben
	Vierwegeventil		Stellantrieb mit Elektromagnet
	Dreiwegehahn		
	Absperrkegelhahn in Eckform		Stellantrieb, dessen Hilfsenergie der Durchflussstoff der Rohrleitung ist
	Absperrschieber		Stellantrieb, handbetätigt
	Druckminderventil		Stellantrieb mit Federkraft
	Rückschlagventil		
	Berstscheibe, gewölbt		Stellantrieb mit Membrane
	Absperrklappe		Stellantrieb mit Gewicht
	Stellantrieb mit Schwimmer		
	Kondensatableiter, allgemein		Durchflussbegrenzer mit Drosselscheibe
	Schalldämpfer		Durchflussbegrenzer mit Druckrückgewinnung
	Mischstrecke		Mischdüse
	Drosselscheibe		Schmutzfänger

Orthogonale und isometrische Rohrleitungszeichnungen sind vereinfachte Darstellungen eines Rohrleitungssystems. Sofern sie maßstabgetreu sind, wird dies in Übereinstimmung mit DIN ISO 5455 angegeben. Sie enthalten die Maße für den Verlauf (Fließlinie) der Rohrleitungen und die Lage der Rohrleitungsteile. Beispiele für die orthogonale Darstellungsweise zeigt Bild **9.1**, für isometrische Darstellungsweise Bild **9.2** (DIN ISO 6412-1 und DIN ISO 6412-2).

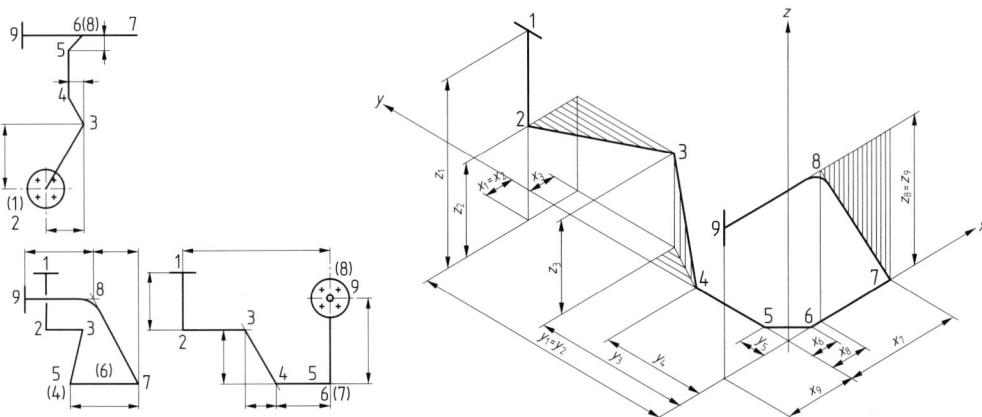

9.1 Beispiele einer orthogonalen Rohrleitungszeichnung
Die Positionsnummern geben die Punkte an, an denen das Rohr die Richtung ändert und/oder Verbindungen vorliegen. Rohrdarstellung und Positionsnummern sind mit denen in Bild **9.2** identisch. Positionsnummern für Punkte, die hinter anderen Punkten verdeckt sind, werden in Klammern angegeben.

Pos.-Nr.	Koordinaten		
1	$x_1 = -240$	$y_1 = +2160$	$z_1 = +1500$
2	$x_2 = -240$	$y_2 = +2160$	$z_2 = +750$
3	$x_3 = +210$	$y_3 = +1260$	$z_3 = +750$
4	$x_4 = 0$	$y_4 = +840$	$z_4 = 0$
5	$x_5 = 0$	$y_5 = +210$	$z_5 = 0$
6	$x_6 = +210$	$y_6 = 0$	$z_6 = 0$
7	$x_7 = +960$	$y_7 = 0$	$z_7 = 0$
8	$x_8 = +300$	$y_8 = 0$	$z_8 = +1200$
9	$x_9 = -600$	$y_9 = 0$	$z_9 = +1200$

9.2 Beispiel einer isometrischen Rohrleitungszeichnung mit Koordinatentabelle (vgl. **9.1**, Maße stets in mm)

Bögen dürfen, wenn ihre Projektionen elliptisch sind, vereinfacht als Kreisbögen oder grundsätzlich vereinfacht gezeichnet werden, indem man die gerade Länge der Fließlinie bis zum Scheitelpunkt verlängert. Bei der isometrischen Darstellungsweise sollten Abweichungen von den Richtungen der Koordinatenachsen mittels schraffierter Hilfsprojektionsebenen angegeben werden, **9.3**. Radien und Winkel trägt man wie in **9.4**, Niveauangaben (sie beziehen sich in der Regel auf die Mitte des Rohrs) wie in **9.5** und Neigungen wie in **9.6** ein.

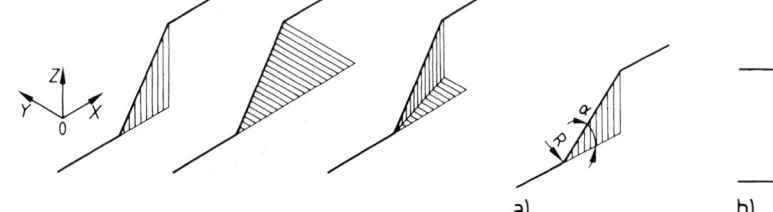

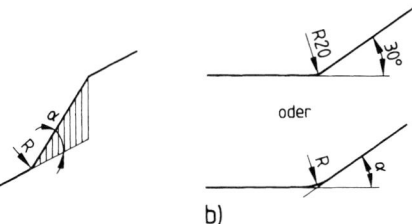

9.3 Isometrische Darstellung mit Hilfsprojektionsebenen

9.4 Zeichnungsangaben für Radien und Winkel
a) isometrische, b) orthogonale Darstellung

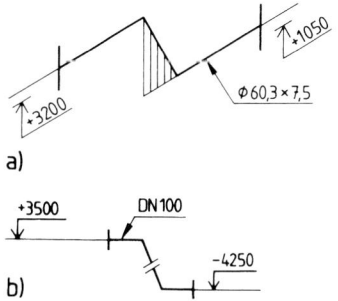

a)

b)

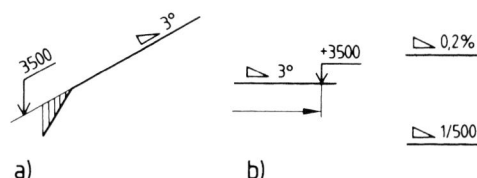

a)   b)

9.5 Niveauangaben
   a) isometrische, b) orthogonale Darstellung

9.6 Neigungsangaben
   a) isometrische, b) orthogonale Darstellung

Nennmaße für Rohre dürfen mit der Kurzbezeichnung „DN" angegeben werden, **9.5**b. Es können aber auch die Außendurchmesser und die Wanddicken ($d \times t$) angegeben werden, **9.5**a.

Wenn notwendig, darf eine Stückliste mit zusätzlichen Informationen über die Rohre einschließlich Zubehör der Zeichnung zugeordnet werden. Längen beginnen an den Rohrenden, Flanschen oder der Mitte eines Verbindungs- oder Anschlusselements. Notwendige Maße von der äußeren oder inneren Wand oder der Oberfläche des Rohrs dürfen durch Maßlinien festgelegt werden, die auf kurze schmale, parallel zu den Maßhilfslinien liegende Striche weisen, **9.5**a.

Die Lage der Rohrenden werden mithilfe der Koordinaten der Mitte der Rohrenden angegeben.

Symbole für Hänger zeigt **9.7**. Bei Trägern (Stützen) sind dieselben Symbole in umgekehrter Anordnung anzuwenden.

Die Bemaßung für Rohrbiegemaschinen wird auf der Basis eines Bezugssystems (Ursprung) definiert, **9.2**.

Für Angebots-, Herstellungs- und Aufstellungszeichnungen sowie Berechnungspläne wird weitgehend die isometrische Projektion angewendet, **9.8** und **9.9**. Mit ihr lässt sich das Wesentliche oft klarer (gegenüber der orthogonalen Projektion) darstellen.

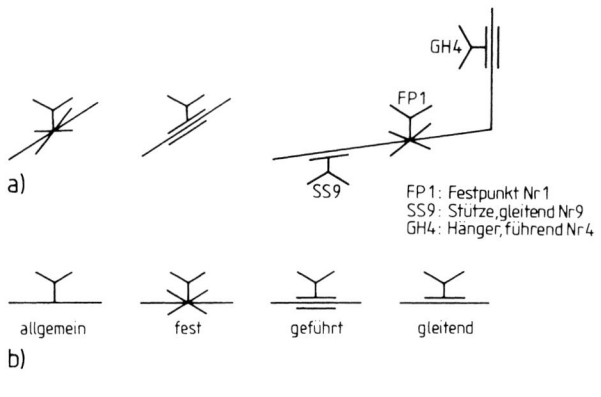

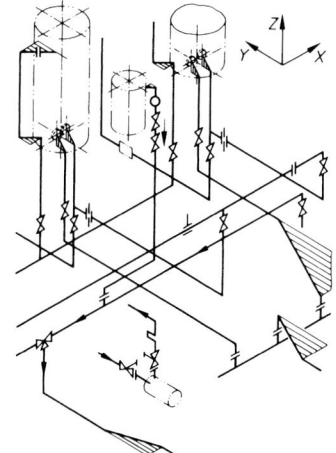

9.7 Symbole für Hänger (in umgekehrter Anordnung auch für
   Träger bzw. Stützen)
   a) isometrische, b) orthogonale Darstellung

9.8 Rohrleitungsplan in isometrischer Projektion

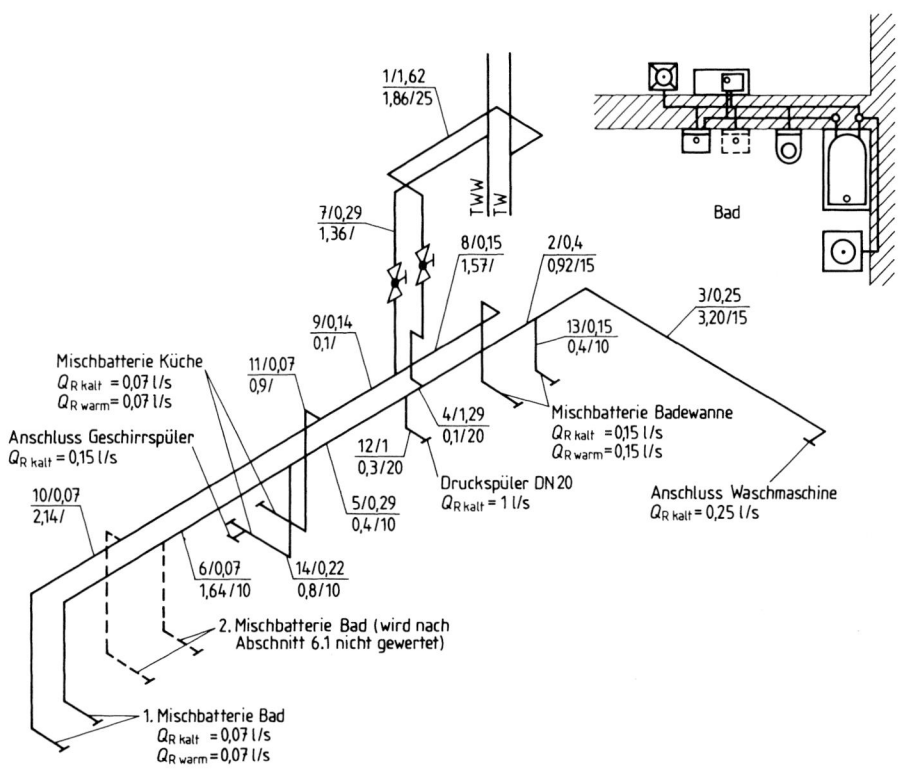

9.9 Anwendung eines in isometrischer Projektion ausgeführten Rohrleitungsplans als Berechnungsplan für einen Teil einer Kalt- und Warmwasserinstallation

$$\textbf{Ablesebeispiel} = \frac{1\,/\,1{,}62}{1{,}86\,/\,25} \text{ bedeutet: } \frac{\text{Nr der Teilstrecke/Summendurchfluss } \Sigma\dot{V}_e \text{ in } l\,/\,s}{\text{Länge der Teilstrecke in m/NennweiteDN}}$$

9.2 Elektrische Anlagen

In Schaltungsunterlagen werden elektrische Anlagen und Einrichtungen durch Schaltzeichen für Maschinen, Apparate, Geräte, Leitungen u. a. dargestellt. Die Schaltzeichen (Tab. 9.2 bis 9.7) geben nicht notwendigerweise Auskunft über die Beschaffenheit der Betriebsmittel und deren Funktionen. Ist für ein konkretes Betriebsmittel kein Schaltzeichen in den Normen beschrieben, kann man durch Kombinieren von Grundsymbolen, Symbolelementen, Kennzeichen oder Schaltzeichen ein neues Schaltzeichen bilden (Tab. 9.9)

Um die Rechneranwendung zu erleichtern, ist jedem Schaltzeichen eine Nummer zugeordnet und die Symbole sind auf einem Rasternetz (Modul M = 2,5 mm) gestaltet (IEC 617, DIN EN 60 617-2 bis -11). Nummer und Rasternetz sind nur in Tab. 9.8 wiedergegeben. In der Regel können sie weggelassen werden.

Tabelle 9.2 Symbolelemente und Kennzeichen für Schaltzeichen

Strom und Spannungsarten		
— Gleichstrom ⚌ – bei Verwechslungsgefahr		Wechselstrom
Beispiel: Gleichstrom-Dreileitersystem mit 2 Außenleitern und einem Mittelleiter, 220 V (110 V zwischen jedem Außen- und dem Mittelleiter) **2M–220/110 V**	∼	– niedrige Frequenzen (z. B. Stromversorgung)
∼ Wechselstrom	≈	– mittlere Frequenzen (z. B. Tonfrequenzen)
Beispiel: Dreiphasen-Vierleitersystem mit 3 Außenleitern und einem Neutralleiter, 50 Hz, 400 V (230 V zwischen jedem Außen- und dem Neutralleiter) **3N∼50Hz400/230V**	≋	– hohe Frequenzen (z. B. Ultraschall, Rundfunk)
Erde; Masse		
Erde		Schutzerde
– fremdspannungsarm		Masse, Gehäuse (Schraffur darf entfallen, wenn keine Unklarheit besteht. Die Gehäuselinie muss dann breiter dargestellt werden: ⊥)

Tabelle 9.3 Schaltzeichenbeispiele für Widerstände, Kondensatoren und Induktivitäten

Widerstand, Dämpfungsglied			– Kapazität veränderbar, mit Kennzeichnung des bewegbaren Teils
– veränderbar		bevorzugte andere Form Form	Induktivität, Spule, Wicklung, Drossel
– spannungsabhängig, Varisator			**Beispiele:** mit Magnetkern, mit Luftspalt im Magnetkern, mit festen Anzapfungen (hier zwei)
Kondensator			
– gepolt (z. B. Elektrolyt-Kondensator)			

Tabelle 9.4 Schaltzeichenbeispiele für Halbleiter

Halbleiterdioden		
Halbleiterdiode		Z-Diode
Leuchtdiode		Zweirichtungsdiode, Diac

Fortsetzung s. nächste Seite.

Tabelle 9.4 Fortsetzung

Thyristoren			
	Thyristordiode, rückwärts sperrend		– rückwärts sperrend, Katode gesteuert (P-Gate)
	– rückwärts leitend		
	– rückwärts sperrend, Anode gesteuert (N-Gate)		– bidirektional, Triac
Transistoren			
	PNP-Transistor		NPN-Transistor mit 2 Basisanschlüssen
	NPN-Transistor, Kollektor mit Gehäuse verbunden		
Licht- und magnetempfindliche Elemente			
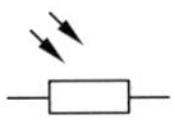	Widerstand, lichtempfindlich, Fotowiderstand	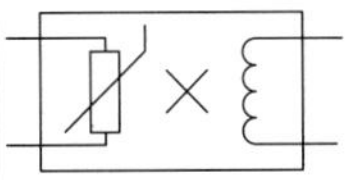	Magnetischer Koppler
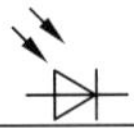	Diode, lichtempfindlich, Fotodiode	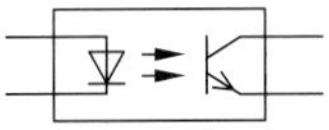	Optokoppler mit Leuchtdiode und Fototransistor

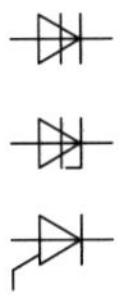

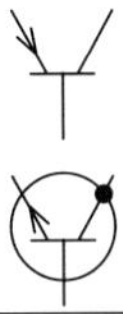

Tabelle 9.5 Schaltzeichenbeispiele für die Erzeugung und Umwandlung elektrischer Energie

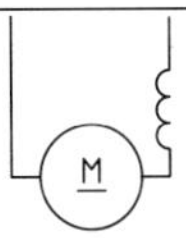	Gleichstrom-Reihenschlussmotor		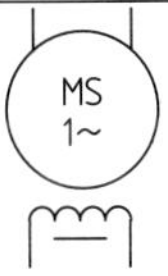 MS 1~	Synchronmotor, einphasig
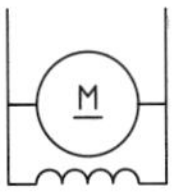	-Nebenschlussmotor		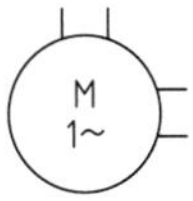 M 1~	Asynchronmotor, einphasig, mit Käfigläufer, Enden für eine Anlaufwicklung herausgeführt
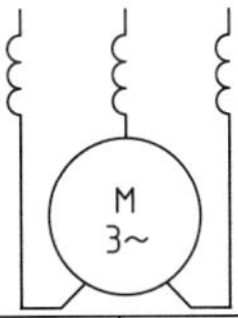	Drehstrom-Reihenschlussmotor		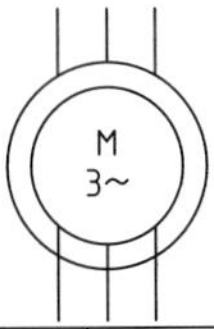 M 3~	Drehstrom-Asynchronmotor mit Schleifringläufer
Form 1 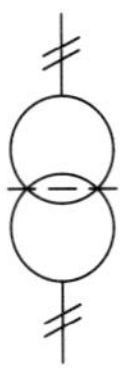	Form 2 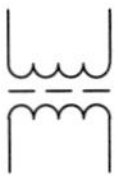	Einphasentransformator mit zwei Wicklungen und Schirm	Form 1 	Form 2 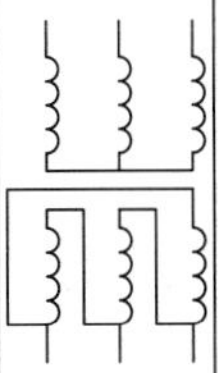	Drehstromtransformator Stern-/Dreieckschaltung

9

Tabelle 9.6 Schaltzeichenbeispiele für Schalt- und Schutzeinrichtungen

Kontakte			
Form 1 Form 2	Schließer (Schalter)		Schließer
	Öffner		– mit selbsttätigem Rück- gang
			– mit nichtselbsttätigem Rückgang
	Wechsler mit Unterbrechung		

Elektromechanische Relais			
Form 1 Form 2	elektromechanischer Antrieb, Relaisspule		**Beispiel:** – eines Wechselstromrelais
	Beispiel: Antrieb mit 2 getrennten Wicklungen (zusammenhän- gende Darstellung)		Schütz (Relais) mit 3 Schlie- ßern und 1 Öffner
	– mit Ansprech- und Rückfallverzögerung		Fortschaltrelais (Stromstoßrelais)

Schalter			
	berührungsempfindlicher Schalter (Schließer)		Sicherungstrennschalter
	Lasttrennschalter		Motorschutzschalter, dreipo- lig, mit thermischer und mag- netischer Auslösung, einpolige Darstellung
	Sicherungsschalter		Fehlerstrom-Schutzschalter, vierpolig

Sicherungen			
	Niederspannungs- Hochleistungssicherung (NH), 25 A, Größe 00		Schraubsicherung, 10 A, Typ D II, dreipolig

Tabelle 9.7 Schaltzeichenbeispiele für Netze und Elektroinstallationen

Leiter, Leitungen			
NYM-J3x1,5	Leiter, Gruppe von .Leitern, Leitung, Kabel, Stromweg, Übertragungsweg	○	Kabelkanal, Trasse, Elektro-Installationsrohr
	Beispiele:		Neutralleiter (N),
	3 Leiter		Mittelleiter (M)
H07RN-F3G1,5	Leiter bewegbar	3N~50Hz 400 V 3x120•1x50	Schutzleiter (PE): Dreiphasen-Vierleitersystem mit 3 Außenleitern und einem Neutralleiter, 50 Hz, 400V, Außenleiter 120 mm², Neutralleiter 50 mm²
	– geschirmt		
	– koaxial		Leitungsverbindung (leitende Verbindung von Leitungen)
	– auf Putz		
	– im Putz		Abzweigdose
	– unter Putz		

Installationen in Gebäuden			
	Anschlussdose, Verbindungsdose		Serienschalter, einpolig, Schalter 5/1
	Hausanschlusskasten mit Leitung		Wechselschalter, einpolig, Schalter 6/1
	Verteiler mit 5 Anschlüssen		Kreuzschalter, Zwischenschalter, Schalter 7/1
Wh	Wattstundenzähler, Elektrizitätszähler		Kreuzschalter, Darstellung im Stromlaufplan
3/N/PE	Schutzkontaktsteckdose für Drehstrom, fünfpolig		Dimmer
	Antennensteckdose	⊗	Taster mit Leuchte
	Fernmeldesteckdose	⊗	Lampe, Leuchtmelder
	Ausschalter, einpolig, Schalter 1/1		Leuchte für Leuchtstofflampe
	– zweipolig, Schalter 1/2		Leuchtenauslass mit Leitung

9

Fortsetzung s. folgende Seite.

Tabelle 9.7 Fortsetzung

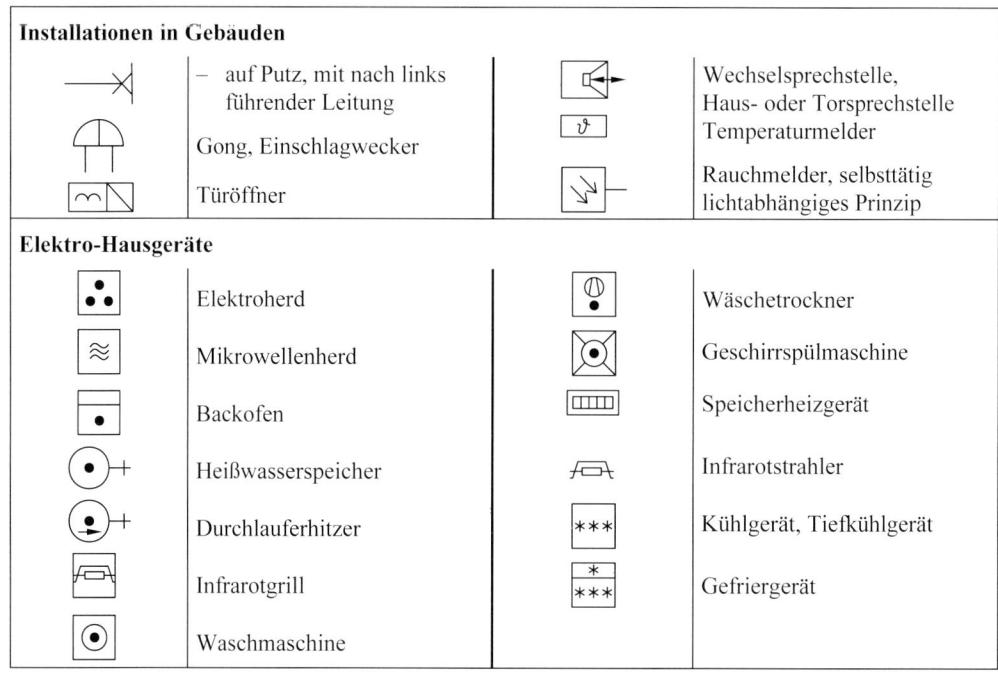

Installationen in Gebäuden			
	– auf Putz, mit nach links führender Leitung		Wechselsprechstelle, Haus- oder Torsprechstelle
	Gong, Einschlagwecker		Temperaturmelder
	Türöffner		Rauchmelder, selbsttätig lichtabhängiges Prinzip
Elektro-Hausgeräte			
	Elektroherd		Wäschetrockner
	Mikrowellenherd		Geschirrspülmaschine
	Backofen		Speicherheizgerät
	Heißwasserspeicher		Infrarotstrahler
	Durchlauferhitzer		Kühlgerät, Tiefkühlgerät
	Infrarotgrill		Gefriergerät
	Waschmaschine		

Tabelle 9.8 Beispiele für Schaltzeichen mit Nummer und Rasternetz (DIN EN 60617-13)

Symbol	Nr.	Beschreibung
	11-14-08	Dimmer
	11-16-04	Türöffner

Schaltpläne zeigen entweder die Wirkungsweise und den Stromverlauf oder die Leitungsverbindungen der Anlage. In ihnen wird festgelegt, wie die verschiedenen elektrischen Betriebsmittel zueinander in Beziehung stehen und miteinander verbunden sind. Zur Darstellung der Wirkungsweise und des Stromverlaufs dienen vorwiegend Übersichtsschalt- und Stromlaufpläne, zur Darstellung der Leitungsverbindungen dagegen Verbindungs- und Verdrahtungs-, Netz- und Installationspläne.

Für alle in Schaltplänen enthaltenen Teile sind einheitliche und eindeutige Bezeichnungen vorgesehen (s. DIN EN 61082-1 bis DIN EN 61082-4). Die Bezeichnungen sind allgemeiner Art oder beziehen sich auf technische Angaben oder auf Maschinen, Geräte und Anlagen. Die allgemeinen Angaben dienen zur Kennzeichnung der Abzweige, Felder oder Zeilen einer Anlage.

Übersichtsschaltpläne geben nur die wichtigsten Teile einer elektrischen Anlage oder Einrichtung an, in der Regel einpolig und mittels der Schaltzeichen ohne Hilfsleitungen. Dies genügt als Überblick über die Gliederung der Anlage, den Stromverlauf und die Schaltmöglichkeiten (Wirkungsweise) (DIN EN 61082-1 und DIN EN 61082-2).

Bild **9.10** zeigt die abzweiggebundenen Hilfsspannungsversorgungen (Sicherungen, Automaten) für einen 110-kV-Abzweig. Die einzelnen Einbauorte sind jeweils durch Begrenzungslinien gekennzeichnet. Die Hilfsstromkreise für Beleuchtung, Heizung und Steckdosen sind vollständig dargestellt, während umfangreiche Stromkreise wie Rückmeldung, Störmeldung, Schutz und dergleichen in den einzelnen Stromkreisen zugeordneten Schaltplänen erscheinen. Die entsprechenden Abzweige sind gekennzeichnet. Führt ein Hilfsstromkreis (wie der für die Steuerung und Meldung im rechten Teil des Schaltplans) über mehrere Folgeblätter, wird an dieser Stelle auf alle Folgeblätter verwiesen.

Tabelle 9.9 Aufbau eines zusammengesetzten Schaltzeichens am Beispiel eines Überspannungsrelais

genormtes Symbol	Nr.	Beschreibung	zusammengesetztes Schaltzeichen
⊡	07-16-01	Messrelais oder dessen Betätigungsglied	
U		Kennbuchstabe für Spannung	
>	02-06-01	Spricht an, wenn die charakteristische Größe den Einstellwert überschreitet	
_ _ _	02-12-01	Mechanische Verbindung	
|	07-02-01	Schließer	
	07-02-03	Öffner	
⊐	02-12-06	Verzögerte Wirkung	

Bei der dargestellten Ringleitung genügt als Abschluss die Angabe von Klemmen. Zielhinweise auf Nachbarabzweige sind nicht erforderlich, da eine zusammenhängende Darstellung der Ringleitung in einem übergeordneten Übersichtsschaltplan vorhanden ist. Die Hilfskontakte der dargestellten Automaten für Meldungen werden in einem getrennten Schaltplan dargestellt.

Verbindungspläne vermitteln Informationen über die externen elektrischen Verbindungen zwischen Geräten (als Teile einer Anlage) oder Baueinheiten (als Teile eines Geräts). Sie werden für die Herstellung von Leitungsverbindungen und für Wartungszwecke verwendet.

Die Verbindungen werden durch gerade Linien und Geräte oder Baueinheiten durch einfache geometrische Figuren – Quadrate, Kreise oder Rechtecke – dargestellt. Die Verbindungslinien stellen die einzelnen Drähte oder komplette Kabel dar. Sie werden entsprechend gekennzeichnet, **9.11**. Alle Verbindungen zeichnet man so, als ob sie in einer Ebene verlaufen.

9

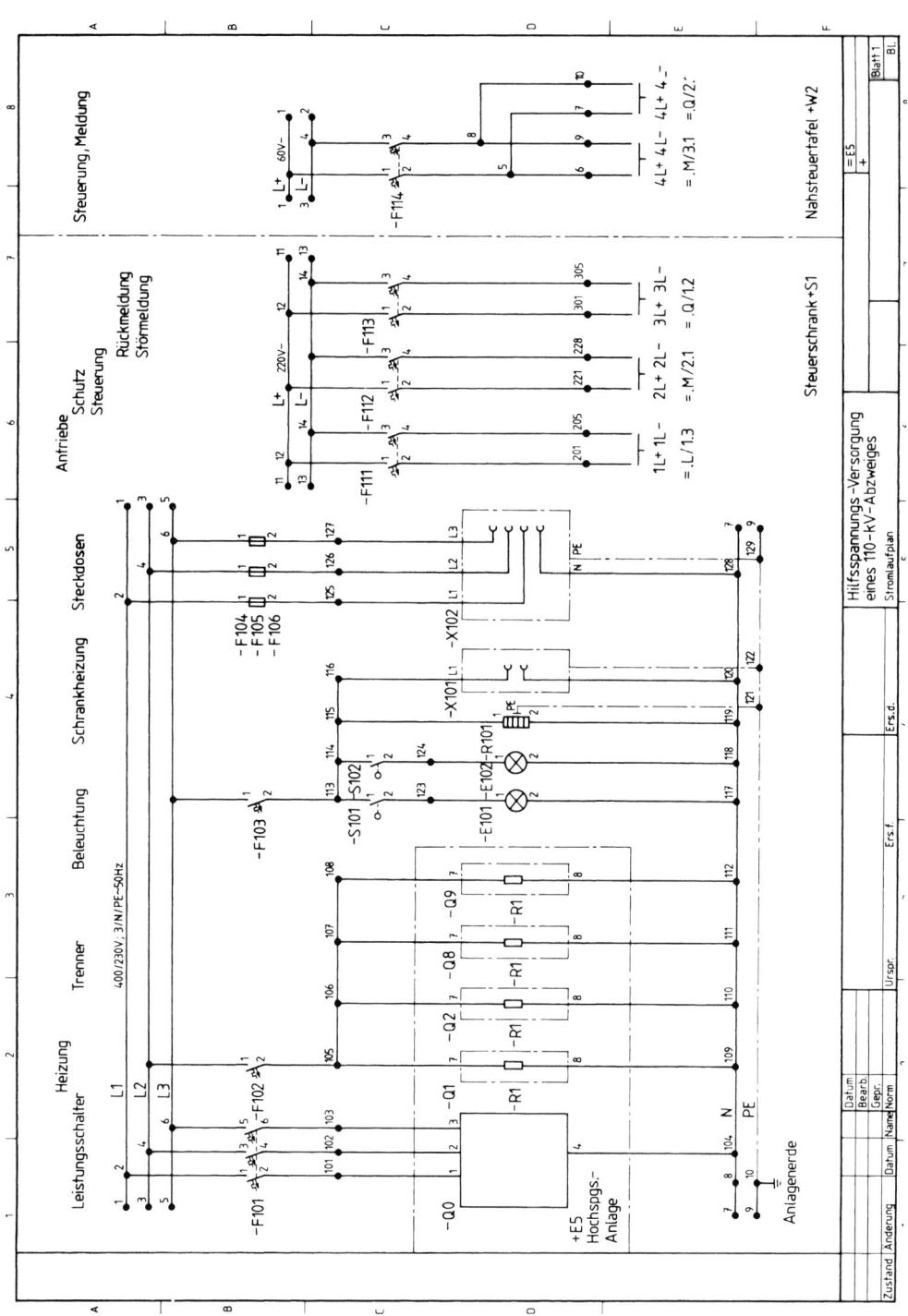

9.10 Hilfsspannungsversorgung eines 110 kV-Abzweigs

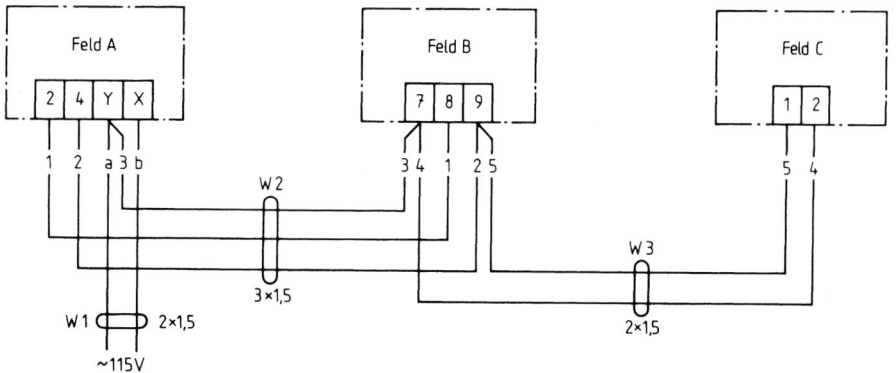

9.11 Verbindungsplan für elektrische Geräte (nach DIN EN 61082-3)

Verdrahtungspläne liefern Informationen über die elektrischen Innenverbindungen von Geräten oder Gerätekombinationen. Sie dienen in erster Linie zu Fertigungs- und Wartungszwecken.

Geräteverdrahtungspläne werden in ungefähr lagerichtiger Darstellung gezeichnet. Die Blickrichtung auf die Baueinheit wählt man so, dass die Anschlüsse oder Verdrahtungsseiten der einzelnen Bauteile oder Geräte so gezeigt werden, wie sie in der Baueinheit montiert sind. Für Geräteverdrahtungspläne werden gerade Linien und einfache Konturen – Quadrate, Kreise, Rechtecke – zur Darstellung der Betriebsmittel einer Baueinheit benutzt. Sind Betriebsmittel übereinander in verschiedenen Ebenen angeordnet, klappt oder dreht man die Betriebsmittel so, dass der Betrachter des Planes auf die Anschlüsse sieht. Die angewendete Methode ist entsprechend zu erläutern.

Bild **9.12** zeigt z. B. eine Lötösenleiste (von der in der Baueinheit die Stirnseite sichtbar ist) um 90 ° nach links geklappt. Die lange Linie an der rechten Seite deutet die Klappachse an. In Bild **9.13** deutet eine Anmerkung darauf hin, dass der bewegliche Teil rechts von der strichpunktierten Trennlinie von der Frontseite verdrahtet wird.

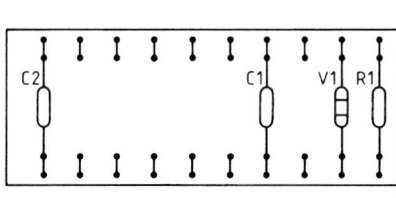

9.12
Lötösenleiste

Leitungsgruppen (Kabel, Formkabel usw.) können wie in **9.13** durch eine gemeinsame Linie dargestellt werden. Einzelleitungen kennzeichnet man durch Angabe der Adernfarben. Durch Bezugsziffern an den Stellen, an denen die Linien der Einzelleitungen in die der Formkabel übergehen, wird das Lesen des Planes erleichtert.

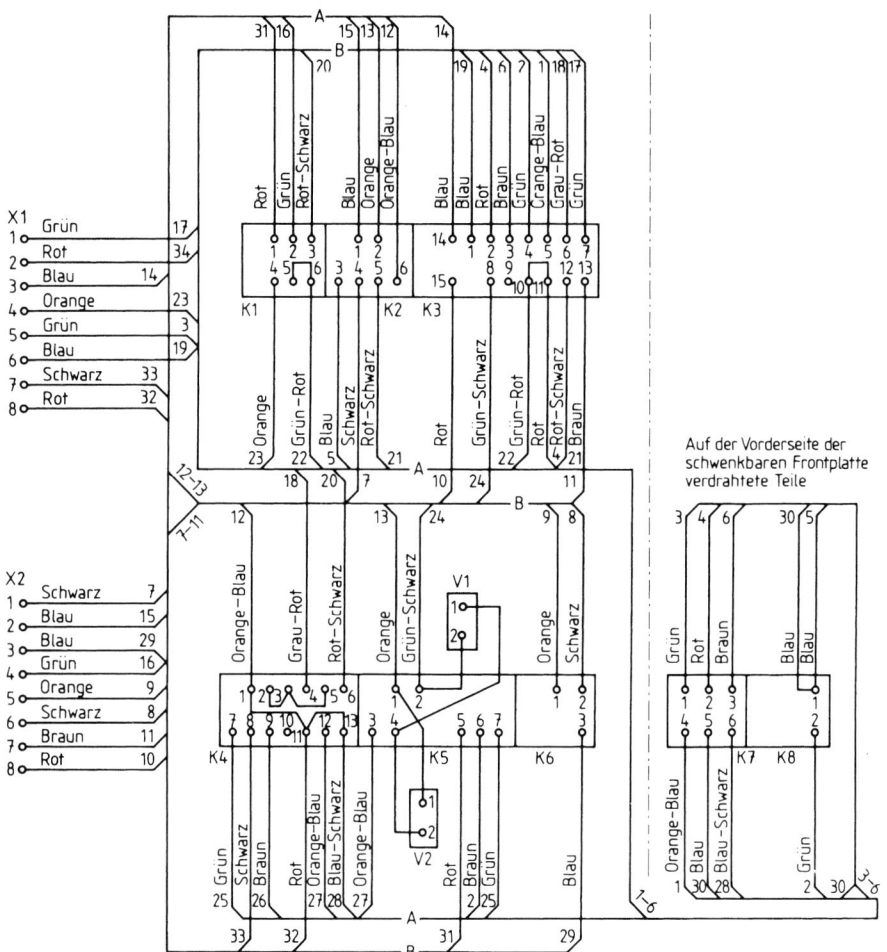

9.13 Verdrahtungsplan einer elektrischen Einrichtung mit zwei Formkabeln A und B
(nach DIN EN 61082-3)

Ein Stromlaufplan (DIN EN 61082-1 und DIN EN 61082-2) ist die ausführliche Darstellung einer Schaltung mit Einzelheiten. Er zeigt und erläutert durch übersichtliche Darstellung der einzelnen Stromwege die Wirkungsweise einer elektrischen Schaltung. Die übersichtliche Darstellung darf nicht durch die Wiedergabe gerätetechnischer und räumlicher Zusammenhänge beeinträchtigt werden. Man verwendet die Schaltzeichen aus den Tab. 9.2 bis 9.6.

Der Stromlaufplan hat den Zweck,

– die elektrischen Betriebsmittel einer Anlage oder eines Geräts und ihr Zusammenwirken so übersichtlich darzustellen, dass das Lesen der Schaltung erleichtert wird;
– die Wirkungsweise eines Betriebsmittels, eines Geräts oder einer Anlage in möglichst einfacher Weise erkennen zu lassen;
– die Prüfung, Wartung und Fehlerortung zu ermöglichen und gegebenenfalls
– Daten für das Ausarbeiten von Verdrahtungsunterlagen bereitzustellen (evtl. zusätzlich Beschreibungen, Diagramme, Tabellen).

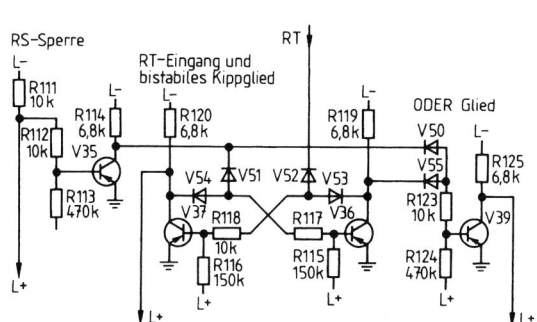

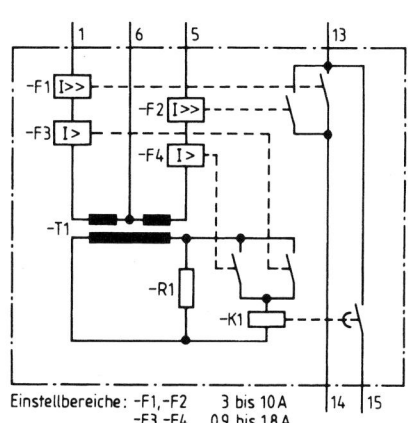

9.14 Stromlaufplan aus der Nachrichtentechnik (Teil des Steuerkreises eines Rufnummerngenerators, Auszug)

9.15 Stromlaufplan für ein Überstromrelais

Bild **9.14** ist ein Stromlaufplan aus der Nachrichtentechnik. Die funktionelle Zusammengehörigkeit von Betriebsmitteln hat man hier durch ein Raster kenntlich gemacht. Ist eine Erläuterung der Funktionen der einzelnen Blöcke notwendig, erstellt man ggf. einen entsprechend gegliederten Blockschaltplan und trägt die textlichen Erläuterungen in die einzelnen Blöcke ein. Bild **9.15** zeigt als Beispiel für einen Gerätestromlaufplan den Stromlaufplan für ein Überstromrelais.

Netzpläne zeigen die Leitungen, Verbindungen oder Streckenführungen und die dazugehörigen Anlagen eines Netzes oder Netzteils und können in Landkarten oder Stadtpläne eingezeichnet werden, **9.16**.

Installationspläne (DIN EN 61082-4) geben die Anordnung der Geräte für Licht-, Kraft- und Fernmeldeanlagen an, werden der Wirklichkeit gemäß in Bauzeichnungen eingetragen und enthalten alle Angaben zum Legen der Leitungen, **9.17**. Die Bedeutung der Schaltzeichen zeigen die Tab. 9.6 und 9.7.

Leitungen verschiedener Art werden durch verschiedene Linienarten, Leitungen verschiedener Spannung oder Polarität durch verschiedene Strichbreiten, Geräte verschiedener Wichtigkeit durch unterschiedliche Größen der Sinnbilder gekennzeichnet. Die Anzahl der Leiter gibt man durch schräge, die Anzahl der Stromkreise durch senkrechte, kurze Querstriche in der Leitung an; außerdem den Leitungsquerschnitt in mm^2, die Bauart, die Art der Verlegung und erforderlichenfalls den Werkstoff der Leitungen und die Stromart, die Spannung und gegebenenfalls auch die Frequenz.

Welcher Plan für eine elektrische Einrichtung zu wählen ist, muss von Fall zu Fall entschieden werden; bisweilen sind zwei oder mehr Pläne erforderlich, aber auch Kombinationen untereinander möglich.

9

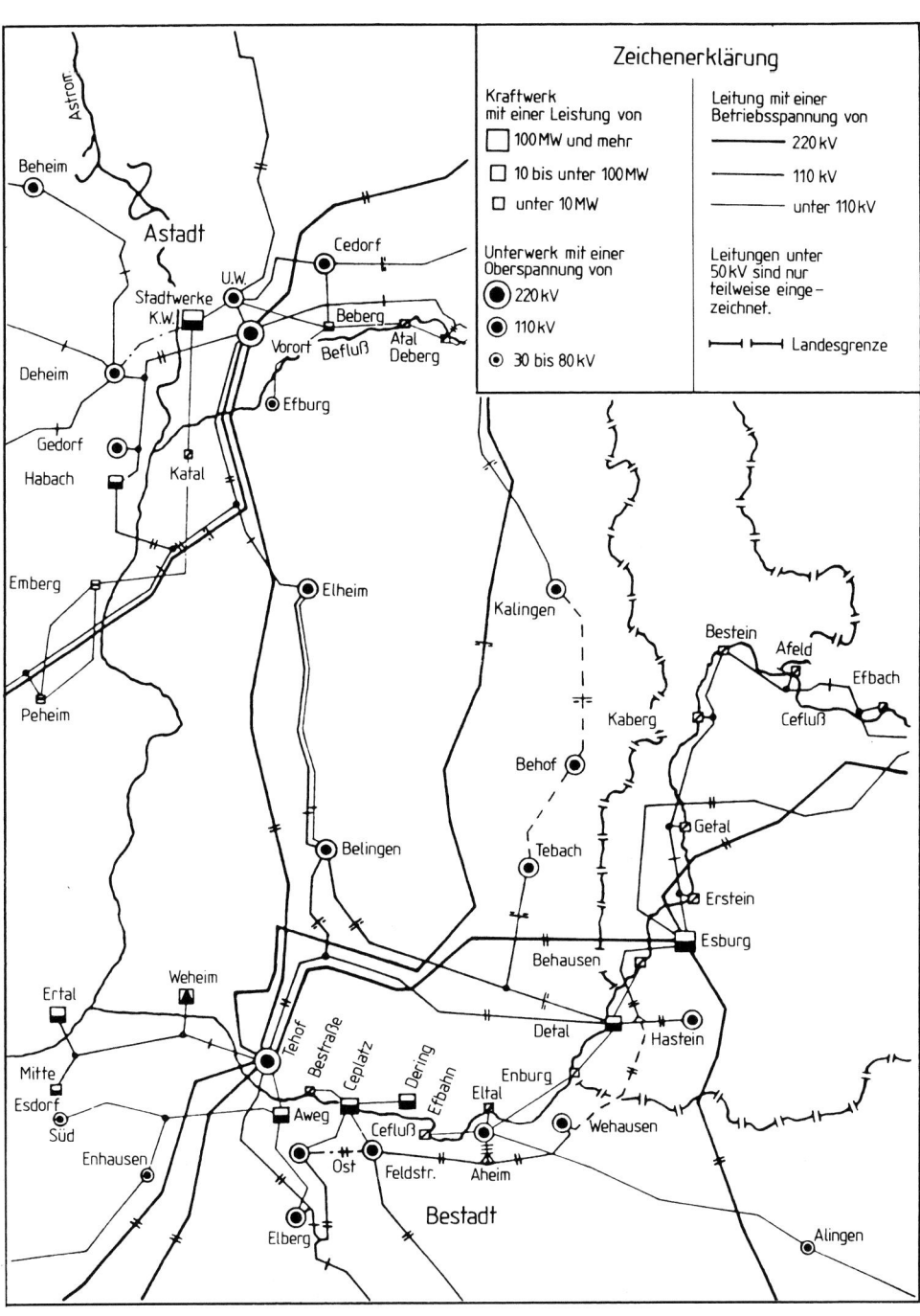

9.16 Planausschnitt eines Starkstrom-Verbundnetzes

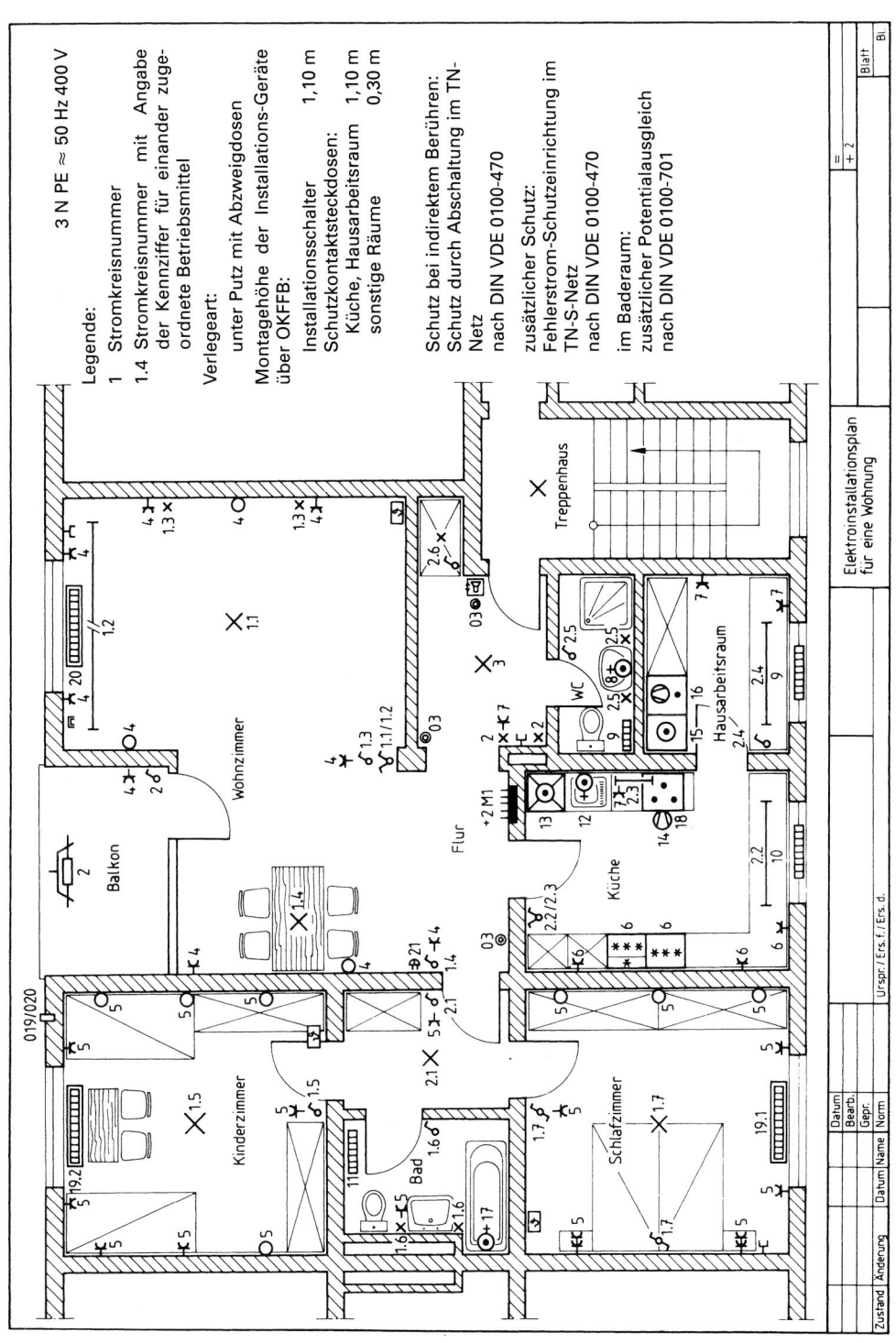

9.17 Beispiel eines Installationsplans für eine Wohnung

9.3 Fluidtechnische Systeme und Geräte

DIN ISO 1219-1: 1996-03 enthält grundsätzliche Angaben über die Bildung und den Einsatz grafischer Symbole und erläutert ihre Anwendung in Hydraulik- und Pneumatik-Schaltplänen (**9.18** und **9.19**). Festgelegt sind allgemeine Regeln zur Bildung grafischer Symbole und die Darstellung der Grundsymbole und Funktionselemente, Tab. 9.10. Auf dieser Grundlage sind für die verschiedenen gerätebezogenen Anwendungsgebiete Beispiele dargestellt, Tab. 9.11. Nicht als Beispiel angegebene Symbole können unter Verwendung der Grundsymbole und Funktionselemente selbst gebildet werden.

Tabelle 9.10 Grundsymbole und Funktionselemente (DIN ISO 1219-1: 1996-03)

Grundsymbole	
Linie	**Quadrat**
durchgehend — Arbeitsleitung, Versorgungsleitung, Rückstromleitung, el. Leitung	Seitenlänge l_1 — Anschlüsse senkrecht zu den Seiten. Steuerelemente, Antriebseinheiten außer Elektromotor
gestrichelt — Steuerleitung, Leckstrom-, Spül- oder Entlüftungsleitung, Filter, Übergangsstellungen	auf der Ecke stehend mit Seitenlänge l_1 — Aufbereitungsgeräte (Filter, Abscheider, Schmiergeräte, Wärmetauscher)
strichpunktiert — zum Umrahmen von zwei oder mehr Komponenten zu einer Baugruppe	**Rechteck**
doppelt — mechanische Verbindung (Welle, Hebel, Kolbenstange)	Seitenlängen l_1, l_2 — Zylinder, Ventil
Kreis	
Durchmesser l_1 — Energieumformungseinheiten (Pumpe, Kompressor, Motor)	Seitenlängen l_1, $1/4\,l_1$ — Kolben
Durchmesser $3/4\,l_1$ — Messgeräte	Seitenlängen $1/2\,l_1$, l_3 — Rahmen für Betätigungsarten $l_1 \leq l_3 \leq 2\,l_1$
Durchmesser $1/3\,l_1$ — Rückschlagventile, Drehverbindungen, mechanische Verbindungen, Rollen (immer mit Punkt in der Mitte)	Seitenlängen $1/4\,l_1$, $1/2\,l_1$ — Dämpfung in Zylindern
Halbkreis	**Sonstige Symbolelemente**
Durchmesser l_1 — Motor oder Pumpe mit begrenztem Rotationswinkel	Offenes Rechteck — Behälter
	Oval — Druckvorgespannter Behälter, Druckluftbehälter, Speicher, Gasflaschen $2\,l_1$

Tabelle 9.10 Fortsetzung

Funktionselemente			
Dreieck (gleichseitig)		**Verschiedene Funktionselemente**	
▶ $1/2\,l_1$	Es zeigt die Volumenstromrichtung und die Art des Fluids Ausgefüllt: Hydraulik Unausgefüllt: Pneumatik	Elektrisch	
Pfeil		⊥	Verschlossener Weg oder Anschluss
$\approx 30°$ $0,3\,l_1$	Gerade oder schräg Anzeige von geradliniger Bewegung, Weg und Richtung eines Volumenstromes durch ein Ventil, Richtung eines Wärmestromes	\ /	Gegensinnig wirkende lineare, elektrische Stellglieder
			Temperaturanzeige oder Temperatursteuerung
$90°$ l_1	Gebogen Anzeige von Rotationsbewegung, Angabe der Drehrichtung auf Wellenende gesehen	M	Antriebseinheit
		MWv	Feder
	Schräg (lang) Anzeige einer möglichen Verstellbarkeit (Pumpe, Feder, Proportionalmagnet u. a.)	⁓	Drosselung
		$90°$	Sitz für vereinfachtes Symbol des Rückschlagventils

[1]) l_1 = Grundlänge

Tabelle 9.11 Vollständige Funktionssymbole gebräuchlicher Geräte
(Beispiele nach DIN ISO 1219: 1996-03)

Leitungen, Leitungsverbindungen			
$0,2\,l_1$	Verbindung (l_1 = Grundlänge)		mit Anschlussmöglichkeit
	Leitungskreuzung nicht verbunden		Schnellkupplung, automatisch abdichtend
	flexible Leitung Schlauch, üblicherweise zur Verbindung von beweglichen Teilen		ohne mechanisch zu öffnendem Rückschlagventil
			mit mechanisch zu öffnendem Rückschlagventil
	Entlüftung kontinuierlich		Winkel- und Drehverbindung Einwegeverbindung
	zeitweise		konzentrische Dreiwegeverbindung
	Luftauslassöffnung glatt, ohne Anschlussmöglichkeit		

Tabelle 9.11 Fortsetzung

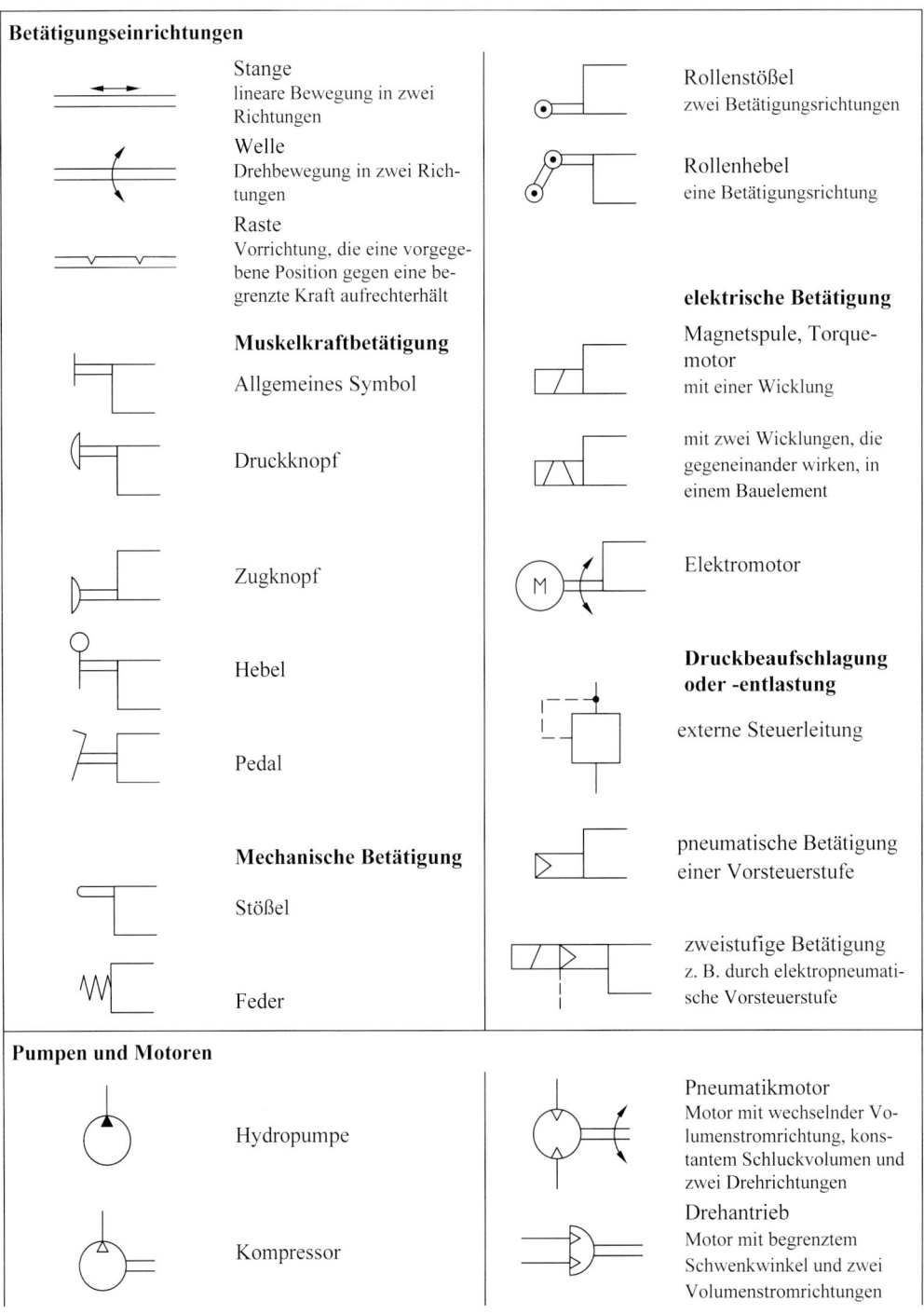

Betätigungseinrichtungen

Stange
lineare Bewegung in zwei
Richtungen

Welle
Drehbewegung in zwei Richtungen

Raste
Vorrichtung, die eine vorgege-
bene Position gegen eine begrenzte Kraft aufrechterhält

Muskelkraftbetätigung

Allgemeines Symbol

Druckknopf

Zugknopf

Hebel

Pedal

Mechanische Betätigung

Stößel

Feder

Rollenstößel
zwei Betätigungsrichtungen

Rollenhebel
eine Betätigungsrichtung

elektrische Betätigung

Magnetspule, Torque-
motor
mit einer Wicklung

mit zwei Wicklungen, die
gegeneinander wirken, in
einem Bauelement

Elektromotor

**Druckbeaufschlagung
oder -entlastung**

externe Steuerleitung

pneumatische Betätigung
einer Vorsteuerstufe

zweistufige Betätigung
z. B. durch elektropneumati-
sche Vorsteuerstufe

Pumpen und Motoren

Hydropumpe

Kompressor

Pneumatikmotor
Motor mit wechselnder Vo-
lumenstromrichtung, kons-
tantem Schluckvolumen und
zwei Drehrichtungen

Drehantrieb
Motor mit begrenztem
Schwenkwinkel und zwei
Volumenstromrichtungen

Tabelle 9.11 Fortsetzung

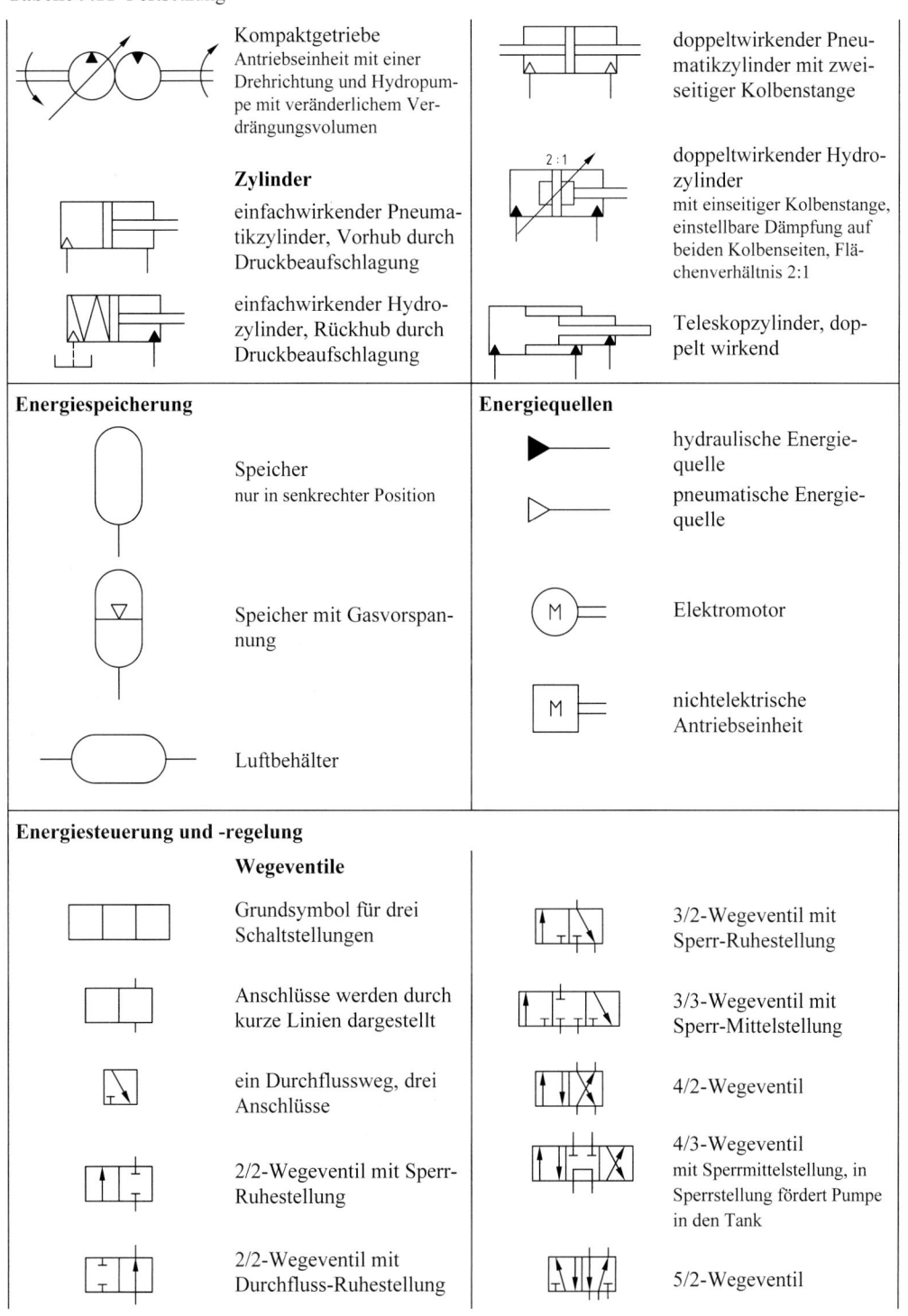

	Kompaktgetriebe Antriebseinheit mit einer Drehrichtung und Hydropumpe mit veränderlichem Verdrängungsvolumen
	doppeltwirkender Pneumatikzylinder mit zweiseitiger Kolbenstange

Zylinder

einfachwirkender Pneumatikzylinder, Vorhub durch Druckbeaufschlagung

doppeltwirkender Hydrozylinder mit einseitiger Kolbenstange, einstellbare Dämpfung auf beiden Kolbenseiten, Flächenverhältnis 2:1

einfachwirkender Hydrozylinder, Rückhub durch Druckbeaufschlagung

Teleskopzylinder, doppelt wirkend

Energiespeicherung

Speicher
nur in senkrechter Position

Speicher mit Gasvorspannung

Luftbehälter

Energiequellen

hydraulische Energiequelle

pneumatische Energiequelle

Elektromotor

nichtelektrische Antriebseinheit

Energiesteuerung und -regelung

Wegeventile

Grundsymbol für drei Schaltstellungen

3/2-Wegeventil mit Sperr-Ruhestellung

Anschlüsse werden durch kurze Linien dargestellt

3/3-Wegeventil mit Sperr-Mittelstellung

ein Durchflussweg, drei Anschlüsse

4/2-Wegeventil

2/2-Wegeventil mit Sperr-Ruhestellung

4/3-Wegeventil
mit Sperrmittelstellung, in Sperrstellung fördert Pumpe in den Tank

2/2-Wegeventil mit Durchfluss-Ruhestellung

5/2-Wegeventil

9

Tabelle 9.11 Fortsetzung

Sperrventile		**Druckventile**
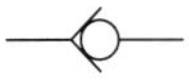	Rückschlagventil, unbelastet	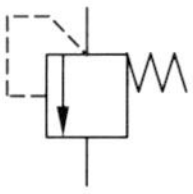 einstufiges Druckbegrenzungsventil
	Rückschlagventil, federbelastet	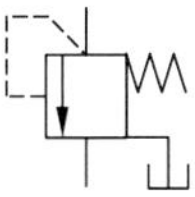 Folgeventil
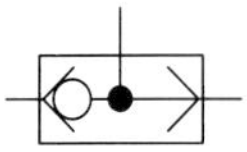	Wechselventil (ODER-Funktion)	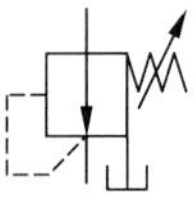 direktwirkendes (2-Wege-) Druckreduzierungsventil
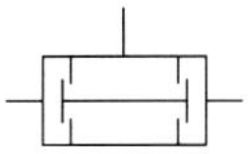	Zweidruckventil (UND-Funktion)	**Stromventile**
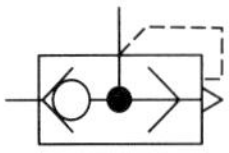	Schnellentlüftungsventil	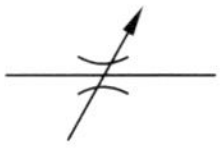 einstellbares Drosselventil
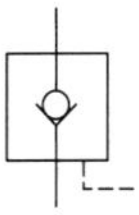	entsperrbares Rückschlagventil	 Absperrventil
		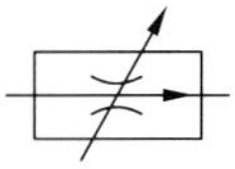 2-Wege-Stromregelventil
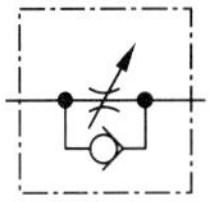	Drosselrückschlagventil	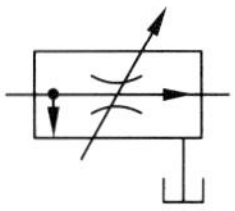 3-Wege-Stromregelventil

Aufbewahrung und Aufbereitung des Druckmediums

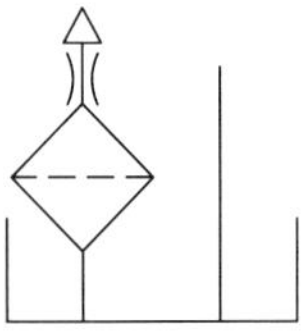	belüfteter Hydrobehälter	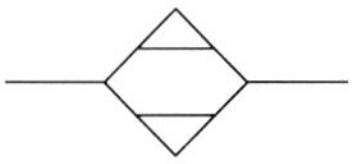 Lufttrockner
	geschlossener Hydrobehälter	Öler
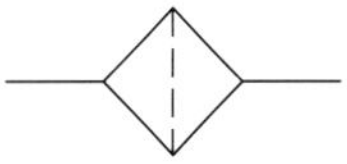	Filter allgemeines Symbol	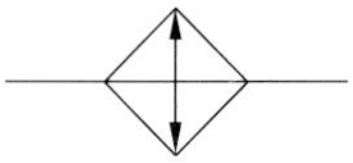 Aufbereitungseinheit vereinfacht
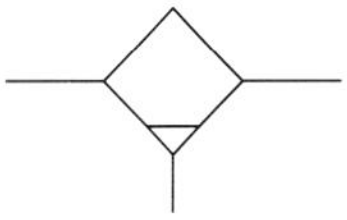	Wasserabscheider, manuell betätigt	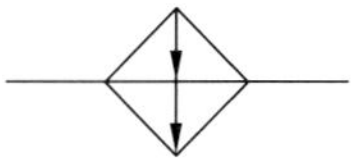 Kühler
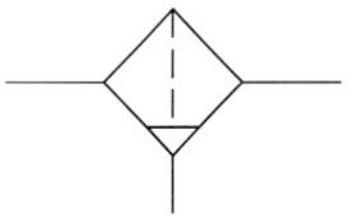	Filter mit Wasserabscheider, manuell betätigt	Temperaturregler

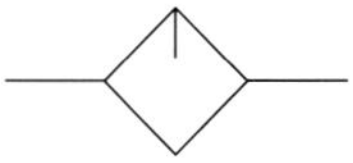

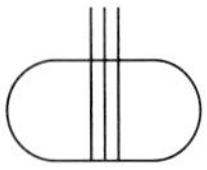

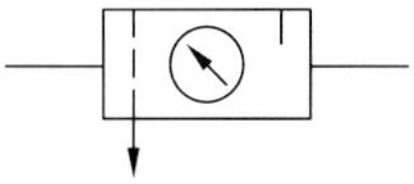

9

Tabelle 9.11 Fortsetzung

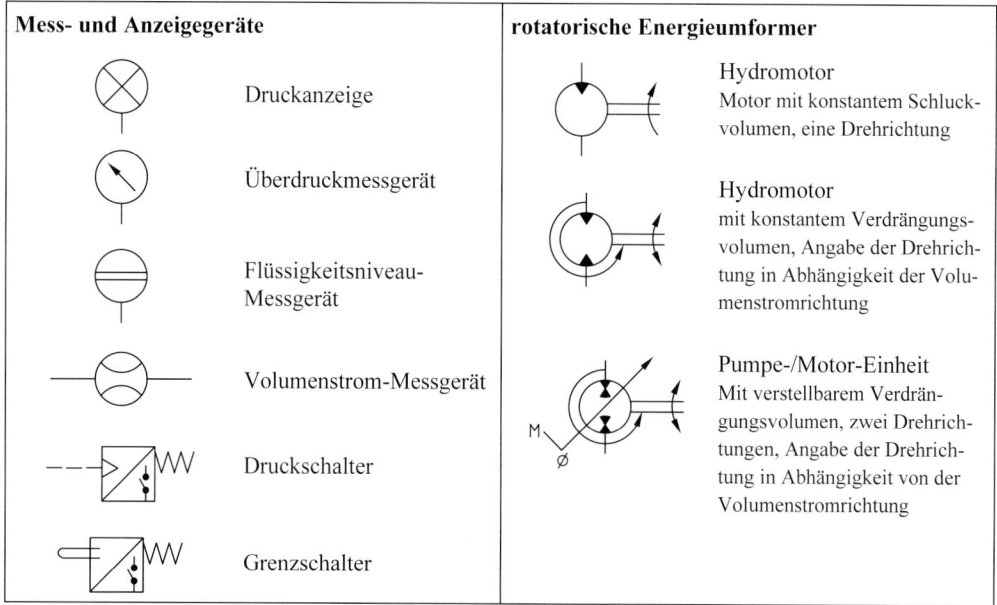

Mess- und Anzeigegeräte	rotatorische Energieumformer
Druckanzeige	**Hydromotor** Motor mit konstantem Schluck-volumen, eine Drehrichtung
Überdruckmessgerät	**Hydromotor** mit konstantem Verdrängungs-volumen, Angabe der Drehrich-tung in Abhängigkeit der Volu-menstromrichtung
Flüssigkeitsniveau-Messgerät	**Pumpe-/Motor-Einheit** Mit verstellbarem Verdrän-gungsvolumen, zwei Drehrich-tungen, Angabe der Drehrich-tung in Abhängigkeit von der Volumenstromrichtung
Volumenstrom-Messgerät	
Druckschalter	
Grenzschalter	

Fluidtechnische Schaltpläne sind nach den Regeln von DIN ISO 1219-2 zu gestalten. Ihr Aufbau muss übersichtlich sein und es ermöglichen, allen Bewegungs- und Steuerungsschalt-kreisen während der verschiedenen Schritte zu folgen. Die räumliche Anordnung der Bauteile der Anlage braucht nicht berücksichtigt zu werden.

Regeln für die **Anordnung und Kennzeichnung** der Bauteile:

– Bauteile eines Schaltkreises werden von unten nach oben in Richtung des Energieflusses und von links nach rechts angeordnet.

– Energiequellen werden unten links dargestellt.

– Das erste Antriebsglied wird oben links dargestellt, jedes weitere wird fortlaufend jeweils rechts daneben gezeichnet.

– Bauteile werden in Ausgangsstellung mit Druckbeaufschlagung dargestellt.

– Für Bauteile ist ein Kennzeichnungsschlüssel zu benutzen, der folgende Elemente enthalten muss und mit einem Rahmen zu versehen ist.

Beispiel: 4 – 2 V 1

Darin bedeuten: (4) Anlagen-Nummer – (2) Schaltkreis-Nummer, (V) Bauteilkennzeich-nung, (1) Bauteil-Nummer

Bauteile innerhalb eines Schaltkreises erhalten eine fortlaufende Nummer, beginnend mit der Ziffer 1.

– Jede Bauteilart ist mit einem Buchstaben zu kennzeichnen: Pumpen und Kompressen (P), Antriebe (A), Antriebsmotoren (M), Signalaufnehmer (S), Ventile (V) und für jedes andere Bauteil (Z).

Technische Informationen müssen auf dem Schaltplan am jeweiligen Symbol eingetragen werden:

9

- Hydrobehälter: empfohlenes größtes und kleinstes Volumen in Liter; Art, Kategorie und Viskositätsklasse der Druckflüssigkeit.
- Pneumatikbehälter: Volumen in Liter und höchstzulässiger Druck in bar.
- Druckluftversorgung: Nennvolumenstrom in l/min und Versorgungsdruckbereich in bar.
- Konstantpumpen: Nennvolumenstrom in l/min.
- Verstellpumpen: Kleinster und größter Volumenstrom in l/min, Einstellwerte der Steuerung.
- Antriebsmotoren: Nennleistung in kW und Drehzahl 1/min.
- Druckventile und Druckbehälter: Einstelldrücke in bar.
- Zylinder: Zylinderinnen- und Stangendurchmesser (bei Hydraulikzylindern), größter Hub und Funktionsbeschreibung, z. B. Ø 100/63 × 80, Klemmen.
- Schwenkmotoren: Verdrängungsvolumen in cm^3, Schwenkwinkel in Grad und Funktionsbeschreibung. (z. B. Wenden)
- Konstantmotoren: Verdrängungsvolumen in cm^3 und Funktionsbeschreibung (z. B. Bohren).
- Verstellmotoren: Kleinstes und größtes Verdrängungsvolumen in cm^3, Drehmoment in Nm, Drehzahl in 1/min, Drehrichtung und Funktionsbeschreibung (z. B. Fahren).
- Hydrospeicher: Rauminhalt in Liter, Gasfülldruck, maximaler und minimaler Betriebsdruck in bar.
- Filter: Filtrationsverhältnis in hydraulischen und Mikrometer-Nenngröße in pneumatischen Schaltkreisen.
- Leitungssystem: Für Rohre Nennaußendurchmesser und Wanddicke (z. B. Ø 25 × 3).

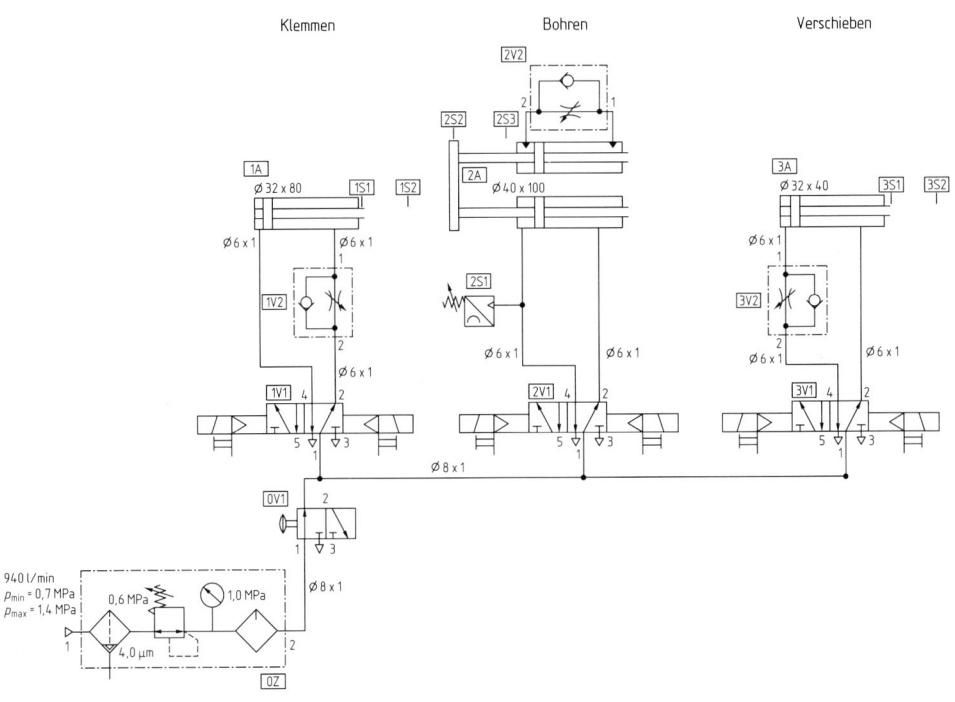

9.18 Elektropneumatik-Schaltplan mit drei Fluidschaltkreisen
Funktion: ⬜1... Klemmen – ⬜2... Bohren – ⬜3... Verschieben

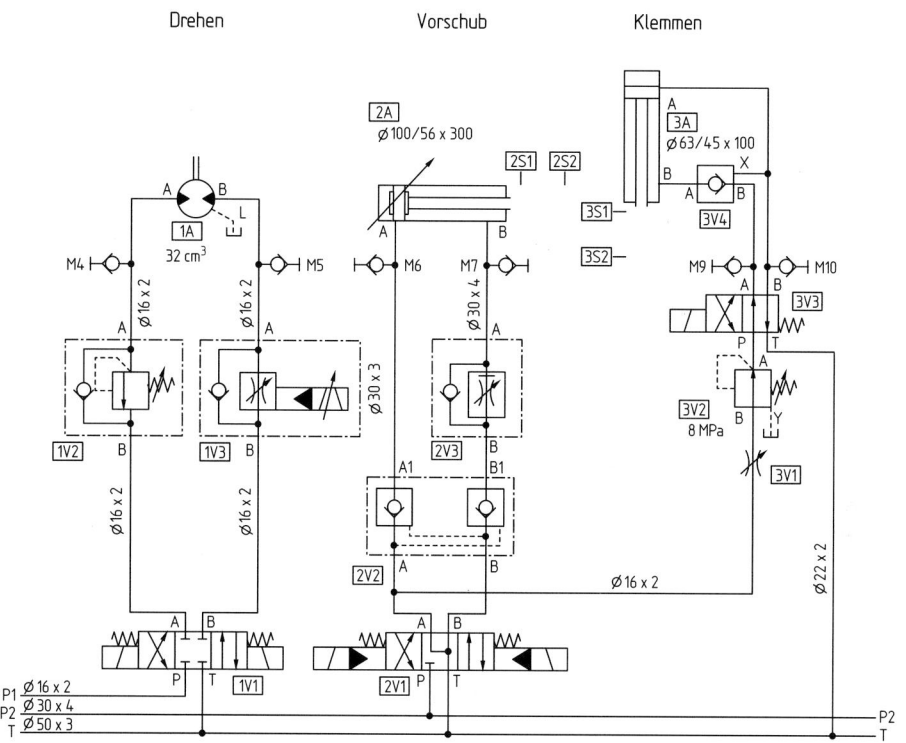

9.19 Hydraulik-Schaltplan mit drei Fluidschaltkreisen (ohne Versorgungseinheit dargestellt)
Funktion: 1... Drehen – 2... Vorschub – 3... Klemmen

9

10 Normenverzeichnis

Alle im Buch behandelten Normen sind unter Angabe der Nummer, des Titels und der Seiten-angabe aufgelistet.

Erläuterung der Normarten:

DIN-Norm ist die Deutsche Norm, die im DIN aufgestellt und mit dem Verbandszeichen DIN herausgegeben wird.

DIN-EN-Norm ist die Europäische Norm, deren deutsche Fassung den Status einer Deutschen Norm erhalten hat.

DIN-EN-ISO-Norm ist die Europäische Norm, deren deutsche Fassung den Status einer deut-schen Norm erhalten hat und aus einer ISO-Norm unverändert übernommen wurde.

DIN-ISO-Norm ist die Deutsche Norm, in die eine Norm der ISO unverändert übernommen wurde.

Norm	Seite	Titel
DIN		
DIN 10	229	Vierkante von Zylinderschäften für rotierende Werkzeuge
DIN 13-1	223	Metrisches ISO-Gewinde allgemeiner Anwendung – Teil 1: Nennmaße für Regelgewinde – Gewinde-Nenndurchmesser von 1 mm bis 68 mm
DIN 13-2	226	…– Teil 2: Nennmaße für Feingewinde mit Steigungen 0,2 mm, 0,25 mm und 0,35 mm – Gewinde-Nenndurchmesser von 1 mm bis 50 mm
DIN 13-19	223	…– Teil 19: Nennprofile
DIN 13-28	223	Metrisches ISO-Gewinde – Regel- und Feingewinde von 1 bis 250 mm Gewindedurchmesser, Kernquerschnitte, Spannungs-querschnitte und Steigungswinkel
DIN 13-51	234	...– Teil 51: Außengewinde mit Übergangstoleranz (früher Ge-winde für Festsitz); Toleranzen, Grenzabmaße, Grenzmaße
DIN 37 [1]	294	Darstellung und vereinfachte Darstellung für Zahnräder und Räderpaarungen
DIN 74	240	Senkungen für Senkschrauben, ausgenommen Senkschrauben mit Köpfen nach DIN EN 27721
DIN 76-1	230, 237	Gewindeausläufe, Gewindefreistiche für Metrisches ISO-Gewinde nach DIN 13
DIN 78	237	Schraubenüberstände
DIN 79	229	Vierkante für Spindeln und Bedienteile
DIN 82	238	Rändel
DIN 93 [1]	243	Scheiben mit Lappen (Sicherungsbleche mit Lappen)

Norm	Seite	Titel
DIN 103-2	226	Metrisches ISO-Trapezgewinde – Gewindereihen
DIN 124	247	Halbrundniete – Nenndurchmesser 10–36 mm
DIN 128 [1]	242	Federringe, gewölbt
DIN 137 [1]	242	Federscheiben, gewellt
DIN 188	234	Hammerschrauben mit Nase
DIN 199-1	5	Technische Produktdokumentation – CAD-Modelle, Zeichnungen und Stücklisten – Teil 1: Begriffe
DIN 199-4	5, 14	Begriffe im Zeichnungs- und Stücklistenwesen – Änderungen
DIN 199-5	5	...– Stücklisten-Verarbeitung, Stücklistenauflösung
DIN 202	226	Gewinde – Übersicht
DIN 228-1	152	Morsekegel und Metrische Kegel – Kegelschäfte
DIN 254	151	Geometrische Produktspezifikation – Kegel
DIN 258	251	Kegelstifte mit Gewindezapfen und konstanten Kegellängen
DIN 267-2	232	Mechanische Verbindungselemente; Technische Lieferbedingungen; Ausführung und Maßgenauigkeit
DIN 271	259	Tangentkeile und Tangentkeilnuten für gleichbleibende Beanspruchungen
DIN 302	247	Senkniete – Nenndurchmesser 10-36 mm
DIN 323-1	4	Normzahlen und Normzahlreihen – Hauptwerte, Genauwerte, Rundwerte
DIN 332-1	212	Zentrierbohrungen 60°; R, A, B und C
DIN 405-1	226	Rundgewinde allgemeiner Anwendung – Teil 1: Gewindeprofile, Nennmaße
DIN 406-10	137, 140	Technische Zeichnungen; Maßeintragung; Begriffe, allgemeine Grundlagen
DIN 406-11	137	...; ...; Grundlagen der Anwendung
DIN 406-12	154, 180	...;...; Eintragung von Toleranzen für Längen- und Winkelmaße
DIN 427 [1]	235	Schaftschrauben mit Schlitz und Kegelkuppe
DIN 432 [1]	243	Scheiben mit Außennase (Sicherungsbleche mit Nase)
DIN 434	236	Scheiben, Vierkant, keilförmig für U-Träger
DIN 461	17	Grafische Darstellung in Koordinatensystemen
DIN 464	235	Rändelschraube, hohe Form
DIN 471	254	Sicherungsringe (Halteringe) für Wellen – Regelausführung und schwere Ausführung
DIN 472	255	Sicherungsringe (Halteringe) für Bohrungen – Regelausführung und schwere Ausführung
DIN 475-1	229	Schlüsselweiten für Schrauben, Armaturen, Fittings
DIN 478	233	Vierkantschrauben mit Bund

10

Norm	Seite	Titel
DIN 509	205, 207	Freistiche – Formen, Maße
DIN 513-2	226	Metrisches Sägengewinde – Gewindereihen
DIN 557	236	Vierkantmuttern – Produktklasse C
DIN 561	232	Sechskantschrauben mit Zapfen und kleinem Sechskant
DIN 564	232	Sechskantschrauben mit Ansatzspitze und kleinem Sechskant
DIN 607	233	Halbrundschrauben mit Nase
DIN 609	232	Sechskant-Passschrauben mit langem Gewindezapfen
DIN 611	277	Wälzlager-Übersicht
DIN 615	277	…– Schulterkugellager
DIN 616	277	…– Maßpläne
DIN 617	281	…– Nadellager mit Käfig – Maßreihen 48 und 49
DIN 623-1	278	…– Grundlagen – Bezeichnung, Kennzeichnung
DIN 625-1	278	…– Rillenkugellager, einreihig
DIN 625-3	278	…–; ...; zweireihig
DIN 628-1	279	…– Radial-Schrägkugellager – Teil 1: Einreihig, selbsthaltend
DIN 628-3	279	...–; ...– Teil 3: Zweireihig
DIN 630	279	…– Radial-Pendelkugellager – zweireihig, zylindrische und kegelige Bohrung
DIN 660	246	Halbrundniete – Nenndurchmesser 1-8 mm
DIN 661	246	Senkniete – Nenndurchmesser 1-8 mm
DIN 662	246	Linsenniete – Nenndurchmesser 1,6-6 mm
DIN 674	246	Flachrundniete – Nenndurchmesser 1,4-6 mm
DIN 675	247	Flachsenkniete (Riemenniete) – Nenndurchmesser 3-5 mm
DIN 711	280	Wälzlager – Axial-Rillenkugellager, einseitig wirkend
DIN 780-1	286	Modulreihe für Zahnräder – Moduln für Stirnräder
DIN 780-2	286	…– Moduln für Zylinderschneckengetriebe
DIN 820-2	2, 325	Normungsarbeit – Teil 2: Gestaltung von Dokumenten
DIN 824	42	Technische Zeichnungen; Faltung auf Ablageformat
DIN 835	234	Stiftschrauben – Einschraubende $\approx$ 2d
DIN 867	288	Bezugsprofile für Evolventenverzahnungen an Stirnrädern (Zylinderrädern) für den allgemeinen Maschinenbau und den Schwermaschinenbau
DIN 935-1	236, 244	Kronenmuttern – Teil 1: Metrisches Regel- und Feingewinde – Produktklassen A und B
DIN 935-3	236	…– Teil 3: Metrisches Regelgewinde – Produktklasse C
DIN 938	234, 237	Stiftschrauben – Einschraubende $\approx$ 1d

10

Norm	Seite	Titel
DIN 939	234	… – Einschraubende ≈ 1,25d
DIN 940	234	…– Einschraubende ≈ 2,5d
DIN 949-1, -2	234	Stiftschrauben mit metrischem Festsitzgewinde MFS-Einschraublänge ≈ 2d (Form A) bzw. ≈ 2,5d (Form B)
DIN 962	250	Schrauben und Muttern – Bezeichnungsangaben, Formen und Ausführungen
DIN 974-1	237, 241	Senkdurchmesser für Schrauben mit Zylinderkopf – Konstruktionsmaße
DIN 974-2	237, 241	Senkdurchmesser für Sechskantschrauben und Sechskantmuttern – Konstruktionsmaße
DIN 986	243, 244	Sechskant-Hutmuttern mit Klemmteil, mit nichtmetallischem Einsatz
DIN 997	136	Anreißmaße (Wurzelmaße) für Formstahl und Stabstahl
DIN 1442	249	Schmierlöcher für Bolzen – Baumaße
DIN 1469	252	Passkerbstifte mit Hals
DIN 1587	236	Sechskant-Hutmuttern, hohe Form
DIN 1850-3	284	Gleitlager – Teil 3: Buchsen aus Sintermetall
DIN 1850-4	285	…– Teil 4: Buchsen aus Kunstkohle
DIN 1850-5	285	…– Teil 5: Buchsen aus Duroplasten
DIN 1850-6	285	…– Teil 6: Buchsen aus Thermoplasten
DIN 2090	297	Zylindrische Schraubendruckfedern aus Flachstahl – Berechnung
DIN 2092	300	Tellerfedern – Berechnung
DIN 2093	300	…– Maße, Qualitätsanforderungen
DIN 2095	295	Zylindrische Schraubenfedern aus runden Drähten; Gütevorschriften für kalt geformte Druckfedern
DIN 2097	299	...; Gütevorschriften für kalt geformte Zugfedern
DIN 2098-1	297	…; Baugrößen für kalt geformte Druckfedern ab 0,5 mm Drahtdurchmesser
DIN 2098-2	297	…; Baugrößen für kalt geformte Druckfedern unter 0,5 mm Drahtdurchmesser
DIN 2099-1	297, 299	Zylindrische Schraubenfedern aus runden Drähten und Stäben – Angaben für kalt geformte Druckfedern – Teil 1: Vordruck A
DIN 2244	222	Gewinde – Begriffe und Bestimmungsgrößen für zylindrische Gewinde
DIN 2429-2	337	Grafische Symbole für technische Zeichnungen; Rohrleitungen; Funktionelle Darstellung
DIN 2559-2	273	Schweißnahtvorbereitung – Anpassen der Innendurchmesser für Rundnähte an nahtlosen Rohren
DIN 3852-1	231	Einschraubzapfen – Einschraublöcher für Rohrverschraubungen, Armaturen – Teil 1: Verschlussschrauben mit metrischem Feingewinde; Konstruktionsmaße

10

10

10

10

10

Norm	Seite	Titel
DIN EN ISO 1071	276	Schweißzusätze – Umhüllte Stabelektroden, Drähte, Stäbe und Fülldrahtelektroden zum Schmelzschweißen von Gusseisen – Einführung
DIN EN ISO 1101	157, 160	Geometrische Produktspezifikation (GPS) – Geometrische Tolerierung – Tolerierung von Form, Richtung, Ort und Lauf
DIN EN ISO 1207	235	Zylinderschrauben mit Schlitz – Produktklasse A
DIN EN ISO 1234	250	Splinte
DIN EN ISO 1302	191	Geometrische Produktspezifikation – Angabe der Oberflächenbeschaffenheit in der technischen Produktdokumentation
DIN EN ISO 1461	334	Durch Feuerverzinken auf Stahl aufgebrachte Zinküberzüge (Stückverzinken) – Anforderungen und Prüfungen
DIN EN ISO 1580	235	Flachkopfschrauben mit Schlitz – Produktklasse A
DIN EN ISO 2010	235	Linsen-Senkschrauben mit Schlitz (Einheitskopf) – Produktklasse A
DIN EN ISO 2338	251, 252	Zylinderstifte aus ungehärtetem Stahl und austenitischem nicht rostendem Stahl
DIN EN ISO 2560	276	Schweißzusätze – Umhüllte Stabelektroden zum Lichtbogenhandschweißen von unlegierten Stählen und Feinkornstählen – Einteilung
DIN EN ISO 3098-0	48	Technische Produktdokumentation – Schriften – Teil 0: Grundregeln
DIN EN ISO 3098-2	44, 49	…–…– Teil 2: Lateinisches Alphabet, Ziffern und Zeichen
DIN EN ISO 3098-3	49	…–…– Teil 3: Griechisches Alphabet
DIN EN ISO 3274	193	Geometrische Produktspezifikationen – Oberflächenbeschaffenheit: Tastschnittverfahren – Nenneigenschaften von Tastschnittgeräten
DIN EN ISO 3506-1	233	Mechanische Eigenschaften von Verbindungselementen aus nichtrostenden Stählen – Teil 1: Schrauben
DIN EN ISO 4014	231, 237	Sechskantschrauben mit Schaft – Produktklassen A und B
DIN EN ISO 4026	235	Gewindestifte mit Innensechskant mit Kegelstumpf
DIN EN ISO 4027	235	Gewindestifte mit Innensechskant und abgeflachter Spitze
DIN EN ISO 4028	235	Gewindestifte mit Innensechskant mit Zapfen
DIN EN ISO 4029	235	Gewindestifte mit Innensechskant und Ringschneide
DIN EN ISO 4032	236, 237	Sechskantmuttern, Typ 1 – Produktklassen A und B
DIN EN ISO 4042	233	Verbindungselemente – Galvanische Überzüge
DIN EN ISO 4063	264, 269	Schweißen und verwandte Prozesse – Liste der Prozesse und Ordnungsnummern
DIN EN ISO 4287	188	Geometrische Produktspezifikation – Oberflächenbeschaffenheit: Tastschnittverfahren – Benennungen, Definitionen und Kenngrößen der Oberflächenbeschaffenheit
DIN EN ISO 4288	193	…–…– Regeln und Verfahren für die Beurteilung der Oberflächenbeschaffenheit

10

Norm	Seite	Titel
DIN EN ISO 4753	229	Verbindungselemente – Enden von Teilen mit metrischem ISO-Außengewinde
DIN EN ISO 4759-1	227, 228	Toleranzen für Verbindungselemente – Teil 1: Schrauben und Muttern – Produktklassen A, B und C
DIN EN ISO 4762	232, 237	Zylinderschrauben mit Innensechskant
DIN EN ISO 4957	311	Werkzeugstähle
DIN EN ISO 5457	40	Technische Produktdokumentation – Formate und Gestaltung von Zeichnungsvordrucken
DIN EN ISO 5817	276	Schweißen – Schmelzschweißverbindungen an Stahl, Nickel, Titan und deren Legierungen (ohne Strahlschweißen) – Bewertungsgruppen von Unregelmäßigkeiten
DIN EN ISO 6506-1	328	Metallische Werkstoffe – Härteprüfung nach Brinell – Teil 1: Prüfverfahren
DIN EN ISO 6507-1	329	... – Härteprüfung nach Vickers – Teil 1: Prüfverfahren
DIN EN ISO 6508-1	328	…– Härteprüfung nach Rockwell (Skalen A, B, C, D, E, F, G, H, K, N, T) – Teil 1: Prüfverfahren
DIN EN ISO 6947	276	Schweißnähte – Arbeitspositionen – Definition der Winkel von Neigung und Drehung
DIN EN ISO 7042	243	Sechskantmuttern mit Klemmteil (Ganzmetallmuttern), Typ 2 – Festigkeitsklassen 5, 8, 10 und 12
DIN EN ISO 7089	237	Flache Scheiben – Normale Reihe, Produktklasse A
DIN EN ISO 7090	236, 237	Flache Scheiben mit Fase – Normale Reihe, Produktklasse A
DIN EN ISO 7200	40	Technische Produktdokumentation – Datenfelder in Schriftfeldern und Dokumentenstammdaten
DIN EN ISO 8733	251	Zylinderstifte mit Innengewinde aus ungehärtetem Stahl und austenitischem nichtrostendem Stahl
DIN EN ISO 8734	251	Zylinderstifte aus gehärtetem Stahl und martensitischem nichtrostendem Stahl
DIN EN ISO 8735	251	Zylinderstifte mit Innengewinde aus gehärtetem Stahl und martensitischem nichtrostendem Stahl
DIN EN ISO 8739	252	Zylinderkerbstifte mit Einführende
DIN EN ISO 8740	253	Zylinderkerbstifte mit Fase
DIN EN ISO 8741	253	Steckkerbstifte
DIN EN ISO 8742	253	Knebelkerbstifte mit kurzen Kerben
DIN EN ISO 8744	253	Kegelkerbstifte
DIN EN ISO 8745	253	Passkerbstifte
DIN EN ISO 8746	253	Halbrundkerbnägel
DIN EN ISO 8747	253	Senkkerbnägel
DIN EN ISO 8752	251, 252	Spannstifte (-hülsen) – Geschlitzt, schwere Ausführung
DIN EN ISO 8765	232	Sechskantschrauben mit Schaft und metrischem Feingewinde – Produktklasse A

10

Norm	Seite	Titel
DIN EN ISO 9692-1	265, 273	Schweißen und verwandte Prozesse – Empfehlungen zur Schweißnahtvorbereitung – Teil 1: Lichtbogenhandschweißen, Schutzgasschweißen, Gasschweißen, WIG-Schweißen und Strahlschweißen von Stählen
DIN EN ISO 10642	240	Senkschrauben mit Innensechskant
DIN EN ISO 13337	251	Spannstifte (-hülsen), geschlitzt, leichte Ausführung
DIN EN ISO 13565-2	189	Geometrische Produktspezifikationen (GPS) – Oberflächenbeschaffenheit: Tastschnittverfahren – Oberflächen mit plateauartigen funktionsrelevanten Eigenschaften – Teil 2: Beschreibung der Höhe mittels linearer Darstellung der Materialanteilkurve
DIN EN ISO 13920	170	Schweißen – Allgemeintoleranzen für Schweißkonstruktionen – Längen- und Winkelmaße; Form und Lage
DIN EN ISO 14341	276	Schweißzusätze – Drahtelektroden und Schweißgut zum Metall-Schutzgasschweißen von unlegierten Stählen und Feinkornstählen – Einteilung
DIN EN ISO 14343	276	…– Drahtelektroden, Bandelektroden, Drähte und Stäbe zum Schmelzschweißen von nichtrostenden und hitzebeständigen Stählen – Einteilung
DIN EN ISO 15065	240	Senkungen für Senkschrauben mit Kopfform nach ISO 7721
DIN EN ISO 17632	276	Schweißzusätze – Fülldrahtelektroden zum Metall-Lichtbogenschweißen mit oder ohne Schutzgas von unlegierten Stählen und Feinkornstählen – Einteilung
DIN EN ISO 18273	276	…– Massivdrähte und -stäbe zum Schmelzschweißen von Aluminium und Aluminiumlegierungen – Einteilung
DIN EN ISO 18274	276	…– Massivdrähte, -bänder und -stäbe zum Schmelzschweißen von Nickel und Nickellegierungen – Einteilung
DIN ISO		
DIN ISO 14	262	Keilwellen-Verbindungen mit geraden Flanken und Innenzentrierung; Maße, Toleranzen, Prüfung
DIN ISO 128-24	46	Technische Zeichnungen – Allgemeine Grundlagen der Darstellung – Teil 24: Linien in Zeichnungen der mechanischen Technik
DIN ISO 128-30	66, 121	…–…– Teil 30: Grundregeln für Ansichten
DIN ISO 128-34	123	…–…– Teil 34: Ansichten in Zeichnungen der mechanischen Technik
DIN ISO 128-44	126	…–…– Teil 44: Schnitte in Zeichnungen der mechanischen Technik
DIN ISO 128-50	127	…–…– Teil 50: Grundregeln für Flächen in Schnitten und Schnittansichten
DIN ISO 272	229	Mechanische Verbindungselemente – Schlüsselweiten für Sechskantschrauben und -muttern
DIN ISO 286-1	153, 172	ISO-System für Grenzmaße und Passungen – Grundlagen für Toleranzen, Abmaße und Passungen
DIN ISO 286-2	174	…– Tabellen der Grundtoleranzgrade und Grenzabmaße für Bohrungen und Wellen

10

Norm	Seite	Titel
DIN ISO 965-1	227	Metrisches ISO-Gewinde allgemeiner Anwendung – Toleranzen – Teil 1: Prinzipien und Grundlagen
DIN ISO 965-2	227	…–…– Teil 2: Grenzmaße für Außen- und Innengewinde allgemeiner Anwendung – Toleranzklasse mittel
DIN ISO 965-3	228	…–…– Teil 3: Grenzabmaße für Konstruktionsgewinde
DIN ISO 1219-1	354	Fluidtechnik – Grafische Symbole und Schaltpläne – Teil 1: Grafische Symbole für konventionelle und datentechnische Anwendungen
DIN ISO 1219-2	359	…–…– Teil 2: Schaltpläne
DIN ISO 2162-1	297, 300	Technische Produktinformation – Federn – Teil 1: Vereinfachte Darstellung
DIN ISO 2203	294, 295	Technische Zeichnungen – Darstellung von Zahnrädern
DIN ISO 2692	158	…– Form- und Lagetolerierung – Maximum-Material-Prinzip
DIN ISO 2768-1	180, 181	Allgemeintoleranzen – Toleranzen für Längen- und Winkelmaße ohne einzelne Toleranzeintragung
DIN ISO 2768-2	166, 180	…– Toleranzen für Form und Lage ohne einzelne Toleranzeintragung
DIN ISO 3040	150	Technische Zeichnungen – Eintragung der Maße und Toleranzen für Kegel
DIN ISO 3952-2, -4	289	Vereinfachte Darstellungen in der Kinematik – Darstellung von Reibrad-, Zahnrad- und Nockengetrieben und verschiedenen Getrieben
DIN ISO 4379	284	Gleitlager – Buchsen aus Kupferlegierungen
DIN ISO 5261	131, 135	Technische Zeichnungen – Vereinfachte Angabe von Stäben und Profilen
DIN ISO 5455	50	Technische Zeichnungen – Maßstäbe
DIN ISO 5456-2	68	Technische Zeichnungen – Projektionsmethoden – Teil 2: Orthogonale Darstellungen
DIN ISO 5456-3	62, 65	…–…– Teil 3: Axonometrische Darstellungen
DIN ISO 5845-1	131	…– Vereinfachte Darstellung von Verbindungselementen für den Zusammenbau – Teil 1: Allgemeine Grundlagen
DIN ISO 5845-2	131	…–…– Teil 2: Niete für Luft- und Raumfahrtgeräte
DIN ISO 6410-1	224	Technische Zeichnungen – Gewinde- und Gewindeteile – Allgemeines
DIN ISO 6410-3	244	…–…– Vereinfachte Darstellung
DIN ISO 6411	213	…– Vereinfachte Darstellung von Zentrierbohrungen
DIN ISO 6412-1	339	…– Vereinfachte Darstellung von Rohrleitungen – Allgemeines
DIN ISO 6412-2	339	…–…– Isometrische Darstellung
DIN ISO 6413	262	…– Darstellung von Keilwellen und Kerbverzahnungen
DIN ISO 6433	12	…– Positionsnummern
DIN ISO 8015	159	…– Tolerierungsgrundsatz

10

Norm	Seite	Titel
DIN ISO 8826-1	282	...– Wälzlager – Teil 1: Allgemeine, vereinfachte Darstellung
DIN ISO 8826-2	282	...–...– Teil 2: Detaillierte, vereinfachte Darstellung
DIN ISO 9222-1	282	...– Dichtungen für dynamische Belastung – Allgemeine, vereinfachte Darstellung
DIN ISO 9222-2	282	...– ...– Detaillierte, vereinfachte Darstellung
DIN ISO 12128	283	Gleitlager – Schmierlöcher, Schmiernuten und Schmiertaschen – Maße, Formen, Bezeichnung und Anwendung für Lagerbuchsen
DIN ISO 13715	208	Technische Zeichnungen – Werkstückkanten mit unbestimmter Form – Begriffe und Zeichnungsangaben

[1] Norm zurückgezogen

10

Sachwortverzeichnis

Systemanforderungen

Betriebssystem

- Windows 7
- Windows Vista®
- Windows® XP Professional (SP3)

Prozessor

- Intel® Pentium® 4
- AMD Athlon® 64
- AMD Opteron® oder höher (≥ 2 GHz oder kompatibel)

Mindestsystemvoraussetzungen (<1.000 Teile)

- 1 GB RAM
- Direct3D 10, Direct3D 9 oder OpenGL-fähige Grafikkarte, 128 MB
- 3,5 GB freier Festplattenspeicher für die Installation
- DVD-ROM-Laufwerk
- MS-Maus oder kompatibles Zeigegerät
- 1280 x 1024 Bildschirmauflösung